- 四川省 2021—2022 年度重点图书出版规划项目
- 四川山版发展公益基金会资助项目
- 中国会馆建筑遗产研究丛书

# 流域会馆

赵逵　向雨航　张黎　王筱杭◎著

西南交通大学出版社

·成都·

图书在版编目（CIP）数据

流域会馆 / 赵逵等著. -- 成都 ： 西南交通大学出版社，2024.6. -- ISBN 978-7-5643-9886-6

Ⅰ. TU-092.2

中国国家版本馆 CIP 数据核字第 2024BV6826 号

Liuyu Huiguan
**流域会馆**

赵　逵　向雨航　张　黎　王筱杭　著

| 策划编辑 | 赵玉婷 |
| 责任编辑 | 杨　勇 |
| 责任校对 | 左凌涛 |
| 封面设计 | 曹天擎 |

出版发行　西南交通大学出版社
　　　　　（四川省成都市金牛区二环路北一段 111 号
　　　　　西南交通大学创新大厦 21 楼）
邮政编码　610031
营销部电话　028-87600564　028-87600533
审图号　GS 川（2024）300 号
网址　https://www.xnjdcbs.com
印刷　四川玖艺呈现印刷有限公司

成品尺寸　170 mm × 240 mm
印张　39.25
字数　544 千
版次　2025 年 1 月第 1 版
印次　2025 年 1 月第 1 次
定价　276.00 元
书号　ISBN 978-7-5643-9886-6

　　明清至民国，在中国大地甚至海外，建造了大量精美绝伦的会馆。中国会馆之美，不仅有雕梁画栋之美，而且有其背后关于历史、地理、人文、交通、移民构成的商业交流、文化交流的内在关联之美，这也是一种蕴藏在会馆美之中的神奇而有趣的美。明清会馆到明中晚期才开始出现，这个时候在史学界被认为是中国资本主义萌芽、真正的商业发展时期，到了民国，会馆就逐渐消亡了，所以我们现在看到的会馆都是晚清民国留下来的，现在各地驻京办事处、驻汉办事处，就带有一点过去会馆的性质。

　　会馆是由同类型的人在交流的过程当中修建的建筑：比如"江西填湖广、湖广填四川"大移民中修建的会馆，即"移民会馆"；比如去远方做生意的同类商人也会建"商人会馆"或"行业会馆"，像船帮会馆，就是船帮在长途航行时在其经常聚集的地方建造的祭拜行业保护神的会馆，而由于在不同流域有不同的保护神，所以船帮会馆也有很多名称，如水府庙、杨泗庙、王爷庙等。会馆的主要功能是有助于"某类人聚集在一起，对外展现实力，对内切磋技艺，联络感情"，它往往又以宫堂庙宇中神祇的名义出现。湖广人到外省建的会馆就叫禹王宫，江西人建万寿宫，福建人建天后宫，山陕人建关帝庙，等等。

很多人会问："会馆为什么在明清时候出现？到了民国的时候就慢慢地消失了？"其实在现代交通没有出现的时候，如没有大规模的人去外地，则零星的人就建不起会馆；而在交通非常通畅的时候，比如铁路出现以后，大规模的人远行又可以很快回来，会馆也没有存在的必要。只有当大规模人口流动出现，且流动时间很长，数个月、半年或更久才能来回一趟，则在外地的人就会有思乡之情，由此老乡之间的互相帮助才会显现，同行业的人跟其他行业争斗、分配利益，需要扎堆拧成绳的愿望才会更强。明清时期，在商业群体中，商业纷争很大程度上是通过会馆、公所来解决的，因此在业缘型聚落里，会馆起着管理社会秩序的重要作用。同时，会馆还会具备一些与个人日常生活相关的社会功能，比如：有的会馆有专门的丧房、停尸房，因过去客死外地的人都要把遗体运回故乡，所以会先把遗体寄存在其同乡会馆里，待条件具备的时候再运回故乡安葬；也有一些客死之人遗体无法回乡，便由其同乡会馆统一建造"义冢"，即同乡坟墓，这在福建会馆、广东会馆中尤为普遍。

会馆还有一个重要功能即"酬神娱人"，所有会馆都以同一个神的名义把这些人们聚集在一起。在古代，聚集这些人的活动主要是唱大戏，演戏的目的是酬神，同时用酬神的方式来娱乐众生。商人们为了表现自己的实力，在戏楼建设方面不遗余力，谁家唱的戏大、唱的戏多，谁就更有实力，更容易在商业竞争中胜出。所以戏楼在古代会馆中颇为重要，比如湖广会馆现在依然是北京一个很重要的交流、唱戏和吃饭的戏窝子。中国过去有三个很重要的戏楼会馆：北京的湖广会馆、天津的广东会馆、武汉的山陕会馆。京剧的创始人之一谭鑫培去北京的时候，主要就在北京的湖广会馆唱戏，孙中山还曾在这里演讲，国民党的成立大会就在这里召开。如今北京湖广会馆仍然保存下来一个 20 多米跨度的木结构大戏楼。这么大的跨度现在用钢筋混凝土也不容易建起来，在清中期做大跨度木结构就更难了。天津的广东会馆也有一个 20 多米大跨度的戏楼，近代革命家如孙中山、黄兴等，都曾选择这里做演讲，现在这里成为戏剧博物馆，每天仍有戏曲在上演。武汉的山陕会馆只剩下一张老照片，现在武汉园博园门口复建了一个山陕会馆，但跟当年山陕会馆的规模不可同日而语。《汉口竹枝词》对山陕会馆有这么一些描述："各帮台戏早标红，探戏闲人信息通"，意思是戏还没开始，各帮台戏就已经标红、已经满座了，而路上全是在互相打听那边的戏是什么样儿的人；"路上更逢烟桌子，但随他去不愁空"，即路上摆着供人喝茶、抽烟的桌子，人们坐在那儿聊天，因为人很多，所以不用担心人员流动会导致沿途摆的茶位放空。现今三大会馆的两个还在，只可惜汉口的山陕会馆已经消失了。

从会馆祭拜的神祇也能看出不同地域文化的特点。

湖广移民会馆叫"禹王宫"，为什么祭拜大禹？其实这跟中国在明清之际出现"江西填湖广，湖广填四川"的大移民活动有关，也跟当时湖广地区（湖南、湖北）的治水历史密切相关。"湖广"为"湖泽广大之地"，古代曾有"云梦泽"存在，湖南、湖北是在晚近的历史时段才慢慢分开。我们现今可以从古地图上看出古人的地理逻辑：所有流入洞庭湖或"云梦泽"的水所覆盖的地方就叫湖广省，所有流入鄱阳湖的水所覆盖的地方就叫江西省，所有流入四川盆地的水所覆盖的地方就叫四川省。湖广盆地的水可以通过许多源头、数千条河流进来，却只有一条河可以流出去，这条河就是长江。由于水利技术的发展，现在的长江全线都有高高的堤坝，形成固定的河道，而在没有建成堤坝的古代，一旦下起大雨来，我们不难想象湖广盆地成为泽国的样子。唐代诗人孟浩然写过一首诗《望洞庭湖赠张丞相》，对此做了非常形象的描绘："八月湖水平，涵虚混太清"——八月下起大雨的时候，所有的水都汇集到湖广盆地，形成了一片大的水泽，连河道都看不清了，陆地和河流混杂在一起，天地不分；"气蒸云梦泽，波撼岳阳城"——此时云梦泽的水汽蒸腾，凶猛的波涛似乎能撼动岳阳城，这也说明云梦泽和洞庭湖已连在了一起；"欲济无舟楫，端居耻圣明"——因为看不清河道，船只也没有了，做不了事情只能等待，内心感到一些惭愧；"坐观垂钓者，徒有羡鱼情"——坐观垂钓的人，羡慕他们能够钓到鱼。这首唐诗说明，到唐代时江汉平原、湖广盆地的云梦泽和洞庭湖仍能连成一片，这就阻碍了这一地区大规模的人口流动，会馆也就不会出现。而到了明清，治水能力有了大幅提升，水利设施建设不断完备，江、汉等河流体系得到比较有效的管理，使得湖广盆地不会再出现唐代那样的泽国情形，大量耕地被开垦出来，移民被吸引而来，城市群也发展起来，其中最具代表性的就是"因水而兴"的汉口。明朝时汉口还只是一个小镇，因为在当时汉口并不是汉水进入长江的唯一入江口。而到了清中晚期，大量历史地图显示，在汉水和长江上已经修建了许多堤坝和闸口，它们使得一些小河中的水不能自由进入汉水和长江里。当涨水时，水闸要放下来，让长江、汉水形成悬河。久而久之，这些闸口就把这些小河进入长江和汉水的河道堵住了，航路也被切断，汉口成了我们今天能看到的汉水唯一的入江口，从而成为中部水运交通最发达的城市。由于深得水利之惠，湖广移民在外地建造的会馆就祭拜治水有功的大禹，会馆的名字就叫"禹王宫"，在重庆的湖广会馆禹王宫现在还是移民博物馆。同样，"湖广填四川"后的四川会馆也祭拜治水有功的李冰父子。

福建会馆为什么叫"天后宫"？福建会馆是所有会馆中在海外留存最多的，国外有华人聚集的地方一般就有天后宫，尤其在东南亚国家更是多不胜数。祭拜天后主要是因为福建是一个海洋性的省，省内所有河流都发源于省内的山脉，并从自己的地界流到大海里面。要知道天后也就是妈祖，是传说中掌管海上航运的女神。天后原名林默娘，被一次又一次册封，最后成了天妃、天后。天后出生于莆田的湄洲岛，全世界的华人特别是东南亚华人，在每年天后的祭日时就会到湄洲岛祭拜。在莆田甚至还有一个林默娘的父母殿。福建会馆的格局除了传统的山门戏台，还在后面设有专门的寝殿、梳妆楼，甚至父母殿，显示出女神祭拜独有的特征。另外在建筑立面上可以看到花花绿绿的剪瓷和飞檐翘角，无不体现出女神建筑的感觉。包括四爪盘龙柱也可以用在女神祭拜上，而祭男神则是不可能做盘龙柱的。最特别的是湖南芷江天后宫，芷江现在的知名度不高，但以前却是汉人进入西部土家族、苗族聚居区一个很重要的地方。芷江天后宫的石雕十分精美，在山门两侧有武汉三镇和洛阳桥的石雕图案。现在的当地居民都已不知道这里为何会出现这样的石雕图案。武汉三镇石雕图案真实反映了汉口、黄鹤楼、南岸嘴等武汉风物，能跟清代武汉三镇的地图对应起来。洛阳桥位于泉州，泉州又是海上丝绸之路的出发点。当时福建的商人正是从泉州洛阳桥出发，然后从长江口进入洞庭湖，再由洞庭湖的水系进入湖南湘西。这就可以解释为什么芷江的天后宫有武汉三镇和洛阳桥的石雕图案，它们从侧面反映出芷江以前是商业兴旺、各地人口汇聚的区域中心。根据以上可以看出，福建天后宫分布最广的地段一个是海岸线沿线地区，另一个是长江及其支流沿线地区。

总的来说，从不同省的会馆特点以及祭拜的神祇就可以看出该地区的历史文化、山川河流以及古代交通状况。

中国最华丽的会馆类型是山陕会馆。中国历史上有"十大商帮"的说法，其中哪个商帮的经济实力最强见仁见智，但就现存会馆建筑来看，由山陕商帮建造的山陕会馆无疑最为华丽，反映出山陕商帮的经济实力超群。为什么山陕商帮有如此超群的经济实力？山陕商帮的会馆有个共同的名字：关帝庙，即祭拜关羽的地方。很多人说是因为关羽讲义气，山陕商人做生意也注重讲义气，所以才选择祭拜他。但讲义气的神灵也很多，山陕商人单单选关羽来祭拜还有更深层的含义。山陕商人是因为开中制才真正发家的。开中制是明清政府实行的以盐为中介，招募商人输纳军粮、马匹等物资的制度。其中盐是最重要的因素，以盐中茶、以盐中铁、以盐中布、以盐中马，所有东西都是以盐来置换。盐是一种很独特的商品，人离不开盐，如果长期不吃盐的话人就会有生命危险。但盐的产地是很有限的，大多是海边，除了边疆，内地特别是中原地区只有山西运城解州的盐湖，这里生产的食盐主要供应山西、陕西、河南居民食用，也是北宋及以前历代皇家盐场所在。关羽的老家就在这个盐湖边上，其生平事迹和民间传说都与盐有关。所以，山陕商人祭拜关羽一是因为他讲义气，二是因为关羽象征着运城盐湖。山陕会馆的标配是大门口的两根大铁旗杆子，这与山西太原铁是当时最好的铁有关，唐诗"并刀如水"形容的就是太原铁做的刀，而山西潞泽商帮也是因运铁而出名的商帮。古代曾实行"盐铁专卖"，这两大利润最高的商品都跟山陕商帮有关，所以他们积累下巨额财富，而这些在山陕会馆的建筑上也都有体现。

会馆这种独特的建筑类型，不仅是中国古代优秀传统建造技艺的结晶，更是历史的见证。它记录了明清时期中国城市商业的繁荣、地域经济的兴衰、交通格局的变化以及文化交流的加强过程。我们不能仅从现代的视角去看待这些历史建筑，而应该置身于古代的地理环境和人文背景下，理解古人的行为和思想。对会馆的深入研究可能会给明清建筑风格衍化、传统技艺传承机制、古代乡村社会治理方式等的研究，提供新视角。

2024 年 6 月写于赵逵工作室

# 前言

会馆是在特定的社会、经济、文化背景下产生的一种特殊的建筑类别，是中国古代传统建筑的重要组成部分。流域会馆是会馆建筑系列研究中最为重要和庞大的一个支系。

自明代开始，在全国商贸市场形成和大规模移民迁入的助力下，各个流域农业和商业水平显著提升，水路交通通畅，商帮活跃，经济日趋繁荣。随着商贸活动的逐渐频繁和会馆建设的逐步增长，流域的商贸线路得到进一步拓展，城镇形态也相应发生了一系列的变化，会馆建筑也在流域内广泛兴起。

这些会馆多集中在水陆要冲、城市中心、集镇关厢等地，不仅占据了场镇的中心，还占据优越的水运码头。会馆建筑规模宏大，因各地商帮势力的不同，而呈现出炫异争奇、标新立异的会馆形式，在营建过程中，既有原乡匠人的营造工艺，又要与当地文脉相互适应，是本土文化与地域文化相融合的产物。会馆建筑既具有"原乡性"的文化特质（如原乡神祇崇拜及原乡匠作工艺），又受当地建筑的影响表现出"地域性"特征，是"技术传承和文化融合的重要载体"。

本书的特色主要体现在以下三个方面：

一、将内河时代有着重要交通地位的湘桂走廊、嘉陵江流域、汉水流域作为流域会馆的主要研究线路。

位于湖南、广西二省区交界处的越城岭和海洋山之间的湘桂走廊，深受湖湘、岭南两种地域文化的影响，也是中原和岭南文化碰撞融合最为激烈的区域之一，是一条由湘江、灵渠、桂江完整水路沟通的南北地理大通道；嘉陵江流域地处中国西南，一江三支串联川陕甘，在地理通道意义上连通了长江与黄河；汉水流域作为南接长江、北邻黄河的天然水道，对中原腹地的南北联系起着至关重要的作用。这几大流域是内河时代集交通运输、商业活动、文化交流等功能于一身的复合体，是南北各大商帮与流域会馆之间的重要纽带。

二、结合古地图统计和梳理了历代志书文献记载，找寻流域会馆建筑形态和城镇格局的印证。

整理出到目前为止流域中曾存在过的所有会馆总数、类型、建址、修建年代、记载出处、是否现存等资料，结合对流域水陆地理通道的详细梳理，形成会馆密度图、数量图、类型图、建立时间图，厘清并找出两者之间紧密的依附关系与独特的演化过程。这些统计数据非常客观地展现了各类会馆在流域上的发展历程和所对应的商贸通道格局，是了解和研究流域会馆与城镇空间的重要指标。

三、注重流域分段和文化边界，展现流域会馆的传承与演变。

流域跨越的地理空间范围广阔，文化区域多样，南北商帮往返于各个流域之上，对于本帮会馆，他们都有其独特的处理手法，仍然愿意吸纳不同技艺对建筑做出创新，在带来了各地独特的建筑工艺的同时又融合了流域上主导的地域文化特色。会馆都体现出了流域上建筑技艺和艺术的传承。

斗转星移，白驹过隙。在交通运输发展日新月异的当下，这些在内河时代繁忙的流域也渐渐缓下步伐，静静依偎在我们身畔。我们希望在我们的脚步所及之处，能将调研成果和资料汇集成册，为会馆研究尽一份绵薄之力并能够通过流域会馆的研究，让民众去了解、传承和发扬自身的地域文化，继承这悠久美好的文化遗产，实现扎根于本土的文化自信。

# 第一章
# 流城会馆兴起的历史背景

# 第一节　流域的地理格局与交通地位

以流域为范围来研究流域中的会馆建筑横跨了历史流域学和建筑学两个学科。把河流与流域作为一个整体或一个系统来进行研究已有漫长的历史，从舜、禹时代的《禹贡》导水分天下为九州便已经出现了流域的雏形，而北魏时期的《水经注》更是以河流为主体，描述各流域的自然和人文景观，到了近现代，研究流域史的学者更是层出不穷。对比老地图和会馆遗存现状，我们可以发现会馆与流域古通道的关系甚密，作为古代交通要道的各大流域就是流域会馆产生的主要原因之一。明清时期，因为自然地理屏障的阻隔，区域间的联系依凭着水陆交通要道，建立了繁荣的商贸集镇，创造了繁荣的文化交流，自然而然地这些通道上也建立起了众多会馆，会馆建筑多按地缘建立，一般供奉着故土神灵或商人共同信奉的神灵，定期举办祭祀活动，对传播故土文化有着重要的意义，对异地文化交融也有着重要的意义。不同商帮和行业通过自己的会馆在商业经营活动中，不断向当地输送和传播特色文化。

## 一、湘桂走廊的地理格局、交通地位与地域组成

内河时代，各朝各代均通过湘桂走廊进行军事活动、货物运输、文化交流，并不断向岭南地区腹地延伸。由湘桂走廊沟通的"湘江—桂江"这条重要的内河交通线路上频繁的互动与联系，将中原与岭南紧密地交织在一起，缩短了地理上和人文沟通上的距离。不仅如此，这条南北交通的最长航道也方便了中原与东南亚的沟通和交流，促进了各区域的融合与发展。

文献记载，早在夏商周时期，中原就通过湘桂走廊和岭南、交趾等地进行珠玑、象齿等物品贸易活动[①]。秦始皇统一六国后致力于讨伐岭南，发

---

① 刘安《淮南子·主术训》中对湘桂走廊有"……其地南至交趾北至幽都，东至阳谷西至三危……"的描述。司马迁《史记·五帝本纪》中对湘桂走廊有"……通九泽，决九河，定九州，各以其职来贡，不失厥宜，方五千里至于荒服南抚交趾……四海之内咸戴帝舜之功，于是禹乃兴九招之乐……"的描述。

兵 50 万分五路出征岭南，力图将南方百越各部族并入秦国版图，史称"秦戍五岭"（图 1-1）。秦始皇命史禄在现湘桂走廊所在谷地修建灵渠，沟通湘、漓之水，便于军粮运输。

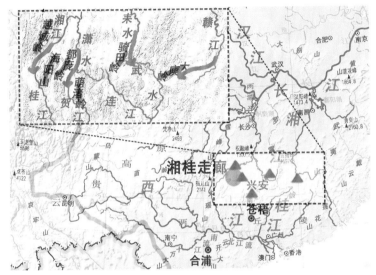

图 1-1　秦戍五岭通道

### （一）湘桂走廊的地理格局

湘桂走廊是位于湖南省和广西壮族自治区交界处越城岭与海洋山之间的一片狭长的平原地带，也是越过五岭的通道之一。其中，全州、界首、兴安、灵川、桂林为其核心区域。这条狭长的区域属于喀斯特地貌区，因此山脉的形态、走势对该区域的交通走向和便利程度都起着较为重要的作用。湘桂走廊在山谷之间，且地面起伏较为平缓，因此其水运交通与陆路交通极为便利。

### （二）湘桂走廊的交通地位：内河时代南北地理大通道

在灵渠开凿之前，舟船运输不能沟通，陆路运输不够迅速便捷；灵渠开凿以后，中国南北最长的水运大通道形成了，中原与岭南地区的交流进入了不断发展、碰撞和融合的阶段。

唐宋时期，因中原政治、经济重心南移，尤其是经济重心转移至长江中下游地区，导致了中原与岭南过岭交通的不均衡发展，但中原与岭南在湘桂走廊上进行的军事和政治上的交流①，让湘桂走廊始终都是一条连贯的过岭通道。

明清时期，随着对西南边疆地区的不断开发和社会的发展，国家对西南的林木、药材、矿产资源例如云南的铜矿、贵州的铅矿等需求逐渐攀升，湘桂走廊的"陡河虽小，实三楚、两广之咽喉，行师馈粮以及商贾百货之流通，唯此一水是赖"②，因此清代政府一直定期对灵渠进行维护，在这样的政策下也保证了湘桂走廊沿线商业贸易活动的顺畅。从秦代到民国历朝历代对于灵渠的疏浚与修缮次数极多，有记载的修治有 37 次（表 1-1）。湘桂走廊持续的修治和管理，也使其水运交通功能日臻完善。

表 1-1 历代修缮灵渠次数表

| 时期 | 东汉 | 唐 | 宋 | 元 | 明 | 清 | 民国 | 合计 |
|---|---|---|---|---|---|---|---|---|
| 次数 | 1 | 2 | 7 | 3 | 6 | 16 | 2 | 37 |

明清时期，水网交通最终形态已基本形成，但灵渠的通航一定程度具有季节性的特点，所以随着社会发展的需要，官府修建了满足商业贸易往来所需的商道③。因而又出现了"桂林官道"④这一由桂林直抵衡州府的完整驿道，湘桂走廊沿线的圩镇数量从而变多也更为繁荣，大量码头转运司应运而生（图 1-2、图 1-3）。在沿线城镇中都有较多的商业会馆建立的记录，例如作为重要转运节点的唐家司，虽然只是一个码头转运点，但却建有江西会馆、湖南会馆，足可证明湘桂走廊沿线商业贸易之发达。

① 唐代李靖、宋代狄青、元代阿里海牙、明代唐铎出征岭南。

② 陈元龙《重建灵渠石堤陡门记》，南宁：广西人民出版社，2009 年，第 1896 页。

③ 唐代李吉甫《元和郡县图志》都有州县之间陆路道路相连的记载，陆路交通不畅或者具有较大阻碍的地方也会有"永州……西至叙州南郎溪，山悬险不通，无里数"有关记载。

④ 桂林官道：由桂林经过灵川、兴安、全州、黄沙河、枣木普至湖南东安，过白牙市、冷水滩、祁东抵达衡州府。

至此，湘桂走廊沿线的水陆交通网络基本发展成型。

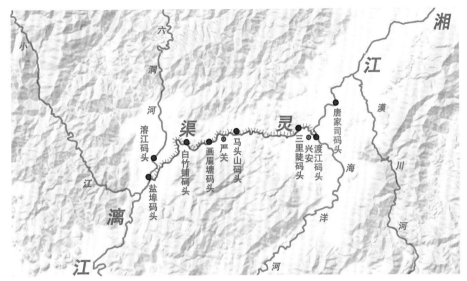

图 1-2　湘桂走廊灵渠古码头示意图

（a）1930 年灵渠县城段

（b）1930 年灵渠上停泊的船只

图 1-3　湘桂走廊灵渠上繁忙的船只往来

## （三）湘桂走廊的地域范围与组成部分

### 1. 湘桂走廊的地域范围

如前所述，湘桂走廊是位于湖南省和广西壮族自治区交界处越城岭与海洋山之间的一片狭长的平原地带，也是越过五岭的通道之一。全州、界首、兴安、灵川、桂林为其核心区域。区域属于喀斯特地貌区，因此山脉的形态、走势对该区域的交通走向和便利程度都起着较为重要的作用。

### 2. 湘桂走廊的组成部分

#### 1）水运交通

由前文可知，湘桂走廊的水运交通是在开凿灵渠的基础上发展而来的。五岭之间有多条从内地进入两广的通道：大庾岭、骑田岭之间的赣州—韶关道；骑田岭、萌渚岭之间的郴州—清远道；萌渚岭、都庞岭之间的道州—梧州道；都庞岭、越城岭之间的永州—桂林道。

但唯有位于永州—桂林道上的湘桂走廊是唯一一条畅通的水运线路，不仅如此，湘桂走廊处于谷地，陆路也较为平缓方便。且凭借湘江—桂江顺畅的河道交通，江西、湖南、广东、广西、福建、四川、云南等地的商人往来于此，在沿线建立了各自的商业会馆，借以扩大自己的影响力。但是这条水运交通要道在过渡段过灵渠陡门时需要逐级蓄水，或

图 1-4 纤绳痕迹
（图片来源：自摄于兴安县博物馆）

者枯水期时，灵渠部分河段往往需要有纤夫拉纤（图 1-4），船只才得以正常航行，因而视情况也需要陆路交通线路的补充。

#### 2）陆路交通

因为灵渠枯水期易淤塞，运道有时不畅，漓江部分河道较窄，滩涂较多，受水量影响较大，所以在越城岭和海洋山间逐渐发展出了一些陆路商道对水路运输进行补充。陆路商道包括海洋古道、大圩古道、灵田古道等古商道[①]（图 1-5），在这几条古商道上，也分布着湖南会馆、江西会馆等会馆，这几条古商道都可以归纳为是湘桂走廊的组成部分。

---

① 古商道线路有：全州—兴安—崔家乡—高尚镇—毫溪田—汕塘—梅溪桥—长岗岭—小王村—灵田—桂林；全州—兴安—崔家乡—高尚镇—毫溪田—汕塘—梅溪桥—长岗岭—小王村—灵田—熊村—大圩；全州—兴安—高尚镇—海洋乡—江尾—涧沙—熊村—大圩；全州—兴安—高尚镇—海洋乡—太平堡—潮田—大圩。

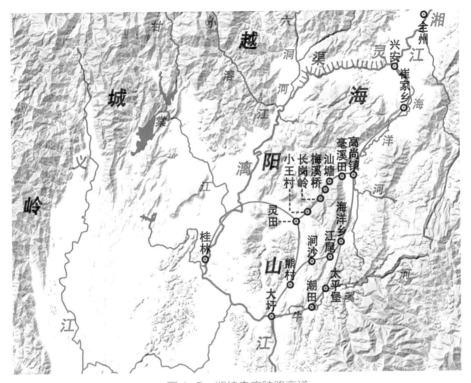

图 1-5　湘桂走廊陆路商道

　　湘桂走廊沿线除了民间的陆路商道之外，还有官府修建的桂林官道[①]（图 1-6），这些沿水道而设的陆路驿道是为了连接较远的圩镇。因为靠近河道的路面在涨水时容易被河水淹没，或者泥泞难行，在枯水期时，水运路线往往水量不够，或者淤塞。沿水道修建陆路驿道，陆路驿道可以裁弯取直，更近地联系各圩镇可以较为稳定地为商人们提供便利。

---

[①] 雍正时期的《广西通志》对陆路线路的记载为：全州—花红铺—珠塘铺—脚山铺—赤兰铺—白沙铺—咸水铺—板山铺—烈水铺—石梓铺—光华铺—唐家司铺—兴安县—严关铺—塘堡营铺—白竹铺—大溶江铺—小溶江塘—鲢鱼卡腰塘—甘奢铺—灵川县—善政铺—甘棠铺—禾稿铺—乌金铺—临桂县。

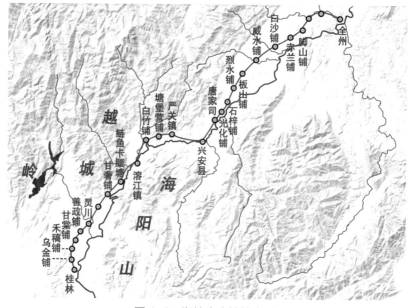

图 1-6　湘桂走廊桂林官道

## 二、汉水流域的地理格局和交通地位

汉水流域作为南接长江、北邻黄河的天然水道，对中原腹地的南北联系起着至关重要的作用。这也为明清时期汉水流域经济的快速发展和会馆的大量建设提供了十分有利的地理条件。

### （一）汉水流域的地理格局

汉水是长江最长的支流。有证据表明，汉水的源头在数千年前曾经位于甘肃天水，不过迟至明清时期，汉水源头已位于今陕西省汉中市宁强县境内，并在汉口汇入长江。

汉水流域地貌种类丰富，其分段也与地貌种类有很大关系（图 1-7）。从源头到丹江口为汉水上游，该段位于秦巴山脉之间，平均海拔最高。从丹江口到钟祥为汉水中游，该段主河道流经襄宜谷地，西岸为巫山，东岸为大洪山；该河段上的重要支流唐白河流经南阳盆地。从钟祥到汉口为汉水下游，该段主河道流经江汉平原；该河段上的重要支流府河（古称涢水）流经随枣走廊，是位于桐柏山①之南、大洪山以北的谷地。从海拔来看，上、中、下游分别位于三级地貌阶梯上。

在流域周边的地埋环境方面，汉水流域位于陕西、湖北、河南、四川四省之间，通过自身河道或邻近的其他河流，可以通达四川盆地、关中平原、华北平原和江汉平原等四大主要人口聚居区（图1-8）。通过汉水上游主干或泾阳河等支流经嘉陵江流域可抵达四川盆地；通过上游支流褒水等向北可通达关中平原，或通过丹水从东南方向经渭水支流灞河到达；通过唐白河穿过南阳盆地可到达华北平原。特殊的流域环境为汉水流域成为连通黄河、长江流域的天然南北大通道提供了地理基础。

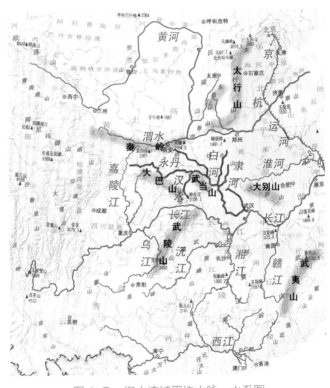

图1-7　汉水流域周边山脉、水系图

---

①　大别山脉西端称桐柏山，东端称大别山。

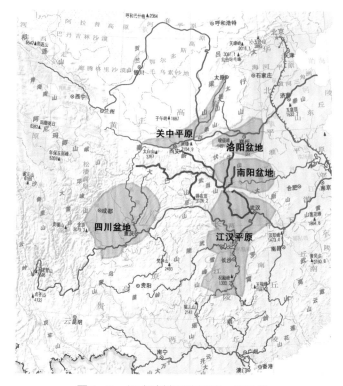

图 1-8　汉水流域周边平原、盆地图

## （二）汉水流域的交通地位：天然南北水路大通道

早在春秋战国时期，汉水流域就成为重要的南北通道，连通关中平原、四川盆地和江汉平原。川陕蜀道中的陈仓道、褒斜道、傥骆道、子午道、荔枝道均经过汉水流域；出关中四关之一的武关，经汉水支流丹水，可抵达江汉平原，被称为武关道（后又称商於古道）；从襄阳向北汉水支流沿唐白河北上，经方城隘道（秦岭东侧余脉和大别山之间的隘口）转陆运，可直抵洛阳；向南进入长江之后，更可以沿湘江南下，经秦人所修灵渠到达漓江（下游称漓江），再向南抵达两广地区，形成贯通南北的水路交通干线。

直到唐以前，各朝代的都城多位于关中平原及其东侧的洛阳地区，因此，作为该地区唯一的天然南北水路大通道，汉水及其支流的交通地位至关重要。虽然隋代之后东部有运河之利，汉水仍常作为连通南北的漕运通道转运中南、西南、东南的财赋。

然而，从北宋起，经济中心的东移之势已不可挡。尤其到元明清时期，都城位于北京，大运河遂成为主要的内河漕运通道。大运河南端经长江卜游到达赣江流域，便可继续往南连通广州，形成连接北京、江南、江西、广州等发达政治、经济区的新南北大通道（图1-9）。从此，汉水流域已开始逐渐淡去了昔日的辉煌。

但是，如前所述，由于明清时期的商贸发展和全国市场的形成，湖广、四川、山陕和河南再一次活跃起来，而汉水作为连接这几个重要经济区的天然水道，重新成为不可或缺的商贸、移民大通道。

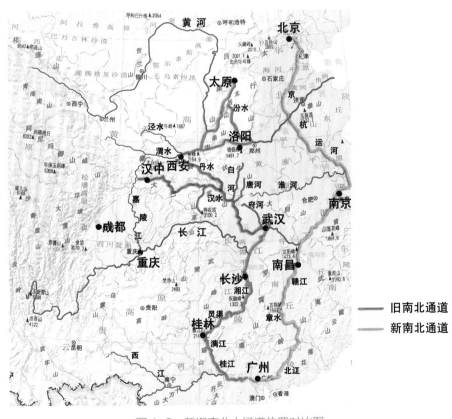

旧南北通道
新南北通道

图1-9　新旧南北大通道位置对比图

## 三、嘉陵江流域的地理格局和交通地位

### （一）嘉陵江流域的地理格局

以嘉陵江流域为范围来研究流域中的会馆建筑横跨了历史流域学和建筑学两个学科。如前所述，把河流与流域作为一个整体或一个系统来进行研究已有漫长的历史，到了近现代，研究流域史的学者更是层出不穷。嘉陵江是长江8条主要支流之一，其流域面积在长江所有支流中居首位，约16万平方千米。因循前人的方法，广义上以历史流域学划分嘉陵江流域范围如图1-10，即以现代卫星影像中的河流分布为框架，将嘉陵江所有干支流（图中白色河网）流经之处皆划入嘉陵江流域的总范围。

明清至民国时期，嘉陵江流域建设的会馆与嘉陵江航运条件有着密不可分的关系，但位于嘉陵江流域上的部分会馆，例如湖广籍移民逆长江而上在重庆黔江区建设的会馆（黔江区隶属于重庆，在长江以南），从某种角度上来看这与嘉陵江的关系稍远而与长江的关系更近，属于长江地理通道上的会馆。所以本书在广义的嘉陵江流域范围基础上切割了渭水以北的天水和宝鸡部分地区、长江以南的重庆部分地区、岷江上游阿坝藏族羌族自治州部分地区，以狭义的嘉陵江流域为蓝本（图1-11），对流域中产生与发展的会馆建筑进行研究。

### （二）嘉陵江流域的交通地位：串联长江、黄河的水路大通道

嘉陵江古称潜水，《尚书·禹贡》中记载"江、汉朝宗于海，九江孔殷，沱、潜既道，云土、梦作乂"[①]，是说长江和汉江有如诸侯朝见天子一般东流入海，洞庭湖的水系几乎已经稳定。沱水、潜水疏通以后，云梦泽可以进行耕作了。《左传》里说"江南为云，江北为梦"，云梦泽约在明清时期的湖广地区（今湖北、湖南两省大部分地区），也就是汉水入长江的地方。从《禹贡》里可知，

---

① 《尚书·禹贡》。

大禹疏通沱、潜之前，云梦泽地区经常遭遇水患，生存在这片区域的劳动人民常常要承担上游来的水患风险，并且还可以从中得知，沱、潜与汉水有关系。

图 1-10　广义嘉陵江流域示意

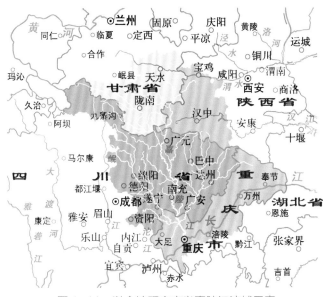

图 1-11　以会馆研究定义嘉陵江流域示意

从《禹贡》的记载及其他史料可以推测，大禹治水的时代，嘉陵江流域的下游及周边地区，即巴蜀地区为一片河流漫泽地，或可称之为古蜀海，在大禹疏通沱江、潜水（即嘉陵江）之前，长江上游的水位高涨，而三峡山谷狭窄崎岖，位于四川以西的龙门山断裂带稍有活动，三峡便极易被山体滑坡拥堵，而四川盆地被群山环绕，拥堵之后长江中游地区的云梦泽便成了内陆湖向外的第一个泄洪口。因此，《禹贡》里才会说沱江、潜水被疏导后，有了固定的河道后，云梦泽的百姓才能安身立命开始有规律地耕作。

文献记载里也有提到古蜀海，《水经注》里记载："白水西北出于临洮县西南西倾山，水色白浊，东南流与黑水合。……白水又东南，入阴平。"①而《禹贡》里有"导黑水，至于三危，入于南海"，于是可知，白水东南流后汇入了黑水，黑水入了南海，而根据河流地理判断，西倾山属于昆山山脉的支脉，在甘肃、青海交界处，白水就是今天的嘉陵江主要支流白龙江及其支流白水江，那么就可以推理出白水汇入的所谓"黑水"就是今天的嘉陵江，而"南海"就是古蜀海。

长江三峡容易被淤堵，从云梦泽入川最便捷安全的方式就是走汉水，这便是汉水—嘉陵江通道最早的发源。事实上，汉水和嘉陵江在历史上可能是一江两流。即一条完整的古汉江一支东流为东汉水，一支为西汉水。且笔者推测这种连通状况至少一直延续到了明代，这才对嘉陵江—汉水古通道上的会馆建设提供了良好的交通条件，起到了至关重要的作用。

"白水"即白龙江还有另一个古称谓，桓水。嘉陵江入四川段古称潜水。《禹贡》中有记载"蔡、蒙旅平，和夷底绩……厥贡璆、铁、银、镂、砮磬、熊、罴、狐、狸、织皮，西倾因桓是来，浮于潜，逾于沔，入于渭，乱于河"，和夷一带的水系得到治理后，进贡美玉、铁、银等物品，西倾山的贡品顺着桓水而来，进贡的船只航行在潜水上，再进入沔水，入渭水，再横渡黄河。其线路如图1-12。

---

① 《水经注》卷20《漾水》。

桓水即嘉陵江河源最长的支流白龙江，潜水为嘉陵江入四川域以后的称谓，而沔水乃是古汉江过沔州以后的古称，渭水和黄河大致同现代。沔州的位置如图 1-13，在嘉陵江沿线（今陕西略阳）。

图 1-12　进贡的船只行进路线图

图 1-13　沔州位置图（蓝色为嘉陵江，红色为汉江）
（图片改绘自 1190 年宋代石刻黄裳地理图）

嘉陵江和汉江可能共为一条古汉江，《禹贡》里有："嶓冢导漾，东流为汉，又东，为沧浪之水，过三澨，至于大别，南入于江。东，汇泽为彭蠡，东，为北江，入于海。"[1] 故而汉水又名漾水。《汉书》中有："上邽，安故，氐道，禹贡漾水所出，至武都为汉。"[2] 上邽，本邽戎地，为今甘肃省天水市秦州区，可知汉水源出天水，过武都郡（图1-14，甘肃成县西北）。

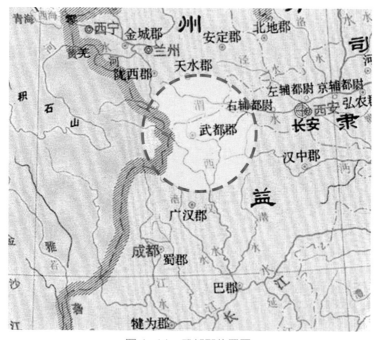

图 1-14　武都郡位置图

（图片来源：改绘谭其骧《中国历史地图集》之《西汉时期全图》）

《水经注》里也有"汉水有二源，东源出武都氐道县漾山，为漾水，《禹贡》导漾东流为汉是也，西源出陇西西县嶓冢山，会白水迳葭萌入汉，始源曰沔"。[3] 即古汉江有两处源头，一在武都氐道县，一在陇西西县（图1-15），两江相汇形成古汉江。《水经注》所言东源氐道县，即为今嘉陵江

---

① 《尚书·禹贡》。

② 《汉书·地理志》卷28《陇西郡》。

③ 《水经注》卷20《漾水》。

图 1-15　西县、氐道位置图

上游源头之一，东流为汉水，叫作漾水。而西源的流向，即为今嘉陵江，西源出自西县，是为西汉水，会白水，即白龙江和白水江，迳葭萌，即途经广元昭化区。最关键的是最后一句，入汉水，即西源出来的江水经过一系列汇合后，从葭萌附近入了东源所出汉水。笔者通过比对现今嘉陵江流域水系图和其他资料，认为嘉陵江与汉水的确可能汇成一条古汉江，但"迳葭萌入汉"可能是将"入汉"地点描述错误，也可能葭萌为粗略的地理范围概念，从葭萌附近入了汉水。《水经注》中记载："刘澄之云：有水从阿阳县，南至梓潼、汉寿，入大穴，暗通冈山。郭景纯亦言是矣。冈山穴小，本不容水，水成大泽而流，与汉合。庾仲雍又言，汉水自武遂川，南入蔓葛谷，越野牛，径至关城合西汉水。故诸言汉者，多言西汉水至葭萌入汉。"[①] 阿阳县是西汉时期的行政区划名，属天水郡，而梓潼指的是梓潼郡，在今四川梓潼，而汉寿县是东汉时期刘备政权时改葭萌县为汉寿，文中所提到的冈山为今四川龙门山山脉靠近广元一带，故冈山大穴的位置可能如图 1-16 所示。

---

① 《水经注》卷20《漾水》。

图 1-16　冈山大穴位置猜测图

　　有趣的是，图 1-16 是由一张明代舆图改绘，这就说明前文所解析的嘉陵江—汉水古通道的关系在明代时期依然延续着。笔者在 1402 年的《混一疆理历代国都之图》中也发现了同样的结论，而且如图 1-17 所显示，舆图绘制者将嘉陵江上游与黄河重要支流渭水连通在了一起，而实际情况是嘉陵江上游源头在陕西宝鸡凤县的嘉陵谷，十分靠近渭水流域。笔者推测绘制者从人文活动的文化地理通道角度考虑，将嘉陵江视为连通渭水（黄河）及长江的唯一通道，这也从侧面反映出在明代时期，嘉陵江地理古通道的重要作用，从而证明为何嘉陵江—汉水古通道上有着数量如此庞大的会馆建筑群。

　　在另一张《大明九边万国人迹路程全图》（舆图绘制具体时间不详，资料只记载为明代，即 1368—1644 年间）中有更直接的证据（图 1-18）。舆图中显示，嘉陵江与汉水实为一条古汉江，从龙安府附近，亦即前文所探究的葭萌附近一分为二，东流为汉水，南流为嘉陵江，都入了长江流域。

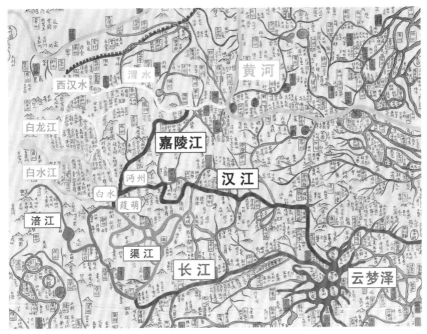

图 1-17　古汉江水系关系图（蓝色系水路均是嘉陵江干支流）

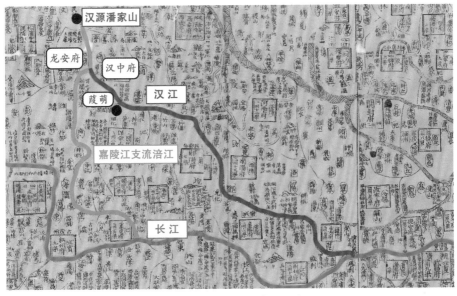

图 1-18　古汉江一分为二示意图

（图片来源：改绘明代《大明九边万国人迹路程全图》）

其实明代之前还有一些记载，清光绪十四年（1888 年）《宁羌州志》记载（图 1-19）："光宗绍熙二年七月，嘉陵江暴溢，兴州圮城门，郡狱官舍凡十七所漂民居三千四百九十余家，大安军皆水。"文中描述宋光宗绍熙二年（1191 年），兴州（今陕西略阳，濒临嘉陵江）涨水，位于宁羌州的大安军（今人认为是汉江之源头嶓冢山所在之地，被认为是嘉陵江与汉江的分水岭）被淹，受灾情况十分严重。这次灾情，《宋史·光宗本记》里也有提到："绍熙二年五月，兴、利等州大水，七月，嘉陵江暴涨，兴州被淹没三千四百九十余家。河池县虞关等处亦受淹，是年，阶、成、西和、凤四州大旱，发生饥荒。朝廷赈灾。"文献记载嘉陵江大水，而今人认为的汉水源头大安军也受到了水灾，这从侧面佐证了嘉陵江与汉江可以通航的可能性。

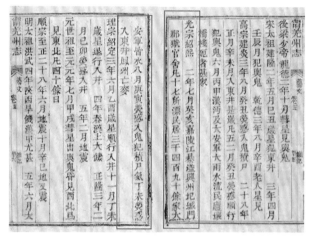

图 1-19　清代《宁羌州志》中记载宋大安军受嘉陵江水灾原文
［图片来源：改绘清光绪十四年（1888 年）《宁羌州志》］

继续发展到清代。笔者从一套 1850 年的官方舆图《清二京十八省舆地图》中发现，在《陕西全图》一角，嘉陵江和汉江依然是连通的（图 1-20），这说明嘉陵江—汉江构成的古通道可能一直延续到了清朝末期。

总而言之，嘉陵江—汉水这样的地理通道，在明清时期，北可通达渭水黄河流域，南有两处都可连通长江流域，便不难理解这条古通道上会有诸多的移民、商贸活动，从而留下丰富的会馆种类（图 1-21）。

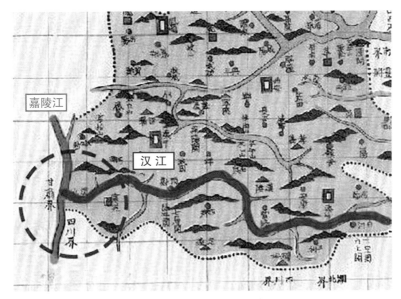

图 1-20　嘉陵江与汉江连通

（图片来源：改绘 1850 年《清二京十八省舆地图》之《陕西全图》）

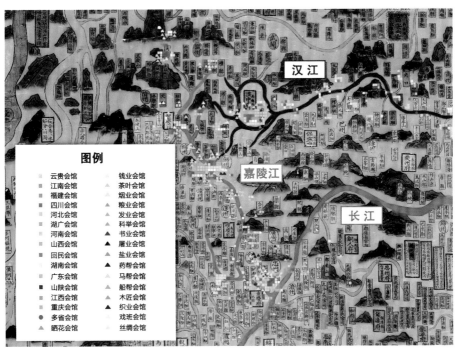

**图例**

| | |
|---|---|
| ◇ 云贵会馆 | △ 钱业会馆 |
| ▢ 江南会馆 | △ 茶叶会馆 |
| ▢ 福建会馆 | △ 烟业会馆 |
| ▢ 四川会馆 | △ 粮业会馆 |
| ▢ 河北会馆 | △ 发业会馆 |
| ▢ 湖广会馆 | △ 科举会馆 |
| ▢ 河南会馆 | ▲ 书业会馆 |
| ▢ 山西会馆 | ▲ 屠业会馆 |
| ▢ 回民会馆 | ▲ 盐帮会馆 |
| ▢ 湖南会馆 | △ 药帮会馆 |
| ▢ 广东会馆 | △ 马帮会馆 |
| ■ 山陕会馆 | △ 船帮会馆 |
| ▢ 江西会馆 | ▲ 木匠会馆 |
| ▢ 重庆会馆 | △ 织业会馆 |
| ● 多省会馆 | ▽ 戏班会馆 |
| ▲ 晒花会馆 | △ 丝绸会馆 |

图 1-21　嘉陵江—汉水古通道上的明清会馆分布

（图片来源：改绘《1594 年天下舆地图》）

# 第二节 明清时期流域商贸发展与会馆

## 一、明清时期全国市场的双元格局与会馆建筑的出现

会馆作为由商帮、行帮兴建，为商贸活动服务的建筑类型，其兴起和发展离不开经济环境的影响。在明清时期，全国经济到达了新阶段，商贸活动也出现了诸多新现象，这为该时期流域的快速发展和会馆的大量建设提供了经济基础。

### （一）明清全国市场的双元格局与流域的经济地位

纵观中国经济史，明清两代是全国市场形成和完善的重要时期。经济史学者认为，明清中国许多地区存在以劳动分工和市场扩展特点为斯密型动力①。劳动分工不仅使工、农业生产的专业化水平逐渐增强，提高了生产效率，更重要的是带来了全国范围的产业分工，逐步形成了江南等工业中心区与湖广、江西、四川等农业主产区并立的"双元格局"。这种"双元格局"具有很强的互补性，农业主产区为工业中心区提供原材料和商品销售地，工业主产区接受原材料进行加工生产，再将商品提供给包括农业主产区在内的全国各地。这种生产资料和商品在全国范围内的流动最终催生了全国市场的形成。

---

① 在《国富论》中，亚当·斯密提出经济发展的动力是劳动分工和专业化带来的较高生产率，这种动力被称为"斯密动力"（Smithian Dynamics），它推动的经济增长被称作"斯密型成长"（Smithian Growth）。这种增长有两个特点：其一，成长的动力是劳动分工和专业化，包括工业和农业的分工与专业化，以及不同地区之间的分工和专业化。其二，成长的容量取决于市场的规模。在斯密型成长中，技术基本没有突破，经济总量虽然增加，但劳动生产率的提高非常有限，因此，只有持续扩大市场规模，才有更大的成长空间。参考：王国斌著. 转变中的中国：历史变迁与欧洲经验的局限[M]. 李伯重，连玲玲译. 南京：江苏人民出版社，2014：11.

（二）明清交通体系下流域商贸城镇的兴起

在"双元格局"的经济模式下，全国市场已初步形成。地域分工使地域之间的相互合作与联系更加紧密，从而产生了在更大的范围内配置资源和销售商品的需求。因此，建立一个范围广大的货物运输与资源配置体系成为亟待解决的问题。这个体系中主要包括通畅的交通线路和作为线路上停留与中转点的商贸城镇。会馆正是在这样的经济背景下应运而生的。

## 二、商会、行会、商帮的形成及其对湘桂走廊沿线会馆的建设

### （一）湘桂走廊沿线商业兴起的历史契机

湘桂走廊作为沟通中国南北的地理大通道，一直都承担着经济走廊的重要作用，直到明清民国时期仍然发挥着巨大的作用。在这个时期湘桂走廊沿线商业的兴起与稳定的社会环境和畅通的水陆交通有着最主要的关系。

1. 明清之际"平三藩"后湘桂走廊沿线稳定的社会环境

明清之际湘桂走廊沿线战乱频繁，城乡受到了严重的破坏，经济萧条，土地荒芜，人口稀少。康熙年间，吴三桂盘踞于长沙后又在衡州称帝，控制了湘江沿线，两方势力的争斗使湘桂走廊湘江段商业发展一度停滞，一直到平定三藩（图1-22）之后才开始恢复。

平三藩后，清政府为恢复湘桂走廊的"湘江—桂江"沿线生产发展经济，为政府积蓄力量，命各省府减轻赋税，还调整了清初较为落后的政策，解除了海禁，大力支持商人进行贸易活动，于是外省的商人已经重新开始在往来于湘桂走廊沿线进行贸易活动了。

2. 官府对于湘桂走廊水陆交通通道的修整

湘桂走廊沿线商业的兴起得益于其水陆交通的畅通，其中最主要的是灵渠水运。明、清、民国时期官府对于灵渠水路的修治有24次，其中清朝多达16次，这与清早期国家经济回暖，商业逐渐兴盛，对铜钱银两需求增多，运铜船容易破坏灵渠有关。

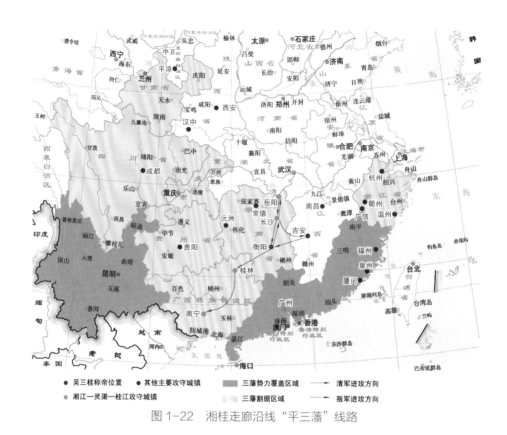

图 1-22　湘桂走廊沿线"平三藩"线路

为解决铜荒，清政府大力扶持云南铜矿开采，经过湘桂走廊的水路滇铜运输线路在雍正年间被确定下来，湘、鄂、陕、苏、浙、桂等省滇铜转运（图1-23）均通过湘桂走廊水路运输。铜矿运输使得船只吃水深，一方面容易造成水道的破坏，另一方面也促进了对水道的修葺。此外清朝地方官员还以捐俸①的方式来修整水渠和堤坝。官府对水道的定期维护治理保持了交通线路的畅通，让商人得以便利地往来于湘桂走廊之间，商贸活动又不断繁荣起来。

---

① 《灵渠文献粹编》石琳．捐俸重修陡河碑：康熙二十四年（1685年），时任广西巡抚范承勋捐俸并组织军民一同参与灵渠的修补工作，这次对灵渠的修补碑文记载有"……行旅以通，商贾辐辏，粤以利赖。至春横雨大潦，而键闭坚壮，可恃永久而不溃矣"。

图 1-23　湘、鄂、陕、苏、浙、桂等省滇铜转运路线图

## （二）以江西、湖广、广东、福建为主的商业格局与会馆

湘桂走廊沿线往来大宗商品属粤盐和湖南、广西的谷米为最，《清实录》中有对谷米南运、粤盐北输[①]的记载。当时湘桂走廊沿线"湘江—桂江"沟通的湖南、广西两省都是产米大省，广东人多外出经商，导致两广地区的商品作物的种植面积变大。尤其是广东地区长期以来农作物种植面积匮乏，依赖广西、湖南的谷米保证食用。湘商将湖南、广西等地的谷米沿湘桂走廊运送至岭南，粤东商人将粤盐经由广西的粤盐运销总埠梧州运销桂江沿线以及湘江沿线湘南地区，再将广西、湖南的谷米运回广东。谷米与食盐

---

① [清]唐兆民编．灵渠文献粹编[M]．北京．中华书局，1978年，第231页："粤东向来产谷不敷民食，资西省接济……至由桂林至梧州，已咨明楚省，择原船愿赴梧者，给水脚转运，亦不至有碍商贩。"

均由湘商、粤商在湘桂走廊沿线频繁地进行交易。因此湘商在桂北占据了较为强势的地位。湘桂走廊过渡段和湘南的民众在食盐的来源上出现了淮盐和粤盐反复的情况。明清时期，所有商人中数资本雄厚的盐商对朝廷的"报销"最多，在所有盐商中，又以淮商"报销"最为丰厚且稳定容易管理，因此两淮的盐课在国家财政中具有十分重要的地位，这也是徽商在湘桂走廊沿线占据一定影响力的原因之一。

### （三）政府政策——广州"一口通商"

清乾隆二十二年（1757 年），广州作为唯一通商口岸，各省货物集中在湘潭，经郴州越过五岭到达广州，再运至海外。粤商也因此得以发展，他们凭借西江深入广西，并通过湘桂走廊扩大在桂东北的势力范围，但粤商并不经由湘桂走廊顺湘江而下进行商业贸易，他们选择另一条过岭通道——湘粤古道①（图1-24）经由耒水或者春陵江抵达衡阳再在沿线进行商业贸易，因此永州府范围内都没有粤东商业会馆的记载和设

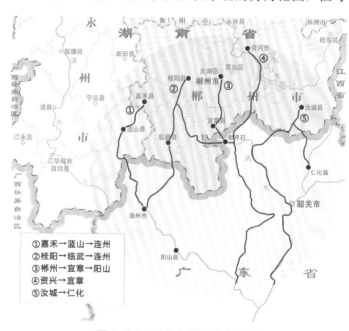

图 1-24　湘粤古道区位走势图

①嘉禾→蓝山→连州
②桂阳→临武→连州
③郴州→宜章→阳山
④资兴→宜章
⑤汝城→仁化

---

①　湘粤古道线路：①嘉禾—蓝山—连州；②桂阳—临武—连州；③郴州—宜章—阳山（洛洸或者乐昌），也就是西京古道；④资兴—宜章（汝城—乐昌）；⑤汝城—仁化。

立。一口通商也导致其他商人势力的分流，"每岁浙、直、湖、湘客人腰缠过梅岭者数十万，皆置铁货而北"[①]。在这些因素的影响下，以赣、湘、闽、粤为主的湘桂走廊商业格局就逐渐形成了。

## 三、商会、行会、商帮的形成及其对汉水流域会馆的建设

### （一）汉水流域商业兴起的历史契机

明清农业分工方面的一项显著变化，即粮食主产区从江南地区向西转移至了汉水流域的湖广及其周边的江西、四川地区。宋代江南曾是全国最大的产粮区。到了明清时期，江南地区的早期工业的收益远超农业收益，因此这里的经济重心从农业转向工业。加之长江中上游的平原治水和山地开荒卓有成效，以及清初移民的大规模涌入，湖广、江西和四川等地区的农业生产和输出开始超过江南地区。从图中可以看出，湖南、湖北、江西和四川四省是主要的产粮区，同时也是最大的粮食输出地。而江苏、浙江和广东三省虽然粮食产量和人均粮食占有率数据都不低，但由于田赋、漕粮和城镇中大量外来人口等原因，成为明清时期最主要的粮食输入地。因此，粮食流向整体呈现从西向东、从中部到沿海的特点。

作为农业主产区，汉水流域所在的湖广及周边四川、江西等地成为全国市场的两大核心要素之一。由于明清时期的全国市场中，农产品是最为重要的商品，交易量超过工业品，因此汉水流域及其周边省份的贸易兴盛程度也相当可观，这就为汉水流域的进一步开发和会馆在汉水流域的广泛出现提供了经济基础。

#### 1. 移民的涌入

汉水流域中上游的多条支流形成的川陕蜀道、商於古道和方城隘道，自古就是从关中和中原地区进入南方长江流域的要道。因此，在连年战乱

---

① [明]陈子龙．明经世文编卷369《霍勉斋集二》．北京．中华书局，1962年，第3984页。

的宋末和元代，汉水流域作为南北对峙的前线，饱受战争摧残，人口持续减少。

随后的明清两代，从明代的封禁山区、管制流民，到清代的"招徕流移""农田垦荒"，汉水流域的上下游分别经历了不同的移民流动和人口变迁历程。

1）向汉水下游地区的移民

元朝末年，在江汉平原，起于鄂东的天完政权与元朝军队及其他地方势力进行了旷日持久的征伐，使汉水中下游地区受到较大破坏。元末至明初洪武年间，数量巨大的移民开始迁入汉水下游地区，其中以从江西迁入的人数最多[①]。

明末清初，由于战争等原因，汉水中下游地区再一次受到了一定程度的破坏。清初，由于后文即将论述的秦巴山区解禁和"迁海令"，汉水下游又迎来了新一轮的移民潮。在这场史称"江西填湖广、湖广填四川"的移民潮一直持续到清中期，汉水下游作为途经地，也接纳了不少移民。

在这两次迁入汉水下游的移民中，以江西移民人数为最多。如前所述，明清时期的江西是长江下游工业中心的重要组成部分，其境内的赣江又是连通北京、长江下游和两广的新南北大通道中的重要河段。相对该时期的江汉平原，江西的经济发展程度更高。因此，随着移民而来的江西乃至长江下游的各地的先进技术、文化以及充沛劳动力，对汉水下游的工农业经济发展、堤垸建设、建筑风貌等方面产生了十分积极的促进作用。

2）向汉水上游地区的移民

汉水上游所在的秦巴山区，气候温和、河川众多、水量充沛。以汉中平原为首的盆地与各条河流沿线上面积较大的河谷自古皆是重要的农业耕作区。然而，由于地处川、陕、鄂三省接壤地带，加之山势高峻、河流纵横，这里历代也属难治之地。

---

① 张国雄. 明清时期的两湖移民[M]. 西安：陕西人民教育出版社，1995：16.

明初，为了管制流民，政府对秦巴山区实行了长期的封禁政策。明中叶，政府允许违规来此的流民附籍定居，人数仅有约 10 万。因此，有明一代，这里始终人口稀少、发展缓慢①。

及至清代，秦巴山区解禁，加之清政府实行"迁海令"，鼓励沿海移民向地广人稀的内地迁移，引发了史称"江西填湖广、湖广填四川"的大规模移民运动，为这里带来了大量人口，极大地促进了该地区的开发②。

这场移民运动有多条移民路线，其中从湖广向四川和陕西流动的移民路线主要有两条。一条是沿长江溯源而上，穿过三峡进入四川盆地。由于长江三峡河段激流险滩遍布，行船不易，因此这条路线相对较难通行。第二条就是沿汉水而上，穿过秦巴山区到达汉中，再通过历史悠久的川陕蜀道进入四川或者陕西。这条路线虽然比长江线略长，但通航较为便利，且沿途有广大的地区可供移民驻足定居。由此，在清代初年，借助便利的汉水航运，汉水上游成为移民的主要迁入地之一。

汉水上游的移民迁入持续了百余年。乾隆初年，一批江西、安徽移民开始进入鄂西北山区，之后沿汉水主线到达郧县、郧西，接着从汉水支流堵河到达竹山、竹溪，或者从支流丹水进入商洛（古称商州）。乾隆二十年（1755年）之后，更大规模的移民迁入商洛（古称商州），并继续向西、南延伸。乾隆二十七至二十八年（1762—1763 年），移民潮到达平均海拔 1 200 米的镇安县。乾隆三十三年（1768 年）后，移民到达平均海拔 800~1 400 米的山阳县。乾隆三十七至三十八年（1772—1773 年）后，大批四川、湖北移民取道川北、鄂西进入陕西南部的安康地区③（图 1-25）。

① 鲁西奇. 区域历史地理研究：对象与方法——汉水流域的个案考查[M]. 南宁：广西人民出版社，1999：405-411.

② 张博锋. 近代汉江水运变迁与区域社会研究[D]. 武汉：华中师范大学，2014：48-51.

③ 鲁西奇. 区域历史地理研究：对象与方法——汉水流域的个案考查[M]. 南宁：广西人民出版社，1999：405-412.

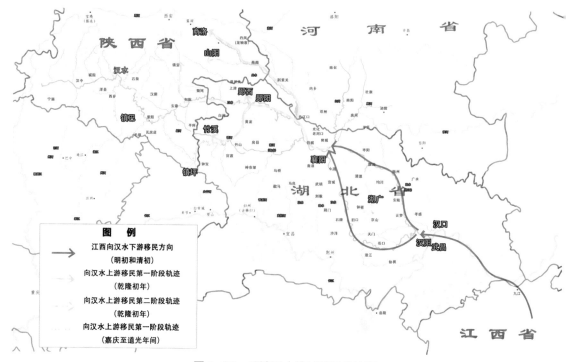

图 1-25　明清汉水流域移民轨迹图

　　清嘉庆初期，川陕鄂交界山区爆发白莲教起义，移民迁入暂时放缓。起义平定后，移民潮再度恢复。嘉庆时期，移民开始向海拔更高、更寒冷的秦巴中部山地延伸。秦岭中部海拔 1 400~3 000 米的宁陕、佛坪，巴山地区海拔 1 400~2 000 米的镇巴（古称定远）、镇平和岚皋（古称砖坪）等地即是在嘉庆及至道光年间由移民开发的。

　　2. 移民的建设

　　经过这场旷日持久的移民运动，汉水上游人口大幅增长。陕南三府汉中、兴安和商州人口增长了 6 倍，鄂西北地区也聚集了数量众多的移民。这时期迁入的移民中，来自湖广的人数最多，其次为江西、安徽、四川三省，河南、江苏、山西的移民数量也较为可观。这些来自先进地区的劳动力支持和农业技术推广为后续秦巴山脉的持续开发提供了强劲动力。

　　移民的迁入大大加速了汉水流域的经济发展。在汉水下游的江汉平原上创造了堤垸经济的繁荣，在中上游的秦巴山脉中兴起了影响深远的山地开荒运动。

1）汉水下游的堤防建设和堤垸经济的形成

汉水下游地处平原，两岸地势低洼，因此较大规模的水系治理和堤防建设主要在这里进行。宋元时期，汉水下游堤防有了初步发展；在明代，经过大规模的修筑，汉水下游的大部分河段基本形成连续的长堤，河道因而固定下来，与今天的位置基本一致[①]；清代则主要进行了长期的维修，以及下游末段堤防的增筑工作（图 1-26）。

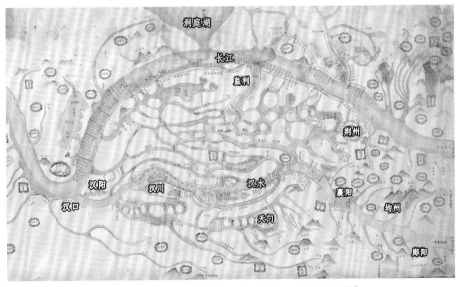

图 1-26　清道光年间湖北省《长江、汉水堤工图》

汉水下游堤防建设主要采用"挽堤成垸"的方式（图 1-27、图 1-28）：在修筑一段堤防的同时，建设一个闭合的堤垸；堤垸逐步推进，堤防也逐步连成一线；沿江的堤垸还可继续向外扩张，最终形成连片的垸田[②]。

---

① 鲁西奇，潘晟．汉水下游河道的历史变迁[J]．江汉论坛，2001（3）：36-40．

② 方盈．堤垸格局与河湖环境中的聚落与民居形态研究[D]．武汉：华中科技大学，2016：79．

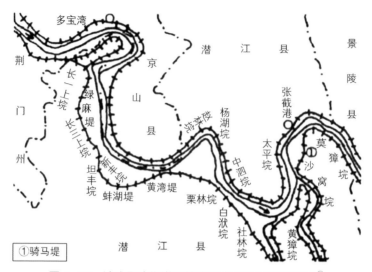

图 1-27　清康熙中期潜江境内汉水两岸堤防示意图[①]

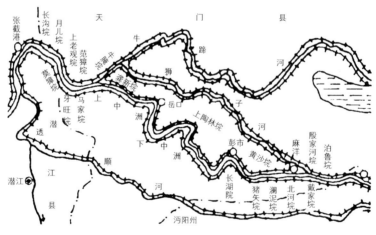

图 1-28　清乾隆中期天门境内汉水两岸河堤与垸堤示意图[②]

①②　引自：方盈. 堤垸格局与河湖环境中的聚落与民居形态研究[D]. 武汉：华中科技大学，2016：79.

挽堤成垸的开垦方式最早起于南宋，在明代得到全面发展。到了清代，垸田发展规模、速度和改造程度相比前代更胜一筹[①]。虽然明末的动乱使江汉平原的水利设施暂时凋敝，但在康熙年间，这里的堤垸建设受到重视。到了乾隆时期，汉水下游的垸田经济已经达到历史最高水平（图1-29）。在嘉庆年间，垸田已经扩展到各个湖泊和支流港汊周边，江汉平原曾经河湖纵横的面貌已经基本不复存在，而被一组组垸田和堤垸之间的河道取代[②]（图1-30）。

明清时期的堤垸建设对汉水下游的经济发展起到了两项重要的作用。其一是农业。首先，堤垸开发形成的垸田有很多为优良的水田，非常适合水稻种植。据统计，清代汉水下游堤垸最为集中的各州县水田面积几乎均超过40%[③]。因此，清中期之前，汉水下游成为全国范围内最为重要的稻米输出地之一，有"湖广熟，天下足"的美誉。其次，堤垸建设对洪水的防御作用，使旱地、山地等其他农业用地产量更为稳定，带来以棉花为代表的经济作物的广泛种植。到清代，这里已成为重要的棉产地、棉布纺织工业区和棉产品输出地[④]。

其二，修堤筑垸、顺水归槽也使汉水下游的航运更加通畅，商品运输更加便利。固定之后的河道，水量更充沛，行船条件更好，运输量也大幅增加；也可以更好地应对涨水与枯水的自然周期。沿岸城镇受到河堤的保护，可以摆脱狭小城墙的限制，在距离岸边码头更近的地方进行货物搬运和储存。从图1-30中可以看到，清代的江汉平原，湖泽已基本褪去，而河道网络遍布其上。城镇居于河网之间，借助便利的水运网络，获得来自各地的商品供给。

---

① 张田雄. 江汉平原垸田的特征及其在明清时期的发展（续）[J]. 农业考古，1989（2）：238-246.

② 方盈. 堤垸格局与河湖环境中的聚落与民居形态研究[D]. 武汉：华中科技大学，2016：72-73.

③ 龚胜生. 清代两湖农业地理[M]. 武汉：华中师范大学出版社，1996：58-69.

④ 鲁西奇. 区域历史地理研究：对象与方法——汉水流域的个案考查[M]. 南宁：广西人民出版社，1999：428-453.

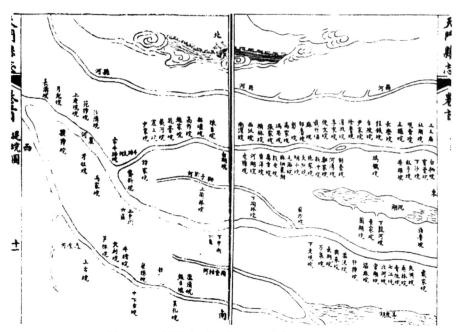

图 1-29　清乾隆时期《天门县志》卷首堤垸图

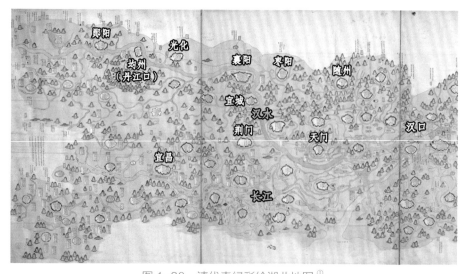

图 1-30　清代青绿彩绘湖北地图 [①]

---

① 原图藏于法国国家图书馆。

2）汉水上游秦巴山脉的开发

汉水上游所在的秦巴山脉大多为山地。明之前，这里的山区鲜有居民的足迹。汉水上游流域内的山地面积占比 86% 以上，包括小盆地、平坝和河谷地在内的平原面积不到 10%。其中，汉中平原由于土地平旷，加之水利事业发达，历来多以种植水稻为主，粮食产量较高。因而在明清之前，秦巴山脉中人口最集中的地方是汉中平原，其次是汉水和各支流经过的一些小盆地、小平坝和较平阔的河谷地带，如安康、汉阴、商州、郧县和竹溪等。而面积占比最大的山地则可以说是荒无人烟[1]。

如前所述，明清移民运动之后，秦巴山区逐步得到开发。嘉庆、道光年间，这里的峰峦峡谷之中，几乎处处可见移民开垦、耕种的身影。他们在河谷、小盆地和山间平坝上修渠引水，开发水利，围起水田，种植稻米；在低山丘陵和更高寒的山区开林辟地，种植红薯、玉米和马铃薯[2]。

此外，秦巴山脉也有丰富的经济作物输出，比如紫阳县产茶、旬阳产核桃及柿子、城固出产木耳、白河出产皮纸、安康出产用于炼染渔网的橛皮等。更有于崇山峻岭中自然生长的四五十余种名贵中药材，如党参、当归、柴胡等，经过采集和炮制后，以大宗商品的方式运往全国各地。

借由汉水上游秦巴山脉的开发热潮，明清以降，这里的移民逐渐聚集、稳定下来，人口日益增长。加之以经济作物为主的农产品输出，这里贸易兴盛、航路通达，商帮活动也日趋频繁，会馆也在航路沿线的主要城镇大量建设。从前荒无人烟的崇山峻岭开始在全国商贸市场中占据一席之地。

## （二）以山陕、湖广、江西为主的商业格局与会馆

明清时期的商帮具有明显的地域特点，往往以血缘、乡缘为纽带，结成互帮互助的群体。起初商帮众多，到了清代，全国市场上的更具实力和

---

[1] 鲁西奇. 区域历史地理研究：对象与方法——汉水流域的个案考查[M]. 南宁：广西人民出版社，1999：411.

[2] 鲁西奇. 区域历史地理研究：对象与方法——汉水流域的个案考查[M]. 南宁：广西人民出版社，1999：459.

控制力的大商帮开始显现，号称"十大商帮"①。在外乡从事商贸活动时，为了联络帮众和商议帮内事务，商帮在其活动较多的重要城镇建起会馆、公所，进而得以更有效地扩张自己的商贸网络。在汉水流域上也有这十大商帮的足迹，其中最主要的是山陕、江西、湖广、河南、四川等五大商帮，他们在汉水流域所建的会馆数量众多、地域广泛，成为流域商贸发展的中坚。

## 四、商会、行会、商帮的形成及其对嘉陵江流域会馆的建设

### （一）嘉陵江流域商业兴起的历史契机

纵观中华大地，嘉陵江流域北部与渭水相接，入关中盆地和黄河流域连通，南部从重庆汇入长江，进入长江地理大通道，如此得天独厚的天然地理优势成就了它在中国文化地理通道中举足轻重的一席历史地位。在会馆形成与发展的几百年时间里，嘉陵江流域经历着区域间重要的战争、移民和商贸等活动，应运而生的便是散落在其干流和支流上的会馆遗珍，那些在历史的长河中曾经存在过又消失、存在过被部分或全部保留下来的、后人根据记载复建的会馆建筑遗产，都在诉说这片嘉陵江流域往昔辉煌的发展历程。

影响这些会馆产生最主要的动因如明末清初的农民战争，文献记载张献忠屠城导致巴蜀地区，十仅剩一二，从而清政府以暂免赋税、赠送土地等优惠政策倡导外省人携家带口入川开垦，这些浩浩荡荡的移民中以湖广、江西人居最多，其中湖广人以湖北孝感麻城为最甚，这在后文展现的会馆统计数据中可见一斑。其次便是广东、福建、山陕甘宁地区（由于在明朝时的行政划分中，部分今甘肃北部地区隶属于陕西行都，而南部地区和宁夏回族自治区属于陕西行省，故在清代更改行政区划前建设的陕西会馆有可能包括了今甘宁地区）。除此之外，四川本土的会馆数量也不在少数，

---

① 牛贯杰. 17~19世纪中国的市场与经济发展[M]. 合肥：黄山书社，2008：220-221.

如川主庙、川王庙、川主宫、二圣宫（供奉李冰父子以纪念其在都江堰治水之功）等，他们的产生动因多来自本土力量与外来力量的抗衡，体现在大宗货物的商业垄断、地方矛盾与事务处理等多个方面。与此同时，嘉陵江便捷的地理通道带来的是四面八方的商贸活动，陕甘青宁的商帮用船结合骡马销售牲畜、皮毛、木材和名贵药材，再从四川湖广江南行省的人们手里买回布匹、丝绸、食盐和沿长江运输进巴蜀地区的生活用品及洋货。据学者统计，甘肃文县一个小小的碧口古镇，因借位于嘉陵江重要支流白龙江和白水江交汇处的天然地理优势，在民国初其税收占整个甘肃省税收的 30%，堪称奇迹。繁荣的商业促发了教育事业的欣欣向荣，在嘉陵江流域，凡是经济上占据明显优势的地方，当地居民与外来移民均更重视子女的教育问题，都希望家族里有人一朝夺魁光宗耀祖，也更有利于稳固家族在当地的综合地位，于是应运而生的便是各类官办、民办书院、义学以及试馆，后来演化出了科举会馆，即为参加科举考试的莘莘学子提供住宿、复习和休养的场所。这样的科举会馆，往往也掺杂着同乡或同业的因素，在经济与文化共同繁荣的嘉陵江流域也颇有一番数目。

综上所言，天然的地理大通道优势在会馆产生的那段特定年代里，由于战争、灾祸与政治因素导致的人口迁移、水陆路便利的交通滋养了兴盛的商业贸易、文化的繁荣与封建时期科举制度的国策等诸多因素，促生了嘉陵江流域种类繁多的会馆建筑。据笔者不完全统计，嘉陵江流域历史上曾经存在过的各类会馆总数多达 1 022 座，其中移民同乡会馆 786 座，而商帮同业会馆 236 座，而由于各种历史原因，现存的数量仅剩下 43 座。由于明清时期的地方县志记载详略不一，对当地会馆的记载多隐藏在章节城池舆图、寺庙宫观、地方风俗、坛庙祭祀里，详者不仅直言记录会馆，并补充位置、捐建者、义地、往来贸易物资等信息，但略者只寥寥几字记录会馆再无其他，甚至以会馆别称记录而无多余注释，如万寿宫之对应于江西会馆，禹王宫对应于湖广会馆，王爷庙对应于船帮会馆，但需注意实际会馆与这些宫庙的关系，虽有对应之别称，但并非所有万寿宫均为江西会馆，非所有关帝庙均为山陕会馆，详细的关系探讨前人学者已经有相关论证了，笔者在此不再赘述。故笔者统计数据时，一来尽量多地参考不同渠道来源的资料，以求相互印证再三确认；二则被以往学者反复论证过的会馆与别称便尽量取关系高度密切的全部统计，关系辩证的再求他证；三来通过自身实际调研，借助现存建筑实体、街巷名称由来、民间走访、历史影像辨认等方式以寻求信息的补充与求证。在此需说明的是，尽管统计时参照了数百本县志文献及其他前人学者的统计与分析，由于历史信息不全而多有疏漏之处，故以上数据也只能提供参考，历史上曾在嘉陵江流域存在过的会馆建筑可能还有更多未被发现，笔者对此深感遗憾。

据笔者统计，嘉陵江流域的部分同业会馆分布如图1-31，这些同业会馆总数约有236座。可以得知，嘉陵江流域中，同业商帮所建的会馆种类是非常丰富的，其中船帮、马帮、药材帮、盐业帮、屠宰业、烟草业等行业占据了较大的比例，重庆、广元等地的同业会馆分布较为密集。这些同业会馆的数量、种类以及密布的节点城市背后的成因是什么，笔者将展开探究。

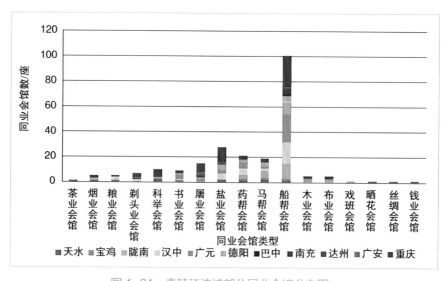

图1-31　嘉陵江流域部分同业会馆分布图

嘉陵江流域水系发达，通航条件便利（图1-32）。日本学者曾在1907—1918年对嘉陵江流域做过调研，其绘制出的嘉陵江流域水路图如图1-33所示。

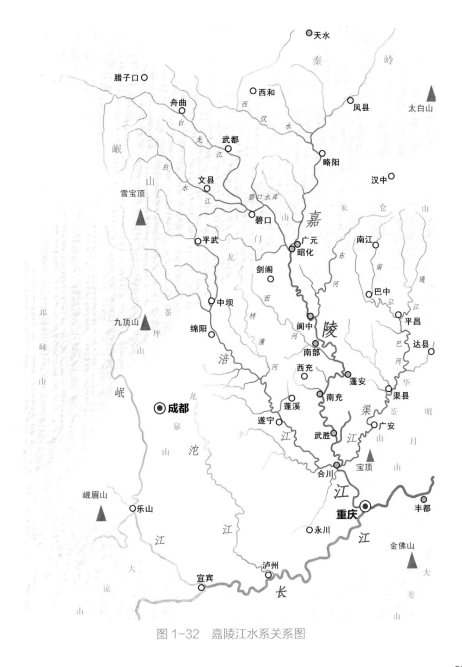

图 1-32 　嘉陵江水系关系图

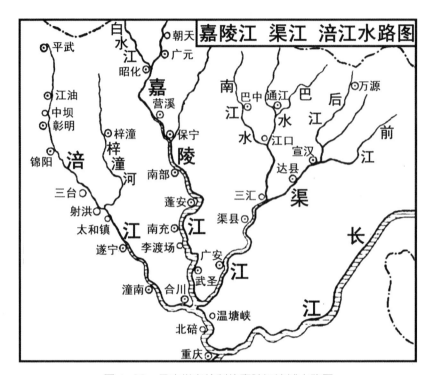

图 1-33　日本学者绘制的嘉陵江流域水路图

嘉陵江发达的航运条件留下了众多的津渡，津渡指的是以船渡方式衔接交通的地点，包括码头、引道及管理设施。笔者以津渡数量为例，来探析嘉陵江水系真实的通航情况。研究发现，清代前期嘉陵江津渡共计 40 座。而清中期嘉陵江津渡共计 104 座，较早期有所增加，且密集分布于嘉陵江干流，占总数约 54.8%，到清后期，嘉陵江流域津渡总数为 451 座，较之中前期有显著增长。且从具体的津渡分布情况来看，到了清后期，涪江和渠江津渡较多，而嘉陵江干流津渡较少，在干流上中下游设置较多。这和后文中嘉陵江流域会馆建筑的总体分布特征上，嘉陵江干流上中下游的会馆明显多于上游，而支流中渠江和涪江的会馆的确分布得非常密集的特征相印证。

## （二）以湖广、江西、山陕、四川为主的商业格局与会馆

总体上来看，嘉陵江流域历史上曾经存在的数百座会馆分为两大类，包括同乡会馆和同业会馆。其中同业会馆在笔者的统计中至少包含了 17 种，其中有茶帮、烟草帮、粮帮、理发业、书帮、屠宰业、盐帮、药帮、马帮、船帮、木匠帮、缝纫业、戏班、晒花帮、丝绸帮、钱业、科举等。而同乡会馆的种类也十分多样，据笔者统计，嘉陵江流域历史上曾经存在过的同乡会馆至少包括了 14 种，其中有云贵公所、河北会馆、山陕会馆、江南会馆、湖广会馆、湖南会馆、江西会馆、福建会馆、河南会馆、广东会馆、重庆会馆、四川会馆、山西会馆以及多省联合建设的四省会馆、五省会馆，甚至包括重庆的八省会馆。

会馆的主要功能之一是酬神娱人。会馆建立之初，就把自己的家乡神或者行业神供奉于最显著的位置，通过共同的信仰来增加彼此的归属感和对家乡的认同，并通过祭祀这些神灵来保佑身在异地的同乡平安顺遂。就不同行业商帮和不同省籍客民的信仰而言：山西、陕西籍贯的人多以出生于山西解州的关羽为自己的崇拜对象，所以山陕会馆一般会供奉关羽，因此山陕会馆又叫关帝庙、武圣宫、三元宫、玉清宫等；江西会馆多祭祀晋代著名道家圣人许逊（许真君），江西会馆别名万寿宫、江西庙、旌阳宫、真君宫、轩辕宫、五显庙、九皇宫等等；广东会馆亦称南华宫、万天宫、龙母宫、元天宫、粤东庙等等，主要祭祀的对象是南华六祖慧能；而福建人常奉林默娘为天后圣母，所以福建的会馆又称为天后宫、天妃宫、天上宫、娘娘庙、妈祖庙等等；四川会馆多供奉李冰父子，因此四川会馆别名川主庙、二圣宫等等。

具体情况见表 1-2 所示。

表 1-2　同乡会馆的别称与信仰一览表

| 会馆 | 别称 | 供奉 / 信仰 |
|---|---|---|
| 四川会馆 | 川主庙 | 赵公明/李冰父子/二郎神杨戬 |
| 重庆会馆 | 巴蔓子庙、普泽庙、璧山庙 | 璧山神 |
| 云南会馆 | 土主庙 | 关羽 |
| 贵州会馆 | 荣禄宫/黑神庙/忠烈宫 | 黑神南霁云 |
| 山陕会馆 | 关帝庙/武圣宫/玉清宫/三元宫 | 刘备/关羽/张飞 |
| 湖广会馆 | 禹王宫/真庆宫/真武宫/帝主宫、护国宫（湖北黄州）/玉皇宫（湖南常德）/濂溪祠/齐安公所/鄂州驿/湖北会馆/伏波宫（临江会馆，辰州沅陵商人）/咸宁会馆 | 禹王/帝主 |
| 江西会馆 | 万寿宫//江西庙/旌阳宫/真君宫/轩辕宫/五显庙/九皇宫/昭武宫（抚州）/洪都府、豫章宫（南昌府）/邵武公所、萧公庙、萧君祠、晏公庙、三灵祠、三宁祠、仁寿宫（临江府）/文公祠、武侯祠（吉安府）/泰和会馆/安福会馆/仁寿宫（临江会馆）/南城公所/白马庙（许逊，江西，打铁） | 许真人 |
| 广东会馆 | 南华宫/万天宫/龙母宫/元天宫/粤东庙/岭南会馆/宝安会馆/ | 六祖慧能 |
| 广西会馆 | 水来寺（广西商人在长沙）/冈州会馆（桂林商人于苏州，扇子会馆）/湘山宫 | 娥皇女英 |
| 福建会馆 | 天后宫/天上宫/建福寺/兴安会馆 | 天妃/妈祖 |
| 安徽会馆 | 新安会馆（新安书院）/宛陵会馆/徽军会馆/太平会馆/安芩公所/旌德会馆 | 朱熹、文昌帝君 |
| 浙江会馆 | 列圣宫/浙宁公所 | 吴大夫伍员/吴越王钱镠 |

| 会馆 | 别称 | 供奉／信仰 |
|---|---|---|
| 江苏会馆 | 元宁会馆（江宁会馆）/千佛庵/天印公所/京江会馆 | 南海观音 |
| 江南会馆 | 准提庵/江南公所/豫章会馆 | 准提观音 |
| 河南会馆 | 开封庙 | 比干 |
| 河北会馆 | 珍紫山庙/直隶会馆 | 李诡祖 |
| 山东会馆 | 东齐会馆/三庭会馆 | 武财神赵公明/关帝/泰山神 |

以上是同乡移民和客商在兴建会馆时常供奉的神灵和会馆的其他名称。除了同乡会馆，嘉陵江流域还存在过种类繁多的同业会馆，明清时期，各行业都供奉自己的行业神。钱铺、杂货业供财神，药材业供神农、药王，屠宰业供桓侯，酒馆业供詹王，槽坊业供杜康，角盒花簪业供火神，泥木业供鲁班，成衣业供轩辕，理发业供吕祖，戏班业供老郎，茶、面、豆、油行供雷祖，绸缎布匹业供天孙官和文质会，纸扎装潢业供诸葛武侯，金银铜铁锡行业供太上老君等等。

不同商帮建设的同业会馆名称对应关系见表1-3所示。

表1-3　同业会馆的别称

| 商帮行业 | 会馆名称 | 商帮行业 | 会馆名称 |
|---|---|---|---|
| 船帮 | 王爷庙/杨泗庙/平浪宫/孝邑公所/二圣宫/二王庙（李冰父子治水） | 苓商 | 广义公所 |
| 屠宰业 | 张飞庙/张爷庙/桓侯庙/桓侯宫 | 素菜行 | 三元宫 |
| 木石匠业 | 鲁祖庙/鲁班庙 | 理发业 | 吕祖殿 |
| 缝衣业 | 轩辕庙 | 泥水业 | 土皇宫 |

续表

| 商帮行业 | 会馆名称 | 商帮行业 | 会馆名称 |
|---|---|---|---|
| 药材帮 | 药王庙/迴龙寺/三皇殿/怀庆会馆/神农殿 | 纸商 | 玉褚公所 |
| 骡马帮 | 骡帮会馆/马帮会馆/乘马会馆 | 金箔行 | 金箔会馆 |
| 油商 | 临襄会馆（山西临汾和襄陵） | 煤炭行 | 太阳公所/紫云殿 |
| 烟商 | 河东会馆（山西烟商）/烟帮公所 | 钱业 | 钱业公所 |
| 绸缎业 | 三元殿 | 粮行 | 凌霄书院/粮业公所 |
| 肉行 | 老汉义殿 | 白铁业 | 白铁公所 |
| 银炉坊帮 | 太清宫 | 金银业 | 金业公会 |
| 鞋业 | 孙祖阁 | 梳篦业 | 赫胥宫 |
| 猪行 | 长春公所/忠勇殿 | 建绒业 | 建绒公所 |
| 纸业 | 双红公所/木红公所 | 淮盐业 | 淮盐公所 |
| 面馆业/豆丝业 | 雷祖殿 | 鱼行 | 晴明公所 |
| 烟草皮货业 | 孙祖阁 | 鞭炮业 | 四神殿 |
| 烘糕业 | 玉清宫 | 算命相面业 | 簪星公所/三才书院 |
| 黄州烟袋帮 | 老君殿 | 牛皮业 | 皮业公所 |
| 面业 | 普化宫 | 天平业/黄陂铁业 | 老君殿 |
| 包席赁碗行 | 玉枢宫 | 药材行 | 三皇殿 |

上表为笔者整理出的各类不同行业的商帮所建设的对应会馆名称。事实上，在实际情况中，不同商帮所建设的会馆可能有更多与之对应的名称。

此外，行业相近的商帮也可能会祭祀相同的神灵，共用同一个会馆，故而存在一馆多神的现象。以上表为参考依据来对嘉陵江流域历史中曾经存在过的所有会馆进行分类，笔者发现，历史上嘉陵江流域同乡移民会馆最多的依次是湖广会馆、山陕会馆、江西会馆、四川会馆、广东会馆、福建会馆，其余同乡会馆的总数均在 50 座以下。这与前文中嘉陵江流域移民分布的特点形成了相互对应的关系。

# 第二章 流域会馆的分布特征与城镇形态功能的扩展

# 第一节 会馆流域分布的影响因素

## 一、水路交通格局的影响

湘桂走廊沿线集中分布着长沙、湘潭、衡阳、永州、桂林、梧州等重要的商埠和转运点，会馆也集中分布在沿线重要商埠内。值得注意的是，湘桂走廊联系起的流域上的两个省份最近的城市——永州、桂林及其所管辖的区域会馆的分布呈现出截然不同的趋势。永州因其在湘江上游，船不易行进，且陆路方面有雪峰山阻隔，枯水期时，永州段的交通不够便捷。部分商人，例如粤东商人就选择以更为便捷的湘粤古道为其经商线路。即便如此，对于从北方南下的客商来说，由水路畅通的湘桂走廊前往岭南仍不失为最为便捷稳妥的一条通途，所以河北、山陕、安徽等地的客商仍旧选择在沿线建造会馆。不过在永州府段仅有势力较为强劲的赣商和湘商在这里建有会馆。药王殿、祖师殿等行业会馆也有相关记载。

位于湘桂走廊核心区域的桂林及其管辖的范围是一片较为平坦的谷地，水运陆运都较为便捷，桂林比较大的码头有江西码头、庐陵码头、新安码头、

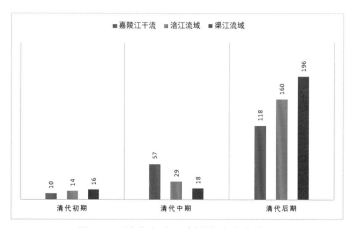

图 2-1　清代嘉陵江流域津渡分布情况

（来源：根据马强、杨霄《嘉陵江流域历史地理研究》内容自绘）

湖南码头、广东码头[1]，不仅桂林城内分布着湖南会馆、广东会馆、江西会馆、福建会馆、山陕会馆、江南会馆等十多个会馆，受桂林所管辖的灵川、六塘、阳朔等地有便捷的陆路驿站，因此都有一定数量的会馆分布。

明清时期嘉陵江流域会馆的建设与水运交通条件有着密不可分的关系（图2-1、表2-1）。

表 2-1　清代前期嘉陵江津渡情况分布表

| 州县 | 津渡名称 | 津渡位置 | 津渡数量 | 备注 |
|---|---|---|---|---|
| 广元县 | 南渡 | 在县城 | 1 | 嘉陵江干流津渡：共计10座 |
| 昭化县 | 昭化渡<br>桔柏渡 | 在昭化县东 | 2 | |
| 苍溪县 | 县前渡<br>林渡<br>王渡 | 在县治前<br>在县前嘉陵江<br>在县城东 | 3 | |
| 阆中县 | 南津渡<br>河溪渡<br>沙沟渡<br>西水渡 | 在县南<br>在县东三十里<br>在县北十里<br>在县南五十里 | 4 | |
| 彰明县 | 五里渡<br>洗牛渡<br>孟津渡<br>公平渡 | 在彰明县东<br>在彰明县北一里<br>在彰明县南一里<br>在彰明县西二十里 | 4 | 涪江流域津渡：共计14座 |
| 安县 | 南津渡<br>大堰渡 | 在安县 | 2 | |
| 绵州直隶州 | 石盘滩渡<br>饮马渡 | 在绵州东三十里<br>在绵州西一里 | 2 | |
| 射洪县 | 大榆渡 | 在射洪县南三十里 | 1 | |

---

① 东亚同文会. 支那省别全志第三册—第四册广西省[M]，1917年，第140页。

| 州县 | 津渡名称 | 津渡位置 | 津渡数量 | 备注 |
|---|---|---|---|---|
| 遂宁州 | 杨柳渡<br>安居渡<br>明水渡 | 在遂宁东三里<br>在遂宁西五十里<br>在遂宁县北五十里 | 3 | |
| 梓潼镇 | 西渡<br>南渡 | 在梓潼县西五里<br>在梓潼县南五里 | 2 | |
| 万源县 | 大竹渡<br>汪樵渡 | 在太平县北一百三十里<br>在太平县南六十里 | 2 | 渠江流域津渡:<br>共计16座 |
| 达县 | 大竹渡<br>南河渡 | 在达州东一里<br>在达州城南 | 2 | |
| 巴州 | 恩阳渡<br>梁王渡<br>韩波渡<br>北津渡 | 在州西三十八里<br>在州西三十里<br>在州西三十五里<br>在州北半里 | 4 | |
| 通江县 | 圆潭渡<br>毛浴渡<br>罗汉渡 | 在通江县东三十里<br>在通江县东三十里<br>在县东一百六十里 | 3 | |
| 广安州 | 回水渡<br>罗洪渡<br>黄瓦渡 | 在广安州东<br>在广安州西<br>在广安州西 | 3 | |
| 邻水县 | 永安渡<br>官渡 | 在邻水县二十五里<br>在邻水县南三十里 | 2 | |
| 共计 | | | 40 | |

表格来源:根据马强、杨霄《嘉陵江流域历史地理研究》内容自制。

　　具体到探究嘉陵江流域上建设同业会馆的商帮是如何到达目的地,如何运输建筑材料、如何交易商品、交易何种商品的问题。根据东亚同文书院日本师生于1907到1918年在嘉陵江流域的调查报告[①],嘉陵江干流可通航段为略阳到重庆,且在该段航行的船有如表2-2所示的这些类型。

---

① 《支那省别全志》之《四川卷》,第552页。

表 2-2 民国初年嘉陵江流域略阳—重庆段航运船只类型

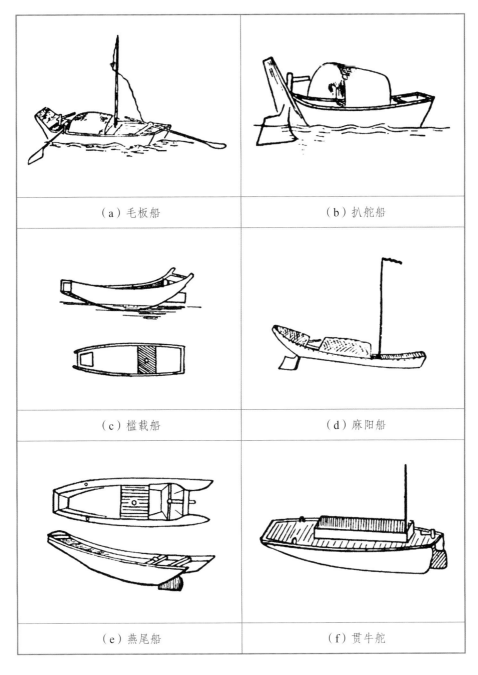

| | |
|---|---|
| （a）毛板船 | （b）扒舵船 |
| （c）槛载船 | （d）麻阳船 |
| （e）燕尾船 | （f）贯牛舵 |

而这些在嘉陵江上航运的船只载重量如图 2-2 所示。

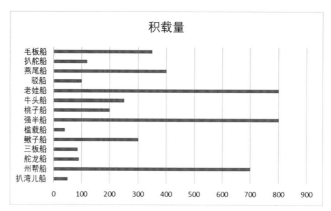

图 2-2　民国初年嘉陵江流域略阳—重庆段航运船只载重量（单位：担）

从图中可获取信息为，嘉陵江航运段往来船只的种类丰富，且最高船只可载重 800 担，且不止 1 种，这充分说明清中晚期到民国初年嘉陵江流域的航行条件十分便利。笔者继续研究出嘉陵江航道上略阳—重庆段的航行时间，总结规律如表 2-3 所示。

表 2-3　民国初年嘉陵江流域略阳—重庆段航行时间

| 航行段 | 距离 | 增水期行程 / 天 | | 减水期行程 / 天 | |
|---|---|---|---|---|---|
| | | 上航 | 下航 | 上航 | 下航 |
| 重庆—合川 | 65 | 4 | 1 | 3 | 2 |
| 合川—顺庆 | 70 | 6 | 3 | 12 | 5 |
| 保宁—广元 | 182 | 8 | 4 | 11 | 5 |
| 广元—略阳 | 100 | 14 | 3~5 | 17 | 5 |

根据表格显示，嘉陵江航运中略阳—重庆段的航行时间本质上取决于两地距离，但受到顺水下航还是逆水上航以及嘉陵江水量处于增水期还是减水期影响，于是可以推测出嘉陵江航运段上的货物流通受季度影响。再推测出增、减水期的船只货运价格一定大有不同，这对于在这条江上往来的客商来说，会极大地影响商帮资本的积累，必然也就会影响到这些商帮

所建设出的会馆数量和建筑品质。

果然，笔者又找到了关于货运价格的资料，将其整理成表格（表2-4、表2-5），我们可以很清楚地看到货物受上航还是下航、增水还是减水期段的影响，同样一捆棉布，减水期的上航运输价格竟然可以达到增水期的8倍。一方面，可以笼统地从上下航货运价格对比得知，上航的成本高昂，费时费力，顺水下航可以节约大量资金。另一方面，也可以得出上下航交换的物资不同，从略阳以上主要往四川、重庆输入烟草、牲畜及衍生产品、珍贵药材和山货，而反之从四川、重庆往略阳及以上的嘉陵江上游地区，主要输出纺织品如丝绵麻、外来洋货如洋油等生活用品。这与笔者实地考察发现嘉陵江中下游有许多船帮会馆、药帮会馆多是陕西商人所建，而上游地区有一些四川商帮建设的丝绸会馆相互对应。

表 2-4　民国初年嘉陵江流域略阳—合川段上航货物船运费

| 种类 | 数量 | 增水期运费 / 文 | 减水期运费 / 文 |
| --- | --- | --- | --- |
| 药材 | 1斤 | 28 | 20 |
| 棉丝 | 1件 | 500 | 3 000 |
| 棉布 | 1捆 | 1 000 | 8 000 |
| 洋油 | 1升 | 1 650 | 1 000 |
| 杂货 | 1件 | 30 | 1 500 |

表 2-5　民国初年嘉陵江流域略阳—合川段下航货物船运费

| 种类 | 数量 | 运费 |
| --- | --- | --- |
| 水烟 | 1斤 | 5文 |
| 羊毛 | 1件 | 一两余 |
| 药材 | 1斤 | 16文 |
| 木耳 | 1件 | 6钱 |

## 二、流域商帮商业线路的影响

### （一）湘桂走廊的商帮活动与货物流通

1. 赣商"瑞州道""袁州道""吉安道"与江西会馆

赣商的足迹遍布湘桂走廊沿线，他们在湘桂走廊沿线上多为经营食盐、药材、金银首饰和开设钱庄。赣商的势力覆盖范围极广（图2-3、图2-4），甚至深入一些较小的码头转运点，例如唐家司的江西会馆，又或者在陆路商道上建有会馆，例如位于湘桂走廊陆路商道上的熊村，赣商在此建立的万寿宫屹立至今。赣商湘桂走廊沿线支流上也建有相当数量的江西会馆，这不仅与上文描述的"江西填湖广"社会大背景有关，也与江西和湖南之间有便捷的交通孔道有关（图2-5）。

两省之间的通道有：①瑞州驿道：由赣江的支流锦水沟通南昌、浏阳；②袁州驿道：由赣江支流袁水沟通南昌、清江、新余、宜春、萍乡、醴陵；③吉安驿道：沿禾水连接吉安庐陵、永新、茶陵。在湘赣相接的交通孔道附近，如株洲、醴陵等地区，虽不完全由水路沟通，但因为地势较为平坦，陆路路途较短，所以赣商在湘江的支流渌水上频繁地往来贸易，仅在袁州道渌口、醴陵等地区就建立了17座江西会馆。因此，赣商除了溯长江进入湘江进行商业活动之外，还可以通过两省之间便捷的水陆混合通道进行商业贸易活动，其势力更容易渗入湘桂走廊沿线各个城镇和商埠。

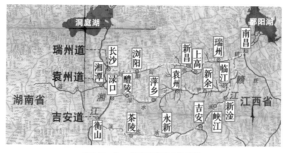

图2-3 湘赣间的通道

（根据和大清皇舆全览康熙六十年古本自绘）

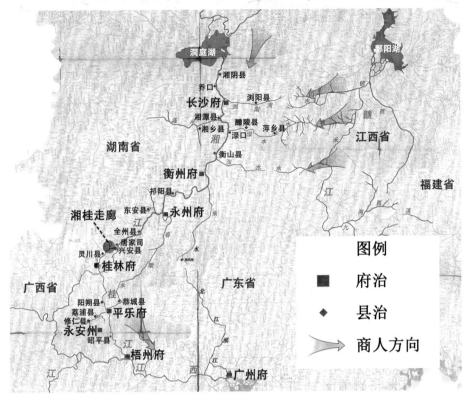

图 2-4　湘桂走廊沿线赣商贸易方向

图 2-5　湘桂走廊沿线建有江西会馆的城镇

2. 湘商"湘漓线"与湖南会馆

湘桂走廊沟通了"湘江—桂江",因而盘踞在湖南湘商比起其他商帮更具交通优势和本土优势,湘商的商业线路就是湘江—桂江的水运交通线路。

因为有着本土优势,湘商在整个湘桂走廊沿线的势力都较为均衡,他们主要以沿线长沙、湘潭、衡阳、永州、桂林、梧州为各类商品贸易的重要商业据点和转运点,虽大宗货物以谷米贸易为主,但从事的贸易有不同的倾向。主要从事谷米、土布、木材还有矿产贸易[①],谷米、木材运往各省,土布行销滇、黔、川、桂等地,湘商在本地从事谷米贸易,也有在市场与本地居民"蔬菜果蓏以供给市民,取其所市以易谷米"。[②]以湘商"东湖木"(表2-6)的商业贸易为例,湖南的木材商人通常由水客从山客手中收买水中"簰木",木材顺湘江而下运往各地集散销售。同时,湘商在本土建立了许多府、县级会馆,例如永州商人的濂溪祠、衡阳商人的衡州会馆等。

表 2-6　湘桂走廊沿线湖南木材市场分布

| 地方市场 | 城市市场 | 区域市场 | 跨区域中心市场 |
|---|---|---|---|
| 全州、兴安、江华、永明、宁远、道县、东安、祁阳、蓝山、嘉禾、桂阳、宜章、郴县、汝城、桂东、资兴、耒阳、衡山、湘乡、醴陵 | 湘潭、衡阳、邵阳 | 零陵 | 长沙、桂林 |

来源:根据周映昌、顾谦吉著《中国的森林》整理。

湘商因其地理优势,由湘桂走廊南下的路程较其他各省商人更短,得以在桂北过渡段有着较大的势力,在桂江段也建有许多湖南会馆(图2-6、

---

① [民国]湖南民情风俗报告书[M].湖南:湖南教育出版社.1911年,第一章住民第2页:"米谷每年运销汉口率五六百石,乃至八九百万石。土布之行销滇、黔、川、桂者,岁以数百万计。矿业总收入亦达数百万金。材木出产以辰州、沅州、永州、宝庆、靖州各属为最……商人近知联合团体,力图振兴,惟资力不厚,贸迁内地,不知远贾重洋。而经商各省者,亦不多见……湘人偏重保守,于经济界少冒险进取之能力……"

② [民国]湖南民情风俗报告书[M].湖南:湖南教育出版社.1911年,第四章职业:63页。

图2-7）。湖南永州零陵人和祁阳人在桂林多从事土布业。湘商在桂林建立湖南会馆，吸引了大批湘籍织工入驻桂林，对桂林的土布发展产生了积极的推动作用。有研究者对桂林的人口成分做了一个统计，其中，湖南人占十分之四，是广西人数量的两倍，也从侧面反映出湘商在桂北势力之大。同时，因湖南地区在明清时期反复出现淮粤盐之争，所以湘商往往会溯湘江而上抵达桂林从事盐业贸易。桂林市盐商主要有赵松记、李太和、李西元、申泰昌、李嘉和、同庆祥、刘厚生、源盛昌、万全金、义利成、李家顺、李西成、郑宜丰、龙泰来等，除万全金、李西成是桂林人外，其余多系湖南籍客商。[①]

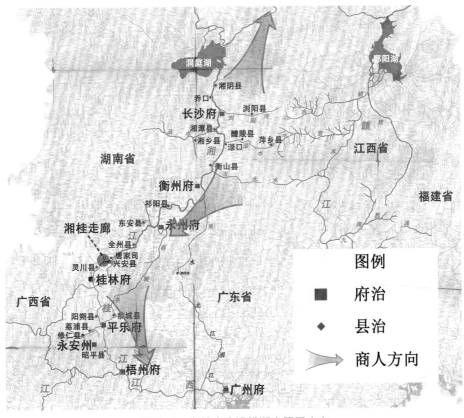

图2-6　湘桂走廊沿线湘商贸易方向

---

① 桂林市地方志编纂委员会．桂林市志·商业志[M]．北京：中华书局，1997：第2071页。

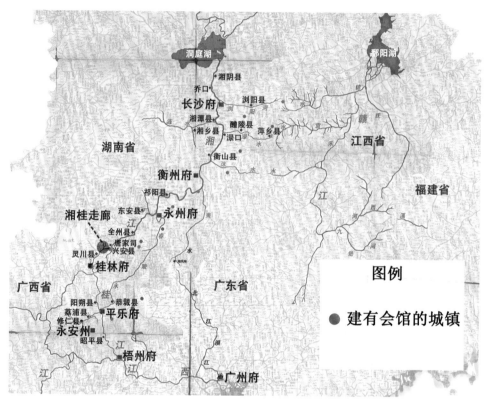

图2-7 湘桂走廊沿线建有湖南会馆的城镇

### 3. 粤商"湘桂古道""湘粤古道"与广东会馆

粤商在湘桂走廊沿线有着频繁的贸易活动,粤商除了顺西江在"湘桂走廊""湘桂古道"沿线进行商业贸易活动,还凭借"湘粤古道"(图2-8)的水路交通的存在,与徽商抢占盐运市场。除了北上进行食盐行销之外,他们还从事药丸、槟榔、矿砂、葵扇、海味等杂货买卖。

粤商除了没有在湘江段的永州府建立其会馆建筑外,在湘桂走廊其他地方均有广东会馆设立(图2-9、图2-10)。这与湘粤之间有便捷的孔道相连有关,如图所示,湘粤之间虽然没有完整的水路相连,但是水系之间有较短的陆路相接,可以顺着湘江的支流抵达衡阳,大大缩短了广州到湘潭需要的路途和时间。

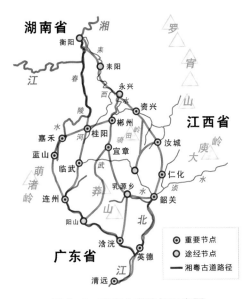

图 2-8　湘粤古道路径示意图

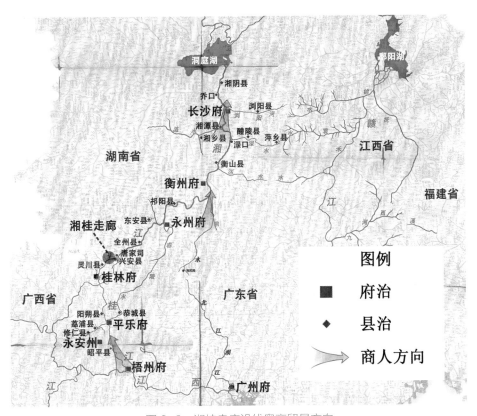

图 2-9　湘桂走廊沿线粤商贸易方向

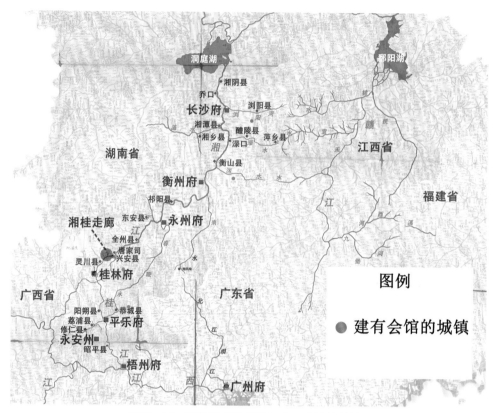

图 2-10　湘桂走廊沿线建有广东会馆的城镇

　　湘桂走廊沿线桂江段的商业经济主要是由外地商人主导，其中之一就是粤商，尤其在桂东北区域，粤商有着较大的势力。湘桂走廊桂江段最早也是整个广西最早的商业会馆为粤东商人在平乐县建立的粤东会馆。平乐县的粤东会馆内粤商借助西江航道的便利，不断向广西进行"西进"运动，在湘桂走廊沿线上以会馆为基点，源源不断地将珠江三角洲的商品、资金、信息与技术都输入开发程度较广东落后的桂江段圩镇，从东南方向打破了桂江段较为闭塞的区域。清光绪二十三年（1897 年），梧州被辟为通商口岸，粤商又在梧州新建了安顺堂、协和堂等十多个粤东同业商业会馆[①]。

---

　　① 彭泽益. 中国工商行会史料集下册[M]. 北京：中华书局，1995年，647页。

#### 4. 闽商"闽赣线"与福建会馆

在湘桂走廊沿线闽商的商业线路主要是借江西省和广东省的道路，其中借道江西较为复杂，闽商通过宁化、石城、宁都、广昌、南丰、建昌、抚州和汀州、瑞金、赣州这两条闽赣线（图2-11）进入江西，再借湘赣孔道进入湘桂走廊沿线循"湘江—桂江"进行贸易活动，因此在醴陵等地有较多的福建会馆天后宫的记载，和赣商的江西会馆分布较为类似。

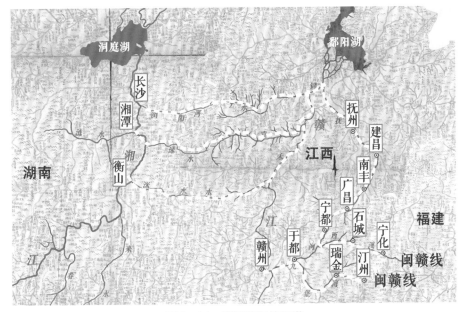

图 2-11　湘赣闽间的通道

闽商在湘桂走廊沿线的商业活动（图2-12）主要是依赖于当地市场的需求，主要掌握烟草业，但也从事茶叶、纸业还有百货类的经营。闽商所贩卖的福建烟草在明朝就已受到全国的热捧，嘉庆时陈琮的《烟草谱》中有"闽产者佳，燕产者次，湘江、石门产者为下"[1]的评价。闽商在长沙、湘阴、醴陵、湘潭、祁阳、永州等地都建有会馆，多称为天后宫或者福建会馆（图2-13）。以湘潭为例，闽商于顺治十八年（1661 年）在十八总买下来置地，

---

① 徐晓望. 清代福建制烟业考[J]. 闽台文化研究. 2013，第2期。

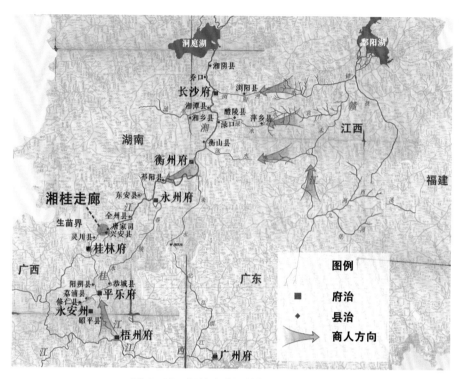

图 2-12　湘桂走廊沿线闽商贸易方向

图 2-13　湘桂走廊沿线建有福建会馆的城镇

康熙二十年（1681年），又购得地皮，在此基础上建立宾馆，供奉定光、惠宽二佛，名曰建福寺，又称福建会馆。其建立时间在徽商建立的会馆和赣商建立的会馆之后，是较为早期建立的商业会馆的商帮。

闽商有着海商的海洋贸易传统，在湘桂走廊沿线，虽然脱离了海洋贸易变成了内河贸易，闽商仍然深受海洋文化的影响，建立的会馆内始终都以天后作为信仰。这种信仰同时也影响了其他的商人，例如粤商在湘桂走廊沿线的粤东会馆内往往供奉着妈祖，甚至一馆多神时，也会单独为妈祖修建单栋建筑专门供奉，例如梧州龙圩粤东会馆除了前殿供奉关羽外，在后殿供奉妈祖，又例如平乐榕津粤东会馆，也是内置独栋正殿供奉妈祖。

5. 湘桂走廊沿线其他商帮经商线路与会馆

湘桂走廊沿线南来北往的商人络绎不绝，有山陕、河北、山东、安徽、湖北、四川、广西等地的商人。他们的经商线路就是湘桂走廊的"湘江—桂江"水运路线。

《湖南民情风俗报告书》和《广西地区的商业会馆碑刻》中均对活跃的商人有相关记录：江苏人多以绸缎、槽坊、衣庄为业；安徽人多从事典当、衣庄、笔墨、盐茶贸易；山西人贩卖汾酒、皮货还有汇票业务；山陕商人往来贩卖茶叶；湖北人多从事鞋帽业、衣庄、酒肆、茶楼生意，还有部分商人买卖盐业，或者做土木泥瓦工人；福建人多贩卖烟草，广东人则北上进行食盐行销以及药丸、槟榔、矿砂、葵扇、海味等杂货买卖；浙江人多从事首饰、参燕买卖。除此之外，还有山东、河南、河北、四川、云南、贵州、广西等地进行商业活动的商人，虽然属于少数，但这些商人们已然在湘桂走廊沿线留下了自己的商业会馆（图2-14）。

值得特别说明的是广西本土商人。广西地区发展缓慢，商贸活动主要靠粤东商人，本土桂商在相当长的时间内并未崛起，在圩镇里从事商业贸易的本帮商人多为小商贩，此时他们的经商线路还是串联在圩镇之间的小道，但是随着社会的发展，桂商也逐渐参与到商贸活动中来，开始在利用"湘江—桂江"进行长途商业贸易活动了。有资料对桂商相关活动做了记载，桂商

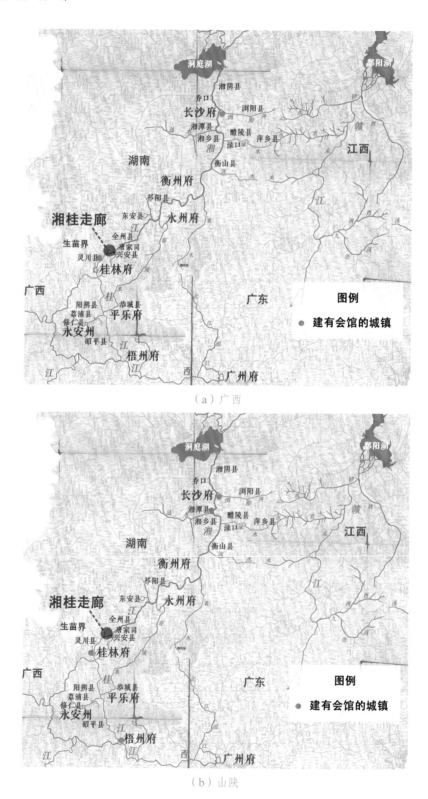

（a）广西

（b）山陕

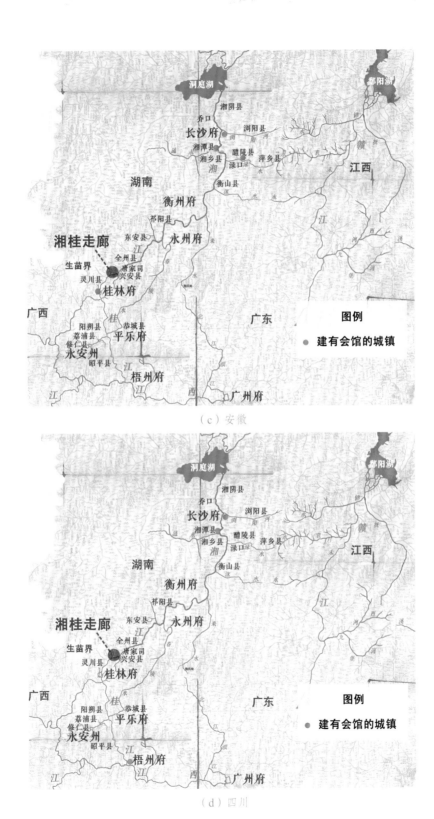

（c）安徽

（d）四川

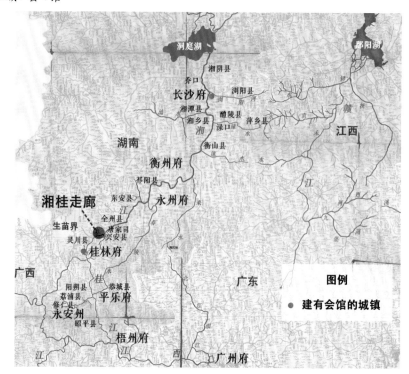

（e）河北

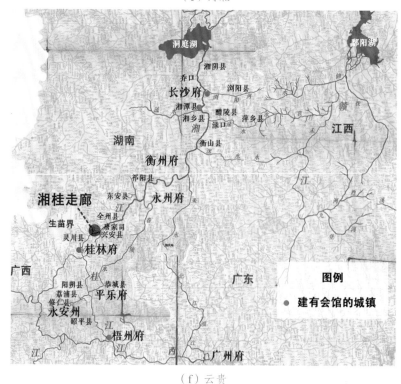

（f）云贵

　　　图2-14　湘桂走廊沿线各省地商人会馆所在城镇

做桂皮、桂油出口买卖。他们在湘桂走廊湘江段的湘潭建立了自己的商业会馆水来寺，在桂江段的灵川建立自己的灵川会馆。

总体来说，这些商人在湘桂走廊沿线都是通过"长江—湘江—桂江"这条商业线路进行贸易活动的，会馆也大都建立在沿线的中心城市中。

### （二）汉水流域的商帮活动与货物流动

通过汉水中下游的堤垸建设和上游秦巴山脉的开荒，汉水流域得到了卓有成效的开发，丰富的物产和便利的交通吸引了众多商帮来此进行商贸活动。从文献记载的商帮发展状况和会馆建设情况来看，汉水流域的商帮主要有山陕、江西、湖广、河南、四川等五大商帮。这些商帮来自不同的地方，承担着不同的商贸活动，运输着种类丰富的商品，跋涉了遍布各地的交通线路，建设了数量众多的会馆，也将极富地域色彩的经济、社会和文化活力注入到汉水流域。

从总体分布图 2-15 中可以发现，汉水流域的会馆分布与水系分布有着高度的对应关系。这种对应关系表现在以下 3 个方面。其一，几乎所有会馆都位于河流沿岸，或是位于汉水主河道上，或是位于支流两侧，建有会馆的城镇之间被河流线性串联。其二，在水量较大、较为宽阔的河道上，会馆的数量较多，如汉水主河道上的汉中、紫阳、石泉、安康、旬阳、丹江口、老河口、光化、谷城、樊城、钟祥、汉口等，或是位于丹水、唐白河、府河（古淯水）上的丹凤、南阳、社旗、随州、安陆、孝感等。其三，在两河交汇的河口地带，多会成为会馆聚集的地点，这在汉水中上游更为普遍，比如城固、镇坪、白河、竹山等，在下游的平原地区也不乏实例，比如随州和襄阳。这种特点甚至导致了大规模城镇群的产生，如图中会馆最为密集襄阳—樊城—谷城—老河口—光化—丹江口城镇群。

究其原因，这样的分布关系与汉水流域以水运为主的交通方式有着极为密切的关系。可以说，是发达的水运交通塑造了整个汉水流域的城镇网络和经济格局。

图2-15　汉水流域各类会馆空间总体分布图

图例

山陕会馆
江西会馆
湖广会馆
河南会馆
江南会馆
福建会馆
四川会馆
行业会馆
（每个方块代表一座会馆）

因此，就上述3种现象可以分别做出如下3种解释。其一，在明清时期，水运是运力最大、运费最低，甚至在某些情况下也是速度最快（如顺流而下时）的交通运输方式。因而，在大宗货品交易时，河道两岸就成为货物囤枳、分销的不二之选。其二，水道的运力与其水量大小成正比。水量较大的干流和主要支流能够承载更大规模的货物运输，其两岸就能承担更大规模的商贸活动，也就能吸引和容纳数量更大的会馆。其三，水运还有一个独特的要求，需要根据河流的大小，选用不同种类的船只，小河用小舟，大江换大船（图2-16）。因此，顺流而下时，需要在河口地带卸货、等待、集中、换装大船；逆流而上时，需要在河口地带卸货、分装、转载小船。河口地区自然成为货物聚集、商人驻扎的"站点"，也就成为会馆建设的重地。

（a）　　　　　　　　　　　　　　（b）

图2-16　汉水流域船只类型

那么，反过来，会馆的分布可以在很大程度上代表汉水流域各河道的交通情况。会馆存在的河段，水运交通理应较为通畅。会馆分布密集的河段，交通流量相对较大；会馆分布较少的河段，交通流量也就相应较小。因此，根据汉水流域会馆的分布密度，便可以描绘出各商帮的主要商贸线路图（图2-17）。

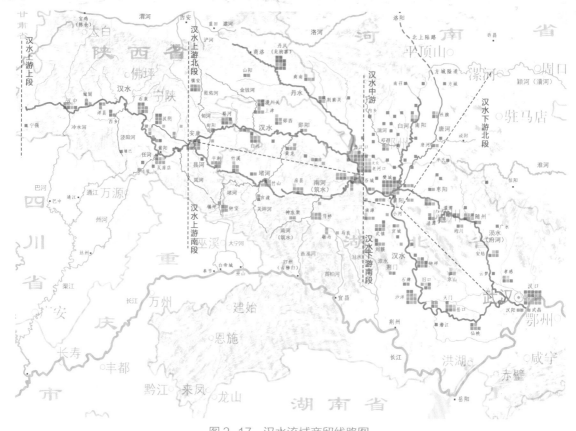

图 2-17  汉水流域商贸线路图

通过将沿线主要地点会馆数量超过 5 座的河段加粗，可以更直观地显示出汉水流域各河道的交通流量情况。这些粗线相互连接在一起，形成了两个环形线路，以及线路上的 4 条主要分支和多条连通南北的次要分支——"双环四支多向"格局。

这样的交通格局在历史地图中也有显现。图 2-18 分别描绘了明早期、清中晚期的汉水流域情况。观察 1402 年绘制的《混一疆理历代国都之图》中汉水流域的部分，可知在明朝初期，汉水流域的"双环四支多向"格局已基本形成。在清道光廿二年（1842 年）的《皇朝一统舆地全图》中，汉水流域的商贸线路主要格局非常显著的同时，与周边黄河、淮河、长江流域的联系也十分清晰。而在 1931 年日本制的关于我国的一张图中，已经完整地展现了汉水"北连黄河、南通长江"的交通地位，流域上会馆较多的城镇也几乎都有标注。在这里，无形的商品流动与有形的水流融为一体，积少成多、聚溪成河，形成奔流不息的时代图景。而会馆正是这个繁荣时代的印迹。

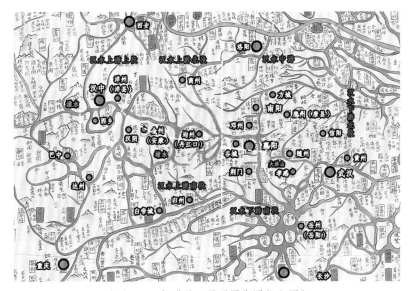

（a）1402 年《混一疆理历代国都之图》

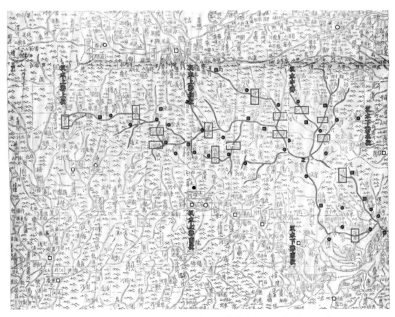

（b）清道光廿二年（1842 年）《皇朝一统舆地全图》

图 2-18　历史地图中的汉水流域商贸线路图

根据这些线路的连接关系，可以将汉水流域划分成汉水上游上段、上游北段、上游南段、中游段、下游北段和下游南段等6个区间段。

1. 汉水上游上段

汉水上游上段范围从汉水源头到安康，也是古川陕蜀道途经的主要区域（图2-19）。该河段以汉水主线为主要河道，向北可经陈仓道（由汉中向西到达嘉陵江，再向北达到宝鸡）、褒斜道（沿汉水支流褒水和渭河支流斜水向北）、傥骆道（沿汉水支流傥水向北）、子午道（由汉水支流子午河向北出子午谷）等水道抵达关中平原，向南可经剑阁道（也称金牛道，

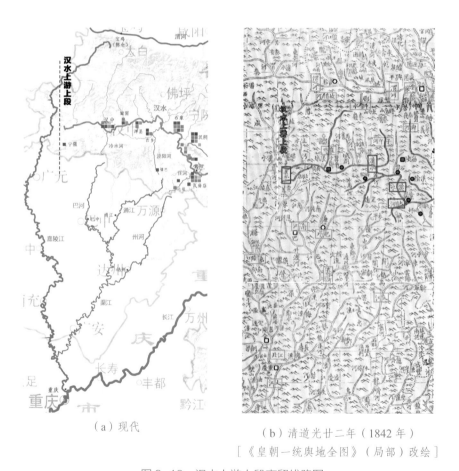

（a）现代

（b）清道光廿二年（1842年）
[《皇朝一统舆地全图》（局部）改绘]

图2-19　汉水上游上段商贸线路图

由汉中向西到达嘉陵江，再向南抵达成都）、米仓道（经汉水支流牧马河到达西乡，再沿泾阳河经镇巴向南，抵达通江流域，最终到达重庆）、荔枝道（由紫阳向南沿任河经瓦房店、毛坝，到州河流域，最终连接重庆）等水道抵达四川盆地。

从会馆的分布来看，明清时期，该段的主要河道上会馆分布密集，是汉中和安康西部前往东方的主要通道；同时，向南的支线通道是四川商人前往汉水流域的主要通道。从前面的图可以看到，在米仓道和荔枝道沿线的四川会馆分布密度明显高于汉水流域的其他地区。而向北的支线通道则鲜有会馆建设的记载，因此可初步推断，明清时期，曾经的陈仓道、褒斜道、傥骆道、子午道已不再是连接关中平原与汉中平原的主要交通线路。

2. 汉水上游北段

汉水上游北段范围从安康到谷城连线以北（图2-20）。该段同样以汉水主线为主要河道，同时兼有3条向北连接关中平原的通道。

（a）现代

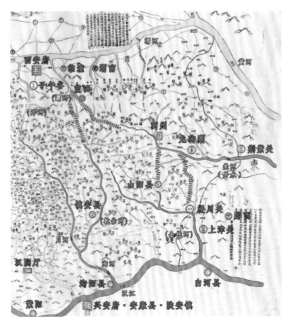

（b）清道光四年（1824 年）［《汉江以北四省边舆图》（局部）改绘］

图 2-20　汉水上游北段商贸线路图

　　这 3 条通道中，以丹水最为重要。丹水通道也称商於古道、武关道，由水陆两条通道并行。如前文所述，这里自古即是关中平原通往江汉平原的交通要道。明清时期，亦是以陕西商帮为代表的各地商人的重要经商通道。丹水与汉水交汇的河口丹江口（古称均州）已知曾建有 9 座会馆，与光化、老河口一起，形成了大规模的会馆群。沿线的丹凤龙驹寨、荆紫关也曾建有大量会馆，其中只山陕商人在龙驹寨建立的会馆就多达 3 座。两地至今仍存留多座会馆，气象宏大，精美绝伦。

　　另外两条支线通道为汉水支流旬河和金钱河，分属陕西、湖北两省，北端与渭河支流灞河临近。它们与汉水交汇处的旬阳和白河都是商业重镇，沿线的镇安、上津和漫川关也曾建有大量会馆，其中漫川关和上津的多座会馆至今尚存，且保存情况良好。

　　丹水、旬河、金钱河之间亦有陆路连接。在道光四年（1824 年）绘制的《汉江以北四省边舆图》<sup>①</sup>[图 2-20(b)]中,记录有该地区的陆路交通情况。可以看到,在三条河流之间,以及河流北端与渭水支流邻近的区域,都有陆路通道作为补充,与水道一起形成四通八达的交通网络。

另外,从会馆的分布来看,该段线路北部的会馆数量明显高于汉水上游上段北部。因此可以推断,明清时期,汉水上游北段可能已取代汉水上游上段,成为汉水流域通往关中平原的主要商贸线路。

### 3. 汉水上游南段

汉水上游南段范围从安康到谷城连线以南(图 2-21、图 2-22)。该河段主线由 3 条汉水支流组成,分别为县河、堵河和南河(筑水),向南可到达长江支流大宁河、香溪河、黄柏河、沮漳水抵达长江。

图 2-21 汉水上游南段商贸线路图
(现代)

---

① 《汉江以北四省边舆图》绘制于清道光元年(1821年)至道光四年(1824年)间,作者严如煜、郑炳然。现藏于美国国会图书馆。

图 2-22　汉水上游南段商贸线路图

[清道光廿二年（1842 年）《皇朝一统舆地全图》（局部）改绘]

　　该段主线由多条支流构成，就运输通畅性来讲，本无法与上游北段相比。但从会馆分布来看，县河、堵河和南河沿线的平利、竹溪、竹山、房县、石花和谷城均有超过 5 座会馆。而从前文引用的历史地图中，也能清晰看出这条通道的存在。

　　究其原因，应主要归功于该段河道与长江之间的连通。镇坪的钟宝、竹山的官渡、保康的马桥均与长江支流临近。这里曾经存在的大量会馆，是商贸活动繁荣的表征，也是中游和汉水上游之间有商贸线路的证明。在前文所引《混一疆理历代国都之图》中，更是将堵河和大宁河连在了一起。甚至在李白的著名诗句"朝辞白帝彩云间，千里江陵一日还"中，也可看出些许端倪，推知自长安到白帝城必有一条惯常的通道，否则何以在白帝城中过夜。加之在前文中已论述过钟宝的江西会馆兴建年代偏早的现象，可能由移民从长江经大宁河北上所致。可知至少在明清时期，该河段是汉水与长江之间的重要通道。

另外，堵河下游连接了汉水上游的南北两段，使这段环线更加通畅便捷。堵河卜游岸边的十堰黄龙镇至今仍有 4 座会馆留存，证明了这段通道的存在。

### 4. 汉水中游段

汉水中游段位于唐白河流域所在的南阳盆地（图 2-23）。唐河、白河两条河流自北向南穿过整个南阳盆地，在襄阳以北不远的地方交汇，改称唐白河，然后一同流入汉水主河道。

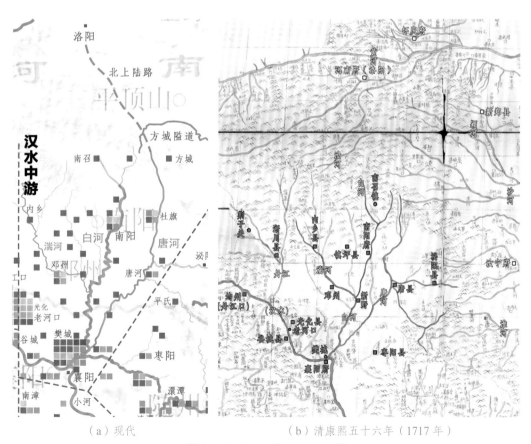

|（a）现代|（b）清康熙五十六年（1717 年）|

图 2-23　汉水中游商贸线路图

南阳盆地作为黄、淮河流域通向南方长江流域的通道，历史十分悠久。早在春秋时期，楚国已经开始通过这里与华北地区进行联系。三国时期曹魏南下途经这里，并在新野和襄阳与刘表军队激战。在宋末抗击蒙古的过程中，襄阳更是作为战略核心要地，承担防御蒙古军队从南阳盆地南下的重要使命。明清时期，该河段会馆分布范围很广，特别是山陕会馆，在各个支流上的主要城镇几乎都有建设，可见该段通道直至明清时依然具有十分重要的地位。

唐河位于东侧，流经会馆聚集的唐河、社旗，向北经过方城隘道转陆路可达洛阳，进而向北通达山西；或者在经过方城后，通过淮河支流沙河进入华北平原。另外，作为唐河主要支流之一的三夹河自东向西流入唐河，岸边平氏镇曾建有山陕会馆。三夹河上游源头与淮河源头、小溳水源头相邻，通过这条支流可以连通淮河、府河（古称溳水）流域。

白河位于西侧，主河道流经新野、南阳和南邵。与唐河相似，白河经过南邵后向北转陆运可达洛阳，或者在经过方城后，通过淮河支流沙河进入华北平原。白河的主要支流湍河自西北而来，在新野汇入白河。湍河途经的内乡、邓州等城镇均建有会馆，特别是邓州，曾建有山西、湖广、江西、福建四座会馆。根据湍河的地理位置，该河段可能作为商於古道的分支通道，直接连接丹水和白河流域。

### 5. 汉水下游北段

汉水下游北段包括整个府河（古称溳水）流域（图2-24、图2-25）。府河从枣阳附近发源，向东流经随州，出桐柏山[①]与大洪山之间的谷地即随枣走廊之后，经过安陆、云梦，在孝感境内汇入汉水。此外，沿孝感境内的府河支流向北穿过大别山中义阳三关，可通达淮河流域，自古便是交通和军事要道。

---

① 大别山山脉西端称桐柏山，东端称大别山。

图 2-24　汉水下游北段商贸线路图
（现代）

图 2-25　汉水下游南、北段商贸线路图

[ 清同治元年（1862 年）《鄂省全图》（局部）改绘 ]

随枣走廊历史可上溯至春秋战国时期。当时，这条通道已是华北平原向南开拓的前哨站，著名的随州曾侯乙墓就位于这条通道东端，而年代更久远的盘龙城商代早期遗址则位于府河下游。到了明清时期，府河流域的枣阳、随州、安陆、云梦、孝感都有数量较多的会馆。其中，在随枣走廊南侧、府河上游南岸的大洪山北麓的吴店、清潭、漂潭三镇会馆尤为众多，可见这条通道在当时仍旧十分重要。

6. 汉水下游南段

汉水下游南段范围为从襄阳到汉口之间的汉水主干。该河段西侧为襄宜谷地，位于巫山和大洪山之间。出谷之后，汉水转而流向东方，进入广阔的江汉平原。此外，在荆州和沙洋之间，一度曾有经人工开凿的水道，连通汉水和长江，称为江汉运河。

　　襄宜谷地同样历史悠久。屈家岭和石家河遗址两座新石器时代的重要
遗址均位于谷地南端的大洪山南麓。三国时期，这里成为曹魏南下长江继
而进行赤壁之战的主要通道。明清时期，这里会馆云集。除了汉水主河道
沿岸的宜城、钟祥、旧口、沙洋之外，在谷地西侧、汉水西岸的巫山北麓
的南漳、武镇、刘猴等城镇，同样有大量会馆分布，无疑代表了明清时期
襄宜谷地的商贸活力（图 2-26）。

图 2-26　汉水下游南段商贸线路图
（现代）

　　出谷地之后，汉水进入江汉平原。这里曾经河湖纵横，至明末堤垸基本
建成、河道逐步固定之后，沿岸的城镇也逐步发展起来。岳口、张港、
仙桃均建有多座会馆，而位于大洪山中的京山城，借助险要的地理位置
和汉水支流京山河的便利交通，也成为江汉平原上的繁华市镇。

### （三）山陕商帮商业活动和货物运销方向

山西商帮和陕西商帮由于地域相邻、风俗接近，以及经营行业和经商路线高度相似，从形成之初就有联合的传统。两大商帮在各地的会馆也几乎都是合而为一，统称为山陕会馆。历史上两大商帮较为公认的分离，也仅仅是在明中叶，山西盐商控制长芦、河东盐区，而陕西盐商控制四川盐区。因此，本书将采用"山陕商帮"的统称。

山陕商帮是最早的商帮之一，形成于明初开中制时期。在明中叶已大大扩充了经营的商品种类，并将商贸活动扩展向全国[1]。山陕商人经营行业广泛，有"上自绸缎，下至葱蒜，无所不包"之说。在汉水流域的经营行业主要有茶、布、盐、木、药材、烟草和皮货等。

山陕商帮经营的各行业按运销方向可分为3类，形成3条主要商贸路线，这3条路线全部途经汉水流域（图2-27）。其一是茶和布，运销方向主要是从南至北。茶产地主要为四川、汉中、湖广、安徽和福建等，其中以福建武夷山茶运量最大。经过汉水流域转运的棉布则主要来自湖广。茶和布的销售地主要是北和西北地区，茶叶的销售可远至蒙古、恰克图、俄罗斯和欧洲等地。运销路线主要是从汉水上下游抵达襄阳，再由支流唐白河到社旗，之后转陆运北上，这条线路也被称为"万里茶道"[2]。其二是盐、木和药材，主要运销方向是由西向东。汉水通道是川盐运往湖广北部的通道之一，也是秦巴山区木材和名贵药材向东运出的必经之路。其三是烟草和皮货，主要运销方向是由西北向东。皮货产地主要为青海、甘肃、新疆、内蒙古和宁夏等，经山陕商人收购后，运回陕西加工生产。烟草以兰州水烟最为著名。加工过后的皮货和烟草沿汉水支流丹水向东经龙驹寨、老河口和汉口，最后运往江南地区[3]。

---

① 张正明. 山西商帮[M]. 合肥：黄山书社，2007：4-7.

② 李创. 万里茶道文化线路上的山陕会馆建筑研究[D]. 武汉：华中科技大学，2021：14-17.

③ 王俊霞. 明清时期山陕商人相互关系研究[D]. 西安：西北大学，2010：32-35.

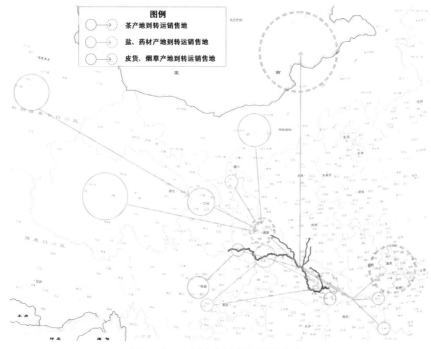

图 2-27　山陕商帮货物运销方向

综上可以看出，山陕商人在整个汉水流域几乎都有频繁的商贸活动，因而随着山陕商人商贸活动的脚步建立的山陕会馆也呈现了相同的分布特点。这种分布特点在下一章中将会论及。

（四）江西商帮商业活动和货物运销方向

江西商帮，也称江右商帮[①]，也是形成最早的商帮之一。明清江西商帮在汉水流域的兴起主要借由移民运动。明初开始至清中期，有大量江西人脱籍外流至其他省份，湖广、四川、云南和贵州是主要迁入地[②]。由于江西农业和手工业都较为发达，因此移至外地的江西移民除了垦殖务农之外，

①　魏禧《日知杂说》云："江东称江左，江西称江右。盖自江北视之，江东在左，江西在右。"

②　张海鹏，张海瀛主编．中国十大商帮[M]．合肥：黄山书社，1993：367．

还多从事工商业活动。借助乡缘纽带，江西商人往来于包括移民地在内的全国各地，形成了人数众多、世所瞩目的江右商帮。

因此，江西商帮与山陕商帮相比，前者可以说是分散在各地的移民自下而上形成的商业互助组织，后者则是商业巨贾发达之后逐步在全国扩展势力的过程中，自上而下形成的商业集团。因此，相对山陕商帮，江西商帮有人数更多、分布更广、行业更杂，但资本相对分散、竞争力较弱的特点。上述特点也鲜明地体现在了两大商帮会馆的分布和营建之中，后文将详细论述。

江西商帮经营行业多以江西本地出产的商品为依托，其中与汉水流域相关的主要有粮、茶、瓷、纸、棉、布、烟、靛、木等（图2-28）。

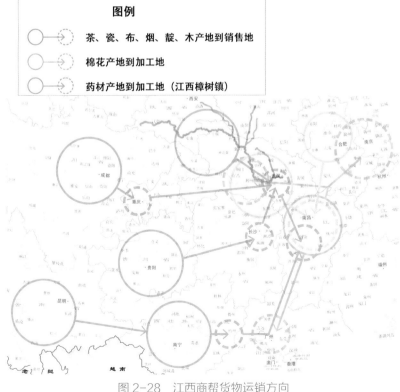

图 2-28　江西商帮货物运销方向

其中，茶、瓷、布、烟、靛、木等商品皆产自江西，由江西商人运往全国。而棉花因本地产量有限，但纺织业发达，因此原料供给部分依赖外地进口，主要进口地有湖北和安徽等。造纸业中亦有作为原料之一的构皮来自湖广①。

以产自外地的商品为贸易对象的行业中，最为著名的是江西清江县樟树镇的药材商人。樟树镇在唐代就有称为"药墟"的药材集市，至明中叶已享誉全国。药材采购地涉及两广、四川、湖广、云南和贵州等地，并以重庆、汉口、湘潭和梧州等四地为中转，最终汇集到樟树镇的"药市"加工集散②。其中从湖广、四川两地采购的药材多经过汉水流域运输，经汉口中转入长江，再抵达江西樟树镇。

### （五）湖广商帮商业活动和货物运销方向

湖广商人由湖南商人和湖北商人组成。明至清初，两湖地区统称湖广省，其间商人关系密切，因而统称湖广商人。至康熙三年（1664年），才分设湖南、湖北两省。其后，两省商人虽然有所区别，但联系依旧紧密，湖广商人的总称亦一直延续下来。

明清时期，"天下四聚"之一的汉口以其"九省通衢"的中枢位置，成为全国性的中心市场。其时的汉口，各地商品纷至，各大商帮云集，以至于本地商人受到压制而发展较缓慢。

湖南距离汉口稍远，且位于湘水—桂江—西江形成的湘桂走廊北段，在两广与湖广之间起着南北连通作用。因此，从明末起，湖南商帮已逐步建立起自己的商贸势力。特别是清中期之后，湖南成为湖广地区的主要稻米输出地，其他产品如茶、竹、布和药材等也多产自湖南境内。湖南商帮将商品北运至汉口③进行集散，再运到汉水流域及其他区域销售。

---

① 《西江志》记载："构皮出于湖广，丝竹产于福建，帘则来自徽州、浙江。"

② 崇祯《清江县志》记载："遂有药材码头之号，实非土产。"

③ 也有一部分南运至两广，本书从略。

湖南商帮中另有一行业——水运业，从业者甚多。湖南河湖纵横，自汉代起造船业已颇为领先[①]。其后又经历代技术改进，形成了包括粮船、盐船、货船和客船等种类繁多的大小船型。明清时期，湖南商帮中从事水运者，以汉口为据点，在长江运输、汉江航道上往来穿梭，运送沿途的各类商品物资[②]。

湖北商人主要分为3个商帮，分别是黄州帮、武昌帮和汉阳帮。

其中以黄州帮实力最强。黄州帮发展于清晚期，最鼎盛时期在民国，不仅势力居湖北之冠，且与当时的徽州帮、宁绍帮、江西帮齐名。黄州帮主要从事棉、布、药、茶等行业，以汉口为中心，汉水流域为基础，辐射全国。汉水流域的各个县城、市镇，从樊城、郧阳（今十堰）直到安康、汉中，都有黄州帮商人活跃的商贸活动，而且几乎都有建有黄州帮的会馆。

武昌帮和汉阳帮实力不及黄州帮。武昌帮兴起较早，借汉口交通、商业之便利，多从事棉、布、盐等行业。在汉水流域的商贸活动较为活跃，以汉口和樊城为最。汉阳帮多从事大宗棉花和纺织品的运销，将湖北所产棉花，以及汉阳府所辖的织造大县汉川县的棉纺织品，经汉口、襄阳，销往西北和西南各地。

湖广商帮货物运销方向和主要活动城镇如图2-29。

---

① 据《史记·平准书》记载，汉武帝与南越作战时，曾"治楼船，高十余丈，旗帜加其上，甚壮"。转引自：尹红群. 湖南传统商路[M]. 长沙：湖南师范大学出版社，2010：129-133.

② 《武汉市志（1840—1985）·交通邮电志》水上运输篇介绍湖南帮，主要分为永州、宝庆、湘乡、衡州等帮的船户。"1937年来汉船只有3 666只，77 636吨。大者客2 000~5 000担，小者100担左右。以汉口、沙市为集散点，也有沿汉水直达襄阳。"转引自：张平乐，李秀桦. 襄阳会馆[M]. 北京：中国文史出版社，2015：239.

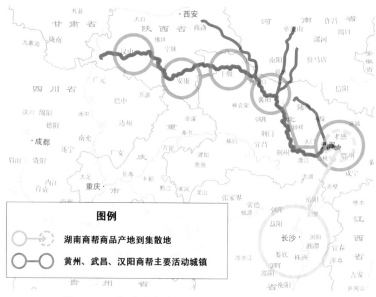

图 2-29　湖广商帮货物运销方向和主要活动城镇

## （六）河南商帮商业活动和货物运销方向

河南商人主要分为两大商帮，分别是怀庆帮和武安帮。武安帮主要在华北和东北从事商贸活动，较少涉足汉水流域，因此本书所述的河南商帮以怀庆帮为主。

怀庆商帮主打本地物产。其中最为著名、贸易范围最广的是以"四大怀药"领衔的药材行业。怀庆府所产的地黄、牛膝、菊花和山药，由于品质优良、性能上乘，被称为"四大怀药"，享誉全国。唐宋时期，怀药已作为知名商品，行销全国各地。随着药材贸易的逐步繁荣，清康熙年间，怀庆药商形成了自己的商业组织——怀庆商帮[①]。

怀庆商人在汉水流域的主要活动中心有 4 个，分别为汉口、襄阳、安康和汉中。货物流向方面，大多是将怀庆的物产运至上述城镇集中，再向周边销售，或转运到更远的地区（图 2-30）。从怀庆到武昌贸易线路，经

---

① 王兴亚. 河南商帮[M]. 合肥：黄山书社，2007：158.

郑州向南，穿过大别山到达麻城，再运至汉口；之后可继续向南运往湖南和广州等地。从怀庆到襄阳和安康，都要先至南阳，或经唐白河水道过新野运至襄阳，或经光化后沿汉水主河道西进，经郧阳、白河，直至安康。到汉中则可选择走关中蜀道，先向西运至西安、宝鸡，冉向南经汉水支流沿线的褒斜道等古道，到达汉中平原[①]。

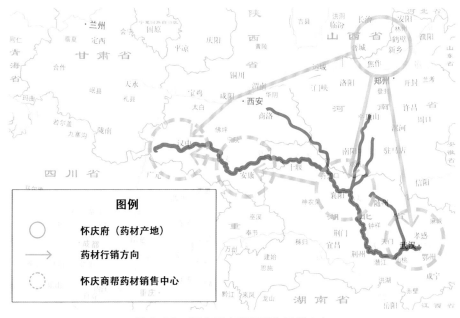

图2-30　河南怀庆商帮货物运销方向

### （七）四川商帮商业活动和货物运销方向

四川自古繁华。川盐、蜀锦、药材、粮食和茶，最晚迟至宋代，已是闻名全国的重要商品[②]。至清代，随着移民的大批迁入和水利的进一步发展，四川盆地成为最重要的粮食输出区之一[③]。前述其他行业也相当兴盛。

① 崔来廷. 略论明清时期的河南怀庆商人及贸易网络[J]. 河南理工大学学报（社会科学版），2006（3）：201-204.

② 林文勋. 宋代四川商人概论[J]. 西南师范大学学报（人文社会科学版），1993（3）：92-96.

③ 牛贯杰. 17~19世纪中国的市场与经济发展[M]. 合肥：黄山书社，2008：118.

虽然四川商人在各地留下了很多商业活动的印迹，然而，明清时期的四川商人势力却远不及"十大商帮"和河南、湖广商人。比如其最重要的商品之一的盐，大部分被山陕商人把持。

四川商人最主要的经营活动是来往于湖广和四川之间（图2-31）。明清时期两地间的通行线路主要有两条：一条是沿长江水道从重庆到汉口，主要运输川盐和粮食；另一条是沿汉水河道向下到达襄阳，再向北或东转运，主要运输北部大巴山中的茶、药和山漆等。因此在汉水上游的秦巴山区中，穿梭着很多四川商人，也建有数量不少的四川会馆。

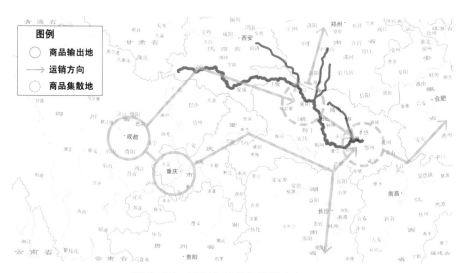

图 2-31　四川商帮货物运销方向

嘉陵江流域面积广阔，范围辐射甘肃、陕西、四川和重庆，上源接宝鸡与天水，可进入渭水—黄河流域，下游从重庆汇入长江流域，如此得天独厚的天然地理交通优势，使得嘉陵江自古以来便是兵家必争之资源。而汉水临近嘉陵江，今汉水源头距嘉陵江干流河道最近处仅不到20千米。汉水的干支流连通了陕西、河南和湖北，通航能力良好，在明清至民国时期，据笔者统计，嘉陵江—汉水古通道上的会馆数量惊人，同乡和同业会馆的种类繁多。具体走向为十堰—安康—汉中—广元—南充—重庆方向，也包括了嘉陵江上游的西汉水流域。这一特点在整个嘉陵江流域中的会馆总体分布情况中也是十分突出。

### 三、流域地域文化和商帮文化的影响

湘桂走廊沿线上的会馆的密集程度和范围大小等分布特征也受到了沿线地域文化和商帮文化的影响。

湘商扎根于本土，有以濂溪先生周敦颐为乡神的地域文化传统（图2-32），在湘桂走廊沿线建立湖南会馆时，内祭祀濂溪先生。濂溪思想作为理学文化的标杆，同样容易向文化势能较低的广西地区进行传播，这不仅有助于湘商标榜自己，也在一定程度上促进了中原文化向岭南地区的渗入和交流，拓宽商业势力范围。赣商在湘桂走廊沿线建立的商帮会馆不仅覆盖区域最广，且会馆数量也最多，这与赣商的商帮文化有着密不可分的关系，江西民间信奉的许逊许真君为赣商信仰许真君打下了基础，逐渐成为赣商祭祀的乡神。在湘桂走廊沿线各处都有祭祀许逊的万寿宫的建立（图2-33），这也为赣商提供了精神基础，从赣商得以更容易地借助湘桂走廊建立会馆，扩张他们的势力。

图2-32　湖南会馆"濂溪祠"石刻

图2-33　乔口万寿宫大梁道教八卦图

又例如天后宫与妈祖文化的
影响。闽商和粤商都是天后崇拜
的主要推动者，天后代表着海神
与水神，是商人们祈求航行安全
的偶像。粤商往往与闽商一样有
着天后信仰，因而会有类似的商
帮文化，湘桂走廊沿线的天后宫
往往是粤东商人与闽商共同支持
下联合成立的。这在平乐县粤东
会馆就有体现，馆内建有天后宫
（图2-34），又如临桂天后宫有"本
无专庙，祀于王辅平之福建会馆、
浮桥南之广东会馆。嘉庆二十二
年，福建会馆移至边隅巷，桂湖
之滨，王辅平庙废"[1]相关记载。

图 2-34　平乐粤东会馆内天后宫

因此，湘桂走廊沿线文化的传播与会馆建筑的分布密不可分，文化总
是容易由文化势能较高的区域向文化势能较低的区域传播。各商帮又需要
祭祀乡神满足自己的精神需求，文化的传播相当于先行为商帮带来了精神
上的支持，也就更有利于建立他们客居他乡进行商业贸易活动并建立属于
他们自己的商帮会馆。

## 四、人口迁移与分布的影响

如前所述，汉水流域中上游的多条支流形成的川陕蜀道、商於古道和
方城隘道，自古就是从关中和中原地区进入南方长江流域的要道。因此，

---

① 王泌等修 . 临桂县志卷15《建置志三·坛庙一》[M] . 光绪三十年刊本 .

在连年战乱的宋末和元代，汉水流域作为南北对峙的前线，饱受战争摧残，人口持续减少。

随后的明清两代，从明代的封禁山区、管制流民，到清代的"招徕流移""农田垦荒"，汉水流域的上下游分别经历了不同的移民流动和人口变迁历程。

### （一）向汉水下游地区的移民

元朝末年，在江汉平原，起于鄂东的天完政权与元朝军队及其他地方势力进行了旷日持久的征伐，使汉水中下游地区受到较大破坏。元末至明初洪武年间，数量巨大的移民开始迁入汉水下游地区，其中以从江西迁入的人数最多[①]。

明末清初，由于战争等原因，汉水中下游地区再一次受到了一定程度的破坏。清初，由于后文即将论述的秦巴山区解禁和"迁海令"，汉水下游又迎来了新一轮的移民潮。在这场史称"江西填湖广、湖广填四川"的移民潮一直持续到清中期，汉水下游作为途经地，也接纳了不少移民。

在这两次迁入汉水下游的移民中，以江西移民人数为最多。如前所述，明清时期的江西是长江下游工业中心的重要组成部分，其境内的赣江又是连通北京、长江下游和两广的新南北大通道中的重要河段。相对该时期的江汉平原，江西的经济发展程度更高。因此，随着移民而来的江西乃至长江下游的各地的先进技术、文化以及充沛劳动力，对汉水下游的工农业经济发展、堤垸建设、建筑风貌等方面产生了十分积极的促进作用。

### （二）向汉水上游地区的移民

汉水上游所在的秦巴山区，气候温和、河川众多、水量充沛。以汉中平原为首的盆地与各条河流沿线上面积较大的河谷自古皆是重要的农业耕

---

① 张国雄. 明清时期的两湖移民[M]. 西安：陕西人民教育出版社，1995：16.

作区。然而，由于地处川、陕、鄂三省接壤地带，加之山势高峻、河流纵横，这里历代也属难治之地。

明初，为了管制流民，政府对秦巴山区实行了长期的封禁政策。明中叶，政府允许违规来此的流民附籍定居，人数仅有约 10 万。因此，有明一代，这里始终人口稀少、发展缓慢①。

及至清代，秦巴山区解禁，加之清政府实行"迁海令"，鼓励沿海移民向地广人稀的内地迁移，引发了史称"江西填湖广、湖广填四川"的大规模移民运动，为这里带来了大量人口，极大地促进了该地区的开发②。

这场移民运动有多条移民路线，其中从湖广向四川和陕西流动的移民路线主要有两条。一条是沿长江溯源而上，穿过三峡进入四川盆地。由于长江三峡河段激流险滩遍布，行船不易，因此这条路线相对较难通行。第二条就是沿汉水而上，穿过秦巴山区到达汉中，再通过历史悠久的川陕蜀道进入四川或者陕西。这条路线虽然比长江线略长，但通航较为便利，且沿途有广大的地区可供移民驻足定居。由此，在清代初年，借助便利的汉水航运，汉水上游成为移民的主要迁入地之一。

据何炳棣在《中国会馆史论》中对移民、农作物传播等方面的分析，中国明清两代由于种种原因一直存在东南省籍的人口向西向内陆迁移的趋势，而明末清初的农民战争加剧了这种现状。江西、福建和两广地区的人流大量向两湖—巴蜀地区涌进，或沿长江，或逆流汉水和嘉陵江而上，沿途夹杂着湖北西部山区的人口，一同进入了巴蜀、陕西等地。与此同时，陕西籍的移民也并不在少数，他们顺嘉陵江而南下，一路到达四川等地。陕西移出流民虽多，填的江西、湖广人口也不少，从某种意义上在一个长达百年的时间尺度上形成了人口的相互交流和融合。因此，才会在嘉陵江流域的四川、重庆部分地区遍布大量的湖广会馆、江西会馆和陕西会馆，

---

① 鲁西奇. 区域历史地理研究：对象与方法——汉水流域的个案考查[M]. 南宁：广西人民出版社，1999：405-411.

② 张博锋. 近代汉江水运变迁与区域社会研究[D]. 武汉：华中师范大学，2014：48-51.

也才会在嘉陵江流域的陕西部分地区留下不少万寿宫、川主庙等等。但总而言之，整个嘉陵江流域各类同乡会馆的总数统计上，湖广、江西、陕西等籍客民建设的会馆是最多的。具体分类统计如图 2-35 所示。

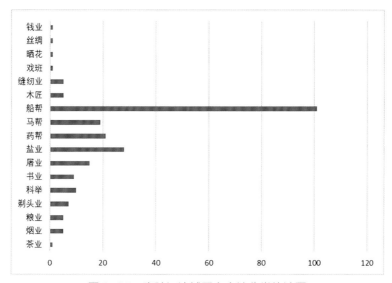

图 2-35　嘉陵江流域同乡会馆分类统计图

再来看同业会馆的统计结果，在这里不得不提前说明由于历史文献记载不详，关于同业会馆的统计与鉴定比之同乡会馆更为困难一些，笔者通过结合县志、前人研究和实地调研等方式，得到了如图 2-36 的统计结果，根据研究过程中的经验，实际数量和种类一定比图上所示还要多还要丰富。但我们依然可以从下图得到一些重要信息。（一）嘉陵江流域曾存在大量船帮会馆、盐业会馆、药帮会馆和马帮会馆，两种交通运输类会馆说明嘉陵江流域在明清时期与外界交往频繁，发达的嘉陵江水运条件为该区域创造了繁荣的经济环境。两种占比最多的行业会馆体现了川盐对巴蜀地区的重要意义，以及甘肃陇南、天水和陕南等秦巴山区对药材外销的经济依赖性。（二）嘉陵江流域商帮众多，行业会馆种类繁多，各自信仰不同，总数约有 236 座。

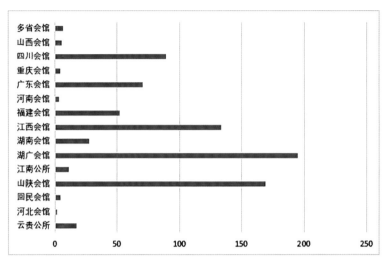

图 2-36　嘉陵江流域同业会馆分类统计图

关于嘉陵江流域水系发达的实情，笔者曾根据乾隆三十九年（1774 年）的《西和县志》文献记载统计到，甘肃省西和县四乡下辖所有村庄的命名方式比例如图 2-37。对图中信息进行再次分析（图 2-38），可以发现位于嘉陵江上游的西汉水途经的西和县，其下辖村庄有 43.85% 以河、滩、川、沟、桥、湾和河口下命名，占比接近过半，从中可以窥见嘉陵江上游水系之发达程度。

对图上内容进行归类分析，得到如下结果：

明清时期战乱频繁，人口流动较大。嘉陵江流域虽不是元军和农民军的主战场，但依然战火纷飞导致人口迁移。元末明初，青巾军在四川大肆杀掠，人民流离失所，方孝孺曾说"（四川）各郡臣民遭青巾之虐，百无一二"。青巾军游击线路从嘉陵江上游巩昌、宕昌等地区退入文州，再至龙州，出绵阳而与金牛道相接。此外，四川地区还有一支队伍进驻重庆，即由湖北沿长江而上入四川的明玉珍。曹树基先生认为随明玉珍入四川嘉陵江流域的湖北人大体分为两类，一是与明玉珍一起举事的乡人，包括德安府人和黄陂人，另一部分是增派的军队和随军招募的军援，这部分招募

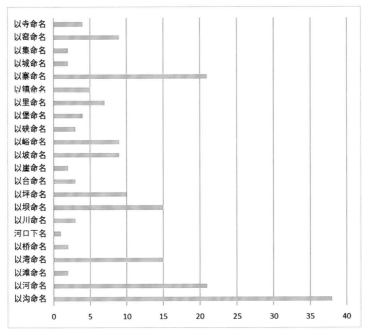

图 2-37　1774 年甘肃西和县村庄命名方式分类统计 1

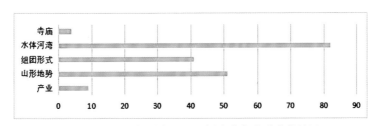

图 2-38　1774 年甘肃西和县村庄命名方式分类统计 2

的移民数量高达 45 万。康熙《孝感县志》记载："玉珍率兵袭重庆，称夏主，孝感人多随之入蜀。"明军占领四川之后，朱元璋想尽快恢复和发展生产，以保证国家赋税收入，便有了一系列宽民政策，如"古狭乡之民，听迁之宽乡，欲地无遗利，人无失业也"。于是，"自元季大乱，湖湘之人往往相携入蜀"，从而出现了"江西填湖广，湖广填四川"的情况，这从会馆的分布也可以清晰地反映出来（图 2-39）。

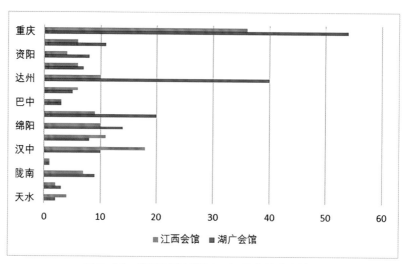

图 2-39　嘉陵江流域湖广、江西会馆分布情况

关于嘉陵江流域移民的具体情况，从后期的地方志、家族谱系等资料里整理出表 2-7。

表 2-7　嘉陵江流域移民情况一览表

| 序号 | 姓氏 | 原籍 | 迁入时间 | 迁入地 | 资料来源 |
|---|---|---|---|---|---|
| 1 | 王氏 | 山西太原迁麻城 | 洪武元年（1368年） | 达州东乡 | 《宣汉县志》1994年版 |
| 2 | 罗氏 | 福建迁麻城 | 洪武二年（1369年） | 达州东乡 | 《宣汉县志》1994年版 |
| 3 | 康氏 | 江西迁麻城 | 明初 | 达州东乡 | 《宣汉县志》1994年版 |
| 4 | 李氏 | 湖北麻城 | 明初 | 达州东乡 | 《宣汉县志》1994年版 |
| 5 | 王氏 | 陕西扶风 | 明初 | 达州东乡 | 《宣汉县志》1994年版 |
| 6 | 罗氏 | 湖北麻城 | 明初避难 | 达州东乡 | 《宣汉县志》1994年版 |

续表

| 序号 | 姓氏 | 原籍 | 迁入时间 | 迁入地 | 资料来源 |
|---|---|---|---|---|---|
| 7 | 丁氏 | 湖北麻城 | 明初 | 达州东乡 | 《宣汉县志》1994年版 |
| 8 | 宋氏 | 江西高安 | 明初 | 达州东乡 | 《宣汉县志》1994年版 |
| 9 | 刘氏 | 江苏迁麻城 | 洪武四年（1371年） | 达州东乡 | 《宣汉县志》1994年版 |
| 10 | 黄氏 | 江西 | 明初 | 达州东乡 | 《宣汉县志》1994年版 |
| 11 | 邓氏 | 江西庐陵 | 明初 | 广安州 | 嘉庆《四川通志》 |
| 12 | 苟氏 | 江南 | 洪武二年（1369年） | 重庆合川 | 民国《合川县志》 |
| 13 | 邹氏 | 江苏 | 洪武时 | 重庆合川 | 民国《合川县志》 |
| 14 | 伍氏 | 湖北孝感 | 明初 | 重庆合川 | 民国《合川县志》 |
| 15 | 杨氏 | 陕西岐山 | 洪武年间 | 广元 | 《广元县志》1994年版 |
| 16 | 孙氏 | 陕西富平 | 洪武年间 | 广元 | 《广元县志》1994年版 |
| 17 | 郑氏 | 山西翼城 | 未知 | 广安 | 光绪《广安州新志》 |
| 18 | 陶氏 | 江南宿松 | 洪武时 | 南部 | 道光《南部县志》 |
| 19 | 张氏 | 湖北襄阳 | 洪武时 | 广元 | 《广元县志》1994年版 |
| 20 | 周氏 | 湖北孝感 | 明初 | 剑阁 | 《巴蜀史志》2000年第2期 |

从县志中的数据来看，迁入嘉陵江流域的移民来自湖广、江西、江苏、陕西、山西等地。从移民的分布上来说，整个嘉陵江流域都涵括。而

中下游地区较为集中，嘉陵江沿边地区如达州东乡镇也分布着较多的移民，说明嘉陵江支流通航能力较好，为人口大规模迁移流动提供了便捷的天然地理条件。移民分布的特点在移民同乡会馆的分布中也得到了体现（图2-40）。

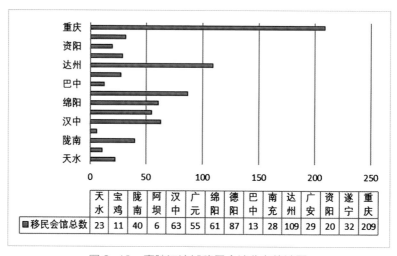

| | 天水 | 宝鸡 | 陇南 | 阿坝 | 汉中 | 广元 | 绵阳 | 德阳 | 巴中 | 南充 | 达州 | 广安 | 资阳 | 遂宁 | 重庆 |
|---|---|---|---|---|---|---|---|---|---|---|---|---|---|---|---|
| ■移民会馆总数 | 23 | 11 | 40 | 6 | 63 | 55 | 61 | 87 | 13 | 28 | 109 | 29 | 20 | 32 | 209 |

图 2-40　嘉陵江流域移民会馆分布统计图

明末清初，嘉陵江流域遭遇了长期的战乱之苦，人口再次锐减，据蓝勇研究，当时战后四川战区本地平民平均仅存33%，曹树基先生进一步推演川东地区的当地人残存已不足5%，川中北地区当地人残存大约15%。由此可见到了清代，嘉陵江流域的人口"百不存一"、"土著仅十之一二"的记载确为属实。

为了恢复嘉陵江流域的生产活动，修复战乱带来的人口锐减，清政府出台了一系列政策招徕外省籍贯的流民入川开荒，促成了清初的移民热潮。经过清初外来移民的大量迁入，嘉陵江流域的人口在清嘉庆时期剧增，嘉陵江中下游一带人口增长尤为明显，这从嘉庆时期嘉陵江流域分府统计的人口密度表中可以看出（表2-8）。咸丰保宁府《阆中县志》记载："明末之乱，四川靡有孑遗，阆中所为土著者，大半客籍，以其毗连陕西，故陕西人最多，此外，江西、湖南北又次之。"[1]民国《达县志》有"自兵燹以后，土著绝少，而占籍于此者，率多陕西、湖广、江西之客"的记载。[2]从这些省籍的移民建设的会馆的分布上可以相互佐证（图2-41）。

表2-8　嘉庆时期嘉陵江流域人口数量分布表

| 地区 | 史载人口数量／人 | 人口密度／（人／千米$^2$） | 本区所占面积／千米$^2$ |
|---|---|---|---|
| 重庆府 | 3 017 957 | 113.6 | 5 032 |
| 顺庆府 | 2 055 493 | 128.5 | 12 168 |
| 潼川府 | 1 801 863 | 110.6 | 10 200 |
| 保宁府 | 962 702 | 36.1 | 33 168 |
| 绥定府 | 1 124 850 | 92.7 | 9 689 |
| 太平厅 | 82 196 | 18.0 | 4 980 |
| 绵州 | 1 103 625 | 128.4 | 2 700 |
| 龙安府 | 833 168 | 25.3 | 12 904 |
| 巩昌府 | 1 638 403 | 74.1 | 3 675 |
| 秦州 | 666 790 | 48.8 | 6 584 |
| 阶州 | 285 243 | 49.4 | 5 993 |
| 汉中府 | 1 541 634 | 62.0 | 10 350 |

来源：根据《嘉庆重修一统志》制。

---

[1]　咸丰《阆中县志》卷12《户口志》。

[2]　民国《达县志》卷9。

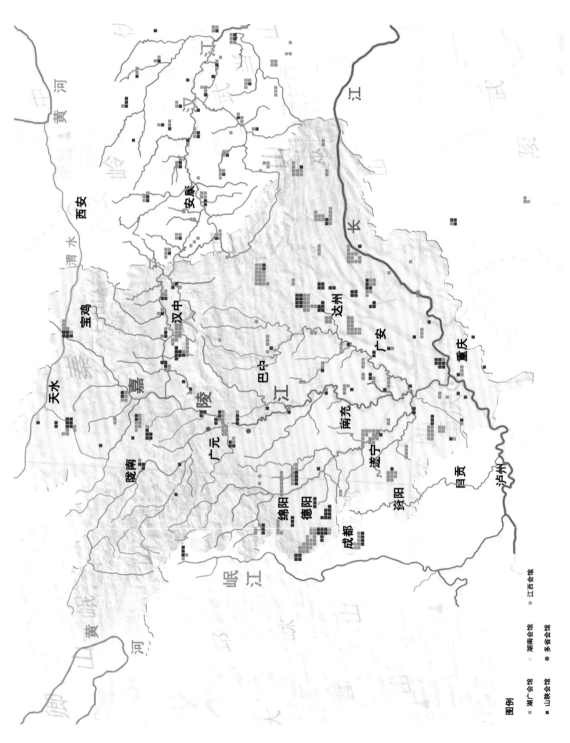

图 2-41 嘉陵江流域山陕、湖广、湖南、江西和多省会馆分布图

图例

■ 湖广会馆　　■ 湖南会馆　　■ 江西会馆

■ 山陕会馆　　● 多省会馆

## 第二节　流域会馆的空间分布特征

### 一、湘桂走廊沿线会馆空间分布特征

**1. 中心城市"重点聚集"，乡村地区"散点分布"**

湘桂走廊沿线的同乡会馆数量根据能找到的资料统计有约 297 个，且会馆集中分布在因湘桂走廊而兴的较为繁华的城镇和集市中。尤其长沙、湘潭、桂林、梧州，这四个重要的转运商埠，因地理位置的优越带来了交通优势，因而会馆数量和类型都极为丰富，例如湘潭县内十八总分布着十几个同乡会馆，有时同一地区的商帮会在同一城镇建立多个同乡会馆，以扩大自己的势力。

根据如图 2-42 所示会馆分布的密集程度，可以看出会馆的数量分布呈

图 2-42　湘桂走廊沿线会馆分布密度和数量空间分布

现出越在湘桂走廊核心区域数量越多，越靠近长江、西江两大交通运输干线数量越多的趋势，这种数量形态分布与湘桂走廊沿线交通的易达性、部分商帮文化势能较高有较强的侵入性以及官府为维护封建统治而采取的盐运政策、教化政策及其推动下的信仰输入都有较为密切的关系。

所以，湘桂走廊沿线会馆的分布呈现出会馆在走廊沿线两端多、中段数量较两端少的哑铃状，同时还呈现出在走廊两端湘江段重点聚集和在桂江段网络状分布的形态（图 2-43）。

2. 湘桂走廊沿线各类会馆分布的地域差异性

从图中可以直观地看到，江西、湖南、广东、福建四省的会馆数量占据绝对优势，但值得注意的是湘桂走廊通过"湘江—桂江"连通湖南、广西两地。广西商人建立的会馆却屈指可数，这与广西商业落后，基本靠客籍商人来推动当地商品经济的发展是分不开的。

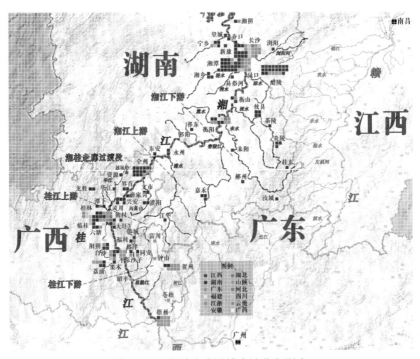

图 2-43　湘桂走廊沿线会馆分布形态

可以从图 2-44 和图 2-45 的对比中看出，赣、湘、粤、闽四大商帮会馆的整体数量和密集度远远高于其他省份会馆数量。下文将对各类会馆分布进行详细分析。

图 2-44　赣、湘、粤、闽四大商帮会馆数量及分布

1）江西会馆——全线分布最多

江西会馆在湘桂走廊沟通的整个范围内的数量远超其他会馆（图 2-46），这在一定程度上与其靠近湖南，经浏阳河、渌水、洣水有瑞州道、袁州道、吉安道这些便捷的孔道进入湘桂走廊进行药材、金银首饰等商业活动有关。在明清时期"江西填湖广"大移民潮的社会背景下，赣商也容易往来于湘桂走廊进行商业活动，并建立其商业会馆。例如湘潭在乾隆年间，共有的商业会馆6个，其中就有两个江西会馆[①]。在乾隆四十四

① 湘潭县志[M]．卷九《祀典》乾隆四十四年（1779年）。

图 2-45　其他商帮会馆数量及分布

　　　　图 2-46　江西会馆数量及分布

年（1779年）至嘉庆二十二年（1817年）间，湘潭内商业会馆的总数为19个，江西会馆增加为6个，呈现出不断上升的趋势。赣商在湘桂走廊沿线有着强劲的实力，在全段都建有自己的商帮会馆，但因地理环境原因，向桂江段长途贸易所需时间史长，成本史高，所以数量上呈坝出湘江段多于桂江段的趋势。

2）湖南会馆——桂北过渡段分布更多

湖南会馆则呈现出全流域都较为均匀分布的趋势（图2-47）。在桂江段尤其是靠近湘桂走廊过渡段的桂北部分，湖南会馆数量明显最多，由此可以回应上文湘商在核心段桂北地区占据绝对优势的结论。

图2-47  湖南会馆数量及分布

3）广东会馆——桂江段分布更多

广东会馆的数量呈现出桂江段明显多于湘江段的分布趋势（图2-48）。
这主要是由于粤商由湘粤古道前往湖南经商更为便利。湘江上游船行不便
且有雪峰山阻隔可能是未有粤东会馆建立的原因之一，除此之外也有可能
是"永州府"商品市场份额不大，且已经被赣商和本土湘商抢占，湘江下
游的湘潭有着更大的市场，顺湘江而下获利不仅较溯湘江而上获利更大也
更为容易。

粤东商人不仅在湘桂走廊桂江沿线不断进行其商业势力的渗透，他们
对整个广西地区都有着巨大的影响力，商人逐利所以选择能够获得最大利

图 2-48　粤东会馆数量及分布

润的地点进行商帮和商业网络的构建，不选择在获利较小的湘江段的永州
府上建立广东会馆。并且粤东商人在桂江段的商业活动路程较短且只需经
过水运，经由湘粤古道抵达湘江段需要在郴州过陆路且路程较长，也是促
成粤东会馆分布数量在桂江段多于湘江段的原因。

4）福建会馆——与江西会馆分布区域趋同

福建会馆在湘桂走廊沿线分布趋势类似江西会馆，会馆分布数量呈现出
湘江段多于桂江段的趋势（图2-49）。会馆分布与闽商借湘赣之间的水陆
混合通道进入湘桂走廊湘江段和借西江进入湘桂走廊桂江段商业线路一致。
例如湘江的支流渌水出现了较多的天后宫，也有可能与明清海禁政策有关。

图 2-49　福建会馆数量及分布

海禁导致闽商在一定时期只能选择内河航运线路，从而福建会馆在湘江沿线分布更多。

5）沿线其他会馆——沿线两端平均分布

其他类型商帮会馆在湘桂走廊湘江段和桂江段的分布在数量上比较平均，主要集中在长沙、湘潭、桂林、梧州这四个重要的城镇中（图2-50）。在内河时代，会馆数量以湘潭、桂林为最，开埠之后，商人对于会馆的建立都呈现出向湘桂走廊两端的长沙、梧州发展的变化趋势。

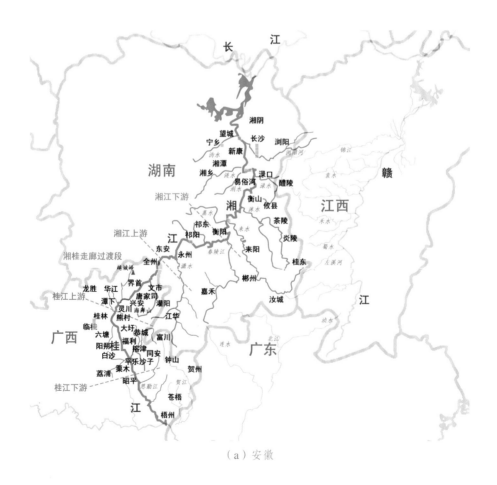

（a）安徽

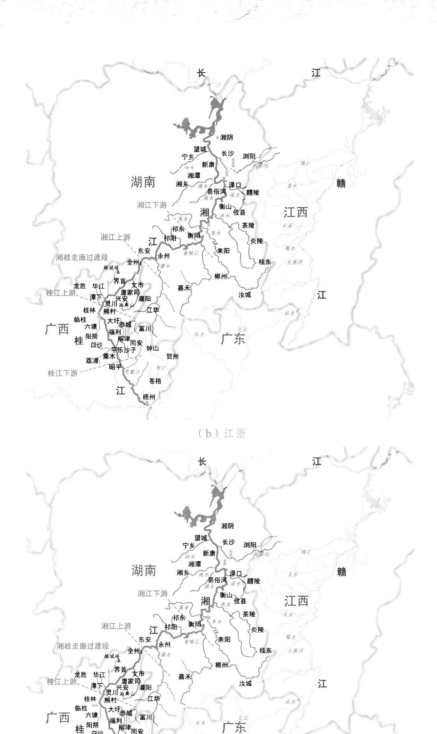

（b）江浙

（c）山陕

（d）四川

（e）湖北

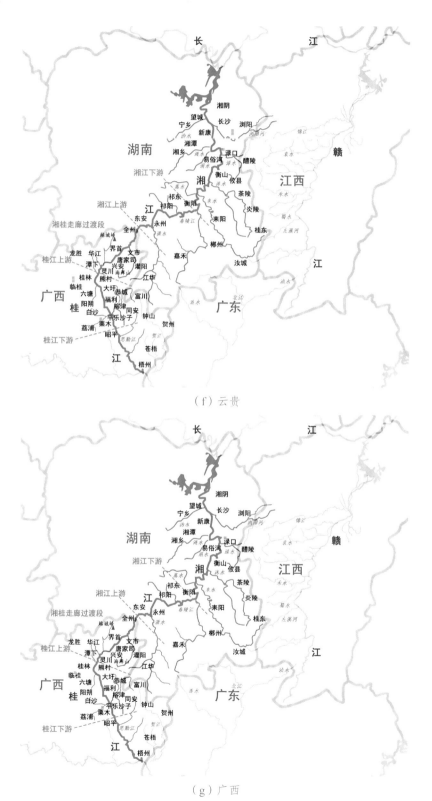

（f）云贵

（g）广西

（h）河北

图2-50 其他各商帮会馆数量及分布

## 二、汉水流域会馆空间分布特征

### （一）汉水流域会馆的数量和区域分布

通过文献梳理和现场调研（图2-51），本书梳理出汉水流域曾经存在的会馆共计435座（武汉除外[①]）。其中：山陕会馆数量最多，湖广、江西会馆次之；河南、江南、福建、四川会馆数量相似，但不及前三大会馆；行业会馆总数也很可观。而广东、山东、甘肃三地会馆由于记录过于稀少，可归为个案级别，故本书暂不讨论，盼望未来有更多的史料发掘，使之得到更全面的认识。

---

① 据民国九年（1920年）《夏口县志》统计，汉口清代曾经存在的会馆、公所总数多达200余处。这与汉水流域其他地区的会馆数量差异较大。加之汉水会馆、公所的类型也比流域其他地方丰富很多，因此，未将汉口会馆计入总数。汉口会馆、公所的数量情况参见本书下节所绘地域分布表。

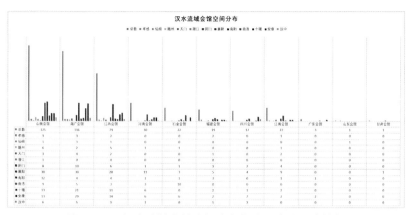

图 2-51　汉水流域会馆空间分布统计图（武汉除外）

如本书前文所述，清代汉口会馆、公所数量众多，类型也比流域其他地方丰富很多。同时，汉阳和武昌也存在少量会馆。因此本节选取山陕、江西、湖广、福建、河南、江南、安徽、广东等广泛存在于汉水流域内的会馆类型，将武汉三镇会馆的空间分布单独列出（图 2-52）。

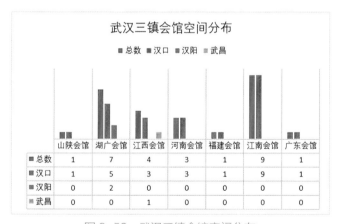

| | 山陕会馆 | 湖广会馆 | 江西会馆 | 河南会馆 | 福建会馆 | 江南会馆 | 广东会馆 |
|---|---|---|---|---|---|---|---|
| 总数 | 1 | 7 | 4 | 3 | 1 | 9 | 1 |
| 汉口 | 1 | 5 | 3 | 3 | 1 | 9 | 1 |
| 汉阳 | 0 | 2 | 0 | 0 | 0 | 0 | 0 |
| 武昌 | 0 | 0 | 1 | 0 | 0 | 0 | 0 |

图 2-52　武汉三镇会馆空间分布

除总数外，各类会馆在流域内不同区域的分布也不尽相同。总数居首的山陕会馆在汉口分布较少，而在南阳和襄阳则明显较多。江西、湖广、河南会馆除了在襄阳兴建较多之外，在十堰和安康的建设也明显高于其他地区。而江南则主要分布于汉口和襄阳。

由此，从统计表中大致可以看出两种现象。其一，各类会馆在区域分布上有不同的倾向；其二，出现了襄阳和汉口这样集中了大量各类会馆的区域或城市。后面将通过各类会馆的空间分布图继续探讨这两种现象。

### （二）汉水流域会馆的总体空间分布

下面试图通过将各类会馆的地理位置分别标记在地形图中，更直观地展现各类会馆在汉水流域的分布地点和密度趋势。

#### 1. 山陕会馆的空间分布

总体来看，山陕会馆几乎遍布整个汉水流域（图2-53）。从密度趋势看，汉水主干沿线及北侧的广大区域密度相对较高，其中又以南襄盆地最为密集，随枣走廊和襄宜谷地次之。在这些分布最密集的地区，大到襄阳

图 2-53　汉水流域山陕会馆空间分布图

樊城、老河口、南阳、随州，小到村镇级别的聚落，几乎都有山陕会馆的存在。

山陕会馆在汉水中下游的分布现象与明清重要商道"万里茶道"途经地区高度重合。2019 年列入《中国世界文化遗产预备名单》的万里茶道，是山陕商帮南北贸易最主要的通道之一，汉口—襄阳—南阳段的汉水河道正是万里茶道南段的重要组成部分[①]。山陕会馆印证了这条线路的存在，这条商贸线路反过来证明了山陕会馆的商业作用，也说明汉水中下游及唐白河流域在山陕商帮商贸活动中的重要地位。

山陕会馆在汉水上游的分布同样体现了它的商业会馆属性。汉水上游主干和丹水流域等主要交通河道沿线的山陕会馆分布相对较多，而位于秦巴山脉更深处的会馆则显著减少。这与附带的移民会馆属性的江西、湖广会馆形成了较明显的差异，下文将重点论述。

2. 江西会馆的空间分布

江西会馆也几乎遍布整个汉水流域（图 2-54）。然而与山陕会馆不同的是，江西会馆分布最密集的地区是汉水主干沿线及其以南的区域。

如本书前面所述，江西会馆具有商业会馆和移民会馆双重属性，因此移民定居地的确立常常伴随着当地江西会馆的建设。这就可以解释在汉水上游主干以南的广大山区，江西会馆的分布比山陕会馆更为广泛的原因。

在与山陕会馆的对比中还可以发现，部分江西商人和移民曾通过长江流域进入汉水流域。保康县的马良、歇马、东巩，以及镇坪县的钟宝都曾建有江西会馆，而未见有山陕会馆曾经存在的记录。究其原因，似与长江流域有较大关系。马良、歇马、东巩位于长江支流沮水沿线，钟宝临近南侧的长江支流大宁河。因此，这些地点的江西商人和移民较大可能来自长江流域，并沿着支流沮水和大宁河进入汉水流域南部（图 2-55）。

---

① 引自：李创. 万里茶道文化线路上的山陕会馆建筑研究[D]. 武汉：华中科技大学，2021：27.

图 2-54　汉水流域江西会馆空间分布图

图 2-55　汉水上游南线通道

### 3. 湖广会馆的空间分布

与江西会馆类似，湖广会馆也几乎遍布整个汉水流域，且分布最密集的地区同样是汉水流域主干及其以南（图2-56）。可以说，江西、湖广会馆一起，以汉水主干为界，与山陕会馆形成"南北分治，分庭抗礼"之势。

如前所述，湖广会馆与江西会馆都有商业与移民双重属性。因此其空间分布特征也较为相似，兹不赘述。

然而，湖广会馆的空间分布仍有其自身的特点，即在重要城镇中，湖广会馆往往数量众多，超过山陕、江西会馆。这种现象可归因于湖广会馆内部有种类较多的次级会馆，如湖南会馆、黄州会馆、武昌会馆、汉阳会

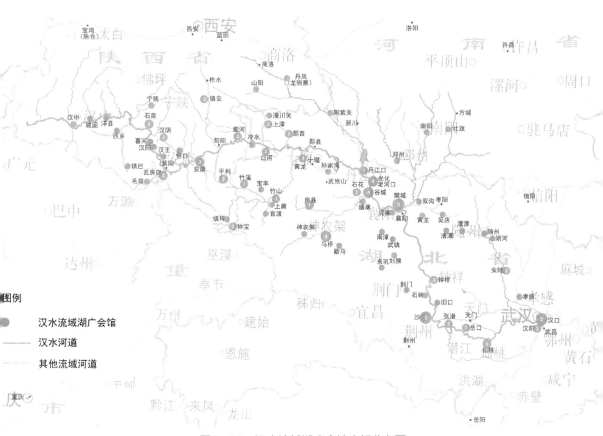

图 2-56　汉水流域湖广会馆空间分布图

117

馆等。例如：汉口同时建有湖南总会馆、长沙会馆、黄州会馆、宝庆会馆、齐安公所等 5 座湖广商人建立的会馆；沙洋有湖南会馆、黄州会馆、汉阳会馆、鄂城书院、邹城公所等 5 座；樊城有湖南会馆、黄州会馆、小黄州会馆、武昌会馆、汉阳书院等 5 座；老河口有黄州、武昌、汉阳会馆共 3 座；安康有湖南、黄州、武昌会馆共 3 座等。

4. 河南、江南、福建、四川会馆的空间分布

在这四类会馆中（图 2-57），河南会馆数量最多，在汉水流域的分布也最广。虽然数量远不及前述三大会馆，但仅就分布范围之广论，河南会馆也不容小觑，在前三者出现的流域，几乎都有河南会馆的存在。特别是

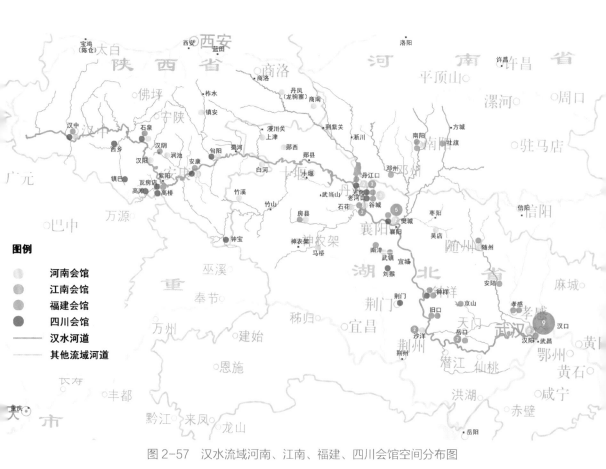

图 2-57　汉水流域河南、江南、福建、四川会馆空间分布图

安康—竹溪—房县—谷城一线、上津古城所在的金钱河流域、镇安所在的乾佑河流域等主要通道上都有河南会馆的存在。

江南、福建会馆的分布特征较为相似，在江汉平原分布较为广泛，而在汉水中上游则只以重要城镇为据点零星分布。江南会馆与湖广会馆相似，也有次级会馆种类较多的特点。因而在汉口和樊城等汉水中下游的重要节点城市，江南会馆的数量很多。

四川会馆与其他会馆的分布皆有所不同，以汉水上游南侧分布最多。这是由于其位于汉水西南方向的缘故。同时，文献中还有高桥、高滩两地曾有四川会馆的记录，使这里的四川会馆密度明显高于其他地区。这种现象反映出以长江支流通江、汉水支流泾阳河为主线的荔枝道，可能是清中晚期四川盆地通往汉水流域的主要通道。

### 5. 行业会馆的空间分布

汉水流域行业会馆分布最多的地方当属汉口。汉口的行业会馆数量多达百余所，行业涉及近30个[①]。这主要是由于清代的汉口经济已达到更发达的阶段，同业商人组织的重要性逐步超过同乡商人组织[②]。而同时期的汉水流域其他地区，除丹凤龙驹寨建有盐帮、布帛帮、青器帮、铜帮会馆之外，均未达到此阶段。

除汉口外，汉水流域的行业会馆以交通运输业为主，因而行业会馆分布可以在一定程度上代表所在区域的交通情况。汉水流域数量最多的行业会馆是与水运相关的船帮会馆，其次是陆运方面的骡帮会馆和马帮会馆等。

骡帮会馆和马帮会馆等陆运会馆主要出现在丹水流域附近，在丹凤龙驹寨建有西、北马帮会馆，在与丹水相邻的山阳漫川关建有骡帮会馆。此外，这两个地方也均建有船帮会馆。这种分布现象说明在丹水流域，陆运也是

---

① 刘凯. 晚清汉口城市发展与空间形态研究[D]. 广州：华南理工大学，2007：82.

② 方志远. 明清湘鄂赣地区的人口流动与城乡商品经济[M]. 北京：人民出版社，2002：603.

主要运输方式之一，成为水运交通的重要补充。汉水流域其余地区则广泛分布着船帮会馆，证明水运依旧是汉水流域最为主要的交通方式。

汉水流域行业会馆空间分布图如图 2-58。

图 2-58　汉水流域行业会馆空间分布图

## 三、嘉陵江流域会馆空间分布特征

前面统计了嘉陵江流域历史上曾经存在过的所有会馆建筑、它们的产生原因以及分类统计情况，下面笔者将展示以上这 1 022 座会馆都分布在嘉陵江流域中的哪些城市、在各城市的比重，笔者将分析几种数量最多的会馆在各城市的占比情况以及各种会馆在不同城市分布的总览。

如图2-59所示，白色描边区域为嘉陵江流域的边界范围，北至甘肃天水、陕西宝鸡，西至四川若尔盖县，东部与南部可达重庆。由于嘉陵江流域会馆建筑的产生与嘉陵江水运有密不可分的关系，为了排除干扰因素，笔者并未将天水市、宝鸡市、重庆市等城市的所有下辖区县全部纳入研究范围，而是以嘉陵江水系的干流和支流为脉络划定了范围，排除了渭水以北的天水和宝鸡部分区县、长江以南的重庆部分区县。同样地，也尽可能地排除了汉水、沱江、岷江等周边航运发达的江河水系之影响，以求更真实地反映嘉陵江与嘉陵江流域会馆之关系。

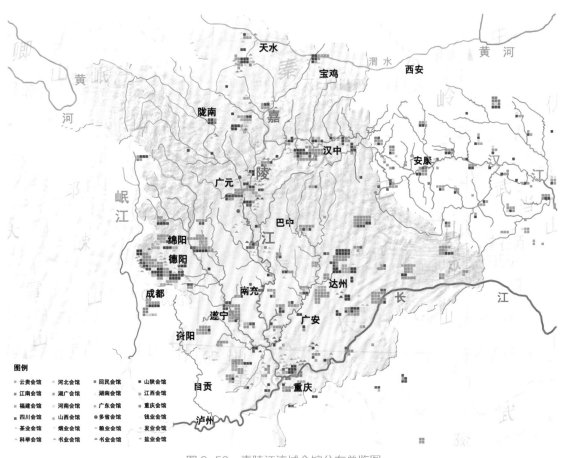

图 2-59　嘉陵江流域会馆分布总览图

另一方面，为了表达嘉陵江流域与其他流域如汉水流域、沱江流域、长江流域的会馆分布情况之关系，笔者在图中也以同样的分类方式标明了这些流域的部分会馆分布情况。

### 1. 嘉陵江流域会馆空间分布总体特点

总体上来说，嘉陵江流域的会馆在空间分布上有以下几个特点：

（1）中下游的会馆分布数量明显大于上游分布数量（图2-60）。嘉陵江上游地区地处秦巴山脉，自然经济条件落后，而江水上游峡谷窄河流落差大，易发生泥石流滑坡、洪涝灾害时水面上升高度大，自然条件恶劣故航运条件差，综合对比交通不够便利是产生这种结果的重要原因之一。

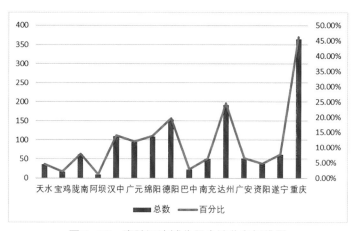

图 2-60　嘉陵江流域分段会馆分布折线图

（2）沿着嘉陵江干流河道分布的会馆明显多于各支流河道上的会馆，而在各支流分布中，涪江沿线分布的会馆最多，渠江沿线会馆的总数紧跟其后，白龙江沿线、西汉水沿线的会馆总数依次随后排列。如图2-61所示，不同色块的总面积表示了不同干支流上会馆的总数，位于同一河道沿线的城市用同种颜色不同面积的色块表达。嘉陵江干流上的移民、商民最多，河道的通航能力最好，通航长度最长，总会馆的数量是最多的，《巴渝竹枝词》

写道"谁言蜀道青天上，百丈牵船自在游"①，可见一斑。而涪江靠近成都，与古蜀道走向相互交织，故总会馆的数量也不少。

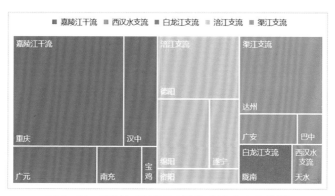

图 2-61　嘉陵江流域干支流的会馆分布占比图

（3）结合嘉陵江流域周边的会馆分布情况来看，沿着汉水河道，从十堰—安康—汉中—广元—绵阳—德阳—成都方向和从十堰—安康—达州—广安—重庆这两条地理通道走向上的会馆数量最多，且会馆分布最为密集（图2-62）。在明末清初的湖广填四川运动中，有"移民半楚"的说法，《广安州新志》中曾记载："迁徙他邦者，复伙而稽其世系有土籍焉。有蜀籍焉，有闽越齐晋之籍焉，有江浙豫章之籍焉，惟湘鄂特多，而黄麻永零尤盛。"②可以得知，湖广籍的移民在广安所有移民中是最多的，湖广与四川有地缘邻近之优势，在明清社会动荡时期，沿着汉水进入嘉陵江水系的交通十分便利，长江三峡的自然天险让许多入川的客民丧命途中。相比而言，汉水接嘉陵江的地理大通道更为移民所青睐，朝着成都走向的通道是古蜀道线路，沿途州县的地方经济和交通状况发育更为成熟，是移民安迁和商民买卖的优先选择。而朝着重庆走向的通道更是得益于嘉陵江接入长江的便捷航运，重庆在清晚期民国初年占据着比成都更瞩目的政治优势，吸引着大量的商人来此交易。

---

① 张乃孚：《巴渝竹枝词》。

② 宣统《广安州新志》卷11《氏族志》。

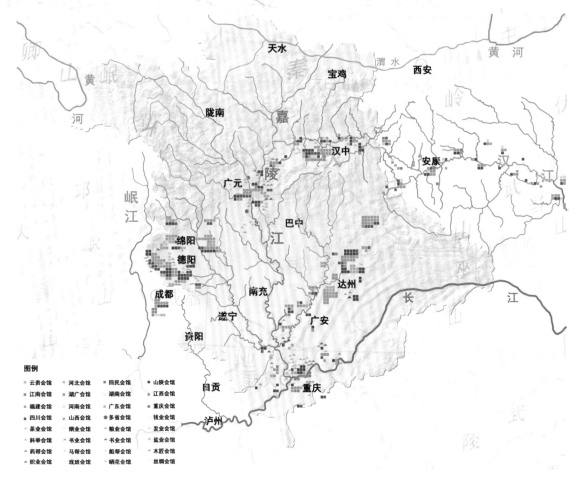

图 2-62 "十堰－成都"和"十堰－重庆"两条通道上的会馆

　　以上对嘉陵江流域历史上曾存在过的同乡会馆概括分析均来源于表 2-9 的数据，该表是笔者逐一查阅嘉陵江流域有关府、州、县的志书后，从一手资料中统计得出的结果。有的地方志书要参阅好几本，如天水就统计了清代乾隆二十九年（1764 年）版《直隶秦州新志》、清代光绪十五年（1889 年）版《秦州直隶州新志》和民国二十八年（1939 年）版《秦州直隶州新志续编》，陇南也统计了明代万历四十四年（1616 年）版《阶州志》和清代乾隆元年（1736 年）版《直隶阶州志》两本，因其中所记载的会馆有拆毁亦有新建，取交集后的最大集合来统计。笔者在自己制作的统计表基础上，参阅了蓝勇、黄权生所著《"湖广填四川"与清代四川社会》中的清代四川移民统计表和其他学者统计结果，对个别地方加以增补，在差异较大处保留了自己的意见。

表 2-9　嘉陵江流域同乡会馆分布情况表

| 城市 | 云贵 | 河北 | 回民 | 山陕 | 江南 | 湖广 | 湖南 | 江西 |
|---|---|---|---|---|---|---|---|---|
| 天水 | 0 | 0 | 1 | 9 | 0 | 2 | 3 | 4 |
| 宝鸡 | 0 | 0 | 0 | 5 | 0 | 3 | 0 | 2 |
| 陇南 | 0 | 1 | 1 | 16 | 0 | 9 | 4 | 7 |
| 阿坝 | 0 | 0 | 0 | 3 | 0 | 1 | 0 | 1 |
| 汉中 | 1 | 0 | 0 | 13 | 2 | 10 | 6 | 18 |
| 广元 | 0 | 0 | 1 | 15 | 0 | 8 | 4 | 11 |
| 绵阳 | 1 | 0 | 0 | 12 | 0 | 14 | 0 | 10 |
| 德阳 | 0 | 0 | 0 | 20 | 0 | 20 | 1 | 9 |
| 巴中 | 2 | 0 | 0 | 1 | 0 | 3 | 0 | 3 |
| 南充 | 0 | 0 | 1 | 4 | 1 | 5 | 1 | 6 |
| 达州 | 0 | 0 | 0 | 24 | 2 | 40 | 0 | 10 |
| 广安 | 0 | 0 | 0 | 6 | 0 | 7 | 1 | 6 |
| 资阳 | 2 | 0 | 0 | 1 | 0 | 8 | 0 | 4 |
| 遂宁 | 2 | 0 | 0 | 1 | 0 | 11 | 0 | 6 |
| 重庆 | 9 | 0 | 0 | 39 | 6 | 54 | 7 | 36 |
| 共计 | 17 | 1 | 4 | 169 | 11 | 195 | 27 | 133 |
| 占比 | 2.20% | 0.10% | 0.50% | 21.50% | 1.40% | 24.80% | 3.40% | 16.90% |
| 城市 | 福建 | 河南 | 广东 | 重庆 | 四川 | 山西 | 多省 | |
| 天水 | 2 | 1 | 0 | 0 | 0 | 1 | 0 | |
| 宝鸡 | 1 | 0 | 0 | 0 | 0 | 0 | 0 | |
| 陇南 | 1 | 0 | 0 | 0 | 1 | 0 | 0 | |
| 阿坝 | 0 | 0 | 0 | 0 | 1 | 0 | 0 | |
| 汉中 | 1 | 1 | 0 | 0 | 6 | 3 | 2 | |

续表

| 广元 | 1 | 1 | 3 | 0 | 9 | 0 | 2 | |
|------|-----|-----|-----|-----|------|-----|------|------|
| 绵阳 | 4 | 0 | 13 | 0 | 7 | 0 | 0 | |
| 德阳 | 9 | 0 | 13 | 0 | 14 | 0 | 1 | |
| 巴中 | 1 | 0 | 1 | 0 | 2 | 0 | 0 | |
| 南充 | 2 | 0 | 1 | 0 | 7 | 0 | 0 | |
| 达州 | 3 | 0 | 15 | 0 | 15 | 0 | 0 | |
| 广安 | 4 | 0 | 2 | 0 | 3 | 0 | 0 | |
| 资阳 | 2 | 0 | 3 | 0 | 0 | 0 | 0 | |
| 遂宁 | 2 | 0 | 3 | 0 | 7 | 0 | 0 | |
| 重庆 | 19 | 0 | 16 | 4 | 17 | 1 | 1 | |
| 共计 | 52 | 3 | 70 | 4 | 89 | 5 | 6 | |
| 占比 | 6.60% | 0.40% | 8.90% | 0.50% | 11.30% | 0.60% | 0.80% | |
| 全部 | | | | | | | | 786 |

### 2. 嘉陵江流域会馆个体分布特征

分析完嘉陵江流域同乡会馆的总览分布情况,接下来笔者将对单一类型的会馆进行逐个解析,因篇幅有限,仅挑选总数量占比较大的几类会馆来看。所选取的会馆包括湖广会馆、江西会馆、山陕会馆、福建会馆、广东会馆和四川会馆,最后会对不同会馆在嘉陵江流域不同地方的分布进行汇总。

首先是湖广会馆在嘉陵江流域的会馆分布情况(图2-63),回顾前述,湖广会馆在嘉陵江流域所有会馆总数中占比24.81%,因此各地方项占比均较高,尤以重庆、达州为甚,充分再现了"村墟零落旧遗民,课雨占晴半楚人。几处青林茅作屋,相离一坝即比邻"[1]的场景。

---

① 陆箕永:《绵州竹枝词》。

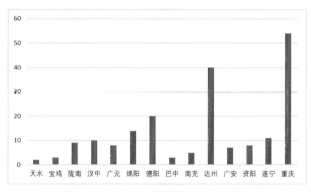

图 2-63　嘉陵江流域湖广会馆分布图

江西会馆在嘉陵江流域的分布如图 2-64 所示：重庆最多，汉中与广元次之。

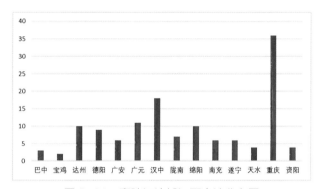

图 2-64　嘉陵江流域江西会馆分布图

山陕会馆在嘉陵江流域的总百分比为 21.50%，位居第二，其在嘉陵江中下游广泛分布着（图 2-65）。《成都竹枝词》里写道"秦人会馆铁桅杆，福建山西少者般。更有堂哉难及处，千余台戏一年看"[①]，可见山陕商人的财力雄厚，到如今成都、江油、阆中等地都仍保留着陕西街。

福建会馆在嘉陵江流域的分布如图 2-66 所示。明清时期福建、广东与江西籍的客民不断北移至两湖盆地，部分迁居其中，还有一些跟随湖广移民，进入了嘉陵江流域，其中以重庆、德阳的数量最多。

--------

① 吴好山：《成都竹枝词》。

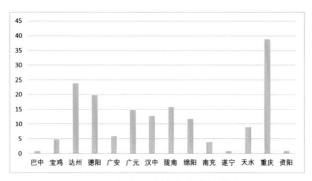

图 2-65　嘉陵江流域山陕会馆分布图

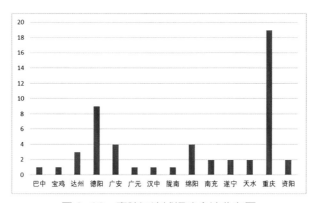

图 2-66　嘉陵江流域福建会馆分布图

　　粤商随移民进入巴蜀地区后，在前文总结曾提到过的十堰—成都和十堰—重庆两条地理大通道上广泛分布，其中以绵阳、德阳和达州、重庆为代表，多以南华宫作为别称（图 2-67）。

　　随着随军迁徙、官府招募开荒、经商贸易和官宦携家眷迁徙等动因导致的外省客民纷纷迁入嘉陵江流域，四川本土的商民和当地人开始团结起来，大量地建设专属于本地人的会馆，多有别称川主宫、二圣宫、川王庙等，以加强本地商民和当地人团结互助、谋求共同发展的利益。尤其在与外籍移民发生矛盾冲突时，会馆产生的凝聚力甚为重要。川主庙在嘉陵江流域分布广泛，在所有同乡会馆中约占 11.32%，分布如图 2-68。

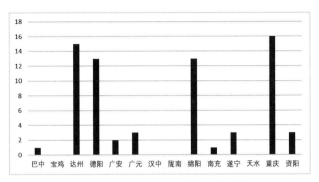

图 2-67　嘉陵江流域广东会馆分布图

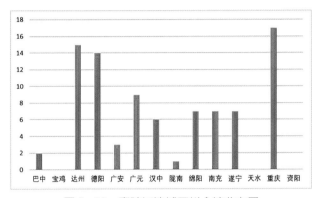

图 2-68　嘉陵江流域四川会馆分布图

　　最后总结嘉陵江流域不同会馆在不同地域的分布情况，总览如图2-69。总体上看来，首先，会馆数量最多种类最丰富的是重庆地区，第二是达州，这充分说明明清时期汉水的利用率非常高，沿着汉水从安康紫阳县接达州万源进入嘉陵江水系，是移民、商民选择最多的路径。其次，嘉陵江上游会馆数量、种类相对较少，这可能与自然条件、上游地方经济与资源导向性有关。最后，湖广、江西、山陕、四川省籍的会馆数量大，移民足迹遍布嘉陵江流域，这在后文嘉陵江流域现存的会馆中也会得到印证。

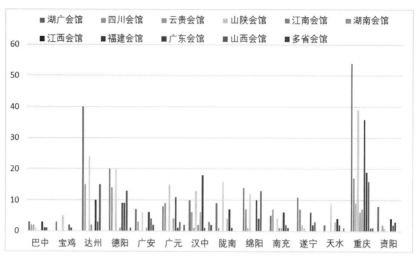

图 2-69　嘉陵江流域同乡会馆分布统计图

# 第三节　流域会馆的时间分布特征

## 一、湘桂走廊沿线会馆时间分布特征

汉水在明清民国时期，社会的稳定和繁荣保持了较长的状态，因而才给了商业会馆发展和建立的时机。湘桂走廊沿线上的同乡会馆有同乡异业和同乡同业两种类型。其中同乡会馆的建立与长距离贸易有关，兴建时间分布特征更能显现出会馆的兴建、发展、繁荣和衰落与当下社会经济的变迁互为印证的关系。

在湘桂走廊沿线可以找到的建立年代最早的会馆是衡阳的南岳行祠，建于明正德三年（1508 年）。湘桂走廊沿线上的会馆从明代开始一直到民国时期均有发展，随着湘桂走廊沿线商业的繁荣，297 个同乡会馆先后建立。笔者根据县志、各类书籍以及实地调研，得出以下会馆建立时间的统计表，并在下文中基于这些表格进行分析。

从湘桂走廊沿线的同乡会馆时间分布总表（表 2-10）的数据可以看出，

有具体时间考证的会馆数量有 106 个，其中康乾时期建立的会馆数量最多，约占总体的 17.69%。明代时已有 4 座商业会馆建立，这 4 座商业会馆的存在可以确立这条南北大通道商业贸易交通的流畅，也是湘桂走廊沿线会馆的萌芽时期。康乾时期会馆数量呈现出明显的优势，也一定程度上可以说明在这个时期会馆建筑进入了一个较快发展的阶段。

表 2-10　湘桂走廊沿线同乡会馆建立时间数据统计表

| 时间 | 明代 | 清初 | 康熙 | 雍正 | 乾隆 | 嘉庆 | 道光 | 咸丰 | 同治 | 光绪 | 宣统 | 民国 | 未知 |
|------|------|------|------|------|------|------|------|------|------|------|------|------|------|
| 数量 | 4 | 4 | 19 | 4 | 18 | 5 | 7 | 12 | 5 | 22 | 1 | 6 | 180 |

湘桂走廊上的会馆建立时间条形图

| 时间 | 明—清初 | 康乾 | 嘉道 | 咸同 | 光宣 | 民国 | 未知 |
|------|---------|------|------|------|------|------|------|
| 数量 | 8 | 41 | 12 | 17 | 23 | 6 | 190 |

湘桂走廊上的会馆建立时间条形图

| 数量 | 106 | 191 |
|------|-----|-----|
|  | 297 | |

因为湘桂走廊由"湘江—桂江"沟通湖南、广西，相较于湖南省，广西地区的经济发展较为落后，因此对湘江段和桂江段商业会馆建立时间也需要分类比较分析。

　　根据表 2-11 湘江、桂江段会馆数据统计可以得出，湘江段的会馆建筑数量有 160 个，桂江段会馆建筑数量为 137 个，这两部分的会馆建立的爆发时间均为康乾时期。但不同的是，湘江段康乾时期建立的会馆数量远多于其他时期，而桂江段在光宣时期也出现了会馆建立的小高峰。桂江段康乾时期建立的会馆数量占 18.7%，光宣时期为 29.67%，且根据对比湘江段和桂江段的时间分布图可以看出，桂江段会馆建立时间呈现出较足的"后劲"，这与湘桂走廊桂江段属于广西地区发展更晚有关。

表 2-11　湘桂走廊分段同乡会馆建立时间数据统计表

| 湘江段 | 时期 | 明—清初 | 康乾 | 嘉道 | 咸同 | 光宣 | 民国 | 未知 |
|---|---|---|---|---|---|---|---|---|
| | 数量 | 3 | 24 | 4 | 1 | 3 | 2 | 123 |
| 160 | | 37 | | | | | | |
| 桂江段 | 时期 | 明—清初 | 康乾 | 嘉道 | 咸同 | 光宣 | 民国 | 未知 |
| | 数量 | 5 | 14 | 8 | 16 | 20 | 4 | 73 |
| 137 | | 64 | | | | | | |

湘桂走廊湘江段会馆建立时间条形图

湘桂走廊桂江段会馆建立时间条形图

再扩建或者重修的会馆也较多，有康熙时期建立乾隆时期重修等，例如龙圩粤东会馆，设立于康熙五十二年（1713年），又在乾隆五十三年（1788年）重建，"乾隆乙巳之秋……招旧基，辟新局"。[1] 往来于湘桂走廊的客商以及本地商人兴建各自的商帮会馆，并且不断对本商帮的会馆进行扩建、重修，以对建筑进行修饰和壮大的方式来彰显自己的实力，并以此来吸收更多客居的同乡，或者是为客居的同乡提供更好的暂居空间。

## 二、汉水流域会馆时间分布特征

### （一）汉水流域各会馆按兴建年代的时间分布

有较明确兴建时间记载的汉水流域会馆共计197座（武汉除外[2]），多集中在明末和清代（表2-12）。然而，由于清代皇帝在位时间差异较大，按照年号作为时间轴较难直观地反映其时间历程。加之会馆建设包含众议、置地、建殿、立像、增建甚至复建等过程，多历时较长。因此，本部分将嘉庆与道光年间、咸丰至宣统年间整合，形成约60年为一段的时间序列，作为描述会馆时间分布的参照系（图2-70）。

表2-12　汉水流域会馆兴建时间统计表（武汉除外）

| 时期（时长） | 山陕会馆 | 江西会馆 | 湖广会馆 | 福建会馆 | 河南会馆 | 四川会馆 | 江南会馆 | 广东会馆 | 行业会馆 |
| --- | --- | --- | --- | --- | --- | --- | --- | --- | --- |
| 明代 | 6 | 1 | 1 | 0 | 0 | 0 | 0 | 0 | 1 |
| 康熙（61年） | 10 | 2 | 1 | 1 | 0 | 0 | 0 | 0 | 1 |
| 雍正（13年） | 5 | 1 | 0 | 0 | 0 | 0 | 0 | 0 | 1 |

[1] 苍梧县志编撰委员会. 重建粤东会馆碑记[M]. 南宁：广西人民出版社，1997年，876页。

[2] 鉴于武汉地处汉水与长江的交汇处，地理位置特殊，其发展历程与汉水流域其他地区有较大不同，会馆的数量和类型也有较明显的差异，因此本节将武汉放在最后与其他地区分别讨论。

续表

| 时期（时长） | 山陕会馆 | 江西会馆 | 湖广会馆 | 福建会馆 | 河南会馆 | 四川会馆 | 江南会馆 | 广东会馆 | 行业会馆 |
|---|---|---|---|---|---|---|---|---|---|
| 乾隆（60年） | 23 | 13 | 14 | 1 | 0 | 0 | 5 | 0 | 1 |
| 嘉庆（25年） | 6 | 5 | 11 | 2 | 5 | 4 | 1 | 1 | 1 |
| 道光（30年） | 7 | 7 | 10 | 4 | 1 | 1 | 1 | 0 | 1 |
| 咸丰（11年） | 3 | 0 | 2 | 0 | 0 | 1 | 0 | 0 | 1 |
| 同治（13年） | 0 | 1 | 1 | 0 | 0 | 0 | 0 | 0 | 0 |
| 光绪（34年） | 7 | 2 | 11 | 1 | 2 | 3 | 0 | 0 | 5 |
| 宣统（3年） | 0 | 0 | 1 | 0 | 0 | 0 | 0 | 0 | 0 |
| 总计 | 67 | 32 | 52 | 9 | 8 | 9 | 7 | 1 | 12 |

图 2-70　汉水流域会馆兴建时间分布统计图（武汉除外）

从图 2-70 中可以看到，汉水流域会馆的兴建时间最早可追溯至明代。山陕、江西、湖广和一些行业会馆都有始建于明代的记录。其中有文献记载最早兴建的汉水流域会馆是明天顺四年（1460 年）的襄阳襄州古驿镇的陕西会馆。

总体来看，山陕会馆也是汉水流域建设年代最早的会馆类型。如图 2-70 中柱状图所示，建于乾隆年间及之前的山陕会馆比例最高，约占有建成年代记载的山陕会馆总数的 57%。其次是江西会馆，约占 53%。湖广、福建，以及行业会馆则更多地建于嘉庆之后。江南、安徽会馆也有数个建于乾隆年间的记载，可知迟至清中期两地商人已涉足汉水流域。河南、四川、广东会馆则未找到有乾隆之前建成的记载。

### 1. 山陕会馆的时间分布

单就山陕会馆来说，其在明末和清代始终都有兴建，其中以雍正、乾隆年间的建设量最大，73 年间建设了约 42% 的会馆（图 2-71）。山陕会馆兴建于明代者共计 6 座。除了上段提到的襄州古驿镇陕西会馆，还有建于明代、清代重修的随州安居关帝庙，随州均川的山西会馆，建于万历年间的丹江口孙家湾山陕会馆，以及建于明末清初的荆门沙洋山陕会馆、枣阳鹿头的山陕会馆①。建于乾隆年间的山陕会馆中最著名、规模最大的当属社旗山陕会馆，始建于乾隆二十一年（1756 年），其后嘉庆、道光、咸丰、同治、光绪年间屡次重修和增建，规模渐增。到清末，仍然有新的山陕会馆建设，如建于清末民初的汉中宁强陕甘川鄂会馆和安康白河商会会馆。这时的山陕会馆已开始转变为跨多地的商人联合组织，或者小区域商人本地组织，形成了多元发展的新面貌。

---

① 据李秀桦在《清代汉江流域会馆碑刻》中考证：襄阳襄州古驿的陕西会馆，建于天顺四年（1460 年）；随州安居的关帝庙，建于明代，乾隆、道光、光绪年间多次重修；随州均川的山西会馆，明代始建，清代重修；荆门沙洋的山陕会馆，建于明末清初；枣阳鹿头的山陕会馆，建于明末，乾隆五十七年（1792 年）修缮；丹江口孙家湾山陕会馆，建于万历年间。

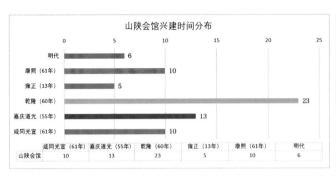

图 2-71　汉水流域山陕会馆兴建时间统计图（武汉除外）

　　汉水流域山陕会馆建设的时间分布与山陕商帮在流域上的商贸发展有着较为明显的对应关系。如本书前面所述，山陕商人发迹于明代，明中叶之后开始向全国扩展，此时的汉水流域已开始出现山陕商人建设的会馆。清前中期，山陕商人开始了由南至北的大宗商品贸易，作为南北通道的汉水流域也迎来了山陕会馆建设的高潮。到了道光年间，山西票号的兴起为山陕商帮注入了新的活力，此时也多有新的会馆建设。此后，由于前期的大量建设已经完成，以及没有出现经济新领域的刺激，汉水流域山陕会馆建设也逐步趋于缓慢。

　　2.　江西会馆的时间分布

　　江西会馆的兴起与"江西填湖广，湖广填四川"的移民运动关系密切，本书已有论述。这场移民运动起于清初，从开始汉水下游的江汉平原开始，到乾隆、嘉庆时期逐渐扩展到汉水上游的整个秦巴山区。

　　江西会馆的建设伴随移民运动的进程逐步发展。明末，江西会馆出现在汉水下游末段的孝感；到康熙年间，有两座江西会馆分别出现在随州的安居和襄阳的宜城，雍正年间的江西会馆位于荆门的钟祥，可见江西会馆已开始向汉水中游拓展。在移民潮最盛、扩张范围最广的乾隆、嘉庆时期，江西会馆的建设也随之达到高峰，并随着移民的脚步，遍布整个汉水流域。从图 2-72 中可以看到，乾隆、嘉庆时期建设的江西会馆占比高达 79%。

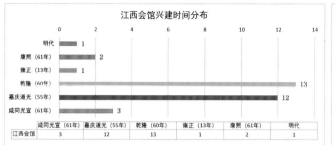

| | 成同光宣（61年） | 嘉庆道光（55年） | 乾隆（60年） | 雍正（13年） | 康熙（61年） | 明代 |
|---|---|---|---|---|---|---|
| 江西会馆 | 3 | 12 | 13 | 1 | 2 | 1 |

图2-72　汉水流域江西会馆兴建时间统计图（武汉除外）

### 3. 湖广会馆的时间分布

湖广会馆成分较为复杂，各分支会馆都有各自的发展历程。因此，除了列出总体时间分布（图2-73）之外，还分别列出了湖南、黄州、武昌、汉阳等分支会馆的时间分布（图2-74）。

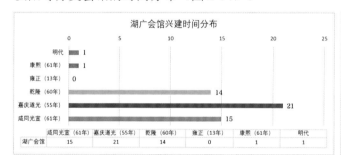
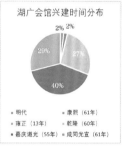

| | 成同光宣（61年） | 嘉庆道光（55年） | 乾隆（60年） | 雍正（13年） | 康熙（61年） | 明代 |
|---|---|---|---|---|---|---|
| 湖广会馆 | 15 | 21 | 14 | 0 | 1 | 1 |

图2-73　汉水流域湖广会馆兴建时间统计图（武汉除外）

**汉水流域各类湖广会馆兴建时间统计表**

■明代　■康熙（61年）　■雍正（13年）　■乾隆（60年）　■嘉庆道光（55年）　■成同光宣（61年）

| | 湖北会馆 | 黄陂会馆 | 咸武邦会馆 | 安陆庙 | 汉阳会馆 | 湖南会馆 | 湖广/两湖会馆 | 黄州会馆 | 武昌会馆 |
|---|---|---|---|---|---|---|---|---|---|
| ■明代 | 0 | 0 | 0 | 0 | 0 | 0 | 0 | 0 | 0 |
| ■康熙（61年） | 0 | 0 | 0 | 0 | 0 | 0 | 1 | 0 | 0 |
| ■雍正（13年） | 0 | 0 | 0 | 0 | 0 | 0 | 0 | 0 | 0 |
| ■乾隆（60年） | 1 | 0 | 0 | 0 | 1 | 2 | 4 | 2 | 3 |
| ■嘉庆道光（55年） | 0 | 0 | 0 | 1 | 1 | 1 | 4 | 8 | 7 |
| ■成同光宣（61年） | 0 | 1 | 1 | 0 | 0 | 2 | 1 | 4 | 6 |

图2-74　汉水流域各类湖广会馆兴建时间统计图（武汉除外）

从图 2-74 中可以看出，在清代中前期（乾隆时期及之前），湖南湖北商人共建的湖广会馆以及湖南商人自建的湖南会馆占比较大。乾隆之后，湖北本地的商人逐步发展起来，开始建立自己的会馆。其中以黄州会馆和武昌会馆最为兴盛，汉阳、咸宁、黄陂等地的商人所建会馆也有一些记载。

这种现象与湖广商人的发展历程较为吻合。如本书前面所述，在清代，由于以汉口为中心的江汉平原聚集了全国各地的商帮，本地商帮受到压制。因此，湖南商人较湖北商人更早发展起来。而以黄州和武昌商帮为代表的湖北商人在清晚期才开始兴起，并逐步成为江汉平原和汉水流域重要的商业力量[①]。

### 4. 福建会馆的时间分布

福建会馆也是明清时期汉水流域的重要会馆之一，一般称天后宫。宋元时期，借助海运便利，福建商帮逐渐在沿海各大重要城市建立会馆。明代的海禁政策迫使福建商人将活动范围转向内陆。到了清代，由于"迁海令"的影响，福建商人开始在江西通往四川的各大移民线路上建立会馆，其中也包括汉水流域。

从图 2-75 中可以看到，已知最早福建商人在汉水流域建设的会馆为南阳的天妃庙[②]，建于康熙三十六年（1697 年）[③]。乾隆三十五年（1770 年）又在钟祥建立一座天后宫[④]。随后的嘉庆、道光年间是汉水流域福建会馆建设的高潮期，在唐白河流域的社旗，汉水中下游的南漳、岳口、老河口，甚至汉水上游的安康和汉中的福建会馆均在这个时间兴建。由此可见，该时期福建商人的活动范围已延伸至几乎整个汉水流域。

---

① 虽然有记载明末天启三年（1623年）在丹江口市孙家湾村已建有黄州会馆，但以数据分析而言，该记载作为个案可能并不准确。

② 清光绪三十年（1904年）《南阳县志》卷三，十八页："天后宫，在南关。"

③ 李秀桦，任爱国. 清代汉江流域会馆碑刻[M]. 郑州：中州古籍出版社，2019：367.

④ 同治六年（1867年）《钟祥县志》，卷五，页34至35："天后宫即福建会馆，在阳春门外，乾隆三十五年建。"

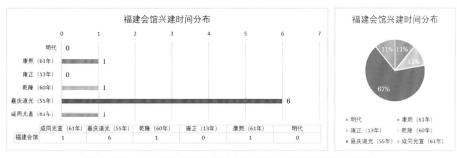

图 2-75　汉水流域福建会馆兴建时间统计图（武汉除外）

| 福建会馆 | 咸同光宣（61年） | 嘉庆道光（55年） | 乾隆（60年） | 雍正（13年） | 康熙（61年） | 明代 |
|---|---|---|---|---|---|---|
| 福建会馆 | 1 | 6 | 1 | 0 | 1 | 0 |

### 5. 汉口会馆的时间分布

"四大名镇"之一的汉口作为明清时期全国性的商业中心，会馆数量大大高于同时期汉水流域的其他地区。据民国九年（1920年）《夏口县志》统计，汉口当时存在的会馆、公所总数多达 200 余处，类型从同乡商业会馆到各类行业会馆可谓无所不包[1]。

同时，各类会馆在汉口的兴建年代也往往早于汉水流域其他地区。加之汉口会馆类型众多，因此本节只选取山陕、江西、湖广、福建、河南、江南、安徽、广东等广泛存在于汉水流域的会馆类型[2]，将汉口会馆的时间分布作单独讨论（图 2-76）。

| | 山陕会馆 | 江西会馆 | 湖广会馆 | 福建会馆 | 河南会馆 | 江南会馆 | 安徽会馆 | 广东会馆 |
|---|---|---|---|---|---|---|---|---|
| 明代 | | | | | | | | |
| 康熙（61年） | 1 | 1 | | 1 | | 3 | 2 | 1 |
| 雍正（13年） | | | | | | 1 | | |
| 乾隆（60年） | | | 1 | | 1 | | 1 | |
| 嘉庆道光（55年） | | | 1 | | | | | |
| 咸同光宣（61年） | | | 1 | | 1 | 1 | | |

图 2-76　汉口会馆（部分）兴建时间统计图

① 刘剀．晚清汉口城市发展与空间形态研究[D]．广州：华南理工大学，2007：75．

② 尚未发现在汉口建有四川会馆的记载。

从图 2-76 中可以看出，除湖广会馆外，迟至康熙年间，各类主要会馆均已在汉口建立会馆。其中，山陕商人于康熙二十二年（1683 年）在循礼坊兴建了关帝庙（山陕会馆），江西商人在民生路兴建了万寿宫，又于嘉庆二十五年（1820 年）之前兴建了仁寿宫，河南怀庆帮商人于康熙二十八年（1689 年）兴建了覃怀药帮会馆，江南商人在康熙年间兴建了苏湖公所、江苏会馆和江南京南公所，安徽徽州商人兴建了新安书院（徽州会馆）和准提庵（新安公所）。

而湖广商人中，有记载最早在汉口的兴建会馆是黄州帮建于乾隆三年（1738 年）的齐安公所，其后则是道光、咸丰年间的宝庆会馆和同治七年（1868 年）的湖南总会馆。四川商人则暂无在汉口兴建四川会馆的记录。这在一定程度上说明了湖广和四川商人相对明清的其他几大商帮来说，确属后起之秀。

### （二）汉水流域会馆在空间中的时间分布与发展路径

前面将汉水流域的会馆按兴建年代进行了统计，得出各类会馆的时间分布。下面更进一步，将会馆的地理位置信息纳入时间分布，通过绘制出不同时期汉水流域会馆的分布图，试图探寻会馆兴建与发展的历史路径。

#### 1. 山陕会馆的分时地理分布

从图 2-77 中可以看出，雍正之前，山陕会馆主要出现在以南阳盆地、襄宜谷地、随枣走廊汉水中游地区，该区域也是黄河流域通向长江流域

（a）明代兴建的山陕会馆　　　　　（b）康熙年间兴建的山陕会馆

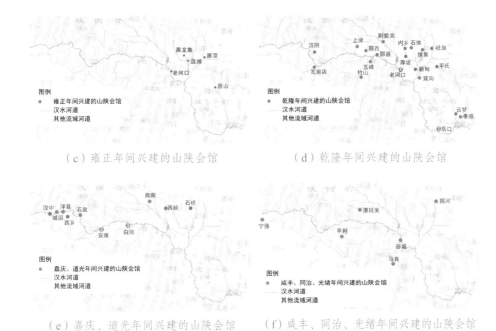

（c）雍正年间兴建的山陕会馆　　　　（d）乾隆年间兴建的山陕会馆

（e）嘉庆、道光年间兴建的山陕会馆　　（f）咸丰、同治、光绪年间兴建的山陕会馆

图 2-77　汉水流域山陕会馆分时地理分布图

的主要入口之一。从乾隆年间起，除了汉水中游增加密度之外，山陕会馆开始同步向汉水上、下游扩展。到嘉庆道光时期，山陕会馆已广泛分布于整个汉水流域。同时在密度上，呈现出汉水以北明显高于汉水以南的分布特点。

山陕会馆的时空分布与山陕商帮在汉水流域的发展历程息息相关。分时段来看，迟至明代，山陕商帮已在襄宜谷地和随枣走廊建有山陕会馆。该现象可以说明两点：其一，迟至明代，山陕商人已经开始在汉水流域有较为固定的商贸活动；其二，南阳盆地是山陕商人南下进入江汉平原的起点，襄宜谷地中的汉水主干和随枣走廊上的汉水支流涢水是两条南下的主要通道。

康熙雍正年间，山陕会馆在南阳盆地、随枣走廊、襄宜谷地持续建设。但与此同时，山陕会馆并未明显向汉水流域的其他区域扩展，仅在汉口和丹水流域的丹凤龙驹寨，分别出现了一座山陕会馆。其中汉口山陕会馆建于康熙二十二年（1683年）[1]，属清代最早建立的山陕会馆之一。这种现象可以说明 3 点：其一，该时段山陕商人在汉水流域的活动范围仍主要局限在南下通道附近；其二，虽然在流域其他地方进展较慢，但汉口却是不可忽视的商贸重镇；其三，丹水流域此时仍然是关中平原的陕西商人向南进入江汉平原的通道之一。

乾隆年间是汉水流域山陕会馆扩张最快的时期，已逐渐遍布流域上下游和各主要支流。除了在南阳盆地和襄宜谷地继续增建之外，在汉水下游的孝感、云梦、岳口也开始出现山陕会馆；在丹水流域的荆紫关，以及湖北西北通往丹水流域的郧西上津镇也有建设；在汉水上游也从湖北西北部的郧阳一路西进到达陕西南部的汉阴。在嘉庆、道光年间，山陕会馆在汉水上游的建设继续延伸，最终抵达了汉水源头附近的汉中。同时，在随后的咸丰、同治、光绪年间，又向汉水南部的巴山进发，到达了马良、平利和宁强等海拔较高的区域。

在时间上，山陕会馆在乾隆年间及其之后的扩张，与汉水下游的堤垸建设和上游的移民开荒进程有着显著的共时性。如前所述，这两项进程最集中的时段均为乾隆、嘉庆年间，而山陕会馆在汉水上下游的扩张高潮同样处于这段时期。这表明，移民运动、平原治理和山地开荒所带来的流域经济发展是会馆建设的重要前提，这在后文即将论述的江西、湖广等会馆的发展历程中也有体现。

通过以上梳理，山陕商帮及其会馆在汉水流域的发展脉络逐渐清晰。山陕商帮从西北方的山西、陕西而来，首先在作为南下入口的南阳盆地附近集中建设会馆；接下来，随着汉水上下游的开发，以南阳盆地为中心，向东、西两个方向同时扩展。这种自北向南的发展方向与江西、湖广等南方会馆在汉水流域的发展历程有着明显的区别。

---

① 民国九年（1920年）《夏口县志》卷五。

2. 江西会馆的分时地理分布

雍正之前，江西会馆主要位于汉水流域中下游的江汉平原，并沿着襄宜谷地和随枣走廊分布。与山陕会馆相似的是，从乾隆、嘉庆、道光年间起，江西会馆也开始向汉水上游扩展，时间上同样与汉水上游的移民升荒进程相对应（图2-78）。

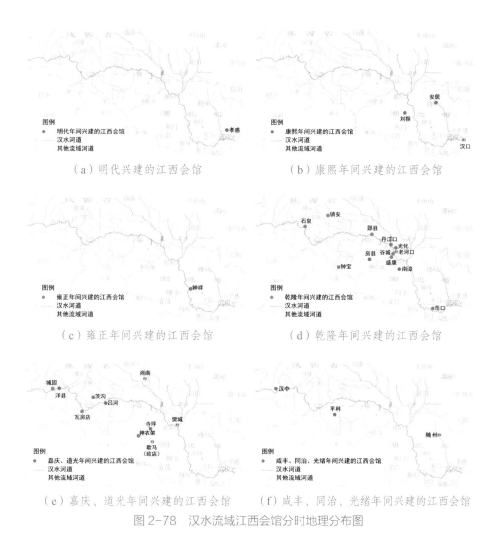

（a）明代兴建的江西会馆　　　　　（b）康熙年间兴建的江西会馆

（c）雍正年间兴建的江西会馆　　　　（d）乾隆年间兴建的江西会馆

（e）嘉庆、道光年间兴建的江西会馆　　（f）咸丰、同治、光绪年间兴建的江西会馆

图2-78　汉水流域江西会馆分时地理分布图

但江西会馆与山陕会馆的扩展方式也有较明显的不同，主要有以下两点：第一，江西会馆进入汉水流域的起点是汉水末端的武汉，因此抵达汉水中游的时间相对较晚；第二，乾隆之后，在向汉水上游扩展的过程中，江西会馆的建设更加深入汉水南侧的大巴山区。

第一点不同源自江西的地理位置，江西位于汉水流域东部，沿长江向西溯源而上更容易到达汉水下游。第二点则较鲜明地体现了江西会馆、江西商帮与江西移民的紧密联系。乾隆初年，江西移民开始进入鄂西北山区，乾隆二十七至二十八年（1762—1763年），移民潮抵达镇安。图2-78中所示镇安江西会馆[①]据记载建于乾隆四十五年（1780年），即移民潮到达后十余年。嘉庆道光年间，移民潮已向秦巴中部山地延伸。此时，神农架、寺坪、歇马开始出现江西会馆的踪迹。由此可以看出，江西会馆的发展与移民潮的进展有非常明显的同步关系，而且相对山陕会馆，江西会馆对汉水南部大巴山地区的开拓也更为深入。

此外，图2-78中所示的安康市镇坪县钟宝镇江西会馆似乎暗示了江西移民到达汉水上游的另一条路径。镇坪县位于巴山南麓，镇坪钟宝江西会馆始建于乾隆四十年（1775年）[②]。乾隆年间，江西移民尚未大规模进入巴山中部，更不会大规模从北向南翻越巴山山脉到达此地。因此，镇坪的江西移民来自北部汉水干流的可能性较低。镇坪县虽然位于汉水支流南江河的上游，然而其南侧紧邻长江支流大宁河。那么可以认为，乾隆年间出现在镇坪的江西移民有较大可能来自长江流域。他们沿着长江到达奉节、巫山，由大宁河北上，再通过南江河顺流北下，最终抵达汉水流域的镇坪。

### 3. 湖广会馆的分时地理分布

雍正之前，汉水流域有记载的湖广会馆仅有两座，都位于汉水中游。乾隆年间，湖广会馆在汉水上、中、下游同时发展起来，接着在嘉庆道光年间，

---

① 光绪三十四年（1908年）《镇安县乡土志》卷下，页四十七。

② 镇坪县志[M]. 西安：陕西人民出版社，2004：608.

向秦巴山脉中部和汉中平原延伸，直到咸丰、同治、光绪年间，仍然有较大量的新建会馆出现（图2-79）。

与江西会馆相似，汉水流域（特别是汉水上游）的湖广会馆建设同样与清中期向汉水上游的移民运动有较为密切的联系。从图2-78和图2-79的比对中不难发现，乾隆、嘉庆和道光年间，汉水上游江西和湖广会馆的发展路径十分相似。二者都是在乾隆年间开始在汉水上游出现，并在嘉庆、道光年间开始深入秦巴山脉中部。这恰好也是移民运动的发展历程。

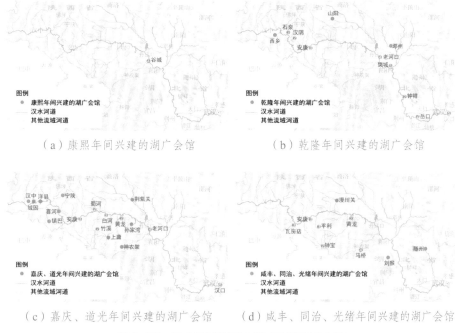

（a）康熙年间兴建的湖广会馆　　　　　（b）乾隆年间兴建的湖广会馆

（c）嘉庆、道光年间兴建的湖广会馆　　（d）咸丰、同治、光绪年间兴建的湖广会馆

图2-79　汉水流域湖广会馆分时地理分布图

因此，汉水上游的江西和湖广会馆既是典型的商业会馆，又带有一定程度的移民会馆属性。这里的江西、湖广会馆不仅是商帮创建的聚集场所，同时也是两地移民联络乡情、处理同乡事务的公共空间；与商人和移居当地的移民都有着深厚的关系。这与汉水流域的山陕、福建、江南等商业会馆有着较为根本的差异。在"江西填湖广，湖广填四川"的移民运动中，

江西、湖广两地都是移民迁出的重要地区。随着移民对汉水流域的逐步开拓，江西和湖广商帮也随之在更大范围内的聚落之间建立联系、展开贸易。在移民与商帮的共同开发下，汉水上游的江西、湖广会馆成为商人和移民共同的聚集地和精神家园。

4. 河南、江南、福建、四川会馆的分时地理分布

早在康熙年间，河南、江南、福建三类会馆已在汉口出现（图2-80），其中尤以江南会馆为多，而河南怀庆商人则借由药材贸易的繁荣，在这里兴建了覃怀药帮会馆[①]。虽然到了乾隆年间，汉水上游的石泉和汉阴已有江南会馆的踪迹。然而，直到嘉庆道光年间，上述三类会馆才开始在整个汉水流域分布自己的势力。

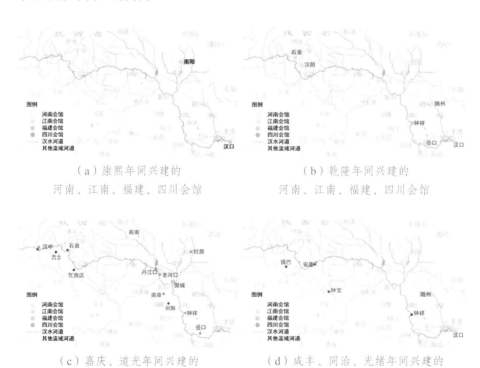

（a）康熙年间兴建的
河南、江南、福建、四川会馆

（b）乾隆年间兴建的
河南、江南、福建、四川会馆

（c）嘉庆、道光年间兴建的
河南、江南、福建、四川会馆

（d）咸丰、同治、光绪年间兴建的
河南、江南、福建、四川会馆

图2-80　汉水流域河南、江南、福建、四川会馆分时地理分布图

---

① 民国九年（1920年）《夏口县志》卷五.

四川会馆与本节前述诸会馆皆有不同，不仅始建时间较晚，而且发展方向是从汉水源头附近开端，向东逐渐到达汉水下游（图2-80）。嘉庆、道光年间，汉中、西乡、石泉、紫阳瓦房店开始出现四川会馆。其中：汉中向西南可以经汉水抵达嘉陵江流域，沿剑阁古道（也称金牛道）到达成都；或向南抵达巴河流域，经巴中到达重庆，即古米仓道；西乡、紫阳向南可抵达巴河支流通江流域，经达州到达重庆，即古荔枝道。因此，可知至少在此时，剑阁道、米仓道、荔枝道仍然是四川盆地通向汉水上游的重要通道。

综上所述：在时间上，汉水流域的会馆以山陕会馆兴起最早，以康熙至道光年间建设最多；其他类型会馆建设主要集中在乾隆及其之后的时期；各类会馆发展历程都与汉水上游的移民开荒和汉水下游的堤垸建设进程有较高的共时性。在方向上，山陕会馆自北向南到达汉水中游，再分别向东、西扩展；江西、湖广、江南、福建会馆从东向西、从下游向上游延伸；四川会馆则从西向东、从上游逐步发展到下游。

### 三、嘉陵江流域会馆时间分布特征

嘉陵江流域上的部分会馆建设时间分布图（图2-81），因过半会馆在历史资料中并未记载具体修建时间，故笔者只挑选了有确切时间记载的样本数据，实际结果可能和样本分析略有差异。可以看出从元代到民国时期嘉陵江流域会馆建筑的数量变化趋势，基本上可以得到的结论是，从元代到清代康熙前，会馆建筑处于发展期，而清代康熙到乾隆时期，会馆建筑总量已经增长到了最高点，这个时期是会馆建筑发展的爆发期，而到了乾隆之后，嘉陵江流域会馆建筑的新建总数量开始下降，这时笔者称为衰退期。造成嘉陵江流域会馆建筑总数减少的原因有很多，其中最重要的因素之一便是嘉陵江流域政治经济地位的整体衰退。笔者将以嘉陵江上游地区的巩昌府为例展开论述（图2-82）。

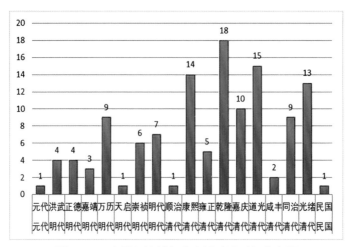

图 2-81　嘉陵江流域部分会馆建设时间分布图

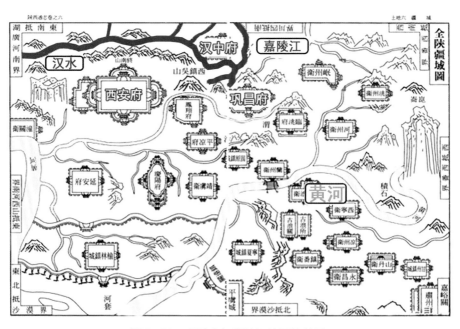

图 2-82　巩昌府与嘉陵江的区位关系

[图片来源：改绘明嘉靖二十一年（1542 年）《陕西通志》之《全陕疆域图》]

　　巩昌府的"消失"弱化了嘉陵江上游的经济地位。巩昌府是中国历史上出现过的一个行政区域。秦始皇统一六国后，就设置了陇西郡，为全国36郡之一。汉朝张骞出使西域时，陇西建制为"巩昌府"，此后陇西便有"巩昌"之称。历经金、元、明和清朝，巩昌府的级别、建制和隶属几经改变，曾作为"置""总帅府"等。甘肃省会起初并非设立在兰州，而是在陇西巩昌府，就是今天的甘肃定西市陇西县。清代以前陕甘一体，包括如今的宁夏、青海、新疆一部分都属于陕西管辖，而元代设巩昌都总帅府，辖今兰州市以东和四川、陕西省的部分地区，明清巩昌府属陕西右布政使司治所，成为甘肃最早的省会。康熙七年（1668年），甘肃省会迁至兰州，巩昌府逐渐没落。而如今的巩昌现为陇西下辖的一个小镇，人口仅10万多。

　　唐代陇西为羁縻之地，基本上陷于吐蕃王朝。宋代王韶拓边，巩昌城出现过短时期的民族大融合，但威远楼不在今城，古渭砦城很小。元代军政强势，建府儒学，设立学宫，拓展东城。明代大修大建，成化五年（1469年）拓筑北关城墙，六年（1470年）修建贡院，正德十三年（1518年）始筑东西二关，嘉靖十四年（1535年）建崇羲书院。此时大城关城皆全，庙宇宫殿应有皆有。崇祯十七年（1644年），袁宗第再取巩昌时，发檄考校诸生，选拔官员，总体上来看，明代巩昌府处于繁荣时期。到了清康熙十三年（1674年），吴三桂遣将踞城，迫清军收复时，楼橹拆毁者半，城墙一时受损。清康熙二十八年（1689年），古楼南新县署改建崇文书院。康熙在位时期较长，巩昌府城重建了一些建筑，如聚奎阁、学泮池等。雍正、乾隆、咸丰时期，在明代基础上继续再建，城市古建筑更加完善，城内城外，寺庙百过，居家万户，城无隙地，城中会馆建筑林立，包括陕西会馆、万寿宫、湖广会馆、川主庙等等（图2-83）。

　　同治五年（1866年）八月陕甘内乱，大片建筑被焚，人口骤降，景象凄惨，巩昌府城之繁荣景象从此衰落。后来到了民国时期，天灾人祸，饥荒兵乱，黎庶苦日难熬，无力再起。

图 2-83　清康乾时期巩昌城示意

　　第二次鸦片战争刚刚结束，清王朝为镇压各地起义战争，需要筹措巨额军费，于是加紧了对包括西北地区在内的尚未遭受战争破坏地区的搜刮。苛捐杂税相继繁兴，贪官污吏也借机勒索，而这些负担全部落到了陕甘各族人民的头上，苦不堪言。在动荡的社会背景下，起义军和清政府之间爆发了激烈的冲突。这时期嘉陵江流域的人口锐减，地方经济水平发展停滞，因此，从同治时期以后，嘉陵江流域的会馆新建数量较之康乾盛世时期大幅度减少，而且这个时期还有另一个特点，那便是嘉陵江中下游的回族移民会馆增多，如阆中清真寺、巴巴寺（图 2-84），清真寺作为回民会馆，据记载其建筑是由陕甘土木工匠指导完成的。从另一个角度来讲，这也促进了嘉陵江流域会馆建筑的民族文化融合特点。

（a）

（b）

图 2-84　阆中回民会馆、巴巴寺

昔日的甘肃省会巩昌府降为小小的集镇，从巩昌府的行政区划等级下降可以窥见嘉陵江流域上游地区政治经济地位的衰退。事实上，嘉陵江流域还有很多类似的地方，保宁府阆中曾任四川省的临时省会，四川广安中心镇曾是武胜县的县治所在，这些地方都一致地在明清时期因借嘉陵江发达的古通道交通在行政划分中占据优势地位，在历史上均建有许多会馆，却又在社会变迁中随着嘉陵江通道作用的衰减而消失。会馆建筑本身的发展到了民国时期走向了衰退期，这和清末民初的社会经济、政治环境有密不可分的关系，包括铁路、公路的大量建设导致嘉陵江航运地位的急剧衰退也是重要原因之一。总之，笔者只是列举了其中一个因素来剖析，试图以小见大，来探究嘉陵江流域会馆建筑的发展规律，这在后文会馆建筑的总体分布特征中也可以很明显地反映出来。

# 第四节　流域城镇中会馆分布与城镇形态

## 一、流域城镇中的会馆分布与城镇形态演变

在会馆繁荣的明清时期，汉水流域的城镇发展也有了新的特点。由于流域经济持续崛起，商贸城镇开始在整个流域上广泛出现，各城镇中经济因素的比重也逐渐升高，并引发了城镇形态的变迁。

会馆在各城镇中的选址和建设伴随，甚至在一定程度上引领了这个过程，成为流域城镇新发展的关键因素之一。从流域尺度上看，到清中晚期，会馆几乎遍布整个汉水流域，证明其所在的商贸城镇也普遍存在于整个流域之内。从城市尺度上看，汉水流域会馆建于城墙之内或城墙之外的案例均多有记载，可见随着经济的发展，城墙之内建设进一步完善的同时，城市空间开始向城墙之外延展，城镇也因之日益扩张。

## （一）明清时期流域城镇的新发展

《中国城市建设史》<sup>①</sup> 将中国古代城市分类两种类型，第一种是起于政治军事目的的城市，第二种是起于经济原因的城市。前者是自上而下形成的城市类型，多依整体设计而建造，通常以礼制为理念，以统治机构、宗教场所等为中心，如汉水流域的汉阳、襄阳等；后者属于自下而上的城市类型，多为自发秩序的产物，往往占据水陆交通要道，经济贸易、社会生活是其城市功能的中心，如汉水流域的汉口、老河口等。

虽然城市的源起各有侧重，但当城市一旦形成，政治（包括军事）与经济两项要素必然同时存在，相互制衡又相互促进。起于政治军事目的的城市往往也有商业繁荣、背离规划的街区，满足城内居民的日常生活；起于经济原因的城市也少不了政府的管理和保护，在城中建立衙署、祠庙等行政、祭祀机构，或是在城墙之内躲避战乱灾祸。

明清时期汉水流域的城镇同样兼具这两种因素。虽然流域上各城镇兴起原因有异，但在随后的发展历程中，自上而下的政治因素与自下而上的经济因素相互渗透，最终形成了对立统一的城市系统。这种城市系统的建立要先从明清时期汉水流域城镇的新发展说起，这项新发展主要包括城墙建设、城内秩序、城外街区三个方面。

首先是城墙的建设。城墙多为官府兴建用来保护城镇居民和建筑的防御设施。据已搜集到的清代汉水流域各县志中的记载，明代起，砖砌城墙已开始在汉水流域广泛修建。至清代末期，纵观汉水流域的城镇，不论其位于中下游平原地区还是上游山区地区，重要的府县几乎均建有砖砌城墙。

例如汉水下游的随州、天门均在明代建立包砖城墙。同治《随州志》卷六"城池"条记载："明洪武二年守卫镇抚李富等始作砖城。"乾隆《天门县志》卷二《建置》记载："正德甲戌知县陈良玉甃之以砖，城始固。"

---

① 董鉴鸿. 中国城市建设史[M]. 3版. 北京：中国建筑工业出版社，2004：217-221.

汉水中游的光化、邓州也在明代建起砖砌城墙。明正德十年（1515年）
《光化县志》卷二"城池"条："本朝洪武间创筑土城，正德九年知县黄
金奉抚按司府檄文易之以砖。"明嘉靖四十三年（1564年）《邓州志》郡
县图（图2-85）中，有多个县城建有方形城墙，其中邓州城有内外双重城墙。
该志书卷之九《创设志》记载了内外城墙的修建过程："邓州有内外二城，
内城国朝洪武二年金吾卫镇抚知邓州事孔显筑，周四里三十七步，高三丈，
基广三丈五尺，池深一丈五尺，广五尺，……六年始甓之以砖。外城则弘
治十二年知州吴大有筑，周一十五里七分，高一丈，广五尺。"邓州城墙
内城建于明初洪武二年（1369年），四年之后（1374年）用砖包砌；外城
建于明弘治十二年（1499年），内外城均建于明中前期。

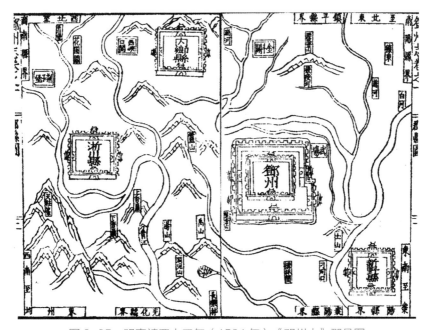

图2-85　明嘉靖四十三年（1564年）《邓州志》郡县图

汉水上游的安康、汉中城也在明初建成砖砌城墙。清乾隆《兴安府志》
卷四《建置志》记载："兴安府城池府城旧为金州城，宋元以来并为土筑。
明洪武间指挥李琛始甓之以砖。"乾隆《南郑县志》卷三《建置》中"城池"

条记载："今城明洪武三年修,周九里八十步,正德五年甃之以砖。"

其次是城内秩序的完善。从各地县志所载的城图中可以看到,城墙内部数量最多、位置最重要的当属衙署、书院和祭祀建筑。城图通过它们来显示城市的中心轴线和主要街道,它们是城图中最重要的空间区位标识。如明正德十年(1515 年)《光化县志》卷一的县境图(图 2-86)中,县城城墙之内绘有县衙、布政司、按察司、府馆、预备仓等衙署建筑,儒学等书院建筑,以及城隍庙、福严寺、玄妙观等祭祀建筑。

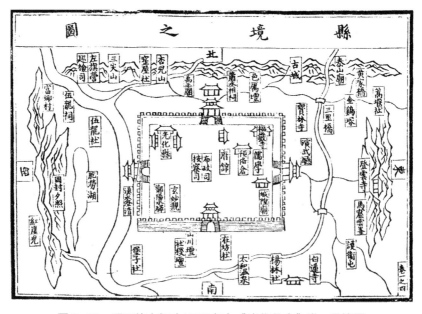

图 2-86　明正德十年(1515 年)《光化县志》卷一县境图

作为居民区和商业区的城内坊市一般未绘制在县志图中,但在志书的文字描述中有一些记载。如上述正德十年(1515 年)《光化县志》在卷二"坊市类"章节中,记载有"承宣坊在布政司前,赞阳坊在县前,澄清坊在按察司前"等坊市条目,并有"北集街,大西河街,大东后街……曹家巷,柏树巷,后街巷"等街巷条目,以及"在坊设在县前"等城内乡社条目。可见城内亦多集市、街巷和居住区,只是往往位于城内较为次要的位置。

最后是城外街区的日渐兴盛。到清代，汉水流域上的众多府县皆存在规模不等的城外街区。有的城外街区逐渐繁荣扩大，直至成为相对独立的城市，与旁边的"老城"遥相呼应形成"双子城"格局，如起初作为汉阳城外街区的汉口、曾经拱卫襄阳的樊城以及光化新城曾经的旧址老河口等，上述三组城市将在后文重点论述。

有的城外街区尚在发展，只在临近城门或水陆要道的地段形成了街区或聚落。如同治《荆门直隶州志》卷二的城图（图2-87）中，荆门城西门外河对岸绘有一片密集的聚落，内有书院、祠庙等建筑。同时该卷中还有文字记载："南台土门街在南门外，枣园街在凤鸣门西，集街在凤鸣门左右，北关街在北门外。"可知城南、西南、北门外皆有街市存在。汉水上游的城镇也是如此。在同治九年（1870年）的《郧阳志》城图（图2-88）中，城东大东门和城西大西门外都绘有垂直与城墙的街道，其中城西的街

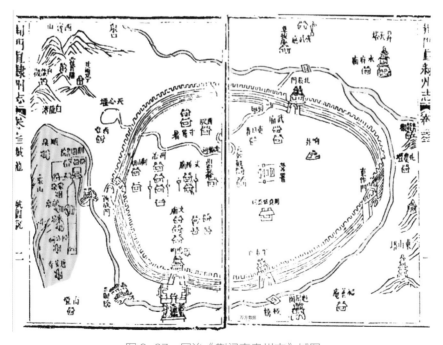

图2-87　同治《荆门直隶州志》城图

道末段一直连通到从西南侧绕城的汉水。道光《紫阳县志》城图（图2-89）中，县城的东、西门外，特别是城南靠近汉水北岸的区域，绘有大量建筑，一定程度上说明了城外街区与汉水河道的密切关系。

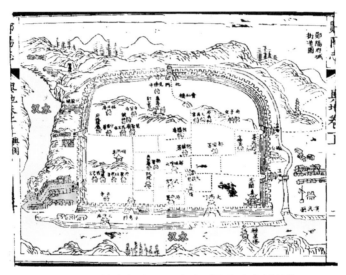

图2-88　同治九年（1870年）《郧阳志》城外街区

图2-89　道光《紫阳县志》城外街区

会馆作为商人、移民从事商业活动和进行日常生活的场所,性质上从属于城市中的经济因素,形成方式上属于民间自发建设,空间分布上则多位于商业手工业区和居民居住区。因此,会馆的建设与城镇的经济地位有着密切的关系,会馆的多少可以在一定程度上代表当地的经济水平和发展阶段,会馆的分布则可以看出城镇居民生活区的空间位置和体量格局。所以,与代表城镇中自上而下政治因素的衙署、祭祀建筑相对应,会馆建筑亦可以作为代表城镇中自下而上经济因素的建筑类型,成为对立统一中的一极。

下文将从汉水流域经济发展水平最高的商贸中心城镇开始,试图以政治和经济因素对城市发展的影响为视角,探讨汉水流域会馆建筑对沿线城市发展的推动作用和对城市形态的重大影响。

### (二)流域中心城镇会馆的兴起与治所、商埠城镇的并立

相对其他地区,这些节点会馆数量更多,城镇规模更大,商业也相对更加繁荣,因此可以将其称为汉水流域的"商贸中心城镇"(图2-90)。商贸中心城镇从上游到下游依次有安康、丹江口、光化、老河口、谷城、襄阳、樊城、汉阳、汉口。这些城镇因地理之利,借交通之便,成为举足轻重的商业重镇:安康是汉水上游北段和南段的端点之一,汉口是汉水流域的终点,丹江口—光化—老河口—谷城—襄阳(樊城)是多条线路的交汇点。

从城市形态角度,商贸中心城镇(群)相较于其他城镇,也独具特色。其中有6座城市两两相邻形成了3组"复式城市"[①],即所谓的"双子城":汉阳与汉口、襄阳与樊城、光化与老河口。此外,安康是一座新旧城相邻并置的城市,也可以称为双子城。而在谷城东侧的汉水对岸,也形成了一座城墙包围的小城,可以说是双子城的雏形。

双子城不仅是城市形态上的分离,往往也伴随着城市功能的分野。这几组双子城中的两座城镇都有较为显著的功能区分:其中一座是治所城镇,

---

① "复式城市"是城市地理学中的概念,指由两个或两个以上筑有城墙的独立部分组成的城市。

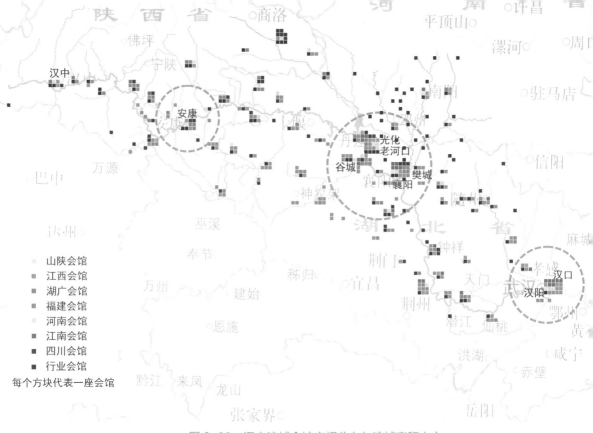

图 2-90　汉水流域会馆空间分布与流域商贸中心

主要承担政治功能；另一座是商埠城镇，主要承担经济功能。这种功能分离也体现在城内主要建筑的分布状况中：汉阳、襄阳作为治所城市，城内大量分布着衙署、祭祀建筑，鲜有会馆建设的记载；汉口、樊城、老河口作为商埠城市，则有大量会馆分布，而其行政职权则长期由另一座城市执掌。光化的情况略显特殊，由于老河口建镇较晚，大约在乾隆中期①，因此光化仍记载有数量较多的会馆。同样由于历史原因，安康新旧城功能较为混杂，但大致上仍可认为旧城较偏重商贸功能，新城偏重行政功能。谷城对岸的城市因为发展较晚，规模还较小，但可以认为存在发展为复式城市的可能性，属于过渡阶段。

---

① 乾隆二十五年（1760年）《襄阳县志》卷一附"市镇关梁"记载："新集镇，县（西）[东]南十里，即老河口。"光绪《光化县志》卷二记载：左旗营巡检司与康熙二十八年（1689年）移驻"旧城南之新镇市，即老河口"。

上述汉水流域的商贸中心城镇可以说是流域上经济最繁荣、城市建设也最先进的城市。在这些城市中看到的城市形态分离和功能分野的现象可以说代表着流域内其他城镇的发展方向，即是说，已开始自发形成城外街区的流域内其他城镇，可能最终也将向形态分离和功能分野的方向趋近，形成以衙署、祠庙为代表的城市行政功能区，和以会馆为代表的城市商业生活区。下文将通过对明清时期汉水流域的一些主要城镇的探析，来还原这一城市发展历程。

1. 汉阳和汉口的会馆分布与双城格局

武汉三镇中，雄踞长江两岸的汉阳和武昌是历经千年的老城，在汉水北岸与汉阳一衣带水的汉口则相对形成较晚。汉阳城最早可追溯到三国时期的鲁山城，汉口作为市镇而兴起大约是在明成化年间之后。

汉口初兴时，曾长时间作为汉阳的城外街区，由汉阳管辖，随后日益壮大，最终发展成为独立的商业市镇。在1568年绘制的《汉阳县堤图》（图2-91）中，汉水北侧沿岸标有汉口街，而汉口巡司却位于汉水南岸的鹦鹉洲上。在明万历年间（1613年）《汉阳县志》城图（图2-92）中，汉口巡司才迁至北岸。

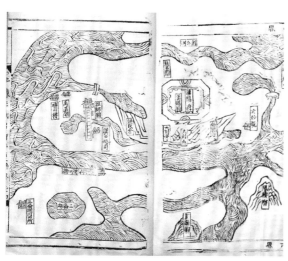

图2-91 明嘉靖年间《汉阳县堤图》

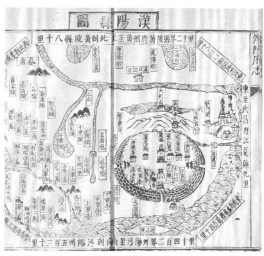

图2-92 明万历年间《汉阳县志》城图

不同的发展方式带来了迥异的城市功能和形态,汉阳是行政权力统辖下的典型传统府城,汉口则可以说是由会馆主导形成的商业城市。从1833年《汉阳县志》的县治图(图2-93)中,可以看到传统礼制限定了汉阳城市建设,在中轴方城等因素的控制下,将政治秩序转化为空间秩序:汉阳城北侧靠山,背山面南;城墙方正,四方正中各开一城门;轴线明确,南北轴线上有府署和鼓楼,东西大街两侧有府司狱、县署、粮府署、县丞署等行政建筑,城隍庙、关帝庙、观音庵等宗教建筑,府学、贡院、晴川书院等教育建筑。而此时,对岸的汉口已在沿河地段建有大量建筑。30年之后,在清同治三年(1864年)的《武汉城镇合图》(图2-94)中,汉阳城的格局和建筑类型并未发生较大变化,反观对岸的汉口,已是街巷纵横,并在北侧修筑了半圈城墙(汉口堡),城内面积远超汉阳城。

此时,汉口的城市功能也与对岸的汉阳有了明确的区分。汉口城中会馆建筑鳞次栉比,几乎遍布整个城区,既有同乡商人所建的同乡会馆和公所,也有同业商人建立的行业会馆。其间还夹杂了很多民间祭祀寺观,如财神庙、沈家庙、清净观等。而行使行政职能衙署数量相对稀少,且几乎都与商业和航运相关,如江汉关、守备署、督销淮盐总局等。

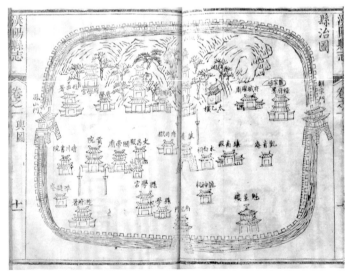

图2-93　清道光十三年(1833年)《汉阳县志》县境全图和县治图

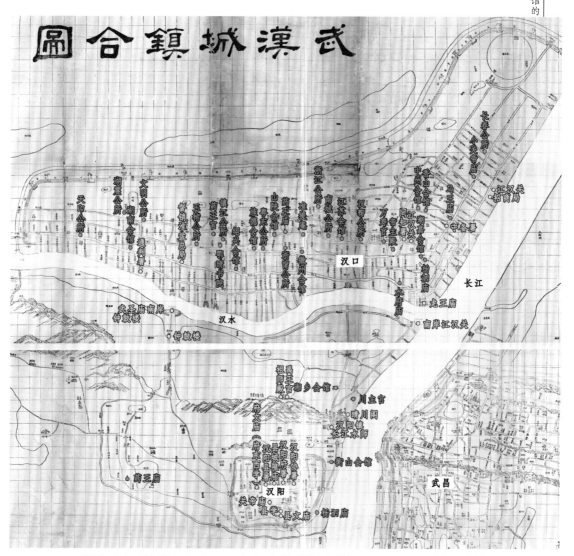

图 2-94　清同治三年（1864 年）《武汉城镇合图》中汉阳和汉口的主要建筑

同时，汉口的城市形态也与汉阳城截然不同。作为自发形成的商业城市，汉口的城市形态具有以下 3 个特点。

其一，商贸便利性主导城市发展。汉正街是汉口最早形成的街道，它沿汉水河岸向东一直延伸至长江边，成为城市的带形骨架（图 2-95）。汉正街以南是密集的南北巷道，几乎每条巷子的南端都有一个码头，是货物

图 2-95　清光绪三年（1877 年）《湖北汉口镇街道图》中汉口的码头与会馆对应关系

运输最集中的地段。汉正街北侧多分布祠庙、会馆和居住区，面积大于南侧，街巷相对宽松。河道—码头—街巷—祠庙—会馆的空间结构去除了城市的中心，形成了街区化的均质形态，唯一的仪式空间可能仅来自于南侧的码头与一些重要的祠庙之间的对应关系。

　　其二，会馆是汉口城内最重要的公共建筑，深刻影响了城市的面貌。汉口的会馆建筑不仅数量众多、分布广泛，占据大部分的城市空间，而且其形制也最为隆重。1877 年绘制的《湖北汉口镇街道图》（图 2-96）中，山陕会馆、福建庵（福建会馆）、万寿宫（江西会馆）、徽州会馆、绍兴会馆、药王庙（怀庆会馆）等建筑，相较于周围的其他祠庙、衙署等公共建筑，具有鲜明的独特性和显著的标志性。根据地图标注推测，这些会馆还可能占据更长的临街面，从而在更大程度上决定了城市的界面。

　　其三，行政建筑式微，不仅数量稀少，位置也不甚重要，无法形成控制性的轴线和限制性的边界，不具备主导城市空间的力量。

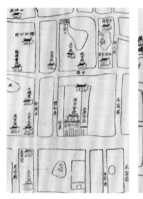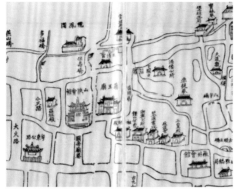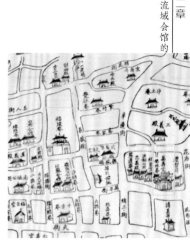

图 2-96　清光绪三年（1877 年）《湖北汉口镇街道图》中的汉口会馆形制

综上所述，汉口作为自发形成的城市，同样拥有一种秩序，即经济的秩序。汉阳城是政治秩序的典型体现：方城、轴线是完美的典范、最高的规则，环境条件需要被克服。而汉口的码头、街巷、会馆的空间分布和组织方式却与之不同，遵从于环境条件和功能需求。这种经济秩序经由建筑功能而表达，通过河道—码头—街巷—会馆的要素组合得以确立，最终转换为汉口的城市空间秩序。从此，政治与经济秩序在双子城中各行其道，于汉水两岸分庭抗礼。而其各自承担的不同城市功能，又使其无可避免地相互依存，一同形成了一座完整的城市。

2. 襄阳和樊城的会馆分布与双城格局

今襄阳附近最早有建城记载的是西周中期的邓城，西汉后因交通之便建襄阳县，东汉后因军事需要建樊城。到南齐之后，邓城逐渐衰落，不复存在；唐朝期间樊城城址南移至今天所在的位置；随后，襄阳城和樊城经历屡次扩建，最终形成明清时期的双城格局[①]（图 2-97）。

明清时期，借助汉水和唐白河河口的地理优势，襄阳和樊城成为北连关中、西接川蜀、东达湖广的重要商业中心，贸易非常繁荣。清代中后期，樊城所在的汉水北岸码头多达 20 余处，会馆也多达 20 座（图 2-98）。

---

① 王良. 襄阳城市历史空间格局及其传承研究[D]. 西安：西安建筑科技大学，2017：11-17.

（a）民国二十四年（1935年）
湖北省陆地测量局
《襄阳县》图（局部）

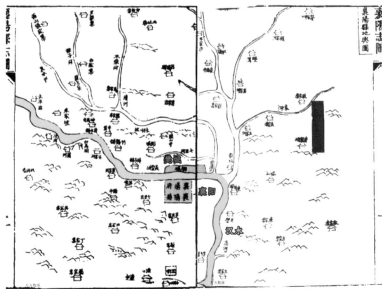

（b）清同治时期《襄阳县志》舆图

图2-97　襄阳、樊城区位（改绘）

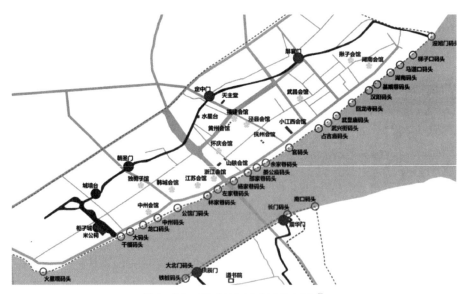

图2-98　樊城码头和会馆分布图[①]

---

① 引自：张平乐，贵襄军. 襄阳会馆的特点及保护价值[J]. 湖北文理学院学报，
2017，38（4）：19-25.

在城市空间格局上，襄阳—樊城和汉阳—汉口有很多相似之处。从地理位置看，襄阳与汉阳都位于易守难攻的地点，而樊城和汉口位于水运交通较为便利、船舶更容易停靠的地段；从城市形态看，襄阳与汉阳是方形边界、轴线控制的集中式形态，而樊城和汉口是沿河流展开再向陆地延伸的线形形态；从街巷形态看，襄阳和汉阳城内街道跟随城市主轴线走向，而樊城和汉口的街道与河岸平行或垂直，跟随码头—会馆的商业货运模式；从城市主要建筑分布来看，襄阳与汉阳是衙署、祠庙所在地，樊城和汉口则分布着众多码头、会馆。

因此，襄阳和樊城在明清时期也构成了分别代表政治—经济秩序的双城格局，会馆的分布也印证了这种城市格局。作为经济秩序的代表，会馆成为樊城内最重要的商业建筑之一，并大量存在于此（图2-99），而在对岸的襄阳则鲜有分布。

（a） （b） （c）

图 2-99 樊城现存会馆分布鸟瞰图

### 3. 光化和老河口的会馆分布与双城格局

光化于明洪武年间筑土城墙，正德年间包砖[①]。由于洪水屡次侵袭，隆庆六年（1572 年）起，在旧城东三里建新城，即现在的光化街道所在地。新城建成后，旧城中未被冲毁的部分仍然存在，包括西集街、河街的旧城

---

① 明正德十年（1515年）《光化县志》卷二"城池"条："本朝洪武间创筑土城，正德九年知县黄金奉抚按司府檄文易之以砖。"

成为居民区与工商业区<sup>①</sup>（图 2-100）。

旧城在其后又经历过多次毁坏，到乾隆中期，旧城弃之不用，在东南八里处另建新集镇，也就是现在的老河口所在地。这里不久便"人烟稠密，商贾辐辏"，于是嘉庆五年（1800 年）又在这里修筑城墙，名为"河口土堡"<sup>②</sup>。至此，光化—老河口的双城格局基本稳定（图 2-101）。

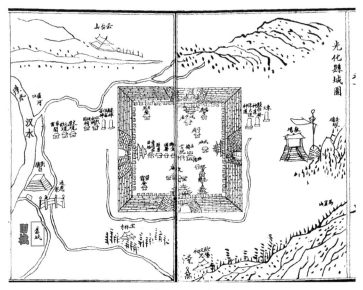

图 2-100　清光绪《光化县志》县城图中的新旧城　　　图 2-101　光化老河口区位
（1931 年日本制《武昌》图）

城市空间格局和功能分布方面，光化和老河口与前述的两组案例同样有很多相似之处，形成了政治—商业秩序分治的双城模式<sup>③</sup>。在会馆分布方面，老河口的会馆分布最为集中，光化城内未见记载，同样印证这种分治模式。

---

① 鲁西奇. 城墙内外：古代汉水流域城市的形态与空间结构[M]. 北京：中华书局，2011：431："据乾隆《襄阳府志》卷——《里社》所记，知万历中曾将原驻左旗营的巡检移驻旧城，则旧城仍有重要地位。"

② 光绪《光化县志》卷二"城池"条。

③ 鲁西奇. 城墙内外：古代汉水流域城市的形态与空间结构[M]. 北京：中华书局，2011：431："一方面，隆庆末年迁址新建的光化县城，规整的十字街格局、县衙东侧十字街口的谯楼、合乎礼制规定的衙署坛庙，都鲜明地显示出这个县城向传统城市礼制的复归；另一方面，九个城门的老河口镇堡，无论是在城市形态上，还是在城市经济与社会活动上，均表现出强烈的商业化色彩。"

虽然光绪年间的《光化县志》中未说明会馆所在地是光化县城还是老河口土堡，但综合其他资料和实地调研可以发现，光绪《光化县志》中记载的会馆应全部位于老河口。

老河口的街巷格局也形成了码头—会馆模式。从县志记载中可以发现，老河口土堡内的会馆分布有集中化的趋势，福建会馆、怀庆会馆、三闾书院（武昌会馆）、山西会馆等5座均位于新盛街东。据实地调研，山西会馆原址为现老河口学府街东侧第四小学校址，福建会馆和怀庆会馆位于今新马路上，三闾书院位于今中山路上。新马路在学府路正北方，中山路在学府路东侧，因此，县志所记新盛街可能与今学府路临近。从复原图（图2-102）中看到，学府路平行于汉水东岸，并与岸边相隔3个街区。这种码头在岸边、会馆退后河岸的分布关系与汉口极为相似，可见老河口的街巷形态同样与码头—会馆的商贸货运模式有着密切的关系。①

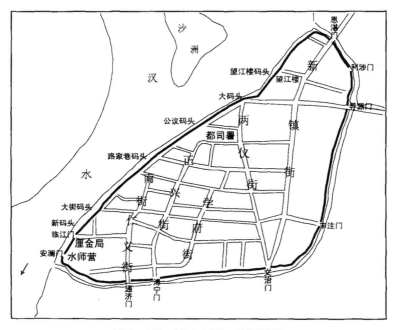

图 2-102　清末老河口镇复原图

---

① 鲁西奇．城墙内外：古代汉水流域城市的形态与空间结构[M]．北京：中华书局，2011：433．

4. 安康的会馆分布与新旧城的分区

安康新旧城位于汉水上游，这组"双子城"与上述三组案例相比，有两点区别。首先，从形成原因来看，与光化—老河口相似，安康也是新旧城并置的模式。旧废新立的原因主要是汉水水患，新衰旧兴的原因多与临水交通便利有关。这与汉口的自发形成、樊城的军事拱卫有所不同。其次，从城市功能分离方面看，安康新旧城虽然在明代有一定的政治—经济分工，但到了清代，旧城内同时容纳了政治—经济两种功能，这点与上述三组双子城区别较为明显。

安康新旧城的特殊性与其发展历程的反复性有较大关联。根据志书的记载和鲁西奇先生的研究，明清时期安康（旧名兴安州、金州）城的变化可以分为4个阶段。首先是明洪武年间，在唐宋金州城旧址筑砖城，即本书提及的旧城、北城。其次，明万历年间，大水冲毁金州城，遂于旧城南二里赵台山下筑新城，又称南城。此时商民仍然集居在旧城，安康也因此首次形成了双城并置的格局①。再次，到了清顺治年间，新城坍毁，于是重修旧城，衙署等行政机构均设在旧城②。安康复归单一城市。最后是清康熙年间，因旧城依旧屡遭水患，又重修新城③。至此，安康重新成为"双子城"，但州县衙署等行政机构仍位于旧城并未搬迁，新城仅作为供军屯驻扎的地方（图2-103）。有清一代，安康新旧城的城市功能未有明显的分离：行政与经济中心集中于汉水南岸边的旧城，新城虽规整而安全，实际上却相对萧条。

---

① 清乾隆《兴安府志》卷四《建置志》："兴安府城池府城旧为金州城，宋元以来并为土筑。明洪武间指挥李琛始甃之以砖，……万历十一年大水，城坍。十二年分守道刘致中请筑新城于赵台山下，易名为兴安城。"

② 清嘉庆《安康县志》卷三《建置图》："国朝顺治四年，知州杨宗震复修旧城，总兵任珍截城西半，移筑西门于萧家巷口。门四：东仁寿，南向明，西康阜，北仍通津。"

③ 清嘉庆《续兴安府志》卷一《建置》："新城乾隆三十一年知州舒世泰领项重修，唯北门并楼仍旧。……旧城嘉庆二年冬，巡抚秦讳承恩捐银五千两，从旧宁远门楦洞甃就旧基帮辅，知府周光裕捐资劝输相继接筑。北借堤面，南依埂根，至东关，即南托白龙，东就长春，北因惠壑。于三堤加顶增埤，廓为一城。东以朝阳阁为门，西即宁远，南面为门三，北面为门四。"

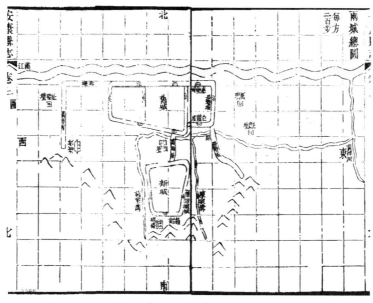

图 2-103　清嘉庆《安康县志》卷三两城总图（改绘）

　　然而，城市功能的分离虽未发生在新旧城之间，却将旧城分成了 3 个城区，依据建城先后分别为中城、西城、东城。建城的顺序和原因在清嘉庆《安康县志》卷三《建置》中有明确记载："国朝顺治四年，知州杨宗震复修旧城，总兵任珍截城西半，移筑西门于萧家巷口。门四：东仁寿，南向明，西康阜，北仍通津。十五年，守道曹叶卜、总兵齐陆议奏修西半令民居，东兵居，西不毁康阜门，使兵民不相紊乱（后文提及虽提议当时遭到阻止，但到康熙年间，西城仍按提议逐渐修建起来）。……于是元明以来之全城复旧观矣。惟时以伏戎未靖，东关无郭，遂置仁寿门一带城墙不筑，而北因惠壑堤，东因长春堤，南因白龙堤加筑为域。"通过顺治四年（1647 年）建城的 4 个城门名称，可知西、中、东三个城区中，最先形成的是中区。从清嘉庆《安康县志》的《旧城图》（图 2-104）中可以看到，衙署、书院、祠庙大都分布在中区，因此这里主要发挥着城市的行政功能。其次形成的是西区。随着城西居民逐渐增多，为了保护城西居民，且便于管理，避免兵民混杂，于是修筑西城，同时保留原西城墙和康阜门。之后又以堤坝为界，补修了

东面的城墙。从县志的文字描述和城图中可以知道，西、东城主要是居民
生活区。至此，安康旧城呈现特殊的城市形态：西中东三城串联，十字街
交汇处位于中城，由东西向的长街连通三片区域，行政与经济功能并存而
相隔（图 2-105）。

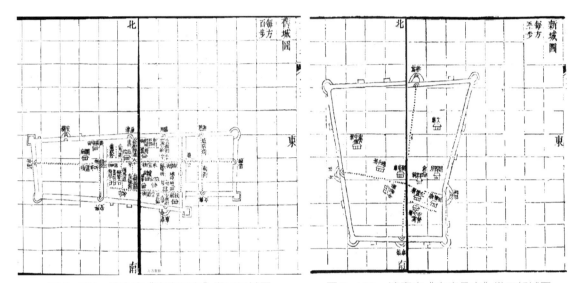

图 2-104　清嘉庆《安康县志》卷三旧城图　　　　图 2-105　清嘉庆《安康县志》卷三新城图

　　从图 2-106 所标会馆分布中可以得知，安康旧城的西城不仅是居民居住
区，同时还是商业贸易区。从收集到的资料来看，旧城十字街以西的区域
曾经存在至少 9 座会馆。这些会馆多始建于清代，且大致集中在西城范围，
可以推测，在清初中城重修之后，城西的逐渐聚集了众多居民和商人；借
由万春堤、北堤的保护，他们在这里营造房屋、拓展街道、建立会馆、从
事各项贸易，使城西成为商贸繁荣城外街区；康熙年间，西城城墙修筑，
将这里围入城中，遂使这里成为与中城并置又相隔的商贸区。

　　由于历史原因，安康的新旧城没有形成功能分离的典型"双子城"，
但是，安康旧城的发展历程也暗示了汉水流域城市在商贸发展的另一种模
式，这种模式也出现在谷城和其他一些规模较小的汉水流域城镇的发展历
程之中。

图 2-106　安康旧城会馆分布图

**5. 谷城的会馆分布与双城格局的可能性**

谷城似乎也有发展成为双城格局的可能性，但最终并未形成，因此列在最后，作为对照。

据同治六年（1867 年）《谷城县志》卷二《城池》[①] 记载：谷城自明洪武年间始有土城，成化初年城池扩建，并在成化十六年（1480 年）开东、南、西三门；正德十年（1515 年）将城墙甃之以砖，并凿壕沟，明末经战乱后多次补修；清雍正二年（1724 年）夏，大水冲毁城东南，补修后一直沿用。

---

①　原文如下："洪武二年，实现方文俊创土城。成化初，直线王溥增筑，周廻六百八十四丈，高一丈二尺，厚五尺。成化十六年，知县叚锦复修，创三门，东曰迎曦，南曰观澜，西曰通仙，无北门。正德十年，知县康琮始甃之以砖，高一丈五尺，厚一丈，凿池深一丈，阔如之。后水泛城圮，知县杨文焕、苏继文相继修理。万历六年，知县王执中增高三尺，建西郭门，浚壕。崇祯十二年，贼献忠叛于谷，据平。知县阮之钿死之。巡抚宋一鹤、抚治袁继咸委保康知县陶懋中署谷城，造砖修砌。直线周建中始告成焉。国朝雍正二年夏六月大水，东南水溢，城崩三缺。直线杨大中补修。乾隆元年，郭门颓坏，知县舒成龙畋修今制。同治六年知县承印补修。"

可知明清以来，谷城城池位置未有明显变化。那么，何以见得谷城也有发展成为双城格局的可能性？主要见于清同治《谷城县志》中所绘疆域图（图2-107）和县城图（图2-108）。

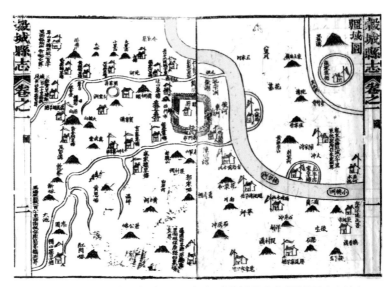

图 2-107　清同治六年（1867 年）《谷城县志》疆域图（改绘）

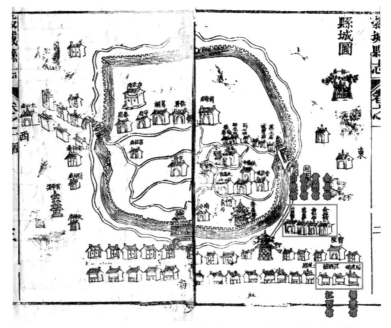

图 2-108　清同治六年（1867 年）《谷城县志》县城图（改绘）

从疆域图中可以看到，谷城东临汉水，另有两条汉水支流分别流经城南、北。北侧支流应为现在的北河，南侧为南河，即古筑水。汉水对岸有一村落，叫作"仙人渡塘"，疆域图中绘有半边城墙。据传仙人渡是古代即有的渡口，同治《谷城县志》卷八《诗》三十六页记有"仙人占渡"诗一首："江水滔滔日夜流，仓皇欲济恨无舟。浮杯破浪传真武，鼓棹冲波渡邑侯。……"同县志村镇目录中也有"仙人渡在县东十二里"的记载。然而，这里最终并未发展成类似汉口和樊城这样的商贸城镇。原因之一可能是距离因素，相对上述几组双子城来说，十二里的距离偏长；原因之二可能与城南侧的汉水支流南河（古筑水）有较大关系，相对不太稳定的汉水主干河道，这条支流可能更适合作为船只停泊的港口。

在疆域图中，古城西南角有一处地名叫作"码头塘"。在县城图中，城东南角绘有6座会馆，以及大量未命名的房屋，说明城东南角是商业繁荣、居民聚集的重要街区。结合上述两点，可以推断：南河是谷城通往汉水的主要通道，"码头塘"是货物运输的主要港口所在地；谷城东南角临近南河北岸的地段，是谷城最重要的城外街区，承担着城市的经济功能。

谷城虽未像汉口、樊城那样成为跨越汉水两岸的"双子城"，但借由这里支流密集的先天地理优势，谷城东南侧成为会馆和民居的聚集地，发展为繁华的城外商贸街区。这种在城郊临近河道处自发形成城外商贸街区的城镇扩展模式，在汉水流域的其他地方也常常见到。后面将对这种扩展模式进行进一步探讨。

从今天回望，可以更清晰地理解明清时期汉水流域城市发展所代表的重要转向。当今的大多数城市中，行政建筑仍然不可或缺，然而政治秩序对整座城市的影响大为缩小，不论是范围还是强度。城市纵然有更加细致的人为规划，却更多考虑经济、功能、交通、市民生活等现实因素；而非象天法地或地位等级等统治者的意志。因此可以说，明清时期的汉水流域正处在这一历史转向的萌芽期，而会馆正是这一转向的重要见证者和引领者。

## （三）流域非中心城镇会馆的分布与城镇行政商贸功能的分离

在经济发展水平不及中心城市的其他汉水流域城镇中，政治经济功能的分离进程也同样存在。会馆作为城镇商贸发展的重要物质表征，通过梳理会馆在城镇中的分布情况，我们可以较为清晰和直观地看出这种分离进程持续展开的过程。

通过统计明清汉水流域会馆在城镇中的位置（表 2-13），可以将会馆的分布模式分为 3 种：第一种，会馆几乎都分布在城墙之内，且多数在城中呈散点分布；第二种，会馆几乎都分布在城墙之外，且多在临近河道处集中分布；第三种是内外兼有。

表 2-13　明清汉水流域会馆在城镇中的位置统计表

| 城镇 | 城内 | 城外 |
|---|---|---|
| 孝感 | 西（山陕）会馆，福建会馆，江西会馆，祁永会馆 | 水府庙，杨泗庙 |
| 安陆 | 西关帝庙（山陕会馆），万寿宫（江西会馆） | 待考 |
| 岳口 | 万寿宫（江西会馆），春秋阁（山陕会馆），九宫庙（咸武邦会馆），天后宫（福建会馆），武圣宫（山陕会馆），新安书院（徽州会馆），湖震书院（江浙会馆） | 待考 |
| 随州 | 外城南关：新关帝庙（山陕会馆），江南文公祠（江南会馆） | 东关：江西会馆，河南会馆，黄孝公所（黄陂会馆） |
| 钟祥 | 待考 | 南门外：山陕会馆，万寿宫（江西会馆），武郡书院（武昌会馆），四川会馆，天后宫（福建会馆），苏湖会馆 |

续表

| 城镇 | 城内 | 城外 |
|---|---|---|
| 京山 | 天后宫（福建会馆），豫章公所（江西会馆），帝主宫（黄州会馆） | 西门外：武郡书院（武昌会馆），东门外：春秋阁（陕西会馆），南门外：水府庙 |
| 南漳 | 待考 | 东关街：江西会馆，山陕会馆，武昌会馆<br>水镜庄白马洞下：福建会馆 |
| 武镇 | 城内西南角：江西会馆，杨泗庙（船帮会馆） | 北关街：河南会馆，武昌会馆<br>东北城墙外：陕西会馆<br>小东门外：山西会馆<br>西关街：浙江会馆 |
| 刘猴 | 关帝庙（山陕会馆），江西会馆，四川会馆，鄂城书院（武昌会馆） | 待考 |
| 谷城 | 待考 | 城东门外：山陕会馆，武昌会馆，黄州会馆，金县会馆，福建会馆，江西会馆 |
| 丹江口 | 关帝庙（山陕会馆），天后宫（福建会馆），四川会馆，河南会馆，怀庆会馆，徽州会馆，黄州会馆，武昌会馆 | 城外魏家巷南：许真君庙（江西会馆） |
| 郧阳 | 西门内：江西会馆，山陕会馆 | 待考 |
| 黄龙镇 | 古镇老街：护国宫（黄州会馆），武昌会馆，山陕会馆<br>古镇前街：江西会馆 | 待考 |
| 郧西 | 西街：武昌会馆 | 南门外：山陕会馆，江西会馆，帝主庙（黄州会馆） |
| 竹山 | 山陕会馆，黄州会馆<br>外城南关：江西会馆，武昌会馆 | 西门外：杨泗庙 |
| 竹溪 | 武圣宫（陕西会馆），江西会馆 | 河南会馆，湖南会馆，黄州会馆 |

| 城镇 | 城内 | 城外 |
|------|------|------|
| 房县 | 万寿宫（江西会馆），河南会馆，黄州会馆，天后宫（福建会馆） | 西关：三间书院（武昌会馆），汉阳会馆 |
| 丹凤龙驹寨 | 平浪宫（船帮会馆），紫云宫（盐帮会馆），马王庙（西马帮会馆），北马帮会馆，大王庙（青器帮会馆），布帛帮会馆，铜帮会馆，商於会馆，黄州会馆，关中会馆，陕西会馆 | 东关：河南会馆 |
| 漫川关 | 马王庙（骡帮会馆），北会馆（山陕会馆），武昌会馆 | 码头：杨泗庙（船帮会馆），武圣宫（山陕会馆） |
| 白河 | 待考 | 河街：两西会馆（山陕会馆），白河商会，江西会馆，黄州会馆，河南会馆 |
| 旬阳蜀河 | 护国宫（黄州会馆），杨泗庙（船帮会馆），三义庙（山陕豫会馆），武昌会馆，万寿宫（江西会馆） | 待考 |
| 石泉 | 江西会馆，湖广会馆，山陕会馆，江南会馆，四川会馆，泗王庙（船帮会馆） | 西关：武昌会馆，黄州会馆东关：河南会馆 |
| 汉阴 | 待考 | 东关：江南会馆，山陕会馆，江西会馆，湖南会馆，湖北会馆，鲁班庙 |

　　从城市功能看，汉水流域经济发展程度较高的城市都产生了行政经济功能分离的情况，可以认为，经济发展和城市功能分离应该具有一定的因果关系，或者说至少存在着紧密的伴随关系。那么，据此可以做出以下判断：其一，会馆多位于城墙内的城镇，尚处在功能混杂的阶段，因此经济

发展程度相对较低。其二，会馆多位于城墙之外的城镇，其城市功能已有了较为明显的分离，因此经济发展程度相对较高。其三，城内外兼有会馆的城镇，可以认为正处于向功能分离发展的过程之中，因此经济发展程度居中。

然而，在地理环境差异很大的汉水流域，除了经济发展程度之外，是否有其他因素影响了城市功能的分离进程？

笔者认为应该是存在的。其他因素之一可能为地理环境条件。如汉水上游山区的旬阳县蜀河镇，由于贴近江边，且山势陡峭，加之常有涨水之患，所以整圈城墙依山而建，建筑则几乎都位于城墙之内。而据记载，这里曾经是重要的商业集镇，码头船只络绎不绝，并建有 5 座会馆，云集黄州、武昌、江西及山陕豫多地商人。

再比如位于汉水北岸边石泉县城（图 2-109），城墙沿河道呈东西向展开。这里地势虽不及蜀河陡峭，但空间仍然非常有限。从康熙《石泉县志》城图（图 2-110）中可以看到，这个时期，石泉城内已有东西大街穿城而过，沿线也有不少官署、书院和祠庙建筑，但还未出现会馆。到了道光年间（图 2-111），

图 2-109　石泉鸟瞰图

图2-110 康熙《石泉县志》城图

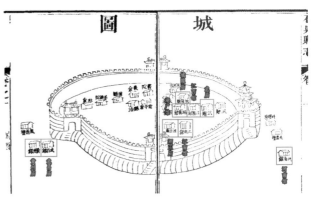

图2-111 道光《石泉县志》城图

城内偏东已集中出现3座会馆，分别为江西会馆、湖广会馆、江南会馆；
同时城外东关有黄州会馆和武昌会馆，城外西关有河南会馆。这种总体零
散的分布方式，与城址地形狭窄、空间不足有较大关系，后建的会馆无法
在拥挤的城内立足，进而选择离河道更近、交通更方便的东、西门外。

其他因素之二可能是对安全防卫的考虑，包括匪患和水患。上游山区
关隘，常常作为军事要地重点设防，比如漫川关；或者平原地区的城市，
常常为防匪患而扩建、加固城墙，也为预防江汉平原不定期的洪水而选择
避于城内，比如安陆和孝感（图2-112、图2-113）。

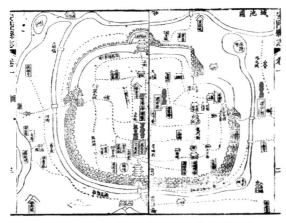

图2-112 道光《安陆县志》卷一城池图

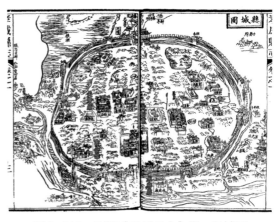

图2-113 光绪《孝感县志》卷一县城图

其他因素之三可能为相对较弱的行政功能。有些城镇虽位于交通要道之上，但却没有很高的行政级别。这类城镇的行政功能较少，对经济功能的干涉程度也相对较低，因此得以和谐共存。比如汉水上游的十堰黄龙镇（图2-114）、丹水流域的丹凤龙驹寨和汉水下游江汉平原的岳口。

但无论如何，在明清时期汉水流域城镇发展过程中，经济发展和行政管理的博弈仍旧是城市形态变迁的最根本因素。经济发展试图摆脱行政管理的限制，比如开关城门的规定、突破狭小地块的限制等，同时又依赖行政权力的保护和支持，比如协调商贸秩序、抵御自然灾害和匪患等；而行

图2-114　十堰黄龙镇鸟瞰图

政权力希望商业繁荣，以吸引居民和改善生活，同时也要求将商业行为纳入管控，以维护社会稳定。因此，政治经济功能分离引起的城内行政片区与城外商贸街区的相对独立发展，仍然是明清时期汉水流域城镇发展主流趋势。以下3座城镇的发展历程即是这种趋势的具体体现。

1. 汉阴的会馆分布与城外街区

汉阴地处汉水上游，秦巴山脉腹地，明清至今均沿用南宋时期汉阴县治故址。据康熙《汉阴县志》卷二《建置志》和嘉庆《汉阴厅志》卷三《建制志》记载[①]，汉阴城始建于明成化元年（1465年），到清初已毁，康熙年间重修并甃砖。嘉庆之后，多有匪患，于是加固城墙，引水疏浚护城河，并修筑炮台等防卫设施。

康熙《汉阴县志》、乾隆《汉阴县志》和嘉庆《汉阴厅志》均绘有城图。对照这三个时期城图，可以描绘出清代中前期汉阴城市发展的全过程。康熙年间的城图中（图2-115），汉水支流月河自西向东，从汉阴城南流过，城南北各有一山，名曰凤凰山和卧龙岗。城墙方正，四面设门，但南北两门并未对齐。城内多为官署、书院、祭祀建筑，有东西大街穿城而过，串联起另外三条南北向街道。城外散布着一些宫馆寺祠等祭祀建筑，且在北西南三个方向设坛，城东有社学，城西有教场，在城东、西门外绘有街道，但未有明显的城外街区。

---

① 原文如下："明成化元年始筑墙建门。……正德七年知县丁珣加高砌砖。嘉靖十四年知县李时秀浚濠。……崇祯十年闰四月流贼陷城，十一年知县张鹏翔增埤浚池。至本朝以年久崩圮，西南水刷一角。康熙二十五年，知县赵世震补筑复完。乾隆三十二年，知县黄道嘉详请重修砖城，统长五百九十五丈五尺，底宽一丈五尺，顶宽一丈，高一丈五尺，女墙七百五十二。北面五门，建三门，东曰日升，南曰文明，西曰肇庆。历年既多渐有剥损。嘉庆元年，教匪滋扰。署通判高蓝珍修补。十一年，宁陕匪叛。十八年郿匪警闻。通判钱鹤年见城池坍淤，北面更甚，捐廉劝输，帮土砖砖浚池宽寻深丈，引西河水绕北及东南八月河。四隅各建炮台，因城北倚龙冈，易致窥伺，添建谯楼一、敌楼三。灰瓶石子汤灶护具备，一时赖以无虞。贡生陈九龄有记。"

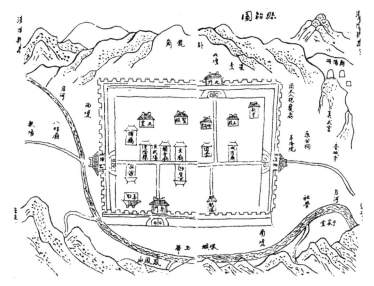

图 2-115　康熙《汉阴县志》县治图

　　乾隆年间的城图（图 2-116）与康熙年间的城图几乎完全一致，唯一不同的是在城东门外，增加了江西会馆、山陕会馆、文昌宫和先农坛四组建筑。可见此时，汉阴城东门外的街区已初步形成。

　　到了嘉庆年间，城图变得丰富起来（图 2-117）。城内增绘了多条街道，建筑数量也增加了，但类型变化不大，仍为官署、书院、祭祀建筑。城外则有较大发展。首先是东门外的街区（图中标有"东关"字样），增加了湖北会馆、江南会馆、湖南会馆、鲁班庙，以及一座营房。营房东侧还绘有一座城门楼和半圆形类似城墙的记号。虽然志书正文中并未找到与这段城墙相关的记载，但是从营房位置、城楼和县志中关于嘉庆年间匪患的记载中，可以推测，当时可能在东关修筑了一段城墙，用作驻军，同时保护东关的居民。集中分布的会馆证明东关此时已成为商民聚集的商贸区，其对城镇的重要性也从增修的城墙之中得以确认。情况还不止于此，南门外的南关和西门外河对岸的西关，也开始有街区出现。可见到嘉庆年间，由于经济发展而自发形成的街区已经在汉阴城外蓬勃发展起来。

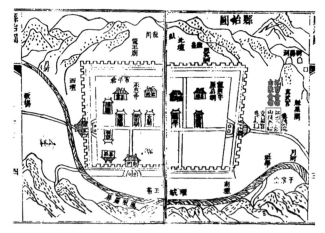

图 2-116　乾隆《汉阴县志》县治图

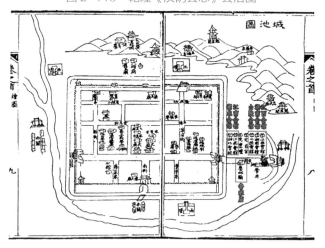

图 2-117　嘉庆《汉阴厅志》县治图

## 2. 竹山的会馆分布与城外街区

城外街区从无到有，从自然生长到圈入城墙的发展历程，也同样在位于汉水上游支流堵河沿岸湖北省十堰市竹山县城中上演。

据清嘉庆《竹山县志》卷二《建置》城池条记载[①]，竹山城始建于明成化三年（1467 年），当时有 4 门。明末，竹山城被张献忠攻陷摧毁，但清

---

①　原文如下："竹山旧有土城，在上庸水北。成化三年，因山寇石和尚之乱，始筑今地。周一千八百步，计三里，高一丈二尺，门四。……宏治元年，抚治戴珊命指挥使许瑾展辟易以砖石，周六百丈。……崇祯七年，张献忠陷城，城悉圮。国朝承平以来，生齿蕃衍，居民沿址造庐，碍难拆建，随仍之。"

初仍有居民在原址建屋居住。乾隆五十年（1785 年）《竹山县志》所绘城图应是这个时期的风貌（图 2-118）。图中汉水支流堵河流经城南，城为圆形，城东西各有 1 门，由东西大街连通；城南有 3 门，城北无门。城内有衙署、书院和祠庙，城外设坛、观音阁、杨泗庙、火星庙、校场等，未有城外街区的记载。

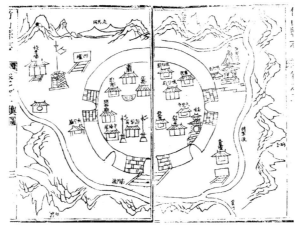

图 2-118　乾隆五十年（1785 年）《竹山县志》城图

　　嘉庆元年（1796 年），旧城毁于匪患，之后重新修补，并在城南、西增开小南门、小西门，并加筑翼城[1]。嘉庆《竹山县志》所绘县城图（图 2-119）应是这个时期的风貌。此时的城图中，已明确绘有 4 座会馆：城内两座，分别是山陕馆和黄州庙；翼城中两座，分别是江西馆和武昌馆；另外文字记载还有福建馆 1 座，与江西馆、武昌馆邻近[2]。城西南新建杨泗庙 1 座，可能是做船帮会馆之用。

---

[1]　原文如下："国朝嘉庆元年春，邑复为教匪陷。余接篆后，即为砌砖成门，叠石成墙。……尽甃之以石，高一丈七尺五寸，雉堞共八百二十五，周围工七百二十五丈。为城门四，东曰迎宾，西曰广泽，南曰迎恩，北曰观澜，悉仍旧名。另开小南门、小西门，以便樵汲。门各建楼筑炮台。又筑翼城二，东自观音阁，后循崖而下，至于溪横绝北路，共二十丈，雉堞二十有四；西自火神庙，侧如东制，横绝南路，共二十四丈五尺，雉堞三十。又依城为隍，阔一丈二尺，深如之。"

[2]　嘉庆《竹山县志》卷三："福建馆在小南门外。江西馆在小南门外。武昌庙在小南门外。"

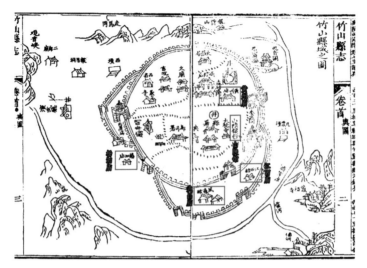

图 2-119　嘉庆《竹山县志》县城图

那么，江西馆和武昌馆所在的翼城是否为城外商贸街区呢？笔者认为可能性非常大。嘉庆《竹山县志》卷二《建置》城池条记载："另开小南门、小西门，以便樵汲。"为了方便居民砍柴和用水，在城墙南、西方向新开两座城门，说明城南、西应是居民集中居住的地段。结合城图所绘翼城同样位于城南、西两个方向，加之有多座会馆的记录，可以推测，在临近河岸的城南和城西，应该存在规模较大的城外街区。于是，在嘉庆元年（1796年）经历匪患之后，才有必要在这两片区域新建城墙，将其纳入防卫体系。因此，竹山城大概和汉阴城一样，经历了城外街区从无到有，从自然生长到圈入城墙的发展历程。

3. 钟祥的会馆分布与城外街区

钟祥也是县志记载中有较大城外街区的城镇之一，且在乾隆《钟祥县志》县境图中已绘有多个会馆。钟祥县城地处汉水下游的襄宜谷地之间，与上述两座上游山区城镇相比，地理条件更为优越，建立时间也更久，因此城外街区也有不同的特点。

据乾隆、同治、民国修著《钟祥县志》[①]记载（图2-120），钟祥城始建于晋，筑城多依山势之险，特别是城西石壁，既可用于防卫，也可以阻挡汉水水患。借助地理优势，钟祥自建城以来，虽屡遭损毁，但历朝都于旧城原址重建城垣。因此，明清时期，钟祥城的形制和范围总体来说变化不大。

（a）旧郢州图　　　　　（b）旧长寿县图　　　　　（c）旧安陆州图

图2-120　民国二十六年（1937年）《钟祥县志》所录旧县志图

然而，正是因为城垣几乎不曾扩展，到了明清时期，当经济逐步发展，城镇商贸日益繁荣之时，城墙之内面积局促、容量狭小的缺陷便显露出来。因此，向城外拓展就成了从事贸易的商民的必然选择。从历代县志城图中可以看到，钟祥的城外街区多分布在城南郊至东郊的广大区域之中，而会馆则集中分布在离汉水及其支流更近的南郊。西侧则由于石壁阻隔，使城西与汉水之间交通不便而难以发展。

---

① 乾隆《钟祥县志》卷二《城池》："钟祥为安陆郡附郭首邑控制区要。城池虽载郡志，而实属钟邑。其地三面墉基皆天造，正西石壁尤为巉绝。晋羊祜就石山筑城以为固。宋乾道淳熙间筑子城、罗城、四门。……元末坍墟。明洪武乙巳年指挥使吴复屯驻此，因城址复筑，东北并跨山岗，西临汉水，内外悉甓以甃，增设五门。嘉靖间有建阳春门及月城重门，门各有楼，垒基以石。正楼曰显亲达孝。崇祯十一年，巡按林铭球题请城各加增五尺，内添女墙，委主簿徐大成督修。十三年，荆西道吴尚默知府贾元勋、知县萧汉复建外城，以御寇。四关箱各置门，门各有楼，东曰怀德维宁，西曰石城关，南曰二南关，北曰北门锁錀。十六年癸未正月朔，闯贼攻陷城内外，关箱及楼尽毁。本朝顺治三年，知县王善行、八年知府李起元、知县佟养冲相继补葺各月城城门，正东曰阆武，东南曰威武，南曰阳春，西曰石城，北曰拱宸。康熙元年知府张尊德、知县程起鹏重修。"同治《钟祥县志》卷二《城池》："北门城楼久废。南门城楼与康熙五十七年毁于火，西门城楼亦圮。乾隆二十九年重修。……至于北门之闭，相沿已久，乾隆壬申旋筑。"

钟祥城南的会馆数量众多，远超过乾隆《钟祥县志》县境图（图 2-121）中所绘的 3 座。同治《钟祥县志》记载有山陕会馆、江西会馆、湖广会馆、武昌会馆、福建会馆、苏湖会馆等 6 座；民国二十六年（1437 年）《钟祥县志》还记载有四川会馆。上述会馆中，除苏湖会馆之外，均位于小南门外。多座会馆集中分布于城南，说明城南的城外街区商贸活动相当活跃。反观城内，则一如往日，分布着官署、书院和祠庙，竟无一会馆存在。可见，到清代，钟祥的城市功能分离已然十分明显。

图 2-121　乾隆《钟祥县志》县境图

与上述两例汉水上游的城镇不同的是，钟祥城外并未见有新建城墙包围城外街区的记载。不过，就经济发展来看，钟祥也确实未能达到汉口、樊城、老河口的规模。加之城南区域较为广阔，钟祥又非战略要地或是偏僻山岭，防卫要求相对较低。因此，虽然经济较为繁荣，城外街区也比汉阴、竹山范围更大，但仍尚未到达形成"双子城"的程度。

综上所述，除中心城镇之外，明清时期汉水流域其他城镇均或多或少出现了行政和商贸功能分离的现象。可以说，在流域经济因素持续壮大的大环境下，城镇功能两极分化、相互制衡又相互促进的总体趋势是普遍存在的。因此，虽然汉水流域城镇发展进程受多重因素影响，但将城镇经济作为其最根本的影响因素，将功能分离作为城市形态最重要的演变趋势，将会馆建筑作为城市商贸活动的重要物质载体和现实表征，应当是毋庸置疑的。

## 二、流域会馆的功能及其对城镇发展的促进

会馆建筑代表着城镇的经济秩序，履行商贸功能，多数位于自发形成的城镇区域中，是城市经济和居民社会生活的重要载体。因此，会馆建筑的建设方式、过程和发挥的功能也内在地包含了，同时积极地促进了这种自发经济秩序在城镇中的形成。

会馆的建设方式几乎均为商民自发筹款建造，建设过程主要包括置地、筹资、兴建、重修、扩建、迁建等历时过程；会馆的功能主要有三大类，包括行业互助、士商宾馆、行业管理等经济功能，乡缘联系、祭祀酬神、义地丧葬等文化功能，以及看戏、聚餐等生活娱乐功能。

与汉水流域会馆建造和功能相关的记录，在各地历年县志中鲜少有记载。而留存至今的会馆碑刻，则向我们透露了很多珍贵的历史信息。本节试图以汉水流域会馆碑刻为资料基础，以会馆建筑的建设和功能为切入点，探讨会馆建筑对其所在城市产生的多元影响。

### （一）会馆的建设与城镇边界的开拓

民国《城固县志》中著录的《重修会馆关帝庙记》[①]有言：“会馆之设，由来久矣。自京师至于郡国，皆有之。然京师之会馆，所以居停公车及仕

---

① 李秀桦，任爱国．清代汉江流域会馆碑刻[M]．郑州：中州古籍出版社，2019：9：
“此碑为重修城固山陕会馆而立，原石已佚。”

宦入都者，各有馆规，以时修补。至外省郡州县镇之会馆，则皆客商创为之，其修补也，亦为客商自任之，非有别项布施之可藉手也。"此一语道出汉水流域会馆自发建立、自行修补的建设特点。

汉水流域会馆的建设历程主要可以分为三类：置地、建屋、迁修。商民的自发筹款活动则伴随着整个会馆建设的始终。

1. 置地：多次购地、荒地开发和用地性质的变更

首先，置地过程往往包含多次买地活动：初期经济实力尚且薄弱，随着经济实力的提升，商帮逐步购进土地。不同于征地或划地等行政行为，这是经济规则下城市土地自行买卖行为的体现。一些会馆中尚存的碑刻记录了多次买地的原因和过程。如汉阴县涧池湖南会馆嘉庆二十三年（1818年）所立石碑[①]详细记载了会馆的置地过程（表2-14）。

表2-14 汉阴县涧池湖南会馆置地过程统计表

| 时间 | 置地过程 |
| --- | --- |
| 乾隆五十三年（1788年） | 买明陈金鳌一契 |
| 乾隆五十四年（1789年） | 买明陈依武兄弟一契，又买明郭月旦熟地一契 |
| 嘉庆十三年（1808年） | 买明阮学沛一契 |
| 道光六年（1826年） | 买明刘珍水田一分 |
| 道光十五年（1835年） | 买明张体胖水田一分 |
| 道光二十一年（1841年） | 买明陈居延兄弟房屋、地基、菜园 |

---

① 李秀桦，任爱国. 清代汉江流域会馆碑刻[M]. 郑州：中州古籍出版社，2019：30："《宝庆府立府置地约碑》碑原立汉阴县涧池湖南会馆."

续表

| 时间 | 置地过程 |
|---|---|
| 同治四年<br>（1865年） | 买明赵世丙水田一分 |
| 同治十一年<br>（1872年） | 买明邹高才兄弟名下瓦房、园地一段 |
| 光绪九年<br>（1883年） | 买明邹高朋菜园一段 |

另一些碑刻记载了多次买地的原因。如南阳湖广会馆有碑[1]记载："而我先辈贸易于此，起意积金，欲报无由，故置买地基，惟会馆之设。……乾隆四十年，买彭姓庙基地一段。……乾隆四十七年，买辛姓庙基一段。乾隆五十三年，买李姓地一段。"又如宜城小河江西会馆嘉庆四年（1799年）立碑[2]记载："万寿宫（碑刻标题）。……意欲创举，无奈功程浩繁，一时不能建立。尚有存资置买东街瓦屋基房一所，以为新创之本。……乾隆乙未年二月，一买西街瓦屋一所，……嘉庆戊午年阳月，一买西街大瓦屋店房一所。"字里行间透出创立会馆不易，需铢积寸累，前赴后继之感。

其次，会馆的置地过程也促进了城市荒地的开发。如汉口覃怀药帮会馆两通石碑所载荒地买卖地契有以下记载："今将自置荒地一大段，坐落循礼坊，……情愿出卖于怀庆会馆。""缘祖遗后湖荒地一段，因逐年淹没，难于樏收，……出大卖于怀庆药帮会馆名下为业。其地坐落循礼坊。"循礼坊位于清后期汉口城墙（汉口堡）范围内，康熙年间，这两块荒地推测应位于汉口城市边缘。即是说，怀庆商人将荒地买入建设药王庙的举措，客观上开拓了汉口周边的荒地，拓展了城市边界，促进了城市向周边延伸。

---

① 李秀桦，任爱国. 清代汉江流域会馆碑刻[M]. 郑州：中州古籍出版社，2019：137.

② 李秀桦，任爱国. 清代汉江流域会馆碑刻[M]. 郑州：中州古籍出版社，2019：313.

最后，买地过程常常伴随着用地性质的转变，成为城镇化进程重要步骤，即将从前的乡民住房、田地买下，改用作会馆建设用地，从而成为城镇的一部分。如表2-14记载中提及的熟地、水田、房屋、地基、菜园、瓦房、园地等多种用地，在百年间逐步被湖南会馆买进，变为会馆用地。之后，这些用地绝大部分不再作为耕种用的田地，而转变为城镇中的建设用地，土地上承载的功能也转变为城镇商业、居住和公共活动。会馆的置地过程，也是明清汉水流域逐步城镇化的过程。

2. 建屋：兴建、重修与增建

会馆的整体修建过程往往历时甚久，从兴建之初直至留存至今或最终损毁，其间屡有重修和增建。作为客商的自发行为，从起愿、筹资到修建完成，每一次建设大致需要5至20年不等。如樊城山陕会馆碑刻所载修建过程见表2-15。

表 2-15　樊城山陕会馆碑刻所载建修过程统计表

| 碑刻名称/年份 | 碑刻引文① | 内容总结 |
| --- | --- | --- |
| 《建修关帝庙碑记》康熙四十四年（1705年） | 旧有关帝庙在樊之西北隅，都人士訾其非秦晋古刹，两地众姓□捐资□□□建。……关帝圣君其于天地之正气，非有以人之而无亏无□……由是大而国□小而理想，莫不建庙而崇祀之，况吾乡之客于斯，……兹庙之建，昉于康熙三十九年。秦行捐银拾四两，置买地□□□□□□□山门；……创修偏殿。汾酒坊捐银壹拾伍两，置买地基，修理大殿、山门，及后捐银壹拾叁两创修偏殿 | 樊城西北角旧有关帝庙，是两地百姓捐资修建。康熙三十九年（1700年），秦行、汾酒坊等山陕商人重修并扩建此庙，购置地基，创立或重修山门、大殿、偏殿等。后附捐助众姓约370家 |

① 碑刻引文来自：李秀桦，任爱国. 清代汉江流域会馆碑刻[M]. 郑州：中州古籍出版社，2019. 内容总结为笔者自拟。

续表

| 碑刻名称/年份 | 碑刻引文 | 内容总结 |
|---|---|---|
| 《创建山陕庙碑记》<br>康熙五十二年<br>（1713年） | 关帝行宫（碑刻标题）……因众集同人价买于樊之官街，……徽州圣庙之左，置陈、杨、汪、王四宅之地，建立行宫，印契输纳。……因建正殿一座，殿之前曰拜殿，拜殿之前建立戏楼。……宏大其山门，使壮厥观；庄严其圣像，使凛厥威。左修陪院，□□通前至后，使住持之僧不秭不哗，有别居也。门面八间，使更优裕于香火之费焉 | 山陕商人新置一地，重新创建山陕会馆，名为关帝行宫。会馆建有山门、戏楼、拜殿、正殿、陪院、八间门面。<br>后附捐助众姓数百家 |
| 《关帝庙创置石狮小记》<br>乾隆十七年<br>（1752年） | 而秦晋之邦操奇赢而业寄陶朱者，尤亦有二三。……于是恢宏其规制，则门阙殿庑之崇隆也；辉煌其金碧，则画栋朱台之璀澜也；……而雕镂神猊以置于两阶 | 此文前半为前人建庙的盛况，后半记录此次捐资雕刻神猊（石狮）放在两处台阶旁。<br>后附捐助众姓近百家 |
| 《重修碑记》<br>乾隆二十五年<br>（1760年） | 山陕众姓（碑刻标题）……山西重盐商同捐钱叁拾陆两捌钱 | 山西盐商捐资重修山陕会馆。<br>后附捐助众姓数百家 |
| 《樊镇西庙创建三官殿碑记》<br>乾隆三十九年<br>（1774年） | 樊西药王殿后，基址宏敞，山陕诸君子谋建三官殿久矣。……兹于乾隆三十八年，有信士张良增等奋然起愿，各出己囊，更募同侪，以襄厥美 | 乾隆三十八年（1773年），在会馆内的药王殿后方，新修三官殿一座。<br>后附捐助众姓近千家 |
| 《重修院墙碑记》<br>乾隆五十七年<br>（1792年） | 南货行……当行……靛行……三议行……故衣行……钱行……成衣行……水烟行……秦行……汾酒行……城内……花布行……草帽客……京货铺……铁货行……草帽铺……木行……毡帽客 | 重修院墙。<br>碑刻记载18家捐资商行 |

| 碑刻名称/年份 | 碑刻引文 | 内容总结 |
| --- | --- | --- |
| 《山陕会馆重修山门门面乐楼碑序》嘉庆六年（1801年） | 自康熙三十九年山陕二省客商建立庙宇，前后殿阁参差，廊舍整齐，……不意嘉庆元年被匪焚损，山门、门面、乐楼顿成禾黍。……于是住持僧湛汶请其我等山陕客商，……欲重修山门、门面、乐楼一事。幸蒙各行首士踊跃愤事，公举十家分任总理督工，区画经营，大解囊橐，鸠工庀材，得有盛举。……定中门外有地藏庵一所，亦被匪焚毁，今复重为修理 | 嘉庆元年（1796年），山陕庙山门、门面、乐楼、地藏庵遭焚损。住持请山陕客商共同捐资重修。<br><br>后附捐助众姓近千家 |
| 《重修山陕会馆并创建荧惑宫碑记》道光三年（1823年） | 会馆一区，建自康熙三十九年。内奉关圣、三官、药王诸神。……又樊西中正门外采买义地，寄寓孤垅，建立地藏王庙。……奈岁经百余而殿宇渐形朽坏。义域亦复无隙。<br>惟时住持湛文汇集十二号倡议重修，……自嘉庆十六年起至二十年凡累数万金，乃购买隙地重加区画，庀材鸠工，聿新建造。中修正殿三间，……建拜殿三间，钟鼓楼两座，东西看楼。重修乐楼，大展山门，……正殿之左旧有三官、药王殿宇，皆重加整饬以妥神灵。正殿之右创建荧惑宫，奉祀火德星君、平水明王、增福财神。……又于打铜街新开便门，增置铺面十间，以及山门左右并磁器街东旧有铺面七间，……历五年而后，告厥成功焉 | 从此次重修记载中，可以梳理山陕会馆内的主要建筑：山门、正殿三间、拜殿三间、钟鼓楼两座，东西看楼、乐楼。正殿旁有三官殿和药王殿，又新建荧惑宫。旧铺面剩七间，又在另一侧新增铺面十间。实属规模较大的一组建筑群。<br><br>后附纠首商号十九家，捐助众姓近千家 |

历年的碑刻，还原了樊城山陕会馆跨越百余年的建设历程。从最初另有一座关帝庙，到扩建为"山陕之商往来履于樊者得优游其中"的关帝行宫，再到药王庙、三官庙、地藏王庙、荧惑宫的兴建，以及朽坏、焚损后的多次重修，樊城山陕会馆始终在山陕商人的"踊跃乐输"之举中逐步扩展和完善。

又如作为福建会馆的南阳天妃庙（后改称天后宫）中，有两通石碑分别记载了创建和重修的过程。清康熙三十五年（1696 年）碑文[1]记载："以故湄洲为祖庙，首建天妃庙于郡城。"光绪十年（1884 年）碑文[2]记载："此庙创于康熙丁丑，修于嘉庆己未，今有八十余载，栋宇倾颓。邑绅（人名）等因请修……十阅月而工竣，复以余赀修理节孝堂、普济堂、养济院及四关吊桥等处。"碑文后附捐助众姓百余家[3]。可见作为福建会馆南阳天妃庙从创建起，至少经历过两次重修。从后碑中提到的部分殿宇中也可以看出，此时的天妃宫建筑功能复合，建筑数量较多，推测应是经过若干次的扩建，方才形成如此规模。

再如蜀河镇黄州会馆的两块石碑。道光二十五年（1845 年）石碑[4]记载："是以乾隆先年初兴，……迨至道光十三年，……鸠工建殿，修龛修神。"光绪元年（1875 年）石碑[5]记载："黄州帝主宫……在蜀贸易之诸君倡举而成焉。盖造虽止正殿三间，……及道光二十七年，……经两载而拜殿之功复竣。……至同治十二年，……乐楼始成。"位于汉水上游蜀河镇的黄州会馆，也曾有长年累月的重修与增建，从初兴到建立正殿、拜殿、乐楼，历经了近 150 载的岁月。

通过总结上述 3 个案例，以及其他未引用的会馆碑记案例，可以发现，会馆具有长期扩张能力强和短期维护需求高等两项特点。会馆创立初期常

---

常由于资金尚不充足，而规模较小。在其后的很多年中，随着商帮商贸活动的繁荣和资金的积累，殿宇逐步建设，规模也逐渐增大。这显示了会馆在长时间范围内，在商人自发需求推动下的强大扩张能力。而同时，会馆建筑几乎每隔数十年，都需要进行一次较全面的修缮，更不用说其易遭焚毁的特性，也为其维护带来了额外的难度。因此，会馆往往需要频率较高的维护措施。

### 3. 迁修

有些建成的会馆会面临必须搬迁的困境，即所谓"迁修"。就汉水流域来说，迁修原因大多是受水患影响。汉水流域的会馆因水之利而生，有时也会因水之害而毁。力求靠近河道而缩短运输距离的尝试，有时也会由于过于靠近，而受到河水泛滥的侵袭。因此，另谋基址迁建，就成为会馆选址失策时的补救措施。

宜城小河山陕会馆中所立道光二十四年（1844年）碑[①]记载："旧有山陕会馆……以地临江滨，水泛坍塌，都人士另卜基址迁修于古羊之麓，规模宏敞，栋宇焕新。"另有荆紫关山陕会馆中所立道光三十年（1850年）碑[②]记载："荆关关圣帝君庙宇……原在老城南门以外，……后被丹水涨溢，渐至倾坏。……于嘉庆十一年邀众商议，佥谋迁移。……建正殿三间，……香亭三间，牌坊一围。……山门五间、戏楼一座、钟鼓楼两楹，香亭前建□神、药王庙两间。"以上两座会馆皆因水患而迁建，迁建后基址更为宽阔，经过历年修造经营，规模反而更大。大概搬迁也并非全是坏事。

迁修是会馆试图脱离城市管控过程中，对选址错误的修正。在安全性和便利性的选择中，城市倾向于安全性，会馆倾向于便利性，而迁修前的会馆，可以说是在便利性方面走得过远，迁修过程则是对安全性和便利性的再平衡。

综上所述，以上两项特点，加上会馆的商帮自建特征，使会馆兴修为城

---

① 李秀桦，任爱国. 清代汉江流域会馆碑刻[M]. 郑州：中州古籍出版社，2019：314.

② 李秀桦，任爱国. 清代汉江流域会馆碑刻[M]. 郑州：中州古籍出版社，2019：75.

镇建设注入了持久而强劲的动力。从商帮自建的角度看，会馆建设的资金来源于旅居城镇中的客商，正是商贸的繁荣为其带来了雄厚的财力，可以不依赖政府出资而进行土地购置和房屋建造；而会馆的建成，又使商帮内部进一步团结稳定，因而有利于城镇经济的持续发展。从长期扩展能力强的角度看，会馆的兴建和扩建，加上会馆中团结互助的众多商号各自的建设活动，共同组成了城市建设的一部分，促进了城市经济区的繁荣。从短期维护需求高的角度看，会馆的兴建、重修和增建活动也为城镇带来大量的工匠，以及相关的建设物资和生活用品采购需求，提升了城市的经济活力，促进了和文化交融。

### （二）会馆的商贸功能与城镇商贸活动的规则

汉水流域的会馆主要因商贸而建，因此容纳商业事务是会馆最基础的功能诉求。然而，会馆本身几乎不直接从事商贸活动，如买卖商品等，而是通过承担议事场所、留宿居所、规则发布等职能，来间接服务和调控当地商帮的商贸活动。

#### 1. 商帮议事场所

各地商帮通常包含有各种各样的行业，如前述樊城山陕会馆的某次重修有 18 家商行捐资。在某些情况下，如需要定价议价或有人欺行霸市，平日里忙于自己商业事务的商人们，需要一个聚众商议的场所（商议的结果往往以规则的形式颁布，在本节后段有详述）。这即是会馆建设的原因之一。

如宁陕黄州会馆光绪三十一年（1905 年）石碑[①]记载："于为争商战，聚商群，赛商会，日新月盛。"南阳社旗山陕会馆铁旗杆铭文[②]记载："山陕之人为多，因醵金构会馆，……缮廊庑，岁时伏腊同人展廊评讲公事，咸在乎是。"竹溪湖南会馆石碑[③]记载："我湘南人等建修会馆，原为崇祀

①　李秀桦，任爱国. 清代汉江流域会馆碑刻[M]. 郑州：中州古籍出版社，2019：38.

②　李秀桦，任爱国. 清代汉江流域会馆碑刻[M]. 郑州：中州古籍出版社，2019：109.

③　李秀桦，任爱国. 清代汉江流域会馆碑刻[M]. 郑州：中州古籍出版社，2019：176.

圣王及梓谊、集议、办公、宴会之所。"丹凤青器帮会馆石碑[①]记载："寨有大王庙，……为我青器会馆众商报赛之所。"

### 2. 士商留宿居所

给外地暂留客商提供住所也是会馆的功能之一。如樊城湖南会馆石碑[②]记载了湖南宾馆的创建过程："樊城为南北通衢，水陆交会，湖南士商经过其地，或舍车就舟，或由水转陆，不可无馆以驻足。乃集同乡，以倡修为己任。"又如钟祥江西会馆石碑[③]记有"客堂"存在："南置书斋为二、客堂三。"似为留宿外地士商的住房。

不过住宿功能碑刻记载较少。从现存案例来看，会馆内常有一些不能确定功能的房间，但不能确切地说明是否用于留宿宾客。因此，笔者推测，会馆的留宿功能也许并非在会馆建筑内部，可能有当地的客栈承担此项功能。

### 3. 行规制定与颁布

行规是经商帮商议后颁布的、行使类似法规职能的条文，一经颁布，帮内商户均须遵守，否则会有相应惩罚。因此，行规成为商帮自我管理、调控帮内商业事务的重要手段。会馆的公共性，使其成为行规商议和颁布的理想地点：首先，借场所的公共性来背书决策的公正性；其次，借助会馆这一带有祭祀属性的公共机构，为行规赋予神圣不可违抗的庄严感，增强权威性；最后，实际操作中也便于分散在城镇中的商户们集中发表意见和获取条文内容。

前述商帮议事常在会馆，行规制定也是议事的重要部分，因而也在会馆中进行。应山（今广水）山陕会馆石碑铭文《公议布帮条规》[④]记载："一议，……如布下河时，邀集同行，取布数卷，至西会馆公所，用公置秤尺权度，……一议，公议庄码价目，齐集公所斟酌起跌，……一议，……至会馆公论，

---

① 李秀桦，任爱国. 清代汉江流域会馆碑刻[M]. 郑州：中州古籍出版社，2019：64.
② 李秀桦，任爱国. 清代汉江流域会馆碑刻[M]. 郑州：中州古籍出版社，2019：285.
③ 李秀桦，任爱国. 清代汉江流域会馆碑刻[M]. 郑州：中州古籍出版社，2019：318.
④ 李秀桦，任爱国. 清代汉江流域会馆碑刻[M]. 郑州：中州古籍出版社，2019：323.

重罚不贷。"可知当地布帮的议价、计量、评断惩罚等活动,均在会馆中进行。文中"公置""公议""公论"等描述,则是对会馆公共性的认同,同时也是对所定规则公正性和权威性的强调。

会馆的行规颁布的方式,由于资料所限,不能尽知。不过,将行规刻于石碑之上,立于会馆之中,是汉水流域会馆的常见方式。现存的汉水流域会馆石碑中,专门用来记录行规的石碑数量仍较为可观,内容涉及商品定价、打击造假、杜绝讹诈、会馆管理等各个方面,侧面说明了会馆对于明清时期汉水流域自发经济活动的调控能力和重要性。

4. 商铺门面

如前文所述,汉水流域的会馆本身几乎不直接从事商贸活动。因此,会馆附带商铺门面的案例较为少见。在汉水流域现存的会馆中尚未发现,碑刻记录中仅有一例,即上文引用过的樊城山陕会馆。会馆中保存的两块石碑中有如下记载:"门面八间,使更优裕于香火之费焉[①]"以及"增置铺面十间,以及山门左右并磁器街东旧有铺面七间,以所得房租均为香火修补之费[②]"。可见即使会馆设有铺面,其所得费用也须用于香火和修缮等会馆专项事由,与其他铺面不尽相同。

综上所述,明清时期汉水流域的会馆作为协调商帮商贸活动的自组织机构,扮演着调控城镇经济秩序的重要角色。明清时期,城镇的商贸发展有很强的自发性因素,从事商贸活动的商人也多来自外地,这种经济格局的内在复杂性和不确定性不利于当地行政力量的管控。与之相反,由于利益相关,商帮自身同样希望维持良好的经济环境。会馆作为自组织机构能够相对容易地协调商帮内部和之间的复杂诉求与不确定关系,从而成为行政管理的重要补充。这种自下而上、自我管理的模式,有利于城镇经济的持续健康发展。

---

① 李秀桦,任爱国. 清代汉江流域会馆碑刻[M]. 郑州:中州古籍出版社,2019:193.

② 李秀桦,任爱国. 清代汉江流域会馆碑刻[M]. 郑州:中州古籍出版社,2019:231.

## （三）会馆乡缘与神祇信仰的并存

除商业功能外，汉水流域的会馆还有显著的社会功能。首先，会馆是同乡客民聚集的场所，成为异地客商思乡之情的共同寄托。其次，会馆还是神祇崇拜的场所。会馆内皆有神殿和神像，很多会馆还常冠以庙宇之名。在节庆时，会馆还会举办各种祭祀活动，祭拜护佑商帮的神祇。如《白邑创修山陕会馆叙》[1]记载："会馆之设由来久矣，盖上以妥神灵之祀，而下以亲桑梓[2]之谊也。"《重修江西会馆碑记》亦有言曰："乡先辈思有以栖神灵而笃桑梓，爰易旧馆。"可见维系乡缘、祭祀神灵皆为建立会馆的重要目的。

### 1. 乡缘维系

同乡性是汉水流域会馆的重要属性。除占比较小的行业会馆外，汉水流域的会馆几乎都是由同乡客民组建而成的，并以来源地命名。各会馆所存碑刻中也多有寄托乡情的文字（表2-16）。

表2-16　汉水流域各会馆碑刻所载寄托乡情文字统计表

| 所属会馆 | 碑刻文字[1] |
|---|---|
| 樊城山陕会馆 | 而秦晋之邦操奇赢而业寄陶朱者，尤亦有二三。夫其虔祀圣帝也，肘联两地之人为一心，积岁月之久如一日 |
| 神农架阳日湾江西会馆 | 吾乡之来此者前后踵相接，虽州郡不同，然桑梓之情，初不以亲疏类也 |
| 襄阳卧龙镇江西会馆 | 至于联桑梓而笃敬恭，仰忠孝而绥福佑，建馆之意，可无赘言矣 |
| 蜀河黄州会馆 | 周礼云：太宰以九两系邦国之民，意在相亲相比。后人师其遗爱，三铢崇庙廊之典，亦在笃桑笃仁，民有系不致涣散之虞，梓情笃不至孤异之单。盖会馆之设，关系之至重者也 |

---

① 李秀桦，任爱国. 清代汉江流域会馆碑刻[M]. 郑州：中州古籍出版社，2019：57.

② "桑梓"指代"故乡"。

③ 碑刻文字引自：李秀桦，任爱国. 清代汉江流域会馆碑刻[M]. 郑州：中州古籍出版社，2019.

续表

| 所属会馆 | 碑刻文字 |
|---|---|
| 宁陕黄州会馆 | 地则关南屏蔽，川楚通衢，凡襄中人士莫不来此动桑梓之感 |
| 白河河南会馆 | 异地何不能无故里之思乡亲之感，以是各地各省旅人寄籍及暂栖所在，或以省以县为率，大都有同乡会馆组织 |
| 樊城江苏会馆 | 盖公所之置，各省俱有，……每遇神会，凡我同人仰蒙庇佑，藉得团聚一方欢然道故，情至亲谊至厚也 |

由此可见，汉水流域的会馆对同乡人士具有广泛的接纳性。客民身处异地，在生活习俗方面面临诸多不适，由此常生孤寂之感，总怀思乡之情。因此，在会馆设立之初，创建者们心系同乡，广开大门，为旅居在外的游子建立精神家园。

同时，汉水流域会馆在维系乡缘方面也显示出明确的排他性，即对非本乡人士事务基本不予处理。如竹溪湖南会馆《湘南会馆章程碑》[①]记载："考试之年只许留本邦文童停居。……因讼借寓只许本邦人侨居。……争讼论理，两造俱系乡谊，方准在馆同众面质，……若与外人理质，自然另有公所可质。"又如汉口山陕西会馆碑刻《酌定条规》[②]记载："本会馆不准外邦借馆演戏。"可见在留居、诉讼、演戏等方面，会馆对非本乡人士均有一定的限制，更进一步突显其乡缘特征。

另外，除了生时安乐，古人亦重视死之安详。《山陕两省重修瘗旅公所碑记》[③]有云："我山陕之人寄此江汉之地，……骸骨无栖觉此心之难忍。"身在异乡，亡故后无法埋于故土，所以置义地以葬之。义地，类似现今的公墓。汉水流域会馆碑刻中存有多篇关于公置义地的记载，均为集体筹资购买义

---

① 李秀桦，任爱国. 清代汉江流域会馆碑刻[M]. 郑州：中州古籍出版社，2019：176.

② 李秀桦，任爱国. 清代汉江流域会馆碑刻[M]. 郑州：中州古籍出版社，2019：335.

③ 李秀桦，任爱国. 清代汉江流域会馆碑刻[M]. 郑州：中州古籍出版社，2019：330.

地安葬在异乡离世的客民。养生丧死皆为传统社会的大事，因此，代理丧葬事宜也成为汉水流域会馆维系乡缘职责的重要内容。

2. 神祇信仰

湘桂走廊沿线会馆多以"宫"和"庙"来命名，并与其所祀神主以及商帮"原乡性记忆"相结合，极具地方特色。占据主导地位的赣、湘、粤、闽商帮也不例外。例如：赣商会馆以"万寿宫"命名，与许真君信仰有关；粤东商人会馆以"南华宫"命名，与六祖慧能信仰有关；闽商会馆以"天后宫"命名，与妈祖信仰有关等。在湘桂走廊沿线较为有特色的是湖南永州商人会馆，多称为"濂溪书院""濂溪祠"。湘桂走廊沿线其他商帮会馆例如山陕、山西商人的会馆以"关帝庙"命名，安徽商人有"指南庵""准提庵""徽国文公祠"等命名方式，湖北会馆有"帝主宫""三圣宫"等命名方式，四川会馆多命名为"川主宫"。表2-17为湘桂走廊上所有同乡会馆命名集合。

表2-17　湘桂走廊沿线同乡会馆名称

| 会馆类型 | 会馆名称 | 信仰 |
|---|---|---|
| 江西 | 万寿宫/江西会馆/豫章会馆/安城会馆/临江会馆/庐陵会馆/丰城会馆/资兴会馆/石阳宾馆/昭武宾馆/南昌会馆/普渡庵/六一庵/财神殿 | 许逊 |
| 湖南 | 禹王宫/湖南会馆/湖广会馆/临湘会馆/南岳行宫（祠）/衡州会馆/濂溪书院（祠）/楚南会馆/寿佛殿/长衡宫/伏波宫/湘安会馆/驻省同乡会/公裕堂 | 大禹/关帝/周敦颐 |
| 广东 | 粤东会馆/南华宫/岭南会馆/关圣殿/穗都宾馆 | 妈祖/关羽 |
| 福建 | 天后宫/福建会馆/建福宫/十洋会馆/关帝祠 | 妈祖、关羽 |
| 湖北 | 湖北会馆/黄州公宇/天汉宾馆/晴川公宇 | 大禹 |
| 江苏、浙江 | 苏州会馆/江南会馆/上元会馆/金庭会馆（别业）/雨花别业/圆通庵 | 未知待归纳 |

续表

| 会馆类型 | 会馆名称 | 信仰 |
|---|---|---|
| 安徽 | 新安会馆/江南会馆/徽国文公祠/安徽会馆/指南庵/海阳庵/准提庵/普济寺 | 未知待归纳 |
| 山陕 | 北五省会馆/关圣殿 | 关羽 |
| 四川 | 四川会馆/川主宫 | 李冰 |
| 云贵 | 云南会馆/云贵会馆/滇黔会馆 | 未知待归纳 |
| 河南 | 中州会馆 | 关羽 |
| 广西 | 水来寺/灵川会馆 | 未知待归纳 |
| 河北 | 直隶会馆 | 未知待归纳 |
| 满洲 | 八旗会馆 | 未知待归纳 |

　　湘桂走廊天然地与文化交流有关。例如：湘桂走廊沿线上闽商以及广东商人都有祭拜"妈祖"的习惯，多与他们出海经营活动，需求海神祭祀有关；湖南永州商人祭祀周敦颐，与其作为宋朝儒理大家的身份密不可分，永州商人在湘桂走廊沿线行商，以"人极"即"诚"，"纯粹至善"的思想理念来作为其行商的理念。

　　行业会馆（表2-18）中，也是结合祭祀的神祇对会馆进行命名的，例如单一供奉鲁班的泥木行业的会馆为"鲁班殿"，船帮会馆有"洞庭宫""伏波宫"或者"杨泗庙""水府庙""王爷庙"等命名方式，药帮商人祭祀唐代医药大家孙思邈，是因为孙思邈卓绝的医学成就和地位，因此他们的会馆多名为"药王庙"。值得说明的是，湘桂走廊沿线湖南商帮的"伏波宫"是极具特色的会馆名称，会馆内祭祀伏波将军马援，这与马援时在湘桂走廊兴修水利造福当地人民形成的伏波信仰有关。

表 2-18　湘江—灵渠—桂江流域同业会馆名称

| 会馆类型 | 会馆名称 | 信仰 |
|---|---|---|
| 船帮会馆 | 王爷庙/杨泗庙/洞庭宫/靖王宫 | 杨泗将军 |
| 屠宰业会馆 | 张飞庙/桓侯庙/桓侯宫 | 张飞 |
| 木石匠业会馆 | 鲁祖庙/鲁班殿 | 鲁班 |
| 缝衣业会馆 | 轩辕庙 | 轩辕 |
| 药材帮会馆 | 药王庙/三皇殿/怀庆会馆/神农殿 | 孙思邈/神农 |
| 绸缎会馆 | 三元殿 | 织女 |
| 肉行会馆 | 老汉义殿 | 未知 |
| 银炉坊帮 | 太清宫 | 太上老君 |
| 鞋业会馆 | 孙祖阁 | 未知 |
| 猪行会馆 | 长春公所/忠勇殿 | 未知 |
| 双红公所（纸业）/木红公所 | | 供葛、梅二仙 |
| 面馆公所/武汉豆丝会所/酒店炒菜东伙 | 雷祖殿 | 未知 |
| 烟草皮货公所 | 孙祖阁 | 未知 |
| 烘糕店师友 | 玉清宫 | 未知 |
| 黄州烟袋帮公会 | 老君殿 | 太上老君 |
| 面业会馆 | 普化宫 | 未知 |
| 包席赁碗东伙 | 玉枢宫 | 未知 |
| 苓商公所 | 广义公所 | 未知 |
| 素菜行 | 三元宫 | 未知 |
| 泥水师友 | 土皇宫 | 未知 |
| 纸商会馆 | 玉褚公所 | 未知 |

续表

| 会馆类型 | 会馆名称 | 信仰 |
|---|---|---|
| 金箔行会馆 | 金箔会馆 | 未知 |
| 煤炭行会馆 | 太阳公所/紫云殿 | 太上老君 |
| 钱业会馆 | 钱业公所 | 未知 |
| 粮行会馆 | 凌霄书院（粮行公所） | 未知 |
| 白铁业 | 白铁公所 | 未知 |
| 金银业 | 金业公会 | 未知 |
| 梳篦业 | 赫胥宫 | 未知 |
| 建绒业 | 建绒公所 | 未知 |
| 淮盐 | 淮盐公所 | 未知 |
| 鱼商业 | 晴明公所 | 未知 |
| 鞭炮业 | 四神殿 | 未知 |
| 算命相面业 | 瞽星公所/三才书院 | 未知 |
| 牛皮业 | 皮业公所 | 未知 |

各地商人以具有当地文化特色的"乡神"的尊称来命名他们的商业会馆，以会馆为据点，容纳对于故土的深深的乡情和眷恋。和祠堂只祭祀先祖不同，会馆有了更大的包容性和开放性，从而形成了以"地缘"和"业缘"为联结的"多样"神灵祭祀的文化，对宗族文化内涵有进一步补充和充实。会馆因祭祀神灵和商业经营的结合而成为独特的建筑形式，既是商人们聚会商洽的场所，也是精神寄托、抒发乡情的场所。

汉水流域各类会馆所祭祀的神祇在县志和碑刻中都有记载，两者对照，并未发现明显的差异。总结起来大致是：山陕商人主要祭祀关帝（即关羽），江西商人祭祀许真君，福建商人祭祀妈祖，湖广商人祭祀大禹，黄州商人祭祀护国福主（帝主），安徽商人祭祀朱熹。

关于祭祀神祇的记载，县志中大多非常简略。而会馆的碑刻则提供了更为详尽的资料，包括了多种祭祀神祇、祭祀神祇的事迹以及选择该神祇的原因等（表 2-19）。

表 2-19　汉水流域会馆碑刻所载祭祀神祇情况统计表

| 所属会馆 | 碑刻文字[①] | 祭祀神祇 / 殿宇 |
|---|---|---|
| 樊城山陕会馆 | 关圣者，所以重义气，敦友谊也。……惟至诚所以至圣，故孔子之圣德中涵名教与天地共永；惟至诚所以至圣而至神，故关圣之英风与日月同光。……况我山陕之俗，人多意气，性多刚直，抑或关圣在天之灵所默移而感格化行 | 关羽 |
| 宜城小河山陕会馆 | 盖闻尽己之心，为忠行事，合宜为义，是忠义可存天理，可以证人心 | 关羽 |
| 社旗山陕会馆 | 而山陕之人为多，因酿金构会馆，中祀关圣帝君，以帝君亦蒲东产，故专庙貌而祀加虔 | 关羽 |
| 邓州汲滩山陕会馆 | 即我山陕亲友经营于外者宝藏兴焉。惟神所命货财殖焉，非奥不能讵□□□□神默佑之恩也哉 | 关羽 |
| 邓州汲滩山陕会馆 | 山陕诸君子谋建三官殿久矣。三官维何？曰天官、地官、水官。……三官乃赞天地之化育者也 | 三官殿（天官、地关、水官） |
| 邓州汲滩山陕会馆 | 北阙帝圣座向离明以照临，而东廊属火星祠，西厢为财神殿 | 关羽，火星祠，财神庙 |
| 邓州汲滩山陕会馆 | 内奉关圣、三官、药王诸神。正殿之右创建荧惑宫，奉祀火德星君、平水明王、增福财神 | 关羽，三官，药王火德星君，平水明王增福财神 |

---

① 碑刻文字引自：李秀桦，任爱国. 清代汉江流域会馆碑刻[M]. 郑州：中州古籍出版社，2019.

| 所属会馆 | 碑刻文字 | 祭祀神祇／殿宇 |
|---|---|---|
| 蜀河三义庙山陕豫会馆 | 左增三大士殿一座，右增药王、明王、财神殿一座 | 三大士殿：药王、明王、财神殿 |
| 春秋阁位于社旗山陕会馆 | 窃闻五经之有《春秋》，……迨至汉末，能以圣人之志为志而明其好这，惟我关圣帝君 | 关羽 |
| 春秋阁位于荆紫关山陕会馆 | 蜀汉关圣帝君纲为人纪，……故熙朝于春秋二祀命太常寺正卿祭焉。……故建春秋阁，圣驾晏息之处 | 关羽 |
| 宜城小河江西会馆 | 万寿宫（碑文标题）。古来万物所生，仰沾天地之滋润，而人赖乎神灵扶持。吾豫章恭奉福主真君，原建有宫殿、圣像 | 福主真君（许真君） |
| 南阳天妃庙（福建会馆） | 在宋之初年实生护国庇民妙灵昭应弘仁普济天妃，法力广大，统领川渎，其功尤著于海。卫漕运，护敕使，导贡船，通市舶，非必尽安澜也。……陆地居民咸籍休庇。以故湄洲为祖庙 | 天妃（妈祖） |
| 樊城中州会馆（河南会馆） | 豫省毗连襄樊，商贾舟车往来络绎，至嘉庆年间始创立会馆。其时经费未充，因仍民房之旧，供奉圣像及各先贤牌位而已。至咸丰十年，……乃合关帝、雷祖、司命、鲁班、酒仙、罗祖六会大众商议……以妥神灵而资庇佑 | 圣像（称谓不详）先贤牌位 |
| 樊城中州会馆（河南会馆） | 况□□古而立极，先伊耆而首出者乎。恭惟三皇启百代之文明，为中州之阿□□我□类，悉蒙□府襄樊旧有河南书院…… | 伊耆（炎帝） |
| 汉中镇巴川湖会馆 | 后世天下到处有祠，而泽国为多。三江、两湖、两广、四川等省，凡祀水神必以大禹为先，以其地多水患也。国朝自高宗三十年后，川、湖、两广生齿日繁，人稠地窄，来南山开种者日益众，故到处多修会馆，以亲睦其乡党，馆必以大禹为尊神而首祀之 | 大禹 |

续表

| 所属会馆 | 碑刻文字 | 祭祀神祇/殿宇 |
|---|---|---|
| 邓州湖广会馆 | 昔乎神禹□江疏河而人民乐业，惟我楚获福无穷，故□省建造会馆以报圣功 | 大禹 |
| 宁陕黄州会馆 | 我宁陕老城北门内黄州会馆祀助国顺天帝主 | 福主 |
| 宁陕黄州会馆 | 福主，川东人。……遇黄冠缁衣人授天仙术，显于荆楚，……以护国佑民为己任。宋徽宗朝，敕封英烈紫薇侯；……国朝咸丰八年，加封灵感尊号，……今宁关建设会馆，用妥神明，额颜"护国宫" | 福主 |
| 汉口新安书院安徽会馆 | 余维书院之建，一举而三善备焉。尊先贤以明道，立讲舍以劝学，会桑梓以联情 | 先贤 |
| 樊城江苏会馆 | 盖公所之置，各省俱有，非自我辈初设，意谓众乡友平日各谋生计，萃处无由，爰立殿宇，供奉财神 | 财神 |

穿过这些祭祀行为的表象，本书试图探讨以下两个问题。

第一，会馆中的外来神祇与本地祠庙中的神祇有何区别？

在汉水流域的城镇中，也建有很多祠庙，比如城隍庙、文庙、关帝庙、东岳庙等在几乎每个城镇内都能见到，节孝祠、娘娘庙、禹王宫、杨泗庙等也经常存在于城镇内部或者中心，此外还有很多坛庙亭塔、佛道寺观等不一而足。这些祠庙在县志中往往记载较为详细，从地址、建设年份到资金来源、祭祀内容等都有涉及。其中规模较大的大概已成为城镇建设的定例，如前述城隍庙、文庙、关帝庙、各种祭坛等，而规模较小的则大约为当地居民的本土信仰，虽共性较少，但数量众多。试举一例，如同治《谷城县志》仅"祠"一个条目中，就记载了40个祠庙，其中高山寺、古岭寺和龙池寺等近30个祠庙名称都罕少出现在其他地方的县志中。

　　而会馆本身也带有祭祀功能，也常常以祭祀对象命名①。然而，就县志记载来看，近半数县志未涉及会馆相关条目，有涉及的也往往集中排列在所有坛庙建筑的最后，命名格式多为"某地馆"或"某地会馆"，而非用祠庙的命名模式。其中的记录也仅只言片语，如地址、年份及"某地商民建"等字样。县志中的地位说明会馆的官方承认度相对较低，这也进一步说明会馆神祇信仰的异地属性。就祭祀内容来说，除了山陕会馆祭祀关帝，湖广会馆祭祀禹王之外，其他会馆所祭祀的妈祖、许真君、帝主、川主、朱熹等皆非汉水流域本地居民的祭祀对象。因此，可以说，会馆的祭祀功能与城镇中原先存在的祠庙的祭祀功能联系较少，而主要满足客民祭祀故乡神祇的需要。

　　那么，这就引出了第二个问题，为何要在异乡祭祀故乡的神祇？

　　虽然寄托乡愁慰藉乡民似乎是再合情理不过的因素，然而实际上，以信仰团结商帮大约才是最核心的原因。在商贸活动中，义与利的权衡是永恒不变的主题。如何抵制帮众个人"利"的诱惑，维持范围几乎遍及全国的商帮组织的内部稳定，除了需要传统的乡缘纽带，还要在乡情之外，融入以"义"为重的集体信仰。

　　于是，作为忠、义代名词的关羽开始走上前台。明清时期，恰逢关羽"千里走单骑"之忠与"华容道义释曹操"之义已成为流传甚广的民间故事，深入人心。加之"忠"有忠于职务之意②，"义"有信守承诺之意③，符合商贸活动对人的要求。因此，山陕商帮作为最早形成的全国性商业组织，选择将传统的关羽信仰纳入自身的精神体系，且更进一步，将关羽与孔子相提并论（表2-19"樊城山陕会馆"条），一同奉为圣人，赋予"忠""义"

---

① 如山陕会馆有时也称关帝庙，湖广会馆称禹王宫，福建会馆称天后宫，江西会馆称万寿宫，黄州会馆称帝主宫，四川会馆称川主宫，安徽会馆称新安书院（祭祀朱熹），船帮会馆称杨泗庙等。

② 费孝通. 乡土中国[M]. 北京：人民出版社，2008：41：我在上面所引"为人谋而不忠乎"一句中的"忠"，是"忠恕"的注解，是"对人之诚"。

③ 《论语》："信近于义，言可复也。"

神圣化特征（表 2-19"宜城小河山陕会馆"条），将其作为商帮的最高道德标准，是非常有利于商帮团结的举措。后来的商帮于是纷纷效仿，以古代先贤或当地名人作为祭祀对象遂成为会馆最重要的特征之一。

结合上述两个问题可知，明清时期，祭祀是社会生活中的常见活动，用以满足居民的精神需求。而会馆的祭祀功能，不仅满足了外乡客民这种精神需要，也塑造了整个商帮在商贸活动中的精神价值和道德标准。

综上所述，会馆承担着维系乡缘、祭祀神灵的双重职责，分别代表着对共同地域来源的确认和对共同价值标准的认同。那么，这种双重社会职责之间有何联系？笔者认为，借助社会人类学视角也许能得到较为清晰的答案。费孝通先生在《差序格局》[①]一文中提出，中国的乡土社会结构呈现一种"差序格局"，与之相反的是在西方传统社会里更为主导的"团体格局"。

"差序格局"是一种等级主导的格局。等级排序的规则是，以个人为中心，按亲属关系和地缘关系的远近。与自己越近的人，排序优先级越高，从父母兄弟，到街坊邻居，到同乡同国，逐级递减，形成"从自己推出去的和自己发生社会关系的那一群人里所发生的一轮轮波纹的差序"。与之相对的"团体格局"是一种有限平等的格局。首先，团体格局是有边界的，某人在或不在团体里，界限非常清晰，同时，团队的边界也是平等的边界，团队内人人平等，团队外的人不存在平等；而差序格局的等级排序没有边界，或者说边界是整个世界。其次，团队内也存在一定的等级，"在团体里的人是一伙，对于团体的关系是相同的，如果同一团体中有组别或等级的分别，那也是先规定的"[②]；而非差序格局里因关系远近形成的等级排序是贯穿始终的。

两种社会格局形成了两类社会道德观念。"差序格局"以"仁"为最基本的信条，推己及人，从自己出发，形成了以亲疏关系确立标准的道德体系。因此，从某个人的视角看，周围的人对他来说都是有亲疏的、不平等的，因此态度也是有差别的。"团体格局"则形成了以"神"为信仰的

---

① 费孝通. 乡土中国[M]. 北京：人民出版社，2008：25.

② 费孝通. 乡土中国[M]. 北京：人民出版社，2008：27.

宗教道德观念，建立起神领导信徒的宗教团体。神是团体观念的象征，"团体对个人的关系就象征在神对于信徒的关系中"，因此，团体里的个人理应享受平等和公正的待遇，就像神对待他们的那样。

从上述角度重新审视汉水流域的会馆，可以发现，会馆中似乎同时存在"差序格局"与"团体格局"。作为一个同乡组织，他们来自同一个地方，有着相似的风俗习惯甚至地方口音；而作为一个商帮团体，他们有共同信仰的神祇，有界限明晰的组织机构，从事着相关联的商贸事业。

汉水流域会馆的这种双重格局的共存，是明清时期特定历史条件下的产物，是一种从传统农业社会向现代工商业社会转向过程中形成的过渡形态。会馆的建立首先来自商帮商业活动的需要。商帮作为一种经济组织，遵从人人平等基础上预先规定的等级权力结构，自然有其团体性的特征。与此同时，明清时期汉水流域的商帮又以同乡同族作为其成员，因此也不可避免地带有乡土社会中的亲缘特征。可以说，会馆的出现源于现代工商业的种子在传统乡土社会土壤中的萌发，而会馆最终的消失则标志着现代工商业社会结构的全面形成。

会馆的这种过渡特性，与明清时期经济大发展的社会背景下的汉水流域城镇相得益彰，这些城镇也正处于经济社会变革的洪流之中。城镇的经济因素逐步扩大，会馆的建设也日趋繁荣，城镇与会馆在走向现代工商业社会的道路上携手并进，共同塑造了明清汉水流域的新面貌。

第三章
流城会馆的
建筑空间形
态特点

# 第一节　流域会馆建筑的平面功能构成与布局特点

## 一、湘桂走廊沿线会馆平面功能要素构成与布局特点

### 1. 平面要素构成特点

湘桂走廊沿线的会馆建筑的平面要素构成与一般会馆建筑类似，大多有山门、戏台、正殿、后殿、辅助用房等要素。这些要素主要受到沿线商帮文化的影响，在平面要素构成上呈现出分段差异性。结合调研、历史照片和实地访谈，在湘桂走廊沿线按湘江段、湘桂走廊过渡段、桂江段分段对平面要素构成进行分析，得出以下平面要素构成表（表 3-1）。

表 3-1　湘桂走廊沿线会馆建筑平面要素构成表

| 区位 | 会馆 | 山门 | 戏台 | 正殿 | | | 附属用房 | | | |
| | | | | 前殿 | 中殿/拜殿/亭 | 后殿 | 观演连廊 | 廊庑 | 厢房/生活用房 | 园林/天井 |
| 湘江段 | 宁乡八元堂 | √ | √ | √ | 无 | √ | √ | 无 | √ | 无 |
| | 乔口万寿宫 | √ | √ | √ | 无 | 无 | √ | 无 | √ | √ |
| | 湘潭万寿宫 | √ | √ | √ | √ | √ | √ | 无 | √ | √ |
| | 湘潭鲁班殿 | √ | √ | √ | √ | √ | √ | 无 | √ | √ |
| | 湘潭关圣殿 | √ | √ | √ | √ | √ | √ | 无 | √ | √ |
| 过渡段 | 华江衡州会馆 | √ | 无 | √ | 无 | √ | 无 | 无 | 无 | 无 |
| | 熊村湖南会馆 | √ | 无 | √ | 无 | 无 | √ | 无 | 无 | √ |
| | 熊村江西会馆 | √ | 无 | √ | 无 | √ | √ | 无 | 无 | √ |
| | 六塘湖南会馆 | √ | √ | √ | √ | √ | √ | 无 | 无 | √ |
| | 六塘江西会馆 | √ | 未知 | √ | √ | √ | √ | 无 | √ | 无 |

| 区位 | 会馆 | 山门 | 戏台 | 正殿 | | | 附属用房 | | | |
|---|---|---|---|---|---|---|---|---|---|---|
| | | | | 前殿 | 中殿/拜殿/亭 | 后殿 | 观演连廊 | 廊庑 | 厢房/生活用房 | 园林/天井 |
| 桂江段 | 恭城湖南会馆 | √ | √ | √ | √ | √ | | √ | √ | √ |
| | 阳朔江西会馆 | √ | √ | √ | 无 | √ | √ | 无 | √ | √ |
| | 阳朔湖南会馆 | √ | 无 | √ | 无 | 无 | 无 | 无 | 无 | 无 |
| | 平乐大街粤东会馆 | √ | 无 | 无 | √ | √ | 无 | 无 | √ | 无 |
| | 平乐榕津粤东会馆 | √ | 无 | √ | 无 | √ | 无 | 无 | √ | 无 |
| | 平乐同安粤东会馆 | √ | 无 | √ | 无 | √ | 无 | 无 | √ | 无 |
| | 平乐沙子粤东会馆 | √ | 无 | √ | 无 | √ | 无 | 无 | √ | 无 |
| | 平乐沙子湖南会馆 | √ | 无 | √ | 无 | √ | 无 | 无 | √ | 无 |
| | 荔浦石阳宾馆 | √ | 无 | √ | 无 | √ | 无 | 无 | √ | 无 |
| | 荔浦福建会馆 | √ | √ | √ | 无 | √ | 无 | √ | √ | 无 |
| | 贺州湖南会馆 | √ | √ | √ | 无 | √ | 无 | √ | √ | 无 |
| | 贺州珠端会馆 | √ | 无 | √ | 无 | 无 | 无 | √ | √ | 无 |
| | 梧州龙圩粤东会馆 | √ | 无 | √ | 无 | √ | 无 | √ | 无 | 无 |

如表 3-1 所示，可以找到沿线会馆建筑平面要素构成的规律：①湘江段会馆建筑基本涵盖山门、戏台、前殿、中殿、后殿、观演连廊、厢房（生活用房）、园林等平面要素；②湘桂走廊过渡段会馆建筑基本涵盖山门、前殿等平面要素，部分会馆有中殿、后殿，部分会馆有观演连廊、厢房（生活用房）、天井等平面要素；③桂江段会馆基本涵盖山门、前殿、后殿、廊庑、生活用房等平面要素。

可以从湘桂走廊沿线会馆建筑平面要素构成的规律中发现：平面要素构

成出现频率呈现出分段变化的趋势。例如湘江段会馆出现频率较高的戏台仅在过渡段和桂江段的湖南会馆里出现，这与该区域主要商帮文化的影响有关。例如桂江段所有粤东会馆都没有戏台，粤商信仰妈祖，更注重抬妈祖出街游行的庙会活动，戏台这一要素也就没有太大用处了。因戏台的不存，观演连廊这一要素也随之变化。桂江段二层观演所用的连廊也就变成了简单的廊庑。原乡性较强势的湖南会馆也受到了这一影响，取消了观演连廊，将正殿前的院落作为观众的观看空间。

2. 平面布局特点

湘桂走廊沿线的会馆建筑作为我国传统建筑，其布局形式也是以院落为基本单元沿纵轴线和横轴线生长的，平面布局上仍然体现出较为统一的共性。例如恭城湖南会馆（图3-1），其平面用院落空间组织平面呈轴对称的布局形式，且基本涵盖所有平面要素。湘桂走廊沿线会馆建筑由于受到了赣、湘、粤、闽商帮文化和湖湘、岭南地域文化以及场地环境的影响，其建筑布局形式的不同呈现出分段的倾向性。结合平面要素，可以绘制出湘桂走廊沿线平面分段布局图，并依据各段平面布局图来研究湘桂走廊平面分段的布局特点。

根据表3-2和平面要素构成表可以看出，湘江段会馆的平面布局种种变形均可以归纳总结为基本型a（表3-2，a）。基本型a的布局形式是山门、戏台、观演连廊、正殿、后殿这几个平面要素结合实际场地因素、商帮文化影响后的组合布局形式。例如变形c（宁乡八元堂），为了满足宁乡

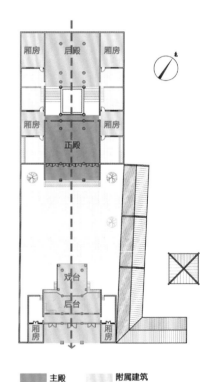

图3-1 平面布局示意图
（以恭城湖南会馆为例）

船帮沿街买卖谷米，把商铺和库房组织到平面布局中来；又例如变形d（湘潭关圣殿）的平面布局受山陕商人文化影响，在基本型的基础上把春秋阁和钟鼓楼作为中殿加入到基本平面布局形式中。

表 3-2　湘桂走廊沿线会馆建筑平面布局（湘江段）

| 基本型a | 基本型a变形a（乔口万寿宫） | 基本型a变形b（湘潭鲁班殿） | 基本型a变形c（宁乡八元堂） | 基本型a变形d（湘潭关圣殿） |
| --- | --- | --- | --- | --- |

湘桂走廊过渡段位于湖湘与岭南地域文化、湘赣粤闽商帮文化杂糅之处，所以会馆建筑的平面布局形式呈现出与湘江段的相似和不同（表3-3）。过渡段平面布局受到湘商、赣商文化的影响较大，因此布局形式依然延续了湘江段基本型 a 的样式，例如六塘湖南会馆和江西会馆就是基本型 a 变形 e（表3-3，a）。值得注意的是，布局方式中已经出现戏台空间的减弱，在过渡形式 a 中，可以发现戏台、观演连廊已经完全消失，具有岭南特征的廊庑取而代之开始参与到平面布局中。除此之外，多种文化的交融、场地环境不够平整等原因又导致了过渡形式 a 出现了平面布局的轴线不够明确的情况。

表 3-3　湘桂走廊沿线会馆建筑平面布局（湘桂走廊过渡段）

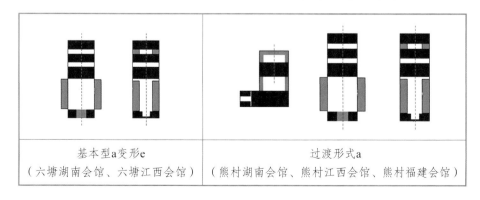

| 基本型a变形e（六塘湖南会馆、六塘江西会馆） | 过渡形式a（熊村湖南会馆、熊村江西会馆、熊村福建会馆） |
| --- | --- |

湘桂走廊桂江段粤商较为强势，因此会馆建筑容易受到岭南地域文化和粤商文化的影响。除了粤东会馆自身平面布局受到"原乡性"的影响外，其他会馆的平面布局形式也受到了较强的影响。所以桂江段会馆的平面布局可以归纳总结为表3-4中所示基本型b的各种变形以及基本型a、b结合型两种平面布局形式。基本型b是由山门、前殿、后殿、廊庑等平面要素中轴对称组合布局的，所有的变形都是在此基础上进行布局组成要素的增加或者删减，例如作为基本型b变形g的平乐粤东会馆在山门和正殿之间增加了天后宫拜亭。桂江段出现的基本型a、b的结合型的平面布局呈现出较强的在地性，例如湘商的湖南会馆，保留了戏台这个原乡性的平面要素的同时取消了观演连廊，增加了具有岭南地域文化特色的廊庑，平面呈现出结合型布局特点。

表3-4　湘桂走廊沿线会馆建筑平面布局（桂江段）

| 基本型b | 变形e（平乐榕津粤东会馆） | 变形f（贺州珠端会馆） | 变形g（平乐粤东会馆） | 结合型a（恭城湖南会馆） | 结合型b（贺州湖南会馆） |
|---|---|---|---|---|---|

总体来说，湘桂走廊沿线的平面布局受到了湖湘、岭南地域文化影响的同时，还受到了以湘赣、粤闽为主的商帮文化影响，平面布局形式从湘江段到桂江段体现出基本型a与基本型b逐渐融合的特点，表现出了较强的在地性。

3．建筑朝向特点

湘桂走廊沿线会馆建筑的朝向呈现出分段各异的特点。结合古地图以及实地调研会馆情况，可以得到湘桂走廊沿线会馆建筑朝向表（表3-5）。

表 3-5  湘桂走廊沿线会馆建筑朝向表

| 区位 | 会馆 | 地形 | 朝向 |
|---|---|---|---|
| 湘江段 | 宁乡八元堂 | 平缓 | 垂直于街巷，坐西北朝东南 |
| | 乔口万寿宫 | 平缓 | 垂直于街巷，坐北朝南 |
| | 长沙粤东会馆 | 平缓 | 垂直于街巷，坐北朝南 |
| | 长沙湖北会馆 | 平缓 | 垂直于街巷，坐北朝南 |
| | 长沙上元会馆 | 平缓 | 垂直于街巷，坐北朝南 |
| | 长沙徽州会馆 | 平缓 | 垂直于街巷，坐北朝南 |
| | 长沙紫阳书院 | 平缓 | 垂直于街巷，坐北朝南 |
| | 湘潭万寿宫 | 平缓 | 垂直于街巷，坐西北朝东南 |
| | 湘潭鲁班殿 | 平缓 | 垂直于街巷，坐西北朝东南 |
| | 湘潭关圣殿 | 平缓 | 垂直于街巷，坐西北朝东南 |
| | 湘潭建福宫 | 平缓 | 垂直于街巷，坐西北朝东南 |
| | 湘潭仁寿宫 | 平缓 | 垂直于街巷，坐西北朝东南 |
| | 湘潭帝主宫 | 平缓 | 垂直于街巷，坐西北朝东南 |
| | 湘潭水来寺 | 平缓 | 垂直于街巷，坐西北朝东南 |
| | 湘潭长衡宫 | 平缓 | 垂直于街巷，坐西北朝东南 |
| | 衡阳江南会馆 | 平缓 | 垂直于街巷，坐北朝南 |
| | 衡阳中州会馆 | 平缓 | 垂直于街巷，坐北朝南 |
| | 衡阳帝主宫 | 平缓 | 垂直于街巷，坐北朝南 |
| | 衡阳万寿宫 | 山地 | 垂直于街巷，坐北朝南 |
| 核心段 | 全州湖南会馆 | 平缓 | 垂直于街巷，坐东北朝西南 |
| | 全州江南会馆 | 平缓 | 垂直于街巷，坐东北朝西南 |

续表

| 区位 | 会馆 | 地形 | 朝向 |
|------|------|------|------|
| 核心段 | 华江衡州会馆 | 山地 | 垂直于街巷，坐西朝东 |
| | 熊村湖南会馆 | 山地 | 垂直于街巷，坐东朝西 |
| | 熊村江西会馆 | 山地 | 垂直于街巷，坐西朝东 |
| | 熊村福建会馆 | 山地 | 垂直于街巷，坐西朝东 |
| 桂江段 | 桂林江西会馆 | 平缓 | 垂直于街巷，坐西北朝东南 |
| | 六塘江西会馆 | 平缓 | 垂直于街巷，坐东朝西 |
| | 六塘粤东会馆 | 平缓 | 垂直于街巷，坐西朝东 |
| | 六塘湖南会馆 | 平缓 | 垂直于街巷，坐东朝西 |
| | 恭城湖南会馆 | 缓坡 | 垂直于街巷，坐西北朝东南 |
| | 阳朔江西会馆 | 平缓 | 垂直于街巷，坐北朝南 |
| | 平乐大街粤东会馆 | 平缓 | 垂直于街巷，坐东北朝西南 |
| | 平乐榕津粤东会馆 | 平缓 | 垂直于街巷，坐东北朝西南 |
| | 平乐沙子粤东会馆 | 平缓 | 垂直于街巷，坐北朝南 |
| | 平乐沙子湖南会馆 | 平缓 | 垂直于街巷，坐北朝南 |
| | 荔浦石阳宾馆 | 缓坡 | 垂直于街巷，坐西北朝东南 |
| | 荔浦福建会馆 | 缓坡 | 垂直于街巷，坐西北朝东南 |
| | 贺州湖南会馆 | 平缓 | 垂直于街巷，坐北朝南 |
| | 贺州珠端会馆 | 平缓 | 垂直于街巷，坐北朝南 |
| | 梧州龙圩粤东会馆 | 平缓 | 垂直于街巷，坐西北朝东南 |

根据表 3-5 可以得出湘桂走廊沿线会馆建筑的朝向逐渐不严格遵守"坐北朝南"的总体特点。这与几个主要因素有关：①与湘桂走廊沿线会馆建筑场地地势环境有关。湘桂走廊沿线湘江段基本都为较为平缓的平原地带，除了建立在湘潭的会馆建筑外，均为坐北朝南朝向。湘桂走廊过渡段位于一片喀斯特地貌特征明显的狭长谷地，地势较为复杂，有些会馆只能建立在坡地甚至是陡坡上，为了顺应地形的形态，并不能采用坐南朝北的朝向，例如熊村湖南会馆，场地为陡坡，东西朝向。桂江段虽为喀斯特地貌，但谷地之间极为平缓，因此桂江段大多数会馆建筑是坐北朝南的朝向。②与城镇的街巷方向有关。湘桂走廊沿线城镇的格局形态都是因地制宜自然生长而成的，街巷的形态也就不都是东西方向，因此垂直于街巷建立的会馆建筑的朝向的选择没有明显的倾向性，例如湘潭的正街向东北和西南方向延展，所以会馆的朝向整体偏西北朝东南。③还与湘桂走廊沿线远离中央政权，民众没有形成严格遵守坐北朝南形制的意识有关。

### 4. 建筑空间特点

湘桂走廊沿线会馆建筑空间主要包括入口空间、观演空间、祭拜空间、庭院空间。总体来说，沿线会馆的空间序列通常是以山门为起点向内院推进，逐渐完成"公共性空间"到"私密性空间"的过渡。空间之间反复的大小对比和整个序列对正殿中心地位的渲染，能够满足商人在不同空间的使用需求和心理需求。

除了序列之外，会馆内的空间往往结合高差做进一步的处理，在较为大型的会馆中高差通常作为强调中轴线建筑的手法。如湘潭北五省会馆，对酬神空间春秋阁以及两侧钟鼓楼的高差有分级处理（图 3-2、图 3-3），虽然三座建筑均有抬高，但中央的春秋阁不仅抬高，其抬升台阶数量远远多于两侧钟鼓楼，地面还有微微向中央变高的倾斜，进一步明确了春秋阁的中心地位。又例如恭城湖南会馆，依据其剖面示意图 [ 表 3-6（e）]，可以清楚完整地看到轴线上层层递进的空间走势：湖南会馆从山门处就进行了抬高，抬高的入口体现了会馆的华丽恢宏和湘商的实力，向酬神空间前进又依次抬高，给人震撼感。

图 3-2　关圣殿春秋阁

图 3-3　关圣殿钟楼

表 3-6　湘桂走廊沿线会馆的空间序列

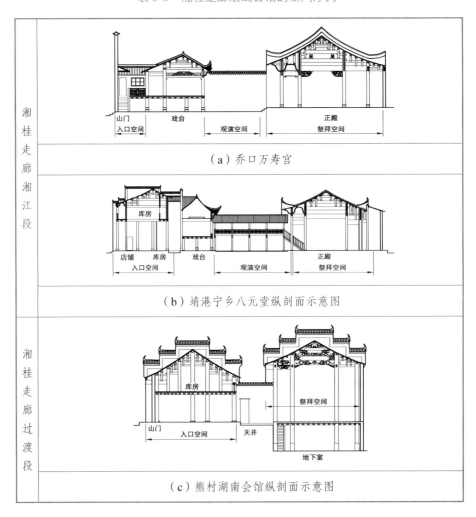

（a）乔口万寿宫

（b）靖港宁乡八元堂纵剖面示意图

（c）熊村湖南会馆纵剖面示意图

续表

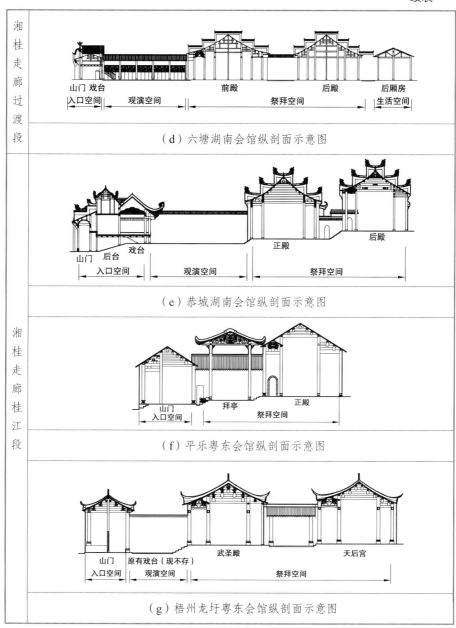

<table>
<tr><td rowspan="2">湘桂走廊过渡段</td><td>（d）六塘湖南会馆纵剖面示意图</td></tr>
</table>

| 湘桂走廊过渡段 | （d）六塘湖南会馆纵剖面示意图 |
| --- | --- |
| 湘桂走廊桂江段 | （e）恭城湖南会馆纵剖面示意图 |
| | （f）平乐粤东会馆纵剖面示意图 |
| | （g）梧州龙圩粤东会馆纵剖面示意图 |

通过表3-6可以对湘桂走廊沿线会馆的空间有基本的了解，接下来将重点分析湘桂走廊沿线会馆变化最为明显、最有特点的空间。

## 二、汉水流域会馆平面功能要素构成与布局特点

汉水流域会馆的主要功能包括服务与调控商业活动、维系乡缘、祭祀神祇、演剧休闲等。那么具体到会馆建筑中，这些主要功能如何对应建筑空间？建筑空间的布局、规模、形制又如何回应这些功能需求？这是本节即将探讨的问题。

### （一）会馆建筑的功能构成：以祭祀和演剧为核心

功能构成是会馆建筑平面布局和空间格局形成的基础。会馆作为一种具有复合功能的建筑类型，其主要功能和主要殿宇之间往往有明确的因果关系，殿宇从命名、出现频率、布局地位、形制、空间规模等方面都反映了其所属功能的重要程度。本部分将从上述角度，逐步梳理会馆建筑中各个功能的重要程度，区分出会馆的主体功能和辅助功能，为后面会馆的建筑原型总结提供基础依据。

首先是会馆殿宇的命名和功能对应（图3-4）。在汉水流域的会馆建筑中，正殿、拜殿主要承担祭祀神祇功能，戏楼和楼前院落对应演剧休闲功能；厢房或面积较大的拜殿常常作为服务与调控商业的议事场所，如蜀河黄州会馆、船帮会馆，石泉江西会馆、湖广会馆，瓦房店北五省会馆，漫川关骡帮会馆、武昌会馆，樊城山陕会馆等；戏楼前院落和两侧厢房往往用来担负维系乡缘的聚会、借宿等功能，如蜀河黄州会馆、船帮会馆、荆紫关山陕会馆、樊城小江西会馆等。

（a）蜀河船帮会馆戏楼　　　　（b）蜀河黄州会馆厢房　　　　（c）蜀河船帮会馆
正殿神像

图3-4　汉水流域会馆的戏楼、厢房和正殿神像

可以看出：前两种功能对应了明确的殿宇类型，相应的，这些殿宇类型也以这两种功能命名（戏楼用于演剧，拜殿用于朝拜，正殿用于供奉神像），作为其固定的场所；而后两种功能中的一部分拥有专属的殿宇类型，另一部分借用了前两种功能的建筑场所。这在一定程度上说明，从会馆殿宇命名和专属功能对应角度看，会馆的祭祀和演剧功能相对更为重要，其对应的正殿、拜殿、戏楼等殿宇是会馆的主要建筑。

其次是各类殿宇在会馆中出现的频率。表 3-7 对现存和文献资料记载中的会馆殿宇组成进行了统计，并计算了各类殿宇出现次数及其在会馆总数中的占比。

表 3-7　文献记载中汉水流域会馆主要功能构成表

| 会馆名称 | 山门 | 戏台 | 钟鼓楼 | 拜殿 | 正殿 | 侧廊 | 厢房 |
|---|---|---|---|---|---|---|---|
| 汉中西乡县武昌会馆 | 无 | 无 | 无 | 无 | √ | 无 | √ |
| 汉中洋县山陕会馆* | 无 | √ | √ | 无 | √ | 无 | 无 |
| 安康汉滨茨沟江西会馆* | 无 | 无 | 无 | √ | √ | 无 | 无 |
| 安康石泉县江西会馆 | 无 | 无 | 无 | √ | √ | 无 | 无 |
| 安康石泉县湖广会馆 | 无 | 无 | 无 | √ | √ | 无 | 无 |
| 安康石泉县山陕会馆 | √ | 无 | 无 | √ | √ | 无 | 无 |
| 安康汉阴县江南会馆 | √ | 无 | 无 | √ | √ | 无 | √ |
| 安康汉阴县汉阳镇湖南会馆* | 无 | 无 | 无 | √ | √ | 无 | 无 |
| 安康汉阴县漩涡广东会馆* | 无 | √ | 无 | 无 | √ | 无 | 无 |
| 安康紫阳县瓦房店北五省会馆 | √ | 无 | 无 | √ | √ | 无 | 无 |
| 安康紫阳县瓦房店江西会馆 | 无 | 无 | 无 | √ | √ | 无 | √ |
| 安康紫阳县瓦房店四川会馆 | 无 | 无 | 无 | √ | 无 | 无 | 无 |
| 安康紫阳县瓦房店湖南会馆* | 无 | 无 | 无 | √ | √ | 无 | 无 |

续表

| 会馆名称 | 山门 | 戏台 | 钟鼓楼 | 拜殿 | 正殿 | 侧廊 | 厢房 |
|---|---|---|---|---|---|---|---|
| 安康紫阳县瓦房店武昌会馆* | 无 | √ | 无 | √ | √ | 无 | √ |
| 安康旬阳县蜀河黄州会馆 | √ | √ | 无 | √ | √ | √ | √ |
| 安康旬阳县蜀河船帮会馆 | √ | √ | 无 | √ | √ | √ | √ |
| 安康旬阳县蜀河武昌会馆 | √ | 无 | 无 | √ | 无 | 无 | 无 |
| 安康旬阳县蜀河山陕豫会馆*（仅存拜殿） | 无 | √ | 无 | √ | √ | 无 | 无 |
| 安康白河县冷水江西会馆 | 无 | 无 | 无 | √ | √ | 无 | 无 |
| 安康白河县白河商会会馆 | √ | 无 | 无 | √ | √ | 无 | √ |
| 安康白河县山陕会馆* | 无 | 无 | 无 | √ | √ | 无 | 无 |
| 安康白河县江西会馆* | 无 | 无 | 无 | √ | √ | 无 | 无 |
| 安康白河县河南会馆* | 无 | 无 | 无 | √ | √ | 无 | 无 |
| 安康白河县黄州会馆* | √ | √ | 无 | √ | √ | 无 | 无 |
| 十堰黄龙镇黄州会馆 | √ | 无 | 无 | √ | √ | 无 | 无 |
| 十堰黄龙镇武昌会馆 | √ | 无 | 无 | √ | √ | 无 | 无 |
| 十堰郧阳区江西会馆* | 无 | 无 | 无 | 无 | 无 | 无 | 无 |
| 十堰竹山县山陕会馆* | √ | √ | 无 | √ | √ | 无 | 无 |
| 十堰竹山县上庸黄州会馆 | √ | 无 | 无 | √ | √ | 无 | √ |
| 十堰郧西县上津山陕会馆 | 无 | 无 | 无 | √ | √ | 无 | 无 |
| 十堰郧西县五峰山陕会馆* | √ | √ | 无 | √ | √ | 无 | 无 |
| 十堰房县山陕会馆 | 无 | 无 | 无 | √ | √ | 无 | 无 |
| 十堰房县江西会馆 | √ | √ | 无 | 无 | √ | 无 | 无 |
| 神农架阳日湾武昌会馆 | √ | √ | 无 | 无 | √ | 无 | √ |

| 会馆名称 | 山门 | 戏台 | 钟鼓楼 | 拜殿 | 正殿 | 侧廊 | 厢房 |
|---|---|---|---|---|---|---|---|
| 商洛山阳县漫川关骡帮会馆 | √ | √ | 无 | √ | √ | 无 | √ |
| 商洛山阳县漫川关武昌会馆 | 无 | 无 | 无 | √ | √ | 无 | √ |
| 商洛山阳县漫川关北会馆 | 无 | 无 | 无 | √ | √ | 无 | 无 |
| 商洛山阳县湖广会馆 | 无 | 无 | 无 | √ | √ | 无 | 无 |
| 商洛丹凤县龙驹寨船帮会馆 | √ | √ | 无 | 无 | √ | 无 | 无 |
| 商洛丹凤县龙驹寨盐帮会馆 | 无 | 无 | 无 | √ | √ | 无 | 无 |
| 商洛丹凤县龙驹寨青器帮会馆 | 无 | 无 | 无 | √ | √ | 无 | 无 |
| 商洛丹凤县龙驹寨马帮会馆 | 无 | 无 | 无 | √ | √ | √ | √ |
| 南阳淅川县荆紫关山陕会馆 | √ | √ | 无 | √ | √ | √ | √ |
| 南阳淅川县荆紫关船帮会馆 | √ | 无 | 无 | √ | √ | √ | 无 |
| 南阳淅川县荆紫关湖广会馆 | √ | 无 | 无 | 无 | √ | √ | √ |
| 南阳淅川县荆紫关江西会馆 | √ | 无 | 无 | 无 | 无 | √ | 无 |
| 南阳淅川县厚坡山陕会馆 | 无 | 无 | 无 | 无 | √ | 无 | 无 |
| 邓州山西会馆* | 无 | √ | 无 | 无 | √ | √ | √ |
| 邓州湖广会馆* | 无 | 无 | 无 | √ | √ | 无 | 无 |
| 邓州汲滩山陕会馆 | 无 | 无 | 无 | √ | √ | 无 | 无 |
| 邓州穰东陕西会馆 | √ | √ | 无 | 无 | √ | √ | √ |
| 邓州张村陕西会馆* | 无 | 无 | 无 | 无 | √ | √ | √ |
| 南阳唐河县源潭山陕会馆 | 无 | 无 | 无 | 无 | √ | √ | √ |
| 南阳社旗县山陕会馆 | √ | √ | √ | √ | √ | √ | √ |
| 南阳社旗县福建会馆 | 无 | 无 | 无 | √ | √ | √ | √ |
| 南阳天妃庙福建会馆 | √ | 无 | 无 | 无 | √ | 无 | 无 |

续表

| 会馆名称 | 山门 | 戏台 | 钟鼓楼 | 拜殿 | 正殿 | 侧廊 | 厢房 |
|---|---|---|---|---|---|---|---|
| 襄阳樊城山陕会馆 | 无 | 无 | 无 | √ | √ | √ | 无 |
| 襄阳樊城抚州会馆 | √ | √ | 无 | √ | √ | 无 | 无 |
| 襄阳樊城小江西会馆 | √ | 无 | 无 | 无 | √ | √ | √ |
| 襄阳樊城黄州会馆 | √ | 无 | 无 | √ | √ | 无 | √ |
| 襄阳襄州区古驿陕西会馆 | √ | 无 | 无 | √ | √ | 无 | 无 |
| 襄阳襄州区古驿江西会馆 | 无 | 无 | 无 | √ | √ | 无 | √ |
| 襄阳老河口山西会馆* | 无 | √ | √ | √ | √ | 无 | 无 |
| 襄阳老河口河南会馆* | 无 | √ | 无 | √ | √ | 无 | 无 |
| 襄阳老河口陕西会馆* | 无 | √ | 无 | √ | √ | 无 | 无 |
| 襄阳老河口江西会馆* | 无 | √ | 无 | √ | √ | 无 | 无 |
| 襄阳老河口抚州会馆* | 无 | √ | 无 | √ | √ | 无 | 无 |
| 襄阳老河口武昌会馆* | 无 | √ | 无 | √ | √ | 无 | 无 |
| 襄阳老河口黄州会馆* | 无 | √ | 无 | √ | √ | 无 | 无 |
| 襄阳老河口怀庆会馆* | 无 | √ | 无 | √ | √ | 无 | 无 |
| 襄阳老河口四川会馆* | 无 | √ | 无 | √ | √ | 无 | 无 |
| 襄阳老河口福建会馆* | 无 | √ | 无 | √ | √ | 无 | 无 |
| 襄阳谷城江西会馆* | √ | √ | 无 | √ | √ | 无 | 无 |
| 襄阳谷城山陕会馆* | √ | √ | 无 | 无 | √ | 无 | √ |
| 襄阳谷城武昌会馆* | 无 | √ | 无 | 无 | √ | 无 | 无 |
| 襄阳谷城石花山西会馆* | 无 | √ | 无 | 无 | √ | 无 | 无 |
| 襄阳谷城石花陕西会馆* | 无 | √ | 无 | 无 | √ | 无 | 无 |
| 襄阳谷城石花江西会馆* | 无 | √ | 无 | √ | √ | 无 | 无 |
| 襄阳谷城石花抚州会馆* | 无 | √ | 无 | √ | √ | 无 | 无 |

续表

| 会馆名称 | 山门 | 戏台 | 钟鼓楼 | 拜殿 | 正殿 | 侧廊 | 厢房 |
|---|---|---|---|---|---|---|---|
| 襄阳谷城石花武昌会馆* | 无 | √ | 无 | 无 | √ | 无 | 无 |
| 襄阳谷城石花黄州会馆* | 无 | √ | 无 | √ | √ | 无 | 无 |
| 襄阳谷城盛康江西会馆* | 无 | √ | 无 | √ | √ | 无 | 无 |
| 襄阳保康县寺坪江西会馆* | 无 | 无 | 无 | 无 | √ | 无 | √ |
| 襄阳保康县马桥湖南会馆* | 无 | √ | 无 | 无 | √ | 无 | 无 |
| 襄阳保康县马桥河南会馆* | 无 | √ | 无 | 无 | √ | 无 | √ |
| 襄阳保康县马桥江西会馆* | 无 | 无 | 无 | 无 | √ | 无 | 无 |
| 襄阳保康县歇马江西会馆 | 无 | 无 | 无 | 无 | √ | 无 | 无 |
| 襄阳保康县歇马武昌会馆 | 无 | √ | 无 | 无 | √ | 无 | 无 |
| 襄阳保康县马良山西会馆* | 无 | √ | 无 | 无 | √ | 无 | 无 |
| 襄阳南漳县武镇山西会馆* | 无 | √ | 无 | 无 | √ | 无 | 无 |
| 襄阳南漳县武镇陕西会馆* | 无 | √ | 无 | 无 | √ | 无 | 无 |
| 襄阳南漳县武镇江西会馆* | 无 | √ | 无 | 无 | √ | 无 | 无 |
| 襄阳南漳县武镇河南会馆* | 无 | √ | 无 | 无 | √ | 无 | 无 |
| 襄阳南漳县武镇浙江会馆* | 无 | √ | 无 | 无 | √ | 无 | 无 |
| 襄阳南漳县武镇武昌会馆* | 无 | √ | 无 | 无 | √ | 无 | 无 |
| 襄阳南漳县东巩江西会馆* | √ | √ | 无 | 无 | √ | 无 | 无 |
| 枣阳鹿头山陕会馆 | 无 | √ | 无 | √ | √ | 无 | 无 |
| 枣阳钱岗山陕会馆 | 无 | 无 | 无 | 无 | √ | 无 | √ |
| 枣阳清潭陕西会馆* | 无 | √ | 无 | 无 | √ | 无 | 无 |
| 枣阳清潭江西会馆* | 无 | √ | 无 | 无 | √ | 无 | 无 |
| 枣阳清潭黄州会馆* | 无 | √ | 无 | 无 | √ | 无 | 无 |
| 枣阳逯堂山陕会馆* | 无 | √ | 无 | √ | √ | 无 | √ |

| 会馆名称 | 山门 | 戏台 | 钟鼓楼 | 拜殿 | 正殿 | 侧廊 | 厢房 |
|---|---|---|---|---|---|---|---|
| 宜城山陕会馆* | 无 | √ | 无 | 无 | √ | 无 | 无 |
| 宜城刘猴山陕会馆* | 无 | √ | 无 | 无 | √ | 无 | 无 |
| 宜城刘猴江西会馆* | 无 | √ | 无 | √ | √ | 无 | 无 |
| 宜城刘猴四川会馆* | 无 | √ | 无 | 无 | √ | 无 | 无 |
| 随州厉山县山陕会馆 | 无 | √ | 无 | 无 | 无 | 无 | 无 |
| 钟祥旧口山陕会馆* | 无 | √ | 无 | 无 | √ | 无 | 无 |
| 天门岳口山陕会馆* | 无 | √ | √ | 无 | √ | 无 | √ |
| 天门岳口咸武邦会馆* | 无 | √ | √ | 无 | √ | 无 | 无 |
| 天门岳口江西会馆* | √ | 无 | 无 | √ | √ | 无 | √ |
| 天门岳口福建会馆* | 无 | √ | 无 | 无 | √ | 无 | 无 |
| 天门岳口本帮会馆* | 无 | √ | √ | 无 | √ | 无 | 无 |
| 天门岳口安徽会馆* | √ | 无 | 无 | 无 | √ | 无 | √ |
| 天门岳口汉阳会馆* | √ | 无 | 无 | 无 | √ | 无 | 无 |
| 天门岳口江浙会馆* | √ | 无 | 无 | √ | √ | 无 | √ |
| 随州安居陕西会馆* | 无 | √ | 无 | 无 | √ | 无 | 无 |
| 随州安居江西会馆* | 无 | √ | 无 | 无 | √ | 无 | 无 |
| 随州均川江西会馆* | 无 | √ | 无 | 无 | √ | 无 | 无 |
| 随州浙河江西会馆* | 无 | √ | 无 | 无 | √ | 无 | 无 |
| 孝感山陕会馆* | 无 | √ | 无 | 无 | √ | 无 | 无 |
| 孝感福建会馆* | 无 | √ | 无 | 无 | √ | 无 | 无 |
| 孝感云梦山西会馆* | 无 | 无 | 无 | √ | √ | 无 | 无 |

注：标"*"为已无存建筑，"√"表示现存或文献记载曾经存在，"无"表示无存或待考。

从图3-5可以看出：在有文献记载和笔者调研的汉水流域会馆殿宇中，正殿出现频率最高，达97%，几乎存在于每一座被统计的会馆中；拜殿、戏台次之，同为59%，即出现在大部分被统计的会馆中。另外，在现存会馆中（图3-6），尚存正殿和拜殿的会馆比例依旧很高，分别为95%和70%；戏台比例相对下降，仅28%；而山门、厢房、侧廊的比例则相对较高，达51%、40%、33%。

推测这种比例起伏的原因首先可能源自地域差异：从图3-5中可以看到，在汉水中下游的江汉平原地区有大量保留了殿宇记录的会馆，然而如今却已遭损毁；而会馆建筑留存较多的地区主要集中在汉水中上游的山区。此外，可能还会出现两点文献记载上的误差：第一，山门与戏楼常常连为一座建筑，可能在文献记录时将其统称为戏楼；第二，厢房和侧廊作为附属建筑，可能在有的文献中并未录入。

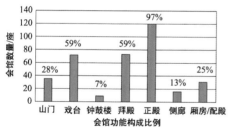

图3-5　记载中汉水流域会馆主要功能
构成比例（共统计会馆124座）

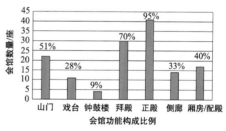

图3-6　现存汉水流域会馆主要功能
构成比例（共统计现存会馆43座）

综合两类数据考虑：从殿宇在会馆中出现的频率角度，拜殿和正殿毋庸置疑是汉水流域会馆中最为常见的殿宇，特别是正殿，对会馆来说几乎不可或缺，因而重要性相对最高；戏台和常与戏台连为一体的山门出现频率次之，存在于大多数会馆之中；厢房和行廊出现频率相对偏低，而钟鼓楼则仅出现在少量会馆中。例如图3-7所示石泉会馆群的建筑。

图 3-7 石泉会馆群中的建筑类型

　　最后，从布局地位、形制、空间规模角度看，戏楼、拜殿、正殿均位于主轴线上，往往采用等级较高的建筑形制，开间较大、高度较高，装饰也往往集中于此，特别是戏楼，常常成为会馆中最华丽的殿宇。而厢房、通廊、钟鼓楼等建筑则位于轴线两侧。厢房在形制、高度上也往往较低，装饰较少。

　　因此，综合上述三个角度可以得出结论：在汉水流域的会馆建筑中，祭祀神祇和演剧休闲是最主要的功能构成元素，正殿、拜殿和戏楼（连带山门）是最重要的建筑元素。这为后文即将讨论的会馆平面布局和空间格局提供了基础依据。

　　那么，汉水流域的会馆作为商贸建筑，将祭祀和演剧作为最主要的功能，是否有违其商业属性，而成为类似祠庙或戏楼的建筑类型呢？

从流域视角看，汉水流域会馆建筑绝大多数为商帮所建，是商帮经商足迹的证明，这点毋庸置疑：有会馆的地方必然存在（或曾经存在）商帮的商贸活动。

从建筑视角看：首先，会馆的祭祀对象是商帮信仰的神祇，祭祀的目的是团结帮众和保佑商业活动顺利，因而祭祀活动同样是商帮商业活动的组成部分；其次，会馆祭祀和演剧功能的使用者是商帮帮众或同乡乡亲，即大部分为商贸活动的参与者；再次，除了位于会馆主轴线上的殿宇之外，商帮常常还营建有其他建筑，其议事、聚会、住宿功能可能分散于各处，如樊城山陕会馆曾有房舍百余间、蜀河武昌会馆另有物资转运站、瓦房店北五省会馆轴线之外还有大片空地曾为会馆建筑的一部分等；最后，作为商帮实力的无声代言，会馆主轴线上的代表性建筑无疑需要形制更高、规模更大、装饰更华丽，而实际用于其他商贸活动的建筑则相对更偏重于实用性和经济性。

总之，从流域大尺度看，会馆是商贸活动的重要物质表征；而从建筑小尺度看，无论祭祀、演剧，还是议事、聚会，会馆所承载的功能都是商帮商贸活动的重要组成部分。因此，汉水流域会馆的商贸建筑属性仍旧是十分明确的。

## （二）会馆建筑的平面布局：戏楼、拜正殿组成中轴线院落原型及其变体

现存的汉水流域会馆建筑均为由院落组成中轴对称式的狭长布局（仅存一座殿宇的会馆除外），纵轴方向上的院落数量少则一进，多达四进，而横轴方向基本仅存一路。

### 1. 建筑朝向

在朝向上，汉水流域会馆绝大多数采用山门正对河道、主轴线垂直河道的模式（表3-8）。

表 3-8 汉水流域现存会馆主轴线朝向统计表

| 会馆名称 | 主轴线朝向 | 正对河道 |
|---|---|---|
| 汉中西乡县武昌会馆 | 坐北朝南 | 是 |
| 安康石泉县江西会馆 | 坐北朝南 | 是 |
| 安康石泉县湖广会馆 | 坐北朝南 | 是 |
| 安康石泉县山陕会馆 | 坐北朝南 | 是 |
| 安康汉阴县江南会馆 | 坐东北朝西南 | 是 |
| 安康紫阳县瓦房店北五省会馆 | 坐西北朝东南 | 是 |
| 安康紫阳县瓦房店江西会馆 | 坐西北朝东南 | 是 |
| 安康紫阳县瓦房店四川会馆 | 坐西北朝东南 | 是 |
| 安康旬阳县蜀河黄州会馆 | 坐西南朝东北 | 是 |
| 安康旬阳县蜀河船帮会馆 | 坐西南朝东北 | 是 |
| 安康旬阳县蜀河武昌会馆 | 坐西南朝东北 | 是 |
| 安康白河县冷水江西会馆 | 坐西朝东 | 是 |
| 安康白河县商会会馆 | 坐西朝东 | 是 |
| 十堰黄龙镇黄州会馆 | 坐北朝南 | 否 |
| 十堰黄龙镇武昌会馆 | 坐北朝南 | 否 |
| 十堰竹山县上庸黄州会馆 | 坐北朝南 | 否 |
| 十堰郧西县上津山陕会馆 | 坐东朝西 | 是 |
| 商洛山阳县漫川关骡帮会馆 | 坐西朝东 | 是 |
| 商洛山阳县漫川关武昌会馆 | 坐西朝东 | 是 |
| 商洛山阳县漫川关北会馆 | 坐西朝东 | 是 |
| 商洛山阳县湖广会馆 | 坐北朝南 | 是 |

| 会馆名称 | 主轴线朝向 | 正对河道 |
|---|---|---|
| 商洛丹凤县龙驹寨船帮会馆 | 坐北朝南 | 是 |
| 商洛丹凤县龙驹寨盐帮会馆 | 坐北朝南 | 是 |
| 商洛丹凤县龙驹寨青器帮会馆 | 坐北朝南 | 是 |
| 商洛丹凤县龙驹寨马帮会馆 | 坐北朝南 | 是 |
| 南阳淅川县荆紫关山陕会馆 | 坐东朝西 | 是 |
| 南阳淅川县荆紫关船帮会馆 | 坐东朝西 | 是 |
| 南阳淅川县荆紫关湖广会馆 | 坐东朝西 | 是 |
| 南阳淅川县荆紫关江西会馆 | 坐东朝西 | 是 |
| 南阳淅川县厚坡山陕会馆 | 坐北朝南 | 否 |
| 南阳邓州汲滩山陕会馆 | 坐北朝南 | 是 |
| 南阳邓州穰东陕西会馆 | 坐北朝南 | 是 |
| 南阳唐河县源潭山陕会馆 | 坐北朝南 | 是 |
| 南阳社旗县山陕会馆 | 坐北朝南 | 是 |
| 南阳社旗县福建会馆 | 坐北朝南 | 是 |
| 南阳天妃庙福建会馆 | 坐北朝南 | 是 |
| 襄阳樊城山陕会馆 | 坐北朝南 | 是 |
| 襄阳樊城抚州会馆 | 坐北朝南 | 是 |
| 襄阳樊城小江西会馆 | 坐北朝南 | 是 |
| 襄阳樊城黄州会馆 | 坐西朝东 | 否 |
| 枣阳鹿头山陕会馆 | 坐北朝南 | 否 |
| 枣阳钱岗山陕会馆 | 坐北朝南 | 否 |
| 随州厉山县山陕会馆 | 坐北朝南 | 是 |

原因主要有两个方面：一方面，汉水流域各河流沿岸的商贸城镇大多数沿河岸展开，城镇街道以平行于河道和垂直于河道两个方向组成方格路网，因此城镇中的会馆主轴线多顺应街道的主要方向；另一方面，在传统社会里，河流不仅仅是水源或航道，同时也带有某种超自然的神性，这也是中国风水观念的重要成因之一，因此河流沿岸的会馆遵照"背山面水"的风水要求安排主轴线建筑朝向，成为各地营建者的共识。

2. 建筑序列

在建筑序列上，汉水流域现存会馆绝大部分采用沿主轴线从前向后依次排列山门、戏台、前院、拜殿、后院、正殿的组合模式[图3-8（a）]。其中，山陕会馆、北五省会馆等来自北方的会馆另有一些增项，如荆紫关山陕会馆、樊城山陕会馆、瓦房店北五省会馆、荆紫关船帮会馆等在拜殿之前建有钟鼓楼，荆紫关山陕会馆则在轴线末段设有春秋阁。而社旗山陕会馆现存更大规模的建筑群，包括了琉璃照壁、东西辕门、东西马厩、悬鉴楼、药王殿、马王殿、春秋楼等各类殿宇。

然而，地理条件常常限制传统建筑序列规则在现实场景中的运用，特别是在汉水上游的广大山区，地形地貌的限制尤为显著。因地制宜，体现了明清营造匠人的智慧。例如瓦房店的北五省会馆，由于轴线前端位于5米高的陡坎之上，难以逾越，加之陡坎距离河道很近，容易受到河水侵袭，因此会馆入口被设置在了东侧，直通戏台与前殿之间的第一进院落。然而，会馆建筑不能没有正式的入口山门，因此，瓦房店北五省会馆退而求其次，将山门设置在了第一进院落之后、戏楼和拜殿之间，使建筑群保持了形制上的完整[图3-8（b）]。

3. 平面布局的原型与变体

汉水流域会馆的功能构成是以演剧和祭祀为主，议事、聚会为辅的功能构成模式，相对应的是以山门、戏楼、拜殿、正殿为主，以厢房、通廊为辅的建筑组合模式；本节前两部分讨论了建筑朝向和序列，即面朝河道的总体朝向，以及沿垂直河道的主轴线依次布置山门、戏楼、拜殿、正殿

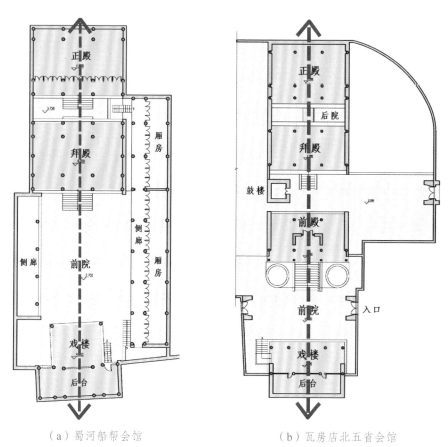

（a）蜀河船帮会馆　　　　　　　　（b）瓦房店北五省会馆

图 3-8　汉水流域会馆建筑序列案例

的建筑序列。以上述结论为基础，汉水流域会馆建筑的平面布局模式可以总结为一种原型：面朝河道的一路两进院落组成的中轴对称式狭长布局；中轴线上为主要建筑，第一进院落前端为山门和倒座式戏楼，后端为拜殿，拜殿与正殿之间为第二进院落；两进院落两侧有次要建筑行廊和厢房。

在大多数现存的汉水流域会馆实例中，这种原型的影响是普遍存在的。其中也不乏完全符合平面原型的会馆，如蜀河黄州会馆、蜀河船帮会馆、樊城黄州会馆（表 3-9）。

表 3-9　汉水流域会馆原型与案例

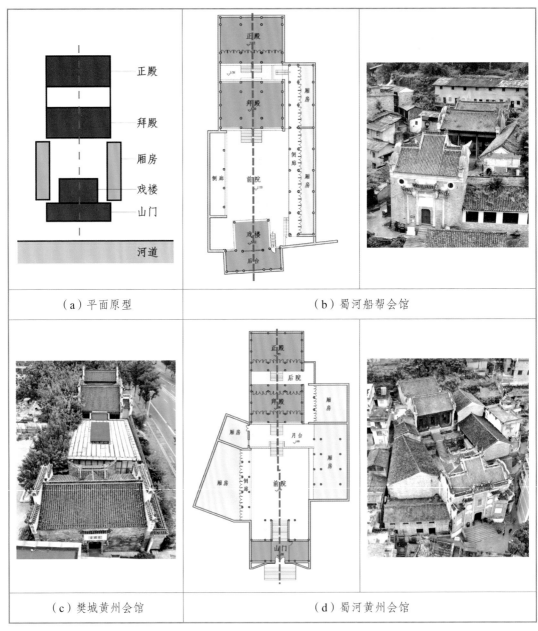

|（a）平面原型|（b）蜀河船帮会馆|
|（c）樊城黄州会馆|（d）蜀河黄州会馆|

　　由于功能需求或限于场地条件等因素的制约，而基于平面原型产生的变体则更为多见。变体可分为 3 种：第一种变体为增补型（表 3-10），即在

原型的基础上，增加原有建筑数量，或补充新的建筑类型，如山陕会馆等北方会馆也设置钟鼓楼，有时也会增加一间正殿，称春秋阁，其中增补最多的当属社旗山陕会馆，增加了照壁、辕门、马厩、钟鼓楼、药王殿、马王殿、春秋楼等多处殿宇。第二种变体为精简型（表3-11），最为常见的是取消厢房或戏楼，仅保留位于最为重要的拜殿与正殿，同时将入口设在拜殿上，如场地狭小的瓦房店江西会馆、不设戏楼的汉阴江南会馆、主要用于住宿和储藏的小江西会馆等。第三种变体为换序型，即上节讨论到的山门后置的瓦房店北五省会馆。

图 3-10　增补型平面变体

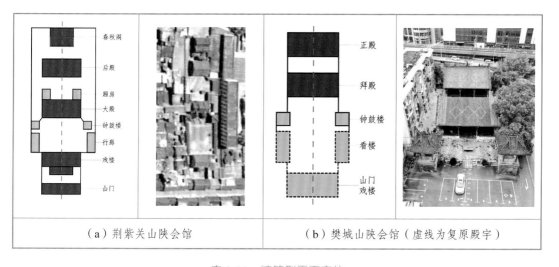

| （a）荆紫关山陕会馆 | （b）樊城山陕会馆（虚线为复原殿宇） |

表 3-11　精简型平面变体

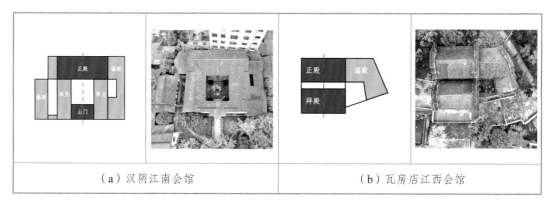

| （a）汉阴江南会馆 | （b）瓦房店江西会馆 |

## 三、嘉陵江流域会馆平面功能要素构成与布局特点

### （一）平面要素构成特点

会馆，字义上可释义为供人聚会的屋舍，会馆建筑在发展过程中有其独特的功能及形式。在平面布局总体形态上，会馆近似庙堂建筑而大多采用多重院落、中轴对称的中国传统建筑布局形式，嘉陵江流域的会馆建筑也不例外，而在平面要素构成方面，会馆一般包括山门、戏楼、廊庑、主殿、后殿等。这些具体的功能要素受多种因素的影响在嘉陵江流域上呈现分段差异性，笔者根据实地调研及资料研究得出分析表3-12。

表3-12　嘉陵江流域会馆建筑平面要素构成表

| 区段 | 会馆 | 山门 | 戏楼 | 殿堂 | | | 附属用房 | | | 保留古树 | 是否完整 |
| | | | | 前殿 | 中殿拜亭 | 后殿 | 观演廊庑 | 厢房 | 院落重数 | | |
|---|---|---|---|---|---|---|---|---|---|---|---|
| 上游段 | 天水万寿宫 | √ | × | × | × | √ | √ | √ | 1 | × | 否 |
| | 天水山陕会馆 | √ | √ | √ | × | √ | × | √ | 3 | × | 是 |
| | 略阳江神庙 | √ | √ | √ | √ | √ | √ | √ | 3 | × | 是 |
| | 略阳紫云宫 | √ | √ | √ | × | × | √ | √ | 1 | × | 否 |
| 中游段 | 中江彤华宫 | √ | √ | √ | × | √ | √ | √ | 2 | × | 是 |
| | 苍山帝主宫 | √ | √ | √ | × | √ | √ | √ | 2 | √ | 是 |
| | 苍山禹王宫 | √ | √ | √ | × | √ | √ | √ | 2 | × | 否 |
| | 三台王爷庙 | √ | √ | √ | √ | √ | × | √ | 1 | √ | 是 |
| | 阆中陕西会馆 | √ | √ | √ | √ | √ | × | √ | 2 | × | 否 |
| | 阆中清真寺 | √ | × | × | × | × | × | √ | 1 | × | 是 |
| | 蓬安万寿宫 | √ | √ | × | × | √ | √ | √ | 2 | √ | 否 |

续表

| 区段 | 会馆 | 山门 | 戏楼 | 殿堂 | | | 附属用房 | | | 保留古树 | 是否完整 |
|---|---|---|---|---|---|---|---|---|---|---|---|
| | | | | 前殿 | 中殿拜亭 | 后殿 | 观演廊庑 | 厢房 | 院落重数 | | |
| 中游段 | 蓬安濂溪祠 | √ | × | √ | × | × | × | √ | 1 | × | 是 |
| | 渠县王爷庙 | √ | √ | × | × | √ | √ | √ | 1 | × | 是 |
| | 遂宁天上宫 | √ | √ | √ | × | √ | √ | √ | 1 | × | 是 |
| | 武胜武庙 | √ | √ | × | × | √ | √ | √ | 1 | × | 否 |
| 下游段 | 安居江西会馆 | × | × | × | × | √ | × | × | 1 | × | 否 |
| | 安居湖广会馆 | √ | √ | × | √ | √ | √ | √ | 2 | × | 是 |
| | 安居紫云宫 | √ | √ | √ | × | √ | √ | √ | 1 | √ | 否 |
| | 安居天后宫 | √ | × | × | × | √ | × | √ | 1 | × | 否 |
| | 渝中湖广会馆 | √ | √ | √ | √ | √ | √ | √ | 2 | × | 是 |

分析表格可知，从地理位置来看，嘉陵江流域上游段、中游段与下游段建筑平面基本要素存在一些差异，从位于不同地理位置的同类会馆来看，同类别的会馆本身也发生了变化。具体的特点如下：

（1）总体上来看，嘉陵江流域不同地理区段的会馆建筑多配备一个殿堂，个别建筑配有两个及以上的殿堂，配备多个殿堂的会馆建筑除了主殿外，多设前殿、拜亭，并利用偏殿来设立神像。具体地，从殿堂种类及数量上来看，嘉陵江流域中游段明显最多，说明在这个区段，商帮与移民的文化交融最为复杂，单个会馆承载的信仰崇拜功能空间繁多。笔者推测其产生的主要原因和嘉陵江流域上的商帮与移民活动主要动线有关，如会馆分布最为密集的"十堰—成都"和"十堰—重庆"两条活动通道，而嘉陵江中游段正位于两条通道的交叉地带。

（2）在平面要素中，嘉陵江流域上游段的院落重数多于中下游。如陕商筹建的略阳江神庙，即使位于场地不平整的山地环境中，依然依山就势设置了三重院落，而同样是陕商协助甘肃回民兴建的阆中清真寺，却受到地域文化的影响，只设一进院落。巴蜀地区自古有秦岭巴山作为天然地理屏障，距离明清时期的政治中心相对较远，民间艺术创作氛围相较嘉陵江上游段即陕甘山区更为自由活泼。相比之下，上游段的会馆建筑更强调中轴线和院落层次，这在后文分析建筑材料时也会有所体现，而中下游的会馆建筑更注重建筑功能的灵活使用。此外，上游段多是山地，会馆分布零散，而中下游会馆多位于集镇，常和多个会馆聚集建设，因而中下游会馆建筑用地更为紧张。

（3）在嘉陵江流域各段，无论有无戏楼，主殿和厢房基本上都存在。这说明在该流域中会馆建筑的祭祀功能比"酬神、娱人"功能更为基础和重要。而顺着嘉陵江越往下游，戏楼的存在越明显，观演廊庑也随之越来越多。另外，一些特殊的会馆类型因其功能需要一般不设戏楼，如供回族移民信仰伊斯兰教的阆中移民会馆清真寺，一般不设戏楼，并在厢房内设置沐浴室和古兰经教习室，在主殿中轴线后部专设神龛。此外，以书院和私塾为主要功能的会馆建筑一般不设戏楼，如湖南商帮在嘉陵江中游地区兴建的蓬安县濂溪祠和武胜县淳化书院。

（4）在嘉陵江流域完整保存下来的会馆建筑中，属湖广移民与陕西移民兴建的会馆建筑规模最为宏大，多占地广而布局两进或三进院落，殿堂部分多分设前殿、拜亭与后殿，建筑空间层次丰富，如天水山陕会馆与安居湖广会馆。这与关于"嘉陵江流域中会馆的个体分布特征"结论相一致，湖广商帮与陕西商帮在嘉陵江流域众多商帮中财力雄厚，他们所兴建的会馆数量亦分布最广。

## （二）平面布局特点

嘉陵江流域会馆建筑平面布局关系见表3-13。

表 3-13　嘉陵江流域会馆建筑平面布局关系

| 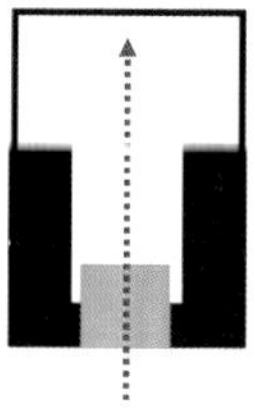 基本型 | 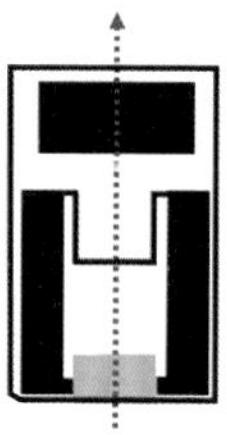 a1型 | 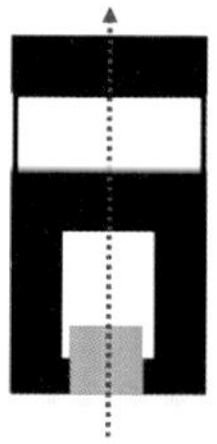 a2型 | 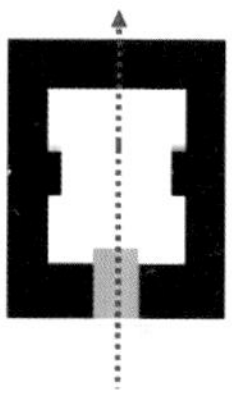 a3型 | 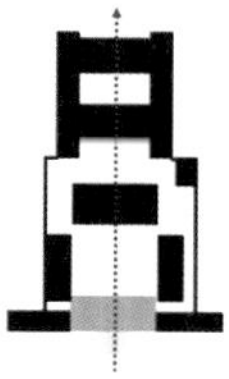 a4型 | 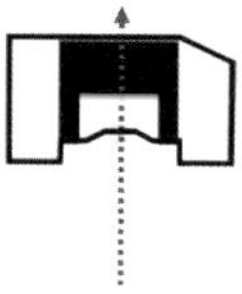 b1型 |
|---|---|---|---|---|---|
| | 略阳江神庙 | 略阳紫云宫 | 蓬安万寿宫 | 遂宁天上宫 | 蓬安濂溪祠 |
| | 上游段 | | | 中游段 | |

|  b2型 | 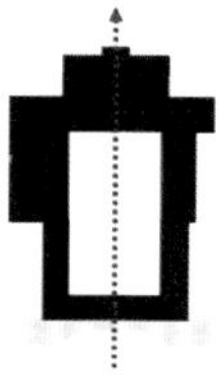 b3型 | 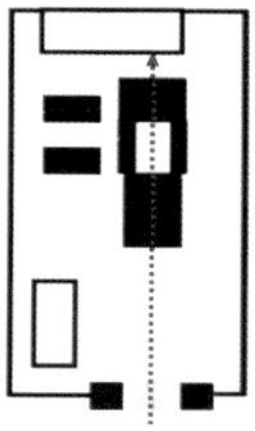 b4型 | 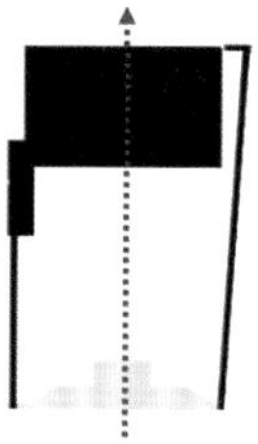 b5型 | 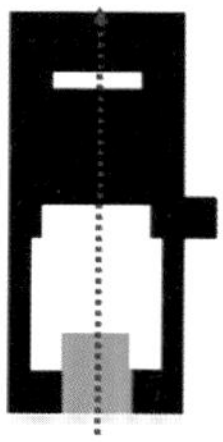 b6型 | 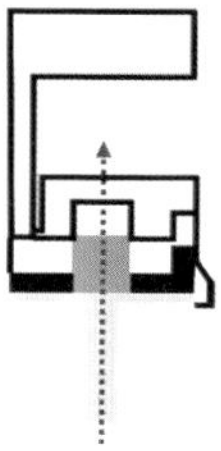 b7型 |
|---|---|---|---|---|---|
| 中江帝主宫 | 阆中清真寺 | 阆中陕西会馆 | 安居湖广会馆 | 安居天后宫 | 安居紫云宫 |
| 中游段 | | | 下游段 | | |

表中黑色图块表示会馆建筑主体肌理，灰色图块表示戏楼，而黄色图块为建筑入口空间示意。根据图表可知，嘉陵江流域会馆建筑的平面布局特点分段有以下几点：

（1）与戏楼相配备的观演空间越来越大。从图表分析发现，戏楼为嘉陵江沿线会馆建筑平面的重要基本组成要素，顺着嘉陵江走向发展，越靠近中下游，戏楼前的观演院落空间越大：或增加进深，如对比 a1 型略阳江神庙与 b5 型安居湖广会馆的观演空间，或将廊庑变形，如对比 a1 型与 b2

型中江帝主宫，b2 创新性地将戏楼两边的观演廊庑旋转角度成对称梯形，并在廊庑中段伸出挑楼，使得听众观戏的视野变得更加宽广，观演场地可以容纳更多的观众。越靠近中下游，会馆建筑越是聚集建设，会馆平面的戏楼要素也越明显，与需求对应的功能平面空间也越来越大。

（2）建筑入口空间层次逐渐丰富。如表所示在上游段，会馆的主入口空间基本上只有戏台下的灰空间一个层级，而到了中游、下游段，入口空间变得丰富起来。对比 a1 略阳江神庙平面，a4 遂宁天上宫在入口处增加了门楼式牌坊使得灰空间多一个层级，b1 蓬安濂溪祠在进入会馆前增加了荷塘与曲桥，延长了入口路径，b3 的入口前导空间由方形变成了八字形，在平面空间上更具有欢迎性，b7 安居紫云宫由于场地限制，在进入会馆前要经过高约 9 米长而陡的踏步。凡此种种手法，均是为了营造进入建筑的序列氛围。

（3）流域中会馆的平面布局从严格中轴对称向不完全对称演变，建筑的形态肌理从规整矩形向不规则多边形演变。越靠近上游，越强调建筑主轴线与对称关系，而到了中下游，建筑的平面随着功能需要灵活转变，如 b3 阆中清真寺建筑紧邻回族移民聚集的牛羊肉售卖街，临街的厢房便被陕甘移民自由改造成了沿街商铺和库房，如 b5 安居湖广会馆与 b6 天后宫毗邻，故共用一间连通的房间，设有私密通道。

### （三）平面朝向特点

嘉陵江流域会馆建筑总平朝向与场地环境见表 3-14。

表 3-14　嘉陵江流域会馆建筑总平朝向与场地环境

| 区段 | 会馆名称 | 建筑朝向 | 场地环境 |
|---|---|---|---|
| 上游段 | 天水万寿宫 | 坐北朝南 | 场地平整，位于市区 |
| | 天水山陕会馆 | 坐北朝南 | 场地平整，位于市区 |
| | 略阳江神庙 | 坐东北朝西南 | 山地环境，建筑临江 |

续表

| 区段 | 会馆名称 | 建筑朝向 | 场地环境 |
|---|---|---|---|
| 上游段 | 略阳紫云宫 | 坐西北朝东南 | 山地环境，位于坡顶 |
| 中游段 | 中江彤华宫 | 坐东南朝西北 | 场地平整，建筑临江 |
| | 苍山帝主宫 | 坐东北朝西南 | 场地平整，位于集镇 |
| | 苍山禹王宫 | 坐东南朝西北 | 场地平整，位于集镇 |
| | 三台王爷庙 | 坐东南朝西北 | 场地平整，位于集镇 |
| | 阆中陕西会馆 | 坐西北朝东南 | 场地平整，位于市区 |
| | 阆中清真寺 | 坐西南朝东北 | 场地平整，位于古城内 |
| | 蓬安万寿宫 | 坐东北朝西南 | 山地环境，位于古镇内 |
| | 蓬安濂溪祠 | 坐东北朝西南 | 山地环境，位于古镇内 |
| | 渠县王爷庙 | 坐西北朝东南 | 场地平整，位于集镇 |
| | 遂宁天上宫 | 坐西南朝东北 | 场地平整，位于市区 |
| | 武胜武庙 | 坐北朝南 | 场地平整，位于集镇 |
| 下游段 | 安居江西会馆 | 坐东南朝西北 | 山地环境，位于坡顶 |
| | 安居湖广会馆 | 坐东朝西 | 山地环境，位于古镇内 |
| | 安居紫云宫 | 坐南朝北 | 山地环境，建筑临江 |
| | 安居天后宫 | 坐东朝西 | 山地环境，位于古镇内 |
| | 安居帝主宫 | 坐东朝西 | 山地环境，位于古镇内 |
| | 渝中湖广会馆 | 坐东朝西 | 山地环境，建筑临江 |

　　从表中可知，嘉陵江流域会馆建筑的朝向特点从严格遵循坐北朝南向不完全遵守南北朝向变化，其产生的具体原因有以下几点：

　　（1）和自然地理条件有关。嘉陵江流域会馆建筑选址的自然环境经历了从上游陕甘地区所属的关中盆地到陕南山区再到中下游巴蜀丘陵的变化过程。上游段多严格遵守坐北朝北的朝向，中下游段丘陵起伏，建筑用地紧张，会馆建筑依山就势坐落于山地场地中，朝向不固定。

（2）和商业集镇环境有关。嘉陵江流域上游段会馆多散落于山区，中下游段会馆多集中布局于各类集镇。与多种会馆聚集建设的会馆建筑受用地条件限制，多朝向主要街巷，中下游丘陵河谷地带居多，集镇会馆群多依随高差起伏的巷道蜿蜒布局，如重庆安居镇内的"九宫十八庙"，包括湖广会馆、天后宫、帝主宫、万寿宫、关帝庙等，均散布于镇中心所在的山地环境中。

（3）和政治因素相关。嘉陵江流域中下游地区民间文化创作氛围相较上游段更为活泼自由，并不严格强制遵守坐北朝南的方位布局。

# 第二节　流域会馆建筑空间特点

## 一、湘桂走廊沿线会馆建筑空间特点

### （一）层次逐渐"单纯"的入口空间

入口作为"门面""门脸"，是修建者的身份地位和理念追求修建者的体现与商帮精神和文化的象征，能够给整个建筑组群定下一个总体基调。会馆的入口空间往往会追求更为有气势的表现方式，所以会馆的入口一般较为高大，形式较为丰富，也最能体现出地域文化特点和商帮文化特点。

湘桂走廊沿线会馆多临主要街道，作为会馆建筑序列的起点，入口通常处理得较为直接，表现出较为大气的姿态。根据实地调研获取资料可以整理出湘桂走廊沿线会馆入口空间分段类型表（表3-15）和剖面表（表3-16）。

表 3-15　湘桂走廊沿线会馆入口空间分段类型表

| 地区 | 入口空间形式 | 会馆入口空间 | | |
|---|---|---|---|---|
| 湘江段 | 门楼倒座式 | | | |
| | | （a）宁乡八元堂 | | |
| | | | | |
| | | （b）乔口万寿宫 | | |
| | | | | |
| | | （c）湘潭关圣殿 | | |
| | | | | |
| | | （d）湘潭鲁班殿 | | |

续表

| 地区 | 入口空间形式 | 会馆入口空间 | | |
|------|------|------|------|------|
| 湘江段 | 独立牌坊式 | | | |
| | | （e）湘潭万寿宫 | | |
| 过渡段 | 门楼倒座式 | | | |
| | | （f）六塘湖南会馆 | | |
| | 门楼天井式 | | | |
| | | （g）熊村湖南会馆 | | |
| | | | | |
| | | （h）熊村江西会馆 | | |
| | 独立门楼式 | | | |
| | | （i）六塘江西会馆 | | |

续表

| 地区 | 入口空间形式 | 会馆入口空间 | | |
|---|---|---|---|---|
| 桂江段 | 门楼倒座式 | | | |
| | | （j）恭城湖南会馆 | | |
| | | | | |
| | | （k）贺州黄田湖南会馆 | | |
| | | | | |
| | | （1）荔浦福建会馆 | | |
| | 门楼天井式 | | | |
| | | （m）荔浦石阳宾馆 | | |
| | | | | |
| | | （n）沙子粤东会馆 | | |

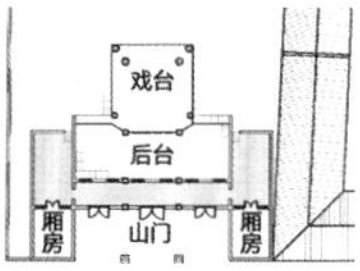

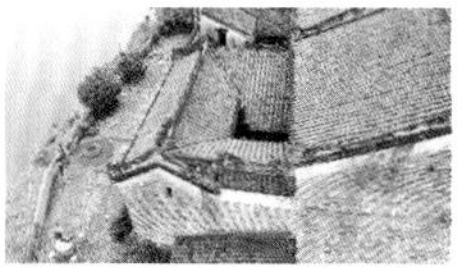

247

续表

| 地区 | 入口空间形式 | 会馆入口空间 | | |
|---|---|---|---|---|
| 桂江段 | 独立门楼式 | | | |
| | | （o）平乐粤东会馆 | | |
| | | | | |
| | | （p）梧州龙圩粤东会馆 | | |

表 3-16　湘桂走廊沿线会馆入口空间剖面案例表

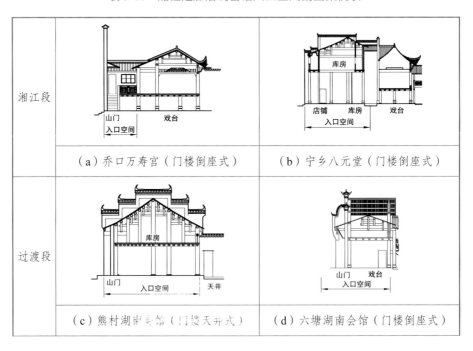

| 湘江段 | （a）乔口万寿宫（门楼倒座式） | （b）宁乡八元堂（门楼倒座式） |
|---|---|---|
| 过渡段 | （c）熊村湖南会馆（门楼天井式） | （d）六塘湖南会馆（门楼倒座式） |

续表

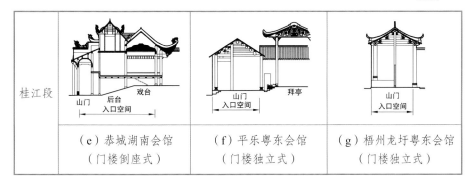

| 桂江段 | （e）恭城湖南会馆（门楼倒座式） | （f）平乐粤东会馆（门楼独立式） | （g）梧州龙圩粤东会馆（门楼独立式） |

结合湘桂走廊沿线会馆入口空间分段类型（表3-15）和湘桂走廊沿线会馆入口空间剖面案例（表3-16）可以归纳出湘桂走廊沿线入口空间各段特点。

湘江段会馆建筑入口空间可归纳为：门楼倒座式和牌坊独立式。并以门楼倒座式为主。湘江段的门楼倒座式入口空间多以牌楼门和与之相背的戏台组成，人从架空的戏台底部进入会馆内。湘江段的湘潭关圣殿、鲁班殿［表3-15（c）、（d）］都是门楼倒座式的入口空间，出现较为频繁的门楼倒座式入口受到湘赣地域文化影响较大，华丽的牌坊门配合一整套戏台等空间，显得入口空间层次极为丰富。

过渡段会馆建筑入口空间可归纳为：门楼倒座式和门楼式。其中门楼式又可分为门楼天井式和独立门楼式两类。过渡段的会馆建筑开始受到岭南地域文化的影响，其平面形式中戏台的存在感开始降低，因此入口空间形式以门楼天井式和独立门楼式为主，例如六塘江西会馆的独立门楼式入口空间［表3-15（i）］和熊村湖南会馆的门楼天井式入口空间［表3-16（c）］。过渡段会馆建筑入口空间因为戏台相关功能出现频率的降低，开始呈现出向简洁转化的趋势。

桂江段会馆建筑入口空间可分为：门楼倒座式、门楼天井式和独立门楼式。在桂江段和过渡段处于主流的门楼倒座式在桂江段较为小众，几乎只在湘商等文化势能较强的商帮会馆中存在，体现出这些会馆的原乡性。桂江段会馆受到岭南地域文化的影响，入口空间多为门楼天井式或者独立门楼式，例如荔浦石阳宾馆的门楼天井式入口空间 [ 表 3-15（m）]．受到粤商强势商帮文化影响的粤东会馆入口空间式为独立门楼式，较为开敞，这个入口空间起到了扩大妈祖游街影响力的作用，且粤商在桂会馆主要的职能并不包括看戏，因此在桂江段粤东会馆入口空间不包括戏台，入口空间较为简洁直接。因此桂江段入口空间总体上呈现出简洁直接的空间特点，但个别会馆建筑受到原乡文化影响较大，会出现入口空间较为复杂丰富的个例。

总体来说，湘桂走廊沿线会馆建筑入口空间在该走廊湖湘、岭南地域文化的影响下空间层次从丰富到逐渐"单纯"的特点。但因沿线会馆类型庞杂，入口空间却大都表现出了在地性，但也有商帮文化"原乡性"影响较为强劲的情况，在逐渐"单纯"的入口空间大趋势上会有个别会馆建筑入口空间保留了其原乡特征。

## （二）戏台逐渐"消失"的观演空间

公共戏曲表演是中国古代民众十分喜爱的一项娱乐活动，在会馆建筑中也多有出现。观演空间（表 3-17）包括戏台（表演空间）、连廊或庭院（观看空间）两个部分。

表 3-17　湘桂走廊沿线会馆的观演空间

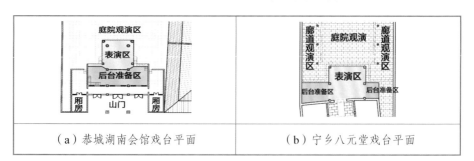

| （a）恭城湖南会馆戏台平面 | （b）宁乡八元堂戏台平面 |

湘桂走廊沿线会馆建筑的戏台有架空和落地两种空间形式，有"凸"字型和"一"字型两种平面形式。观看空间也分为两种，一种是将戏台与正殿之间的院落或者两侧的连廊或者厢房作为观看空间的，还有一种是以中央的院落为观看空间的。例如恭城湖南会馆用入口处的台阶消解戏台与

正殿之间较大的高差，戏楼与正殿位置较远，两侧没有作为观看部分的连廊，中央院落完全承担了观看的空间，视野开阔，观赏角度也较为自由。戏台的存在和形式同样在各段都有明显的倾向性。

湘桂走廊各段戏台空间特点：

戏台作为会馆建筑观演空间中重要的组成部分，各商帮会馆都尽可能地提供这一空间。但湘桂走廊沿线范围较广，沿线商帮类型也较多，对于看戏这一需求有强弱，这一差别也体现在沿线会馆建筑的观演空间中。根据收集到的会馆数据和访谈得到的信息，结合对湘桂走廊各段会馆建筑平面要素构成表可以总结出戏台空间各段比例图统计（表 3-18）。

表 3-18　湘桂走廊沿线会馆建筑观演空间戏台空间各段比例图统计

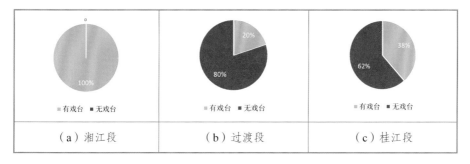

| （a）湘江段 | （b）过渡段 | （c）桂江段 |
| --- | --- | --- |

样本的数据可能存在一定的不足，导致戏台空间的比例数据存在误差，例如湘桂走廊过渡段的会馆建筑戏台的比例，但从数据较为准确的湘江段和桂江段戏台比例中仍然可以看出变化趋势：戏台空间的逐渐"消失"。这一变化趋势也就带来了湘桂走廊沿线会馆建筑整个观演空间的逐渐"消失"（表 3-19）。

湘江段的戏台空间是与入口门楼结合底层架空形式，是供人进入会馆的重要空间，形式以"凸"形底层架空的戏台为主。这类戏台重点表现表演空间，中部突出，三面通透，保障观众最佳的视觉体验，例如宁乡八元堂［表 3-19（a）］。由戏台空间带来的观看空间形式也较为丰富，有一层架空的连廊，也有一层为客房二层为观看连廊的。连廊结合正殿前的庭院，就组成了湘江段的观看空间。

过渡段戏台空间已经出现减少的趋势，其观看空间也随之减少，取而代之的是受到岭南地域文化影响的廊庑空间。虽然呈现出戏台空间减少的趋势，但仍有部分会馆受到其商帮文化的影响，保留了戏台与两侧的观看连廊。例如六塘湖南会馆，会馆的戏台空间已经较湘江段简化了，不仅戏台小，其形态为"一"字形，"一"字形戏台则只留出正对正殿的部分作为可观赏戏曲表演的空间，视觉效果也不够优秀。

桂江段戏台空间在大多数会馆中基本取消了，只有湘商这种文化势能较强的商帮建立的部分湖南会馆里还有戏台这一空间形式，戏台的类型也有了变化，分为落地式和架空式，平面形式主要为"凸"字形。不仅如此，其观看空间也受到了岭南地域文化的影响，取消了二层观看连廊，仅使用正殿前的庭院作为观看空间，恭城湖南会馆 [ 表 3-19（e）、（f）]、贺州黄田湖南会馆的观演空间都是如此。

表 3-19　湘桂走廊沿线会馆观演空间类型图

| 地区 | 类型 | 戏台（表演空间） | 观看空间 |
|---|---|---|---|
| 湘江段 | 架空式，凸字伸出形 | <br>（a）宁乡八元堂戏台 | <br>（b）宁乡八元堂观看连廊 |
| 核心段 | 架空式，一字镜框形 | <br>（c）六塘湖南会馆戏台 | <br>（d）六塘湖南会馆观看连廊 |

续表

| 地区 | 类型 | 戏台（表演空间） | 观看空间 |
|------|------|------------------|----------|
| 桂江段 | 落地式，凸字形 |  |  |
| | | （e）恭城湖南会馆戏台 | （f）恭城湖南会馆观看庭院 |

## （三）逐渐"变小"的院落空间

湘桂走廊沿线会馆建筑使用院落空间将建筑组群很好地组织在一起，院落和建筑的围合中形成了虚实相生的空间关系，虚空间和建筑檐下以及廊下灰空间一同形成了建筑群丰富的层次（表3-20）。湘桂走廊沿线的会馆的规模和尺度受到其所处地理位置、气候环境、商帮实力等客观原因的影响，因此会馆的院落空间也随之形成了多种多样的格局。院落空间在湘桂走廊沿线呈现出由开阔变精致的趋势，除了个别受商帮原乡文化影响较大的会馆建筑外，形式上体现出以"庭院"为主导到以"天井"为主导的特点，总体而言院落空间是逐渐"变小"的。

表 3-20　湘桂走廊沿线会馆建筑院落空间类型图

| 地区 | 类型 | 会馆 | |
|------|------|------|---|
| 湘江段 | 天井 |  |  |
| | | （a）宁乡八元堂天井 | （b）乔口万寿宫天井 |

| 地区 | 类型 | 会馆 | | |
|------|------|------|------|------|
| 湘江段 | 庭院 | | | |
| | | （c）宁乡八元堂庭院 | （d）湘潭关圣殿庭院 | （e）湘潭万寿宫园林式庭院 |
| 过渡段 | 庭院、天井 | | | |
| | | （f）六塘湖南会馆庭院 | （g）熊村湖南会馆天井 | （h）熊村万寿宫天井 |
| 桂江段 | 天井 | | | |
| | | （i）荔浦石阳宾馆天井 | （j）平乐粤东会馆天井 | （k）沙子粤东会馆天井 |
| | 庭院 | | | |
| | | （l）梧州龙圩粤东会馆庭院 | （m）荔浦福建会馆庭院 | （n）沙子湖南会馆庭院 |

从表 3-20 中可以发现，湘桂走廊沿线会馆建筑的主要院落空间出现了较大庭院向小天井转变的趋势。这与沿线地理气候环境密不可分。

　　湘江段虽然属于南方，但四季分明，所以该段会馆的院落是以连廊和建筑围合的大开大合庭院为结合少量天井组织整个会馆建筑群的。此外，还出现了建造在中轴线上，与假山水池相结合，渲染出"诗意"和"脱俗"意境的私家园林式的院落空间，湘潭万寿宫（江西会馆）的夕照亭［表3-20（e）］就是典型的例子，在文献记载中湘潭关圣殿等会馆建筑也有建立园林的。因此，园林式的院落空间是湘江段会馆建筑院落空间比较特殊的特点。

　　过渡段地理地势较为复杂，除部分较为平缓的区域外，大多为崎岖的丘陵地貌，会馆的规模也因此受到了限制，所以在这种场地环境下过渡段的会馆建筑院落空间多以天井来组织会馆建筑群。

　　桂江段会馆建筑的主要院落空间呈现出天井与庭院都较为均衡的趋势。湿天井是桂江段常用的天井形式，四周建筑出檐，可以将落下的雨水收落在天井中，名为"四水归塘"，有聚财、肥水不流外人田的美好寓意，例如荔浦石阳宾馆、平乐粤东会馆、沙子粤东会馆等。且桂江段气候潮湿，需要遮阳也需要通风，所以不同于湘江段的围合形式，桂江段的会馆建筑是以墙和通透的廊庑来围合天井和庭院的，这也是桂江段会馆建筑院落空间的特点。

　　湘桂走廊沿线的会馆的规模和尺度受到其所处地理位置、气候环境、商帮实力等客观原因的影响，因此会馆的院落空间也随之形成各自的特点。

## 二、汉水流域会馆建筑空间特点

　　会馆建筑的空间格局：从雄伟的入口空间、敞阔的演剧空间到神秘的祭祀空间。会馆的空间格局同样由山门、戏楼、拜殿、正殿等主要建筑及其之间的室外庭院空间塑造，形成三重层层递进的空间氛围（图3-9）。

　　首先是山门及其前方的入口空间。山门正立面往往采用直立高耸的形态，加上门前的若干级台阶，形成气势恢宏的入口效果［图3-9（a）］。

　　穿过相对低矮的山门室内通道，进入第二重空间——戏台与拜殿之间的

观演空间 [ 图 3-9（c）]。观演空间通常较为宽敞，气氛轻松宜人。加之低矮的通道作为过渡空间，形成了扬—抑—扬的空间节奏，使观演空间在心理感受上更加开阔。其核心建筑戏楼虽然高于庭院地坪，但精巧轻盈、装饰华丽的立面给人带来开朗愉悦的感觉。空间末段的拜殿立面往往也较为亲和，高度相对正殿为低，常用卷棚屋顶，有些还带有前廊、门扇可开启或整体架空，可兼作室内观演空间使用。因此，拜殿也可以认为是二、三两重空间的过渡。

从走入拜殿起，便逐步进入第三重空间的领域——祭祀空间。相对戏楼前院宽阔的室外空间，拜殿的室内空间就显得低矮安静得多了，人们的心情也逐渐沉稳起来。穿过拜殿，来到拜殿与正殿之间狭窄的天井，进深常常只有 3~5 米 [ 图 3-9（b）]。站在阴影笼罩屋檐之下，沐浴着来自头顶的阳光，面对着半人高的正殿台基。这时，抬眼望去，正殿里的神像在幽幽的烛光之后，或正襟危坐，或傲然挺立，或眼神柔和，或目光如炬。从正殿前檐瓦当和滴水之间洒落的光，占据了上半部分的视野，仿佛直接照耀在眼前的神像上。光亮与幽暗在眼中交融，仿佛天上与人间于此交汇，而朝拜者已然脱身于地、通达上天。这便是阴阳的美学，先扬后抑，因抑而扬，在这方寸之间，展现天地盛景。

（a）蜀河黄州会馆　　　　　（b）蜀河船帮会馆

（c）荆紫关山陕会馆

图 3-9　汉水流域会馆建筑序列案例

　　由此，会馆建筑形成了从气势雄伟的山门空间，到疏朗开阔的观演空间，最后收束于神秘幽暗的祭祀空间的整体空间序列，给人们带来从震撼、愉悦到崇敬层层递进的完整精神体验历程（图 3-10）。

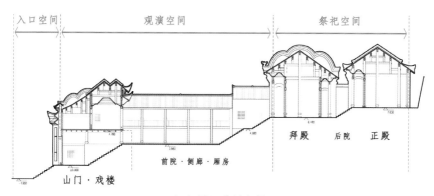

（a）蜀河黄州会馆

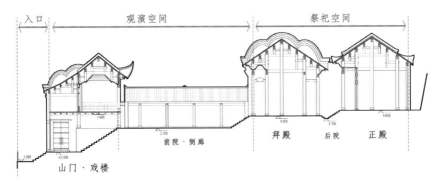

（b）蜀河船帮会馆

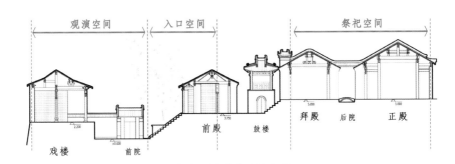

（c）瓦房店北五省会馆

图 3-10　汉水流域会馆的三重空间

## 三、嘉陵江流域会馆建筑空间特点

嘉陵江流域会馆建筑空间要素与形态如图 3-11。

（a）略阳紫云宫（上游段）

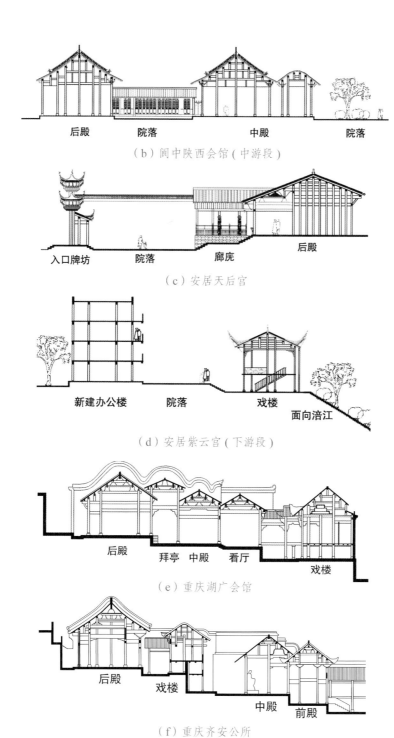

（b）阆中陕西会馆（中游段）

后殿　　院落　　　中殿　　　院落

入口牌坊　　院落　　廊庑　　后殿

（c）安居天后宫

新建办公楼　　院落　　戏楼

面向涪江

（d）安居紫云宫（下游段）

后殿　　拜亭　中殿　看厅　　戏楼

（e）重庆湖广会馆

后殿　　戏楼　　　中殿　前殿

（f）重庆齐安公所

图3-11　嘉陵江流域会馆空间要素及形态

与前一小节平面的基本组成要素相对应，完整的嘉陵江流域会馆建筑的空间要素包括入口山门、戏楼、围廊组成的观演空间、前殿、中殿（拜亭）、后殿和一些厢房，注重景观性的会馆建筑可能会在山门入口前布置景观轴线，在建筑院落空间考虑造园。对比嘉陵江流域沿线会馆建筑的空间要素组成及空间形态，笔者发现以下一些规律：

（1）观戏的院落空间进深越来越大，即便是山地环境，建筑用地受到限制，工匠们依然会尽力多划分台地，从而退距留出进深越来越大的观演空间。在嘉陵江下游段中，福建莆田商人在重庆兴建的安居天后宫为没有戏楼的会馆，但笔者调研时发现，后殿檐廊前的台地为表演舞台，檐廊下还设有美人靠座椅，观众聚集于院落面向主殿欣赏戏班演出，这种民俗活动一直延续到现在。因此，也算在观演空间的演变中。笔者推测，产生这种现象的原因是到了下游地区，水运变得更加发达，依托嘉陵江和长江两条水运航道，下游地区吸引着更多的移民与商人。商帮兴建的会馆密集排布，彼此之间存在着一些竞争关系，建筑文化会由势能高者向低者传递，各行商帮都在建设彰显原乡性文化的会馆建筑上倾尽心血，在建筑的空间规模上，也会因使用者数量的增多而随之增大。

（2）殿堂空间层次越来越丰富，殿堂从上游段单一的建筑单体逐渐向殿堂与拜亭、殿堂与卷棚轩廊相结合的方向发展，殿堂的数量也从单设主殿到两三个甚至多个发展。在空间上，卷棚屋顶与人字形殿堂相结合，有机地满足了对大空间殿堂的需求，且曲直结合构成了艺术美感，如阆中陕西会馆中殿。殿堂与拜亭结合，则是在南方潮湿多雨的气候条件下，为满足建筑天井既遮雨又能保证基础的通风与采光而产生的一种特色功能空间，如重庆禹州湖广会馆。

（3）中轴线上的建筑空间层次越来越丰富，从一进院落向多进院落演变，一条轴线向多条轴线演变。嘉陵江中下游段建筑用地紧张，不得不划分多个台地，且建筑组团外轮廓相对不规则。此外，在川东南地域文化的影响下，建筑也不再僵化地追求完全对称，因此在空间要素组成上产生了更有趣味性的小空间。

（4）檐廊出挑进深越来越大，上游段多用披檐、窄小檐廊，到了中游，已经出现了像阆中陕西会馆这种由廊发展出轩厅的空间，到了下游，重庆女居天后宫更是挑檐深远，廊下灰空间很大，结合双轩桁船篷轩和形态比例敦厚的驼峰来承载屋面的荷载。

## 第三节　流域会馆建筑形态与构造特点

### 一、湘桂走廊沿线会馆建筑形态与构造特点

湘桂走廊沿线的会馆建筑的基本构成元素主要为：山门、戏台、正殿、配殿。这些会馆建筑通过原乡的建筑材料、建筑工艺等物质载体和体现形式成为各地商人客居在外的精神支柱。考虑到往来于湘桂走廊的各类商帮会馆建筑自身的建造条件以及地域性因素，建筑单体体现出了一些差别。

原乡材料的处理以及原乡建筑工艺与湘桂走廊沿线地域性的材料、工艺相结合，让沿线会馆建筑形成了带有原乡特色同时又因地制宜的构造特征。往来于湘桂走廊沿线的客商以赣、湘、粤、闽为最大，因此湘桂走廊沿线的会馆建筑不可避免地受到了湘赣风格和岭南风格的影响，呈现出一定程度上的共性和差异性。下文以调研所得的会馆建筑作为基础研究资料，并结合相关文献，对山门、屋顶、檐廊、封火墙最具特色的元素进行详细研讨，对其构造特征进行分类分段分析。

#### （一）山门——从"牌坊式"到"门洞式"

山门是会馆建筑的标志性组成部分，其表现形式极大程度上体现了商帮的原乡文化及其在当地的势力大小，其类型多受使用功能、原乡性、地域性等多方面因素的影响。通过对现存会馆建筑的实地调研考察以及查阅

资料，可以得出，湘桂走廊沿线的会馆建筑山门形式主要为：独立式山门和连体式山门。独立式山门有门洞式、牌坊式；连体式山门有牌坊和戏台结合的形式，也有门洞式山门和戏台结合的形式。根据表 3-21 可以发现湘桂走廊沿线各段会馆建筑的山门的形态倾向特点。

湘江段的会馆建筑山门 [ 表 3-21（a）~（g）] 多为牌坊式，分为独立式的牌楼门和随墙式的牌楼门，外观华丽，气势恢宏；在湘桂走廊过渡段则显示出较为冷静、封闭和内向的一字型门洞形式 [ 表 3-21（h）、（i）]；桂江段因为气候温暖更为湿润，采用了门洞的形式 [ 表 3-21（j）~（l）]，使得桂江段会馆建筑给人通透和轻巧的感受。但是桂江段的会馆建筑受到地域文化和原乡商帮文化的共同影响，山门的形式也会在接受地域文化特征的情况下保留自己的原乡建筑特色。例如恭城湖南会馆 [ 表 3-21（j）]，山门既为门洞式，又保留了湖南地区门楼明间升起的特色。

总体来说，湘桂走廊沿线的山门建筑形态在湘江段到桂江段发生了以"牌坊式"为主向以"门洞式"为主的明显转变，这也是湘桂走廊沿线会馆建筑山门最主要的特点。

表 3-21　湘桂走廊沿线分段会馆建筑山门形态类型表

| 地区 | 类型 | 会馆 |
|---|---|---|
| 湘江段 | 牌坊式 独立式 | （a）湘潭万寿宫（江西会馆） |
| | 牌坊式 随墙式 | （b）乔口万寿宫 |

续表

| 地区 | 类型 | | 会馆 |
|---|---|---|---|
| 湘江段 | 牌坊式 | 随墙式 | <br>（c）湘潭关圣殿<br><br>（d）湘潭鲁班殿<br><br>（e）衡阳江南会馆　　　　（f）衡阳濂溪祠 |
| | 门洞式 | 随墙式 | <br>（g）宁乡八元堂 |
| 过渡段 | 门洞式 | 独立式 | <br>（h）熊村湖南会馆 |

续表

| 地区 | 类型 | | 会馆 |
|---|---|---|---|
| 过渡段 | 门洞式 | 随墙式 | <br>（i）熊村江西会馆 |
| 桂江段 | 门洞式 | 独立式 | <br>（j）恭城湖南会馆<br><br><br>（k）平乐粤东会馆 |
| | | 随墙式 | <br>（l）恭城石阳宾馆 |

（二）屋顶——从"高耸"到"平缓"

湘桂走廊沿线的会馆建筑由各个丰富的单体建筑组合而成复杂的建筑群，第五立面也呈现出丰富多样的形式。通过实地调研和相关文献的阅读，可以总结出湘桂走廊沿线的会馆建筑的屋顶形式有歇山顶、悬山顶、硬山顶、卷棚顶几种。在湘桂走廊沿线的会馆建筑数量和类型都较多，不能以实地调研过的会馆中各类单体的屋顶形式来概括所有，但是这些会馆建筑各个单体的屋顶形式除了一些共性以外，也因其所处湘桂走廊不同段有了不同形态和结构的变化，分段呈现出一些特点。

1. 屋顶形式

湘江段屋顶形式受到了湖湘地域文化影响，有着高耸的屋脊和陡峭的屋面，且屋檐和屋脊高高翘起，从而形成壮丽飘逸的视觉观感体验。因为湘江段会馆建筑多有戏台，因此屋顶形式除了正殿的硬山顶外，还有歇山顶、重檐歇山顶样式。屋脊上多为具有湖湘地域特色的葫芦宝顶 [ 表 3-22（a）~（c）]，这个形式在湘江段各类商帮会馆中都有出现。

过渡段大多是较为平缓且不起翘的硬山顶，有戏台的会馆中戏台的屋顶多为歇山顶。不同的是过渡段会馆建筑的屋脊装饰有葫芦宝顶、莲花顶 [ 表 3-22（e）~（g）] 等湖湘风格明显的装饰特征，例如六塘湖南会馆，或者装饰极为简单，在正脊处用瓦片搭成简单的图案 [ 表 3-22（f）]，没有别的装饰。

桂江段会馆建筑屋顶形式与过渡段较为类似，也多为平缓不起翘的硬山顶，但屋脊的装饰都受到了岭南地域文化的影响，呈现出多重、加高、装饰复杂的屋脊装饰，正脊采用太阳宝顶装饰 [ 表 3-22（h）、（i）]，两端用回纹灰塑装饰且垂脊向上飞翘，例如梧州龙圩粤东会馆 [ 表 3-22（i）] 的屋脊和飞翘的垂脊。另外，对比在湘江段的会馆建筑，位于桂江段的恭城湖南会馆屋顶形式 [ 表 3-22（g）] 已经较为平缓，但仍然受到湘商文化影响，门楼屋檐向上起翘，屋脊两端也有明显的起翘，屋脊加高，上有结合了湖湘地域文化的葫芦宝顶和岭南浪漫卷草纹的装饰。

表 3-22　湘桂走廊沿线会馆建筑屋顶形态类型

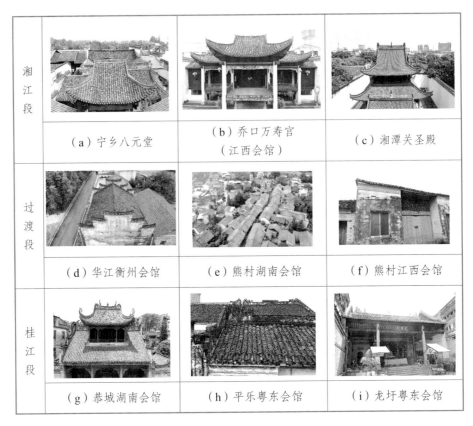

表 3-23　湘桂走廊沿线会馆建筑脊饰类型

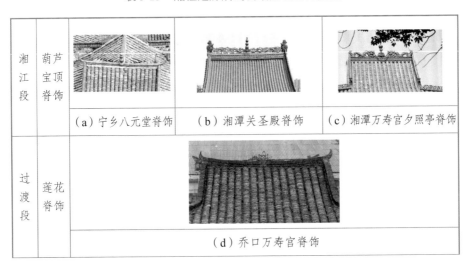

续表

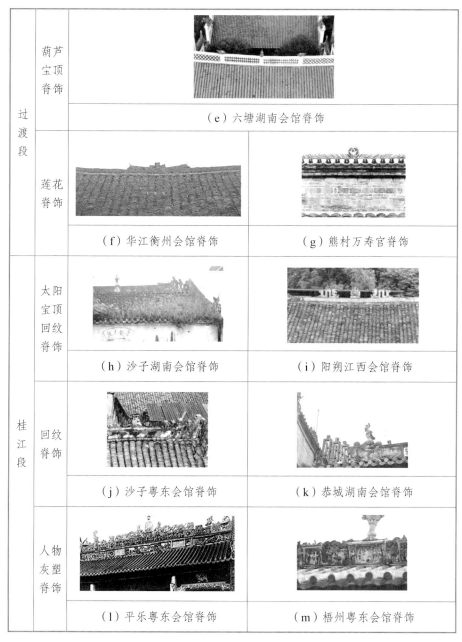

| 过渡段 | 葫芦宝顶脊饰 | （e）六塘湖南会馆脊饰 | |
| | 莲花脊饰 | （f）华江衡州会馆脊饰 | （g）熊村万寿宫脊饰 |
| 桂江段 | 太阳宝顶回纹脊饰 | （h）沙子湖南会馆脊饰 | （i）阳朔江西会馆脊饰 |
| | 回纹脊饰 | （j）沙子粤东会馆脊饰 | （k）恭城湖南会馆脊饰 |
| | 人物灰塑脊饰 | （l）平乐粤东会馆脊饰 | （m）梧州粤东会馆脊饰 |

　　总的来说，可以直观地归纳出湘桂走廊沿线会馆建筑屋顶形态从"高耸"到"平缓"的总体趋势。屋顶的陡峻程度又与屋顶主要承重结构密切相关。

### 2. 主要承重结构

湘桂走廊沿线的会馆建筑是以中国传统建筑所用的木结构作为屋顶的主要承重结构的砖木混合建筑。沿线会馆建筑中最常见的木结构形式是：①抬梁式。抬梁式的木结构形式能扩大使用空间，使得空间开阔大气，但用材消耗较大。②穿斗式。穿斗式的构架用在山墙部分，用材少，较为节省，但空间又不够开阔。

湘桂走廊沿线正处于中原文化和岭南文化不断交融影响的区域。会馆建筑在适应南方湿热气候条件、平原和喀斯特地貌地域环境的同时，也要满足较大使用空间的需求，所以湘桂走廊沿线的会馆建筑在承托正殿这种需要较大开阔空间的屋顶时采用明间抬梁式结构做法，在边间或者山墙等部位采用穿斗式的结构做法，形成了抬梁式和穿斗式结构相结合的承重结构体系。其承重体系类别也显现出了分段的类型特点。

如表 3-24 所示，湘桂走廊沿线会馆建筑出现了插梁式构架：插梁式的穿枋架在两个柱子之间，兼具稳定的结构和较大的使用空间的优点。湘江段会馆建筑就多采用明间插梁式与抬梁式结合，边间穿斗式的承重结构 [ 表 3-25（a）~（d）]，且多采用卷云纹的角背承托正脊脊檩 [ 表 3-24（a）、（b）]；过渡段会馆建筑多为明间插梁式边间穿斗式或者全采用抬梁式承重结构 [ 表 3-25（e）~（h）]，多采用角背承托脊檩；桂江段会馆建筑多为抬梁式，因结合了岭南地域文化，又衍生出回纹抱印式 [ 表 3-25（m）、（n）]、整体雕花抬梁式 [ 表 3-25（o）、（p）] 的承重结构形式，承托脊檩的方式也出现了变化，多以瓜柱或者整体抬梁式的方式来承托脊檩 [ 表 3-24（d）]。

表 3-24　湘桂走廊沿线会馆建筑承托脊檩的结构变化

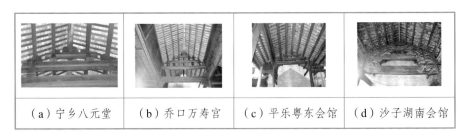

| （a）宁乡八元堂 | （b）乔口万寿宫 | （c）平乐粤东会馆 | （d）沙子湖南会馆 |

表 3-25　湘桂走廊沿线会馆建筑屋顶承重结构类型

| 地区 | 类型 | 会馆 | 会馆结构 |
|---|---|---|---|
| 湘江段 | 明间插梁式与抬梁式结合；边间穿斗式 | <br>（a）乔口江西会馆万寿宫 | <br>（b）乔口江西会馆万寿宫正殿明间结构 |
| | | <br>（c）宁乡八元堂 | <br>（d）宁乡八元堂正殿明间结构 |
| 过渡段 | 明间插梁式，边间穿斗式 | <br>（e）桂林六塘湖南会馆 | <br>（f）桂林六塘湖南会馆结构 |
| | 明间抬梁式 | <br>（g）华江衡州会馆 | <br>（h）华江衡州会馆 |
| 桂江段 | 明间插梁式，边间穿斗式 | <br>（i）恭城湖南会馆 | <br>（j）恭城湖南会馆结构 |

| 地区 | 类型 | 会馆 | 会馆结构 |
|------|------|------|----------|
| 桂江段 | 明间抬梁式 | <br>（k）平乐粤东会馆天后宫 | <br>正殿<br>（l）平乐粤东会馆天后宫结构 |
| | 回纹抱印式 | <br>（m）平乐粤东会馆拜亭 | <br>拜亭<br>（n）平乐粤东会馆拜亭结构 |
| | 整体雕花抬梁式 | <br>（o）平乐沙子镇湖南会馆 | <br>（p）阳朔福利镇会馆结构 |

## （三）檐廊——从"质朴"到"华丽"

湘桂走廊沿线的会馆建筑檐廊基本都采用卷棚的形式，但因湘江段屋顶较为陡峻，还有为了在一定程度上降低室内高度，又采用卷棚这一结构形式对空间进行相应的处理，将卷棚置于正殿前檐出挑的部分，同时也有区分室内外的过渡作用。檐廊在湘桂走廊沿线的变化主要集中表现在卷棚下的穿枋和出檐方式上。

### 1. 檐廊穿枋

根据表3-26可以发现湘桂走廊沿线檐廊的明显的变化趋势：①形式上：由整体式穿枋转变为搁梁式穿枋和叠斗式穿枋。②装饰上：穿枋的木雕有从原木色木雕到彩绘木雕，木雕面积从双面浮雕到满雕的变化。

表 3-26　湘桂走廊沿线檐廊下穿枋类型

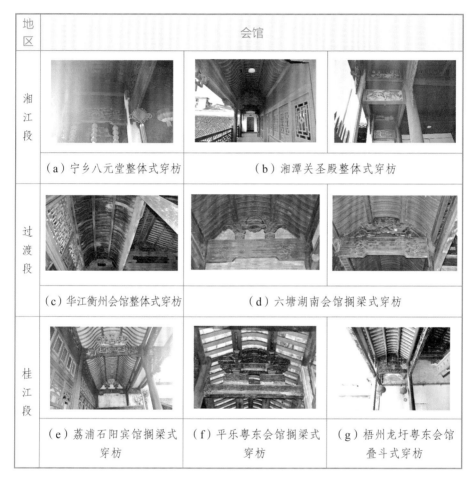

| 地区 | 会馆 | | |
|---|---|---|---|
| 湘江段 | （a）宁乡八元堂整体式穿枋 | （b）湘潭关圣殿整体式穿枋 | |
| 过渡段 | （c）华江衡州会馆整体式穿枋 | （d）六塘湖南会馆搁梁式穿枋 | |
| 桂江段 | （e）荔浦石阳宾馆搁梁式穿枋 | （f）平乐粤东会馆搁梁式穿枋 | （g）梧州龙圩粤东会馆叠斗式穿枋 |

## 2. 檐廊出檐

湘桂走廊沿线会馆的檐廊出檐方式一共有3种：①挑承托出檐。②飞椽承托出檐。③斗拱承托出檐。其中挑承托出檐分为单挑出檐和双挑出檐两种。单挑出檐可以继续细分为硬出挑和软出挑两种：①硬出挑。硬出挑是穿枋穿前后柱的柱心并伸出至屋檐下，直接承接檩条的受力结构的受力方式。例如乔口万寿宫戏台出挑方式。②软出挑。软出挑是指穿枋只穿过檐柱的柱心伸至檐下，并作为直接承接檩条的受力结构的受力方式。

湘桂走廊沿线会馆建筑的出檐 [ 表 3-27（a）～（d）] 在沿线各段类型都

出现了倾向性：湘江段有单挑承托出檐、斗拱承托出檐两种形式。其中单挑出檐的硬出挑的穿枋往往做成契合卷棚形状的穿枋，顶住卷棚，这有利于增加卷棚的稳定性。过渡段出檐方式 [ 表 3-27（g）~（j）] 有飞椽出檐和单挑出檐两种。桂江段出檐方式 [ 表 3-27（k）~（o）] 有单挑出檐、双挑出檐、斗拱出檐三种方式。双挑出檐则有双层的挑枋，上层挑两步架，下层挑出一步架承托枋，例如恭城湖南会馆 [ 表 3-27（n）]。

表 3-27　湘桂走廊沿线会馆建筑出檐类型

| | | | |
|---|---|---|---|
| 湘江段 | 单挑出檐 | 硬出挑 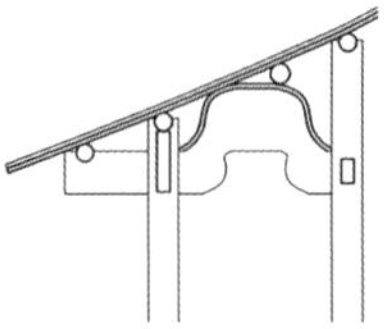  | |
| | | | （a）单挑出檐硬出挑剖面示意图 |
| | | 软出挑 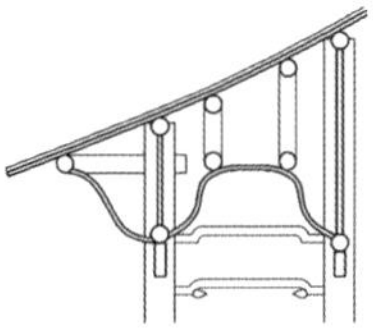  | |
| | | | （c）单挑出檐软出挑剖面示意图 |
| | 斗拱出檐 | 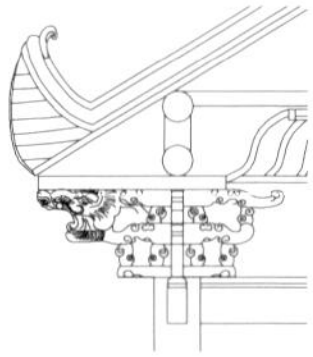 |  |
| | | | （e）斗拱出檐剖面示意图 |
| 过渡段 | 飞椽出檐 |  |  |
| | | | （g）熊村湖南会馆出檐 |

（b）湘潭关圣殿出檐

（d）乔口万寿宫出檐

（f）湘潭关圣殿出檐

（h）六塘江西会馆出檐

续表

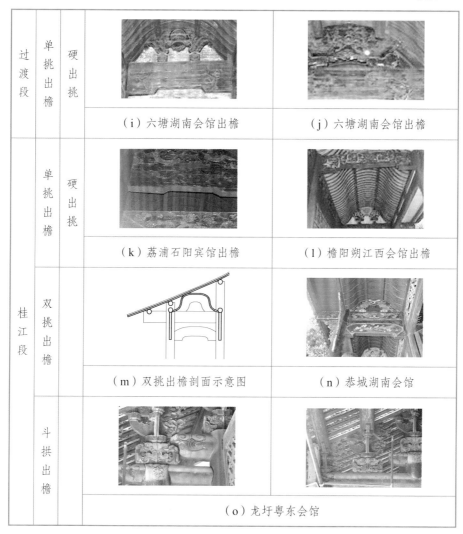

| | | | | |
|---|---|---|---|---|
| 过渡段 | 单挑出檐 | 硬出挑 | （i）六塘湖南会馆出檐 | （j）六塘湖南会馆出檐 |
| 桂江段 | 单挑出檐 | 硬出挑 | （k）荔浦石阳宾馆出檐 | （l）檐阳朔江西会馆出檐 |
| | 双挑出檐 | | （m）双挑出檐剖面示意图 | （n）恭城湖南会馆 |
| | 斗拱出檐 | | （o）龙圩粤东会馆 | |

（四）封火墙——从"单一"到"复合"

　　湘桂走廊沿线跨越了巫楚之乡湖湘地区和浪漫的岭南地区，商帮文化、湖湘、岭南地域文化特色均体现在封火墙上，封火墙的形式也有这两地的地域特色，充满了浪漫的气息。因此，沿线封火墙不仅有着预防火灾和防止火势蔓延的重要功能，其造型还兼具美感，其类型有人字型、马头墙型、猫弓背型、水纹型、镬耳型这几种，这些形态在沿线分段出现。

湘江段的会馆建筑多为平直的马头墙的形式 [ 表 3-28（c）、（d）]。结合湘江段的地理位置，结合徽州盐商在该区域的影响力，这种平直的马头墙形式可能受到了徽商的影响，这种"端正""单一"的形式也影响到了过渡段马头墙的形式。例如熊村湖南会馆、江西会馆、福建会馆的马头墙 [ 表 3-28（f）、（g）]，都是较为平直的马头墙形式。但在过渡段开始封火墙的形式出现了过渡和转变，例如华江衡州会馆的封火墙 [ 表 3-28（h）]，虽然也是单一的马头墙的形式，但是已经具有了湖湘地域特征，马头墙两端开始向天空翘起。由于过渡段位于岭南广西地区，封火墙的形式也逐渐具备了岭南地域特色，并逐步结合其他形式组成"复合"型的封火山墙体系。例如六塘湖南会馆山门的封火墙极具岭南特色的镬耳型，正殿的封火山墙为具有湖湘特色的两端翘起的马头墙的样式，镬耳型与马头墙型的复合形式的封火山墙就形成了 [ 表 3-28（j）]。桂江段除了粤东会馆保持原乡的"单一性"的人字型封火山墙外 [ 表 3-28（l）]，其他会馆均采用了"复合"型的封火山墙。例如荔浦福建会馆 [ 表 3-28（q）]，直接采用了颇具岭南风格的"水纹型"和"人字型"封火山墙进行结合，具有岭南地域特征。

表 3-28　湘桂走廊沿线会馆建筑封火墙类型

| 地区 | 类型 | | 会馆 | |
|------|------|------|--------|--------|
| 湘江段 | 单一型 | 人字型 | | |
| | | | （a）宁乡八元堂人字型封火墙 | （b）乔口万寿宫人字型封火墙 |
| | | 平直的马头墙 | | |
| | | | （c）湘潭关圣殿马头墙 | （d）湘潭鲁班殿马头墙 |

续表

| 地区 | 类型 | | 会馆 | |
|---|---|---|---|---|
| 过渡段 | 单一型 | 人字型 | (e) 熊村万寿宫（江西会馆） | |
| | | 平直的马头墙 | （f）熊村湖南会馆 | （g）熊村福建会馆 |
| | | 两端上翘的马头墙 | （h）华江衡州会馆 | （i）六塘江西会馆 |
| | 复合型 | | （j）六塘湖南会馆 | （k）六塘粤东会馆遗址 |
| 桂江段 | 单一型 | 人字型 | （l）沙子镇粤东会馆 | （m）龙圩粤东会馆 |

续表

| 地区 | 类型 | 会馆 | |
|---|---|---|---|
| 桂江段 | 单一型 两端上翘的马头墙 | （n）荔浦石阳宾馆 | （o）阳朔湖南会馆 |
| | 复合型 | （p）恭城湖南会馆 | |
| | | （q）荔浦福建会馆 | |

因此总体来说，湘桂走廊沿线会馆建筑的封火山墙形态呈现出从"单一"的马头墙形式向具有湖湘和岭南地域特征的"复合"形式转变。

## 二、汉水流域会馆建筑形态与构造特点

### （一）山门

山门是会馆的入口，是会馆平面布局和空间序列的开端，也是会馆和商帮形象最直观的表达。因此，营建者往往在山门正立面上大费周章，来体现商帮的气势和实力，以期给人带来强烈的第一印象。除了抬升山门高度营造恢宏入口空间的处理手法之外，山门在形制和立面造型处理上还有一些常见的形式。

在形制上，山门可以分为与戏楼结合的复合式和与戏楼分离的独立式两种。在立面造型上，山门可分为三种。最常见的形式为砖墙式，另外还有部分殿宇式和牌楼式山门。

复合式山门的立面造型往往采用砖墙式（图3-12）。首先，这种结合具有结构上的协调性。山门后方的倒座式戏楼一般位于二层，戏楼一层为进入会馆的通道，因此戏楼建筑有较高的整体高度。而山门屋顶要与戏楼屋顶连接，就必须采用更高的立面，于是砖墙式便成为最合理的选择。其次，这种结合具有功能上的合理性。山门立面之后二层室内空间可以作为戏楼的后台，既满足了后台需要隐蔽的功能需求，又使消极的建筑空间获得了最大程度的运用。再次，这种结合具有空间上的优越性。笔直高耸墙面所展现的垂直向上动势，是会馆雄伟气势的最佳塑造方式之一；门后戏台之下的低矮通道，形成了先扬后抑，接着欲扬先抑的空间节奏，成为富有戏剧性的空间过渡模式。

（a）樊城黄州会馆

（b）荆紫关湖广会馆

（c）蜀河黄州会馆

（d）龙驹寨船帮会馆

（e）荆紫关船帮会馆（后无戏楼）

（f）樊城小江西会馆（后无戏楼）　　　　　　（g）石泉山陕会馆

图 3-12　汉水流域会馆复合 / 砖砌式山门案例

　　砖墙式山门也经常借用牌楼形式，用于墙表面作为装饰。牌楼高大的造型和纤细构件，恰好可以弥补砖墙的平直和单调，又不会产生过度修饰的不协调感。这种处理手法在龙驹寨船帮会馆（丹凤花庙）、蜀河黄州会馆、蜀河船帮会馆等的山门上都产生了优异的视觉效果。

　　殿宇式山门以水平延展的形态，形成大气开阔的形象（图 3-13）。此类山门多采用与北方祠庙山门类似的分心槽平面，面阔三间或五间，因而常作为北方商帮所建会馆的山门形式。代表案例如北五省会馆后置的山门，立于高高的台地之上，显得立面疏朗，雍容大气；又如荆紫关山陕会馆的五开间山门，鹤立于街巷之间。

　　牌楼式山门以华丽通透的造型，形成雍容华贵的气象。一般用于规模较大的会馆，汉水流域的社旗山陕会馆就是典型的一例。

（a）瓦房店北五省会馆前殿（作为移置山门）　　（b）瓦房店江西会馆

（c）荆紫关山陕会馆山门正面　　　　（d）荆紫关山陕会馆山门背面

图 3-13　汉水流域会馆殿宇式山门案例

汉阴江南会馆还有一座特殊的山门，可以称为园林式（图 3-14）。山门自庭院前墙开洞，内设屏风，左右分入，上带屋檐。白墙黛瓦，素雅内敛，富有江南民居和园林色彩，是汉水流域少见的案例。

（a）　　　　　　　　　　　　　（b）

图 3-14　汉阴江南会馆园林式山门

## （二）戏台与前院

戏台是演剧空间的核心建筑。由于戏剧是明清时期人们生活中重要的休闲活动，因此，戏台也往往成为受到会馆帮众关注最多的殿宇类型。

汉水流域会馆中的戏台形制较为统一（图 3-15）。在朝向上，与会馆主朝向相反；在平面位置上，位于第一进院落的起始处；层数多为二层，底层一般作为通道；平面上有前台和后台之分，分别用于演出和备场，前台面阔一般小于后台，前后台之间设左右两扇门，用于上下台。较为隆重的戏楼会采用重檐式屋顶，下层屋檐常采用"破中"和博风斜抹形式，打断过长的横向线条，正中悬牌匾，两端翼角轻盈起翘。在装饰上更是颇费心思，往往集瓦雕、斗拱、木雕、书法、彩画于一身，色彩亮丽，美轮美奂。

（a）蜀河黄州会馆戏楼

（b）蜀河船帮会馆戏楼

（c）龙驹寨船帮会馆戏楼

（d）石泉山陕会馆戏楼

（e）漫川关骡帮会馆双戏楼

（f）樊城黄州会馆戏楼鸟瞰

图3-15　汉水流域会馆倒座式戏楼案例

　　还有一些会馆的戏楼不与山门结合，而是单独作为一殿（图3-16）。由于单设戏楼需要更大的场地，因此这种情况在汉水中下游平原地区略为多见。现存的有荆紫关山陕会馆戏楼、社旗山陕会馆戏楼。另外，瓦房店北五省会馆戏楼由于入口移置，因此也单独成殿。

（a）荆紫关山陕会馆戏楼　　　　　（b）瓦房店北五省会馆戏楼（修缮中）

图6-13　汉水流域会馆独立式戏楼案例

### （三）拜殿与正殿

拜殿与正殿是祭祀空间的核心建筑，位于主轴线末端。汉水流域会馆的拜殿与正殿常常成对出现，两侧山墙相连，形成一组相对独立的合院（图3-17）。这是汉水流域会馆中最常见的形式。这种形式的拜、正殿采用硬山式屋顶，拜殿有时会采用卷棚屋面，来区分主次关系。山墙也有多种形式，如人字形、云纹形、阶梯形等。

（a）蜀河船帮会馆拜、正殿　　　　（b）蜀河黄州会馆拜、正殿

（c）瓦房店北五省会馆拜、正殿　　　（d）瓦房店江西会馆拜、正殿

（e）石泉湖广、江西、山陕会馆拜、正殿

（f）漫川关骡帮会馆拜、正殿

（g）龙驹寨船帮会馆正殿

（h）龙驹寨青器帮会馆拜、正殿

（i）龙驹寨盐帮会馆拜殿

（j）龙驹寨盐帮会馆正殿

（k）荆紫关山陕会馆大殿正面

（l）荆紫关山陕会馆大殿背面

（m）荆紫关山陕会馆后殿　　　　　　（n）荆紫关山陕会馆春秋阁

（o）樊城山陕会馆拜、正殿　　　　　　（p）樊城黄州会馆拜、正殿

图3-17　汉水流域会馆硬山式拜、正殿案例

　　拜殿通常面宽三间，平面采用类似宋式双槽或单槽的布局。前后门设在檐柱或金柱之间，位于金柱之间的门前留有前后廊。现存案例中，大部分拜、正殿为无天花的砌上明造，有的会馆仅在前后廊做卷棚式天花。建筑尺度方面也多与人的身体尺寸契合，并未追求过高的建筑高度或过宽的柱间跨度。

　　在殿宇等级方面，可以发现明清时期汉水流域会馆与传统宫殿、祠庙建筑有一项显著的区别：汉水流域会馆并未延续官式建筑中以屋顶形式、开间数量区分殿宇等级的模式。这一方面是由于明清时期砖产量的大规模提高，砖成为十分经济的建筑材料，加之其优异的防水、防火和承重性能，使硬山式成为最常见的民间建筑形式，从而部分取代了对木料要求更高、工艺更复杂的歇山式、庑殿式建筑。另一方面，建筑的等级同样可以从平面位置、台基和建筑高度、装饰华丽程度等方面体现。基于适用、经济性和可替代性等方面综合考虑，会馆建筑屋顶形式和开间数量开始变为实用性的考量因素，逐步摆脱了其礼制性含义，体现了宋明以来开始趋于理性的社会思潮。

## （四）其他配殿

厢房和行廊也是较为常见的组成元素，建造与否也往往依功能需求或场地条件灵活确定（图3-18）。有的会馆在轴线两侧仅设厢房，如汉阴江南会馆；有的仅设行廊，如荆紫关山陕会馆前院、荆紫关船帮会馆、石泉湖广会馆等；有的厢房与行廊均有，甚至连通前后院，成为可以遮风挡雨的建筑通道，如蜀河黄州会馆、蜀河船帮会馆、樊城小江西会馆等。

钟鼓楼是北方商帮所建会馆中的常见建筑类型。目前有钟鼓楼的汉水流域现存会馆有瓦房店北五省会馆、荆紫关山陕会馆、荆紫关船帮会馆、社旗山陕会馆、樊城山陕会馆等5座，其中4座为山陕商人参与建设的会

（a）蜀河黄州会馆厢房

（b）蜀河黄州会馆行廊和厢房

（c）蜀河船帮会馆厢房

（d）蜀河船帮会馆行廊

（e）荆紫关山陕会馆前院行廊　　　　　（f）荆紫关山陕会馆后院厢房

（g）荆紫关船帮会馆行廊　　　　　　（h）汉阴江南会馆厢房

图 3-18　汉水流域会馆行廊、厢房案例

馆（图 3-19）。这些会馆的钟鼓楼平面均为四边形，坐落于高高的台基之上，形态纤细高耸，屋檐起翘飞扬，装饰精巧华丽。

（a）瓦房店北五省会馆　　（b）荆紫关山陕会馆　　（c）荆紫关船帮会馆　　（d）樊城山陕会馆

图 3-19　汉水流域会馆钟鼓楼案例

### （五）结构形式

如前所述，汉水流域的会馆殿宇多采用硬山式建筑，因此，结构形式也多为砖木混合式，以砖墙作为承重构件替代或补强山柱及部分檐柱（图3-20）。这种方式不仅利用砖墙优异的抗压性能，降低对木材资源的依赖，又能防水防火，而且也更为经济和持久，可以说是中国传统建筑结构的一大进步。

（a）蜀河黄州会馆厢房

（b）石泉江西会馆拜殿

（c）石泉湖广会馆拜殿

（d）石泉湖广会馆正殿

（e）瓦房店江西会馆拜殿

（f）瓦房店江西会馆正殿

（g）瓦房店北五省会馆拜殿

（h）瓦房店北五省会馆正殿

（i）瓦房店北五省会馆前殿

（j）荆紫关湖广会馆

（k）荆紫关山陕会馆春秋阁

（l）荆紫关船帮会馆拜殿

（m）荆紫关船帮会馆山门

图3-20　汉水流域会馆砖木混合式结构案例

　　木架采用抬梁式和穿斗式混合使用的方式（图3-21）。木架尺寸相对较小，有利于更好地使用小尺寸木料，这在檩间宽度、梁枋跨度、斗拱尺寸、木柱柱径等方面均有体现。同时，由于屋面举折、屋脊、檐口曲线的减少，对结构工艺的要求也相对降低，便于民间工匠的发挥。

（a）蜀河黄州会馆拜殿　　　（b）蜀河船帮会馆拜殿　　　（c）石泉江西会馆正殿

图3-21　汉水流域会馆抬梁、穿斗混合式木架结构案例

综上所述，从本节所述殿宇形制和结构看来，相对礼制等级要求较高的官式建筑，明清时期的汉水流域会馆更偏重实用性和经济性，如通过殿宇序列调节空间节奏来达成空间效果，或采用更经济的建筑材料和能够更好发挥材料性能的结构形式，而对建筑群中殿宇等级关系等礼制表达仅采取适当兼顾的态度。这一方面是宋明以来理性思潮的延续，另一方面也是商贸活动中的效益和实用思想对会馆建筑的影响。这种实用与经济的理性观念为会馆建筑在广阔地域范围中的建造提供了极为有益的思想基础。

## 三、嘉陵江流域会馆建筑形态与构造特点

### （一）山门——从砖石单重门楼到木构多重门楼

嘉陵江流域会馆建筑入口见表3-29。

表 3-29　嘉陵江流域会馆建筑入口空间

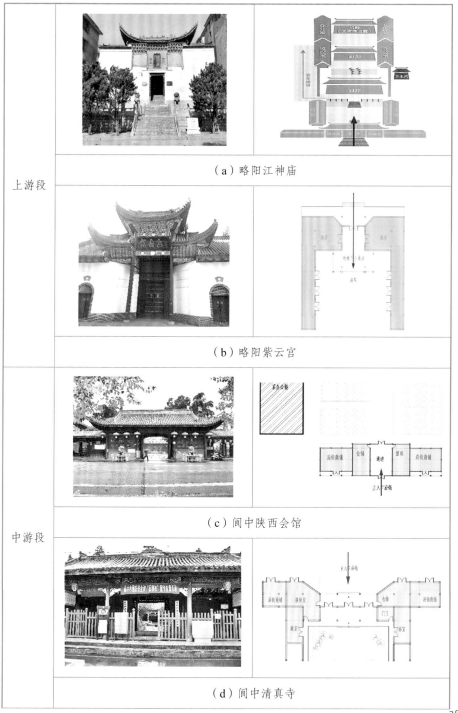

续表

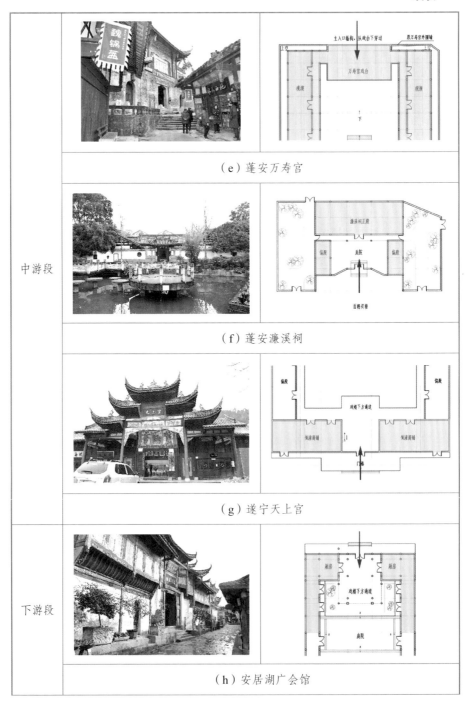

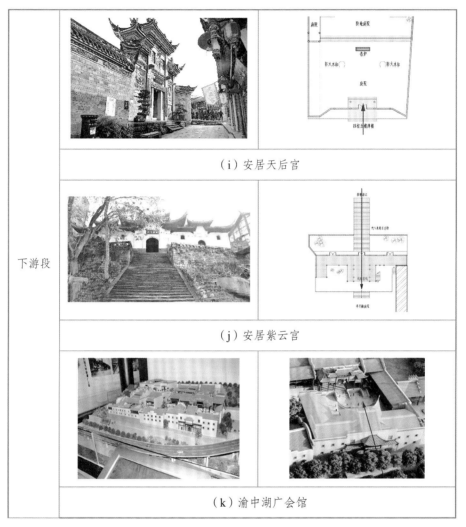

（i）安居天后宫

（j）安居紫云宫

（k）渝中湖广会馆

　　根据笔者实地调研与测绘，结合表中嘉陵江流域会馆建筑入口空间的立面与平面分析，从上游段到中、下游段，会馆建筑的入口空间变化有以下这些特点：

　　（1）从以砖石材料为主发展为以木材为主。上游段入口空间以砖石材料为主，入口立面窗墙比小，相对显得封闭、沉稳，建筑的防御性高，入口的装饰细部杂糅少数民族文化特点。例如位于上游段的略阳江神庙，建筑入口空间狭小，窗洞尺寸小，建筑细部的装饰文化表现出多元性，受到了陕商船帮汉族文化与当地特色性的羌族文化双重因素的影响。越往下游，嘉陵江流域会馆建筑入口空间所采用的建筑材料越多使用木料，建筑相对显得轻盈、开放。这与上游段气候干燥寒冷，建筑注重保温性和防沙性，而中下游段闷热潮湿，对建筑的透气性、排湿性需求有关，且上游段会馆处于陕甘山区，入口装饰细部显露出文化杂糅的特质。

（2）入口空间的建筑形态从单一质朴到华丽，从单重门楼向多重门楼发展。受当地材料与商帮财力等因素的影响，会馆建筑入口空间的形态风格产生差异性，总体上来说，嘉陵江上游段的会馆入口空间多采用单重门楼，而越靠近下游段，采用多重门楼的会馆建筑越多。虽然强调入口的主旨未发生变化，但从造型手法上分析，上游段多采用三段式，入口高出而起凸显作用，但入口门楼与入口立面墙面相比占比相对较小，换言之，上游段只着重强调入口的局部。而到了中下游段，入口门楼相对入口墙面占比增大，甚至有的会馆，通过一定的造型手法，已不再明确划分入口门楼与入口墙面，整个入口处建筑空间浑然一体，随着门楼重数的叠加，入口空间的体量增大，变得更加高敞。因而，中下游段更强调入口空间的整体凸显。对比上游段的略阳江神庙与下游段的安居湖广会馆便能很清晰地看出来。

（3）山门屋顶起翘程度越来越明显。受建筑的在地性文化影响，嘉陵江上游段会馆入口屋顶曲线平缓而舒展，到了中下游，入口屋面曲线的起翘程度越来越高，甚至从单重起翘发展为多重起翘，极大地增加了入口空间的气势，强调了会馆建筑本体与外界空间的界限感，强化了观者进入会馆的感觉，加深了会馆建筑在观者心中的造型印象。从南到北，嘉陵江航运承载了多地商帮与移民的活动，同类商帮在不同地理环境建造的会馆建筑虽具有相同的原乡性，却也"入乡随俗"，彰显着不同的在地性文化。

（4）入口厢房的平面功能从单一性转向多元化。越靠近嘉陵江流域上游段，会馆建筑越自由散布，功能相对纯粹，而越靠近中下游，会馆建筑多聚集于集镇，入口厢房的功能增加了，包括但不限于兼作商铺、仓储、餐饮等。如阆中清真寺，位于陕甘回族聚居区，会馆建筑主入口朝向以牛羊加工制品为主的贩卖街巷，因此清真寺入口处的门楼倒座实际使用功能兼作商铺与仓储功能，类似的情况包括阆中陕西会馆等。

（5）入口空间的园林趣味增强。入口空间从上游段纯粹的戒严出入口管理空间向游园景观升级，这一点对比略阳紫云宫和蓬安濂溪祠以及安居紫云宫可以很明显地感受到。湖南商帮好兴建书院，重视书院的建筑环境布局，位于蓬安县周子古镇的濂溪祠，实际上坐落于坡地环境，用地紧张，建筑的体量不大但入口前导空间的景观层次十分丰富，设有亭台水榭和曲折浮桥，增强了会馆建筑的可观可游性。而同样处于逼仄滨水区域同属船帮会馆的略阳紫云宫与安居紫云宫，相比较而言，安居紫云宫的入口空间在用单跑踏步消化建筑场地高差之后，在入口处预留了不规则的观江平台，在满足基本出入的建筑交通功能基础上，补充了良好的景观功能。

（二）屋顶——从平缓舒展到高耸飞翘

嘉陵江流域会馆建筑屋脊变化见表3-30。

表3-30　嘉陵江流域会馆建筑屋脊变化

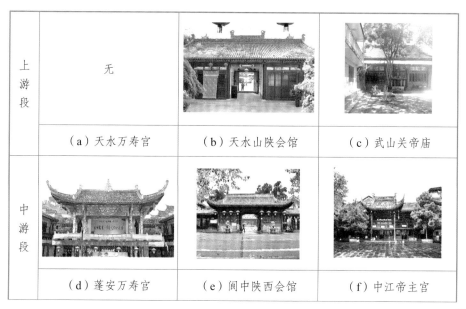

| 上游段 | 无 | （a）天水万寿宫 | （b）天水山陕会馆 | （c）武山关帝庙 |
|---|---|---|---|---|
| 中游段 | | （d）蓬安万寿宫 | （e）阆中陕西会馆 | （f）中江帝主宫 |

续表

| 下游段 | （g）渝中湖广会馆 | （h）安居紫云宫 | （i）安居天后宫 |

对比嘉陵江流域会馆建筑的屋顶元素可知，屋顶的变化有以下几点特征：

（1）屋面越来越追求曲线，在会馆建筑翼角嫩戗发戗的角度变化、屋面举折的变化以及屋脊两端升起曲线的变化中都有所体现。中国传统建筑承载着古人天圆地方、人与自然和谐相处的宇宙观。在建筑中，屋顶反宇向阳，从功能上分析也更利于建筑采光和通风。嘉陵江中下游位于四川盆地，气候潮湿闷热，起翘的屋面从使用功能上更为在地的商帮移民需要，与之对应的，建筑屋顶反宇在屋面举折和屋脊升起中都有所体现，其目的都是让建筑更好地为人们所使用。而夸张的翼角发戗装饰性功能更突出，这与嘉陵江流域中下游地区渐渐繁荣的会馆文化相关联，民间工匠自由创作的热情高涨。为了强调起翘的效果，有时甚至由单重门楼发展成多重牌楼。

（2）此外，从屋顶细部来看，嘉陵江上游段屋脊好使用屋脊走兽作为装饰，而中下游多在正脊、垂脊上做砖石雕刻、贴碎瓷片，甚至发展出带有故事情景内容的灰塑。从屋顶色彩上来看，上游会馆建筑偶见黄色琉璃瓦，如天水万寿宫，而中游段会馆色彩朴素，多为高浮雕、薄浮雕雕刻后的砖石原材料色彩，到了下游，偶见彩色灰塑和正脊贴青花瓷片的会馆建筑，例如安居紫云宫。

（3）整体上来讲，嘉陵江流域会馆建筑的屋面风格从庄重大气转向了活泼俏丽，屋顶比例从舒展开朗变得陡峭而耸立。正脊缩短而翼角起翘变高，这与流域中移民受到原乡文化和地域文化双重影响有密不可分的关系。

（三）挑檐——从承重性转向装饰性

嘉陵江流域会馆建筑檐口变化见表3-31。

表 3-31　嘉陵江流域会馆建筑檐口变化

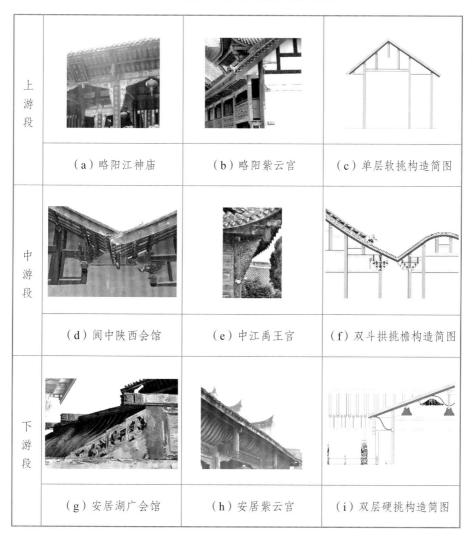

| | | | |
|---|---|---|---|
| 上游段 | （a）略阳江神庙 | （b）略阳紫云宫 | （c）单层软挑构造简图 |
| 中游段 | （d）阆中陕西会馆 | （e）中江禹王宫 | （f）双斗拱挑檐构造简图 |
| 下游段 | （g）安居湖广会馆 | （h）安居紫云宫 | （i）双层硬挑构造简图 |

结合实地调研，对比分析嘉陵江流域沿线会馆及会馆周边传统聚落民居挑檐的构造，可以发现会馆与会馆、会馆与地域民居建筑之间的檐口构造存在紧密的联系，有以下几点特征：

（1）会馆建筑檐口构造的功能从纯粹的承重结构向半承重半装饰结构转化。檐口的构造形态从简单质朴到复杂精美，檐口的雕刻从简洁的线脚演变为高浮雕再变成镂空雕刻。

（2）会馆建筑的檐口构造存在从地域民居借鉴的可能，且会馆的檐口构造在吸取民居构造优点的同时，较民居建筑工艺更为复杂。

（3）总结得出：嘉陵江流域会馆建筑的檐口构造分为挑枋出檐和斗拱出檐；挑枋出檐按照出檐方式又分为硬挑出檐和软挑出檐；按照出檐重数分为单挑出檐、多挑出檐和复合出檐；按照挑枋的基本形态可分为普通穿枋挑檐、牛角挑。有时候挑枋下会增加斜撑，以加强结构的牢固性。斜撑的形态可分为板式斜撑、柱式斜撑，而板式斜撑的种类多样，在嘉陵江流域会馆构造中有矩形板式斜撑和三角形板式斜撑。会馆建筑的斜撑常做镂空雕刻。

## （四）山墙——从人字形到复合型

嘉陵江流域会馆建筑的山墙在流域中的传承与演变也呈现出比较明显的特征（表3-32）：

（1）嘉陵江上游段会馆建筑的山墙常采用人字坡顶或单层围墙形成院落，体量大的会馆建筑常将这两种山墙的方式自由组合。到了中游段，江右商帮和徽商带来的马头墙文化融入巴蜀地域性山墙文化中，出现了层层叠叠翼角发戗的飞檐七山式山墙，如蓬安县万寿宫。此外，明清江南地区因园林建筑文化兴盛而常常使用的悬山式卷棚顶在嘉陵江流域中下游段也常被使用。如阆中陕西会馆的中殿采用了进深较大的船篷轩式卷棚与隔柱落地式穿斗山墙结合的做法，两种山墙构造之间用五踩计心如意斗拱相互搭接。而到了下游段，山墙的建筑文化更加多元，例如渝中湖广会馆单座会馆中便包含了猫拱背山墙、马头墙和单层山墙。猫拱背墙的形式由象征粤商原乡岭南文化的镬耳墙演变而来。

表 3-32　嘉陵江流域会馆建筑山墙变化

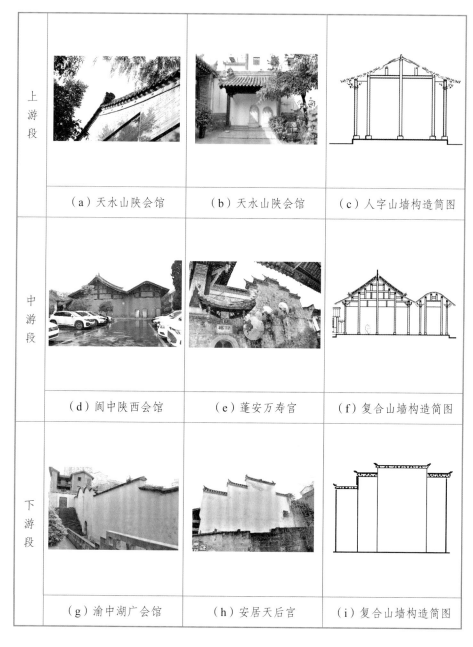

| 上游段 | （a）天水山陕会馆 | （b）天水山陕会馆 | （c）人字山墙构造简图 |
| 中游段 | （d）阆中陕西会馆 | （e）蓬安万寿宫 | （f）复合山墙构造简图 |
| 下游段 | （g）渝中湖广会馆 | （h）安居天后宫 | （i）复合山墙构造简图 |

（2）山墙的色彩从直接暴露原材料的单一色调向增刷涂料后产生的多元建筑色彩转换。在嘉陵江流域中下游地区，各类会馆建筑有自家偏

好的建筑色彩，如陕商建设的陕西会馆山墙多用红色抹灰，湖广商帮兴建的禹王宫偏好土黄色山墙，而徽商、赣商兴建的会馆偏好白墙灰檐的马头墙。

（3）从山墙的比例来看，嘉陵江上游段的会馆外山墙或院落围墙低矮，而越靠近下游地区，会馆建筑的封火山墙越高而深。笔者认为，产生这种变化是由于上游段会馆建筑主体使用砖石材料偏多，而越靠近下游，木材的使用在会馆建筑材料中占比越大，且上游段的会馆建筑或处于关中盆地，地势相对开阔，如天水万寿宫和山陕会馆，或处于秦巴山区，会馆建筑相对零散，如坐落于山顶的略阳紫云宫。而中下游地区的会馆常常于集镇聚集建设，如安居帝主宫、湖广会馆和天后宫三座会馆紧邻，中江县禹王宫和帝主宫紧邻，重庆渝中齐安公所、广东公所和湖广会馆紧邻，这些大量使用木材的会馆非常容易发生火灾，为了减少损失，会馆间的封火墙就必然设置得高而深。

# 第四节　流域会馆建筑装饰与细部特点

## 一、湘桂走廊沿线会馆建筑的装饰与细部

湘桂走廊沿线会馆的建筑技艺与装饰文化多具有明显的象征意义。沿线会馆建筑的建筑技艺和装饰既体现了原乡文化，也融合了湘桂走廊沿线地域文化特色，同时受到各类商帮文化交流的影响。因此湘桂走廊沿线的建筑技艺和装饰是多元文化融合的成果。本小节将从装饰艺术和细部特征来展开分析。沿线会馆的装饰题材、手法共性较大，差异性较难区分，所以本节将先对湘桂走廊沿线会馆建筑装饰题材和装饰手法进行概括性的描述，再选取最具特色的细部特点进行重点研究说明。

（一）装饰艺术

虽然湘桂走廊沿线会馆建筑的装饰共性较大，但在装饰的位置上存在微小的差别：湘桂走廊沿线会馆建筑的装饰艺术在湘江段装饰集中在牌楼门、屋脊、封檐板、栏杆、卷棚、小木作等位置重点装饰，桂江段装饰集中在屋脊、封檐板、墙身、墀头、柱础、小木作，装饰极为华丽。本部分主要是对湘桂走廊沿线会馆建筑的装饰艺术进行概述。

1. 装饰题材

1）花鸟鱼虫等动植物题材

湘桂走廊沿线的会馆建筑属于宫庙型的建筑，因此其建筑形制是高于一般的民居的，所以在动植物题材的装饰（表 3-33）中也采用了中国传统建筑装饰常用的具有美好寓意的符号，例如龙、凤凰、狮子、麒麟、蝙蝠等。这些装饰题材的运用丰富了建筑的立面，不仅使整个建筑灵动且华丽，还能进一步彰显出各类会馆建筑的不同、气势和重要性，让商帮在当地留下一个强有力的形象。动物性的装饰通常用在山门、戏台、正殿等整个建筑组群中最重要的部分。采用动物的装饰不仅给会馆增添了灵动的感觉，还包含着美好的寓意，例如湘潭北五省会馆春秋阁前放置有一对母子狮，春秋阁前还有一对镂空盘龙柱，台阶上还有透雕龙纹 [ 表 3-33（c）]，这些装饰既显示尊贵又有辟邪的作用。

沿线会馆建筑还采用一些具有美好寓意的植物性的装饰题材，例如"梅、兰、竹、菊"四君子 [ 表 3-33（a）] 等，也有松树、仙桃、瓜果等装饰。四君子的装饰象征着高洁的品性，松树象征着坚忍不拔，仙桃瓜果象征着富足和满足。例如湘潭江西会馆夕照亭 [ 表 3-33（d）] 上的装饰。这些动植物装饰题材不仅显示了商帮的文化、实力大小、美好愿望，还体现了客居在此行商的商人们的坚忍不拔、吃苦耐劳的品格和对本帮从业人员提出的行商准绳和要求。

表 3-33　动植物装饰题材

| |
| :---: |
| （a）宁乡八元堂的花鸟木雕装饰 |
| （b）宁乡八元堂的龙木雕装饰 |

| （c）湘潭关圣殿龙纹装饰 | （d）湘潭江西会馆<br>夕照亭猪彩绘浮雕 | （e）恭城湖南会馆<br>门腰板菊花浮雕 |
| :---: | :---: | :---: |

2）表达祝福和美好象征的题材

　　具有祝福和美好象征的题材（表 3-34）在湘桂走廊沿线的会馆建筑中也常常出现，并且在会馆建筑多个构件中反复出现，例如"双龙戏珠""龙凤呈祥""福禄寿"等装饰。"双龙戏珠"这个装饰题材就重复出现在湘桂走廊沿线的湖南会馆中，在山门、戏台、正殿中均出现。这些装饰题材从侧面反映出商人追求吉祥和富贵的美好愿景。

表 3-34　表达祝福和美好象征的题材

| | | |
| --- | --- | --- |
| （a）湘潭关圣殿<br>双龙戏珠彩绘浮雕 | （b）恭城湖南会馆<br>瓶子形状的柱础 | （c）平乐粤东会馆<br>福寿安康装饰 |
| （d）乔口万寿宫藻井<br>蝙蝠木雕装饰 | （e）六塘湖南会馆<br>祥云绕日石雕装饰 | （f）恭城湖南会馆<br>屋脊蝙蝠灰塑装饰 |

3）情景装饰题材

湘桂走廊沿线的会馆中也常采用民间传说、文学、戏曲等装饰题材，都是以一些大众熟知的，深入人心的题材作为创作素材（表 3-35）。例如在梧州龙圩粤东会馆的脊饰和灰塑，基本都是人物故事的群像装饰，有"八仙图""年兽图"[ 表 3-35（c）] 等等情景题材的装饰，极为详细精美。

表3-35　情景装饰题材

（a）梧州龙圩粤东会馆屋脊群像装饰

（b）梧州龙圩粤东会馆屋脊"八仙图"装饰

（c）梧州龙圩粤东会馆屋脊"年兽图"装饰

（d）湘潭万寿宫山门尊老爱幼图装饰

4）生活环境、历史事件等题材

也有反映当地生活环境和历史事件的装饰题材。例如湘潭泥木行业会馆鲁班殿，其牌坊式门楼上的"湘潭古城全景图"（图3-22）是一件泥塑精品，整幅泥塑的构图分为3个部分，从左到右依次为文昌阁到小东门、湘潭到窑湾古镇以及杨梅洲的画面。城门以及城墙上的城楼城垛清晰可见，城外半边街的吊脚楼、万寿宫、关圣殿、窑湾、三街六巷、雨湖垂柳、沿岸码头等形象栩栩如生，街市屋宇鳞次栉比。这样独特的装饰题材也给了后人了解和还原历史最直接的机会。

图3-22　湘潭鲁班殿"湘潭古城全景图"泥塑装饰

5）匾额、楹联等文字装饰题材

文字类的装饰题材（表3-36）在湘桂走廊沿线的会馆建筑中出现的频率也较高。文字类的装饰题材以一种直接、直白的形象，可以直接抒发胸臆，展示精神上的追求。匾额、楹联是最常见的文字装饰题材。其中湘桂走廊沿线的江西会馆常常采用匾额的形式，例如湘潭北五省会馆上也有"日星""岳河"字样［表3-36（d）］，湘潭万寿宫山门上的"万寿宫"字样［表3-36（f）］，同时梧州龙圩粤东会馆山门上也有"鸟革""翚飞"等表达会馆美丽的装饰牌匾。楹联主要存在于山门、戏台以及正殿正前方的檐柱上。楹联的主要内容都与美好的祝愿和弘扬商帮精神有关，不仅具有相当高的文字艺术水平，给观看者精神和视觉上的享受，也非常直接地抒发了客商对家乡的思念、乡神的崇拜以及自我的理想抱负，这些文字装饰从文化的角度体现了会馆的原乡特征。

表 3-36　匾额、楹联等文字装饰题材

| （a）乔口万寿宫戏台楹联 | （b）宁乡八元堂大门楹联 | （c）恭城湖南会馆门楼楹联 |
|---|---|---|
| （d）湘潭关圣殿牌匾 | | |
| （e）湘潭鲁班殿牌匾 | （f）湘潭江西会馆牌匾 | （g）熊村江西会馆牌匾 |

2．装饰手法

1）木雕

木雕（表 3-37）也是湘桂走廊沿线的会馆建筑中运用范围最大装饰手法之一，且结合了巫楚文化和岭南文化的会馆建筑中的木雕更是显现出浪漫热烈的气息。木雕装饰的主要部位有斜撑、雀替、门窗、戏台檐板、藻井等部分。这些木雕为了适应不同部位，也为了体现出不同的风格，采用了圆雕、透雕、浮雕、线雕等丰富多样的雕刻方法，组合在一起呈现出了精美的装饰效果。

表 3-37　木雕

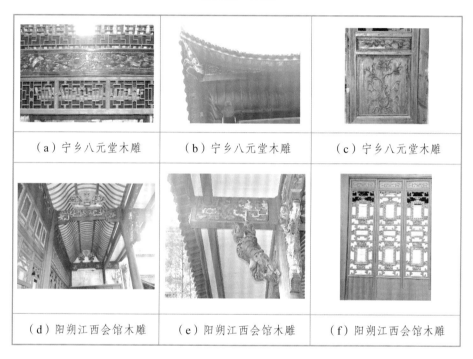

| （a）宁乡八元堂木雕 | （b）宁乡八元堂木雕 | （c）宁乡八元堂木雕 |
| --- | --- | --- |
| （d）阳朔江西会馆木雕 | （e）阳朔江西会馆木雕 | （f）阳朔江西会馆木雕 |

2）石雕

在湘桂走廊沿线的会馆建筑中，石雕（表 3-38）多用于山门抱鼓石、石狮子、柱础、栏杆和栏杆板等部位，兼具功能和审美意趣。石雕装饰手法多样，相较于木雕装饰给人带来的温暖亲和的感受，石雕因其材质的特质，给人较为肯定、坚硬和立体的感觉。雕刻手法也多样，有浮雕、圆雕、透雕等手法，这些雕刻方式的结合呈现出华丽精彩的装饰效果，也体现出古代匠人的审美情趣，具有极高的艺术价值。例如湘潭关圣殿的石栏杆采用了浮雕的手法，春秋阁前的透雕盘龙柱 [ 表 3-38（c）] 活灵活现，栩栩如生，令人过目不忘。

表 3-38　石雕

| （a）湘潭关圣殿春秋阁前石狮 | （b）湘潭关圣殿春秋阁龙纹透雕 | （c）湘潭关圣殿春秋阁缠龙柱石雕 |
| （d）湘潭万寿宫石牌坊石雕 | （e）宁乡八元堂八仙过海石雕 | （f）恭城湖南会馆柱础上的植物石雕 |

## （二）细部特点

本小节选取了湘桂走廊沿线会馆建筑中变化最为明显、最具特点的柱础和灰塑进行重点分析，以这两个建筑细部作为典型，从细部入手分析湘桂走廊沿线会馆建筑的原乡性与在地性。

### 1. 柱础

柱础是所有会馆中重要的功能性构建，将木柱置于石柱础上，可以避免随着时间的推移，地面湿气对木柱的侵蚀，增加木柱的使用寿命，且石柱柱础底部可以增大受力面积，可以使会馆建筑的基础更为牢固。不仅如此，柱础还承担了非常重要的装饰作用。在湘桂走廊沿线的会馆建筑中的柱础平面形状上总体来说有方形、六边形、八边形、圆形等形式。立面上有方形、鼓面形、花盆形等形式，也有几种基础形式的组合型柱础。这些柱础的各种各样的形式增加了柱子的装饰性和观赏性，柱础上也有相当精美的石雕，多以动植物和含有吉祥寓意的纹样与图案为主。

湘桂走廊沿线的柱础形式与会馆建筑的形式风格较为统一，因此可以对柱础的类型进行分段研究，根据表 3-39 可以归纳出以下结论：湘江段至过渡段的会馆柱础形式较为简洁，以鼓面形结合其他形式为主；桂江段受到岭南地域文化影响，柱础形式多为花瓶、花盆的变形。

表 3-39　湘桂走廊沿线会馆建筑柱础类型

| 湘江段 | | | | |
|---|---|---|---|---|
| | （a）乔口万寿宫柱础 | | （b）湘潭万寿宫柱础 | （c）宁乡八元堂柱础 |
| | | | | |
| | （d）宁乡八元堂柱础 | | （e）湘潭关圣殿柱础 | |
| 过渡段 | | | | |
| | （f）熊村湖南会馆柱础 | （g）熊村江西会馆柱础 | （h）六塘湖南会馆柱础 | （i）六塘江西会馆柱础 |

续表

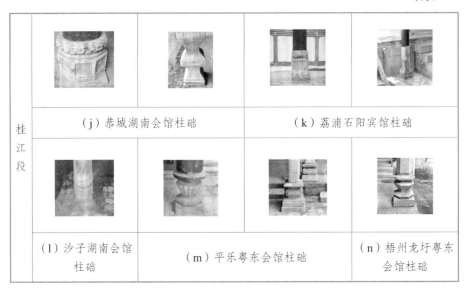

| 桂江段 | （j）恭城湖南会馆柱础 | | （k）荔浦石阳宾馆柱础 | |
|---|---|---|---|---|
| | （l）沙子湖南会馆柱础 | （m）平乐粤东会馆柱础 | | （n）梧州龙圩粤东会馆柱础 |

### 2. 灰塑（纯色—彩绘）

灰塑是在屋顶、墙面上，用石灰作为主要的材料，塑造出各种形态的装饰性图案。湘桂走廊沿线的会馆中灰塑装饰极为丰富，湘桂走廊沿线会馆建筑的灰塑［表3-39（a）～（d）］有花鸟鱼虫、人物故事、生活场景等多种题材的装饰图案。但灰塑在湘桂走廊沿线各段的位置有倾向性，且灰塑题材的类型呈现出逐渐增多的趋势。

根据表3-40可以看出：湘江段会馆建筑的灰塑类型较少，灰塑的位置也较为固定。例如乔口万寿宫只有封火墙上有一个蝙蝠灰塑，湘潭万寿宫、关圣殿、鲁班殿的灰塑都集中装饰在牌楼门檐部，颜色装饰较为朴素。过渡段的灰塑主要集中在墀头上，多采用具有岭南特色的卷草纹，且没有颜色装饰较为简单素雅。桂江段灰塑类型不仅多，有人物、动物、回纹、太阳纹饰等等类型，其出现位置也更为灵活，屋脊、脊垛、墀头、墙身都是常被装饰灰塑的位置。不仅如此，桂江段的灰塑常常涂有艳丽大胆的色彩，体现出岭南文化浪漫热情的风格。

此外，桂江段的灰塑还发展出了"墙身画"（表3-41）的形式，这是一种仿照中国画在墙身进行装饰的特殊的灰塑形式，给桂江段的会馆建筑增添了岭南地域特色，同时这些"墙身画"题材也体现了商人的美好愿望和艺术审美情趣。

表 3-40 湘桂走廊沿线会馆建筑灰塑类型

| 湘江段 | （a）乔口万寿宫灰塑蝙蝠 | （b）湘潭鲁班殿檐部灰塑 | （c）湘潭万寿宫檐部灰塑 |
| 过渡段 | （d）熊村湖南会馆灰塑卷草纹 | （e）六塘湖南会馆墀头灰塑线脚 |
| 桂江段 | （f）沙子粤东会馆灰塑回纹 | （g）恭城湖南会馆墀头灰塑 | （h）梧州龙圩粤东会馆灰塑人物 |

表 3-41 桂江段"墙身画"灰塑

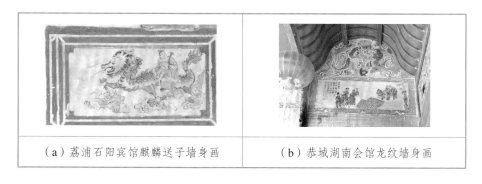

| （a）荔浦石阳宾馆麒麟送子墙身画 | （b）恭城湖南会馆龙纹墙身画 |

前面将湘桂走廊按湖湘地域文化主要影响区、湖湘岭南地域文化交汇区、岭南地域文化主要影响区分为湘江段、过渡段、桂江段。并在对湘桂走廊沿线的会馆建筑形态总体特征进行概述的基础上，分段对会馆建筑的平面布局和建筑朝向的特点进行了详细的探讨。发现在湘桂走廊上会馆建筑变化最明显的入口空间、观演空间、庭院空间，对以上空间在各段的突出特点及原因进行了详细的说明和推测，进而选取山门、屋顶、檐廊、封火墙这几个元素，并讨论了它们在湘桂走廊各段呈现出的特点和变化趋势。最后在对湘桂走廊沿线会馆建筑装饰艺术概述后，选取各段特点最为明显的柱础、灰塑这两个建筑细部进行重点研究。

利用实地调研和能够收集到的资料作为研究和阐述的依托，探寻湘桂走廊沿线会馆建筑在原乡文化和地域文化影响下的建筑形态的共性与差异，找寻湘桂走廊与沿线会馆建筑空间和形态特点之间的关系。

## 二、汉水流域会馆建筑的装饰与细部

### （一）木作装饰

汉水流域会馆中的木作装饰主要位于木构件上，而非独立存在（图3-23）。通过对重要建筑的梁枋、柱、斗拱等各种木构件的可视部分雕刻，起到装饰建筑的作用，同时保证木构件的结构和构造性能的稳定。

汉水流域会馆中有木作装饰最集中的殿宇一般为戏楼。如蜀河黄州会馆、龙驹寨船帮会馆戏楼在梁枋、柱头、斜抹、匾额周围都有密集的木雕。特别是斜抹，由于面积较大，三角形的形状也相对合理，便于雕刻幅面较大的画面，因此也最为精彩。蜀河黄州会馆、龙驹寨船帮会馆戏楼斜抹上描绘了与会馆有关的历史故事，特别是龙驹寨船帮会馆的斜抹，上刻军士骑马摇旗冲锋的战斗场面，人物、马匹众多，且微微凸出画面，更显姿态生动，造型线条也细腻灵动，将战场的紧张气氛描绘的得淋漓尽致，整幅画面气势磅礴。

其他一些会馆建筑也有斜抹构件。如荆紫关山陕会馆大殿的正、背面均有斜抹，且周围其他构件也有大量木雕。该会馆的斜抹雕刻主题为凤和龙，虽然少了故事性，但龙凤形态蜿蜒，直冲云霄，加之纹饰细腻、工艺精湛、寓意吉祥，依旧是木雕的精品。

除了戏楼木雕集中之外，各个殿宇的檐下梁、柱、斗拱也是承载雕刻的理想场所。明清时期汉水流域会馆建筑中斗拱的装饰作用往往大于结构作用，因此施斗拱时常常用木雕丰富其造型。瓦房店北五省会馆将斗拱耍头雕刻成各式动物造型，两侧配以花草纹透空木板装饰；荆紫关山陕会馆大殿和蜀河黄州会馆戏楼在层层叠叠的檐下斗拱之间，配以圆形透雕装饰，圆片分不同的主题和造型，形成了极为丰富的视觉效果。

此外，檐下梁枋和斜撑也是木雕集中的地方。梁枋因其狭长的形状，木雕往往以长卷展开，有的整幅作画，有的分段构图。主题既有人物故事，也有纹案风景，如石泉湖广会馆正殿木雕就是一幅集人物风景于一身的优美长卷画。斜撑一般以整段作为整体，雕成可以多面观看的圆雕。石泉湖广会馆、江西会馆拜殿前的斜撑分别采用人物和狮子主题，实为此间精品。

（a）蜀河黄州会馆戏楼斜抹 　　　　　（b）龙驹寨船帮会馆戏楼斜抹

（c）荆紫关山陕会馆大殿正面斜抹

（d）荆紫关山陕会馆大殿背面斜抹

（e）瓦房店北五省会馆戏楼檐下木雕

（f）瓦房店北五省会馆鼓楼檐下木雕

（g）荆紫关山陕会馆大殿檐下斗拱

（h）蜀河黄州会馆戏楼檐下斗拱

（i）石泉湖广会馆拜殿斜撑木雕　　（j）石泉江西会馆斜撑　（k）瓦房店北五省会馆

（l）龙驹寨船帮会馆斜撑　　　　（m）龙驹寨盐帮会馆　（n）瓦房店江西会馆斜撑

（o）石泉湖广会馆正殿木雕　　　　　（p）龙驹寨船帮会馆明王宫木雕

（q）荆紫关山陕会馆大殿檐下木雕　　　（r）龙驹寨船帮会馆戏楼檐下木雕

（s）石泉江西会馆随梁枋木雕　　　　（t）石泉江西会馆随梁枋木雕

图 3-23　汉水流域会馆木作案例

（二）瓦作装饰

汉水流域会馆的瓦作装饰主要位于屋面以上的翼角、各脊侧面，以及脊上鸱吻、脊兽等位置，成为建筑天际线的重要组成部分（图3-24）。

瓦作装饰中标志性最强的当属脊兽。汉水流域会馆的脊兽种类十分丰富，各类飞禽走兽皆可立于脊上。单就最重要的鸱吻来说，主要有龙形和鱼形两种。龙形为传统鸱吻，在各地均常见。鱼形则最能代表河流沿线会馆建筑的特点，特别是汉水流域的船帮会馆建筑。在荆紫关的船帮会馆中，鱼形的鸱吻十分夺目。在高高的屋顶上，鱼尾或卷曲或上翘，仿佛鱼儿在水中翻腾嬉戏，又仿佛带着鱼跃龙门之时的喜悦欢欣。其他会馆上也不乏这种鱼形鸱吻，如瓦房店北五省会馆鼓楼、蜀河黄州会馆戏楼都采用了鱼尾高高翘起的正脊鸱吻。这种对鱼的喜爱可以说是汉水流域日日与河流打交道的商民们共同的文化基因。

除了脊兽外，屋脊侧面的纹饰同样值得关注。脊侧纹饰多为卷曲的形态，因此主题以花、草、浪为多。略带弧线的屋脊配上缠绕其间的蜿蜒曲线，最能表现中华传统建筑的细腻优雅。

（a）蜀河黄州会馆戏楼

（b）石泉山陕会馆戏楼

（c）瓦房店北五省会馆拜殿山墙瓦雕

（d）瓦房店北五省会馆鼓楼屋檐瓦雕

（e）瓦房店北五省会馆戏楼脊兽　　　　（f）荆紫关船帮会馆山门山墙脊兽

（g）蜀河黄州会馆　（h）瓦房店北五省会馆　（i）荆紫关船帮会馆　（j）龙驹寨船帮会馆

（k）荆紫关船帮会馆山门脊兽　　　　　（l）荆紫关山陕会馆正殿脊兽

（m）荆紫关山陕会馆大殿脊兽　　　　　（n）荆紫关山陕会馆钟楼宝顶

（o）龙驹寨船帮会馆戏楼脊饰　　　　　　　（p）荆紫关江西会馆山门脊兽

（q）樊城山陕会馆拜殿脊饰　　　　　　　　（r）樊城山陕会馆正殿脊兽

（s）樊城山陕会馆鼓楼琉璃屋面　　　　　　（t）樊城山陕会馆正殿琉璃山花

墙头脊兽　　　　　　正殿脊饰　　　　　　正殿鸱吻　　　　　　琉璃照壁

（u）樊城山陕会馆琉璃瓦饰

图3-24　汉水流域会馆瓦作案例

（三）石作装饰

汉水流域会馆建筑中的石作装饰范围较广，内容也较多。从装饰位置上，主要可分为 5 类，分别为山门石雕装饰、石质栏杆、山墙墙头石雕、门枕石雕刻。

有仿牌楼装饰的砖墙式山门，常常将采用石质壁柱，柱上刻楹联，并在檐下、匾额周围等位置，用石刻装饰。如蜀河船帮会馆山门的壁柱高耸纤细，檐下的莲瓣形石质斗拱精美独特。还有龙驹寨船帮会馆上繁密的石刻，从匾额周遭的花纹，到两侧方框中的石雕壁画，再到石质梁枋上的长卷石雕画和各式纹样，均是汉水流域会馆石雕的集大成者[图3-25（1）]。

汉水流域现存会馆中，有 3 处留有较为完整的石质栏杆，其中以蜀河黄州会馆月台石栏杆和瓦房店北五省会馆前殿石栏板最为精美。蜀河黄州会馆月台栏杆各构件均为石质，以石材仿木栏杆造型，形成别具一格的韵味。瓦房店北五省会馆前殿则采用栏板造型，大片石栏板上雕刻仿商周青铜器花纹，加上正中的刻有楹联的石质门框，形成庄严的气派。两处石栏杆顶都有兽形石雕，有狮、象等种类，姿态或立或坐，神情或凶猛，或安详，虽体形不大，但亦气势雄浑 [ 图 3-25（2）]。

柱础也是石作中的重要构件。汉水流域现存会馆的柱础主要可分为正方形、多边形、鼓形三种形态，每种形态又分别由单层组成，或二层、三层相叠而成，形成极其多样的造型。柱础上常常雕刻图案和纹样进行装饰，最华美的当属龙驹寨船帮会馆和荆紫关山陕会馆的柱础，其体积之大、层次之丰富、雕刻之精细，令人叹为观止 [ 图 3-25（5）]。

会馆山墙的墙头和门两侧的门枕石也是石刻集中的地方。这里的石刻多因其形态，辅以人物、故事、风景、静物或纹样，成为建筑造型的点睛之笔 [ 图 3-25（3）、（4）]。

（1）汉水流域会馆山门石雕案例

蜀河船帮会馆山门石雕

龙驹寨船帮会馆山门石雕

荆紫关湖广会馆山门石雕

（2）汉水流域会馆石栏杆案例

蜀河黄州会馆石栏杆

瓦房店北五省会馆石栏杆

（3）汉水流域会馆山墙石雕案例

蜀河黄州会馆　　　　石泉湖广会馆　　　　龙驹寨船帮会馆戏楼山墙浮雕

（4）汉水流域会馆门枕石案例

蜀河黄州会馆　　　　樊城黄州会馆　　　　荆紫关湖广会馆　　　瓦房店北五省会馆

（5）汉水流域会馆柱础案例

瓦房店北五省会馆　　瓦房店江西会馆　　　石泉湖广会馆　　　　蜀河船帮会馆
正方形柱础　　　　　　　　　　　　　　　多边形柱础

瓦房店北五省会馆　　瓦房店江西会馆　　　瓦房店江西会馆　　　蜀河黄州会馆
多边形柱础

蜀河船帮会馆戏楼柱础　　　　　　　　　石泉湖广会馆　　　　瓦房店江西会馆
多边形柱础　　　　　　　　　　　　　　鼓形柱础

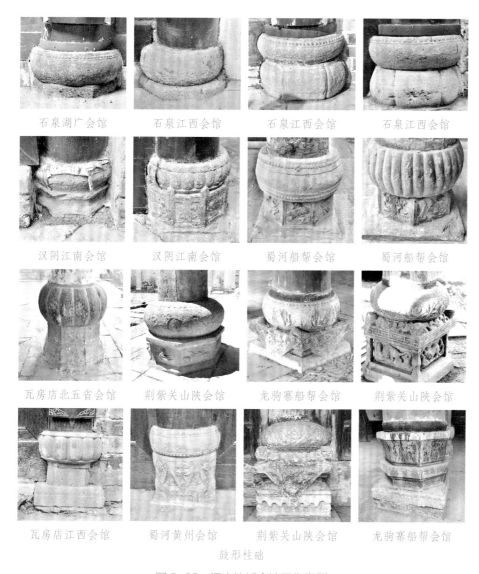

| | | | |
|---|---|---|---|
| 石泉湖广会馆 | 石泉江西会馆 | 石泉江西会馆 | 石泉江西会馆 |
| 汉阴江南会馆 | 汉阴江南会馆 | 蜀河船帮会馆 | 蜀河船帮会馆 |
| 瓦房店北五省会馆 | 荆紫关山陕会馆 | 龙驹寨船帮会馆 | 荆紫关山陕会馆 |
| 瓦房店江西会馆 | 蜀河黄州会馆 | 荆紫关山陕会馆 | 龙驹寨船帮会馆 |

鼓形柱础

图 3-25　汉水流域会馆石作案例

（四）彩绘

彩绘也是汉水流域会馆建筑中常见的装饰形式（图 3-26）。在木、砖、石等各种材料表面，彩绘都有其发挥的地方，具有很强的适应性。但是彩绘也有易褪色、易腐蚀的缺点，因此留存至今的彩绘实例较少。

幅面较大的彩绘一般出现在山门上。如蜀河黄州会馆在山门墙面上有圆形彩绘，上绘人物、树、石，在斜抹上也施彩绘，隐约可见其上的人物形象，整体色调素雅。在荆紫关船帮会馆山门的匾额两侧，也有两片方形彩绘，主题同样为人物和风景，颜色较为鲜艳。

山墙墙头和木梁柱构件也是彩绘集中的地方。山墙墙头彩绘以石泉湖广会馆、江西会馆保存最为完好。这两处彩绘主题为风景静物，有兰、竹、石、山岚等入画，周边辅以花草纹装饰，显得幽静典雅。

墙壁内侧也有幅面较大的彩绘，其中现存面积最大、主题最丰富、工艺最精湛的当属瓦房店北五省会馆拜殿和正殿内的壁画。另外，龙驹寨盐帮会馆正殿山墙内侧也有两幅圆形彩绘，主题为人物和风景。下方的书法依旧清晰，同样是笔势浑厚的精品。

（a）蜀河黄州会馆山门彩绘　　　　（b）荆紫关船帮会馆山门彩绘

（c）石泉江西会馆山墙彩绘　　　　（d）瓦房店江西会馆山墙彩绘

（e）石泉湖广会馆山墙彩绘　　　　（f）瓦房店四川会馆山墙（g）瓦房店江西会馆山墙

（h）龙驹寨盐帮会馆正殿山墙内侧绘画和书法

图3-26　汉水流域会馆彩绘案例

## 三、嘉陵江流域会馆建筑的装饰与细部

### （一）装饰题材

　　嘉陵江流域中现存会馆的建筑装饰题材众多，难以一言而概述其演变特点。因此，笔者将从装饰题材的共性特点展开论述，具体嘉陵江流域会馆建筑常用的装饰题材有以下这些：

　　（1）以藤蔓花草、飞禽走兽等自然界组成要素为主要创作题材的装饰，常见于屋脊、额枋、柱础等处。笔者在测绘时发现，无论采用哪种装饰手法，以自然界为母题的装饰细部非常常见，如纤细的藤蔓、含苞待放的花骨朵、蓬勃生长的植物和蕴含美好寓意的龟、蛇、象、鹤、蝙蝠等，这说明兴建会馆的工匠和商帮移民们，在建造自己本帮会馆时所饱含着的原始自然崇拜热情。事实上，尊敬自然、崇拜自然是人性的共通点，早在古罗马时期西方古典建筑的基本柱式——如柯林斯柱式，亦采用了充满生命力的繁复卷草纹。这说明对自然世界的原始崇拜是人类共性的特点，是一种本能的文化表达方式。表3-42中为天水山陕会馆门窗、阆中陕西会馆中殿额枋和垂脊、重庆安居紫云宫的自然草木图案装饰。

表3-42　嘉陵江流域会馆以动植物为母题的装饰

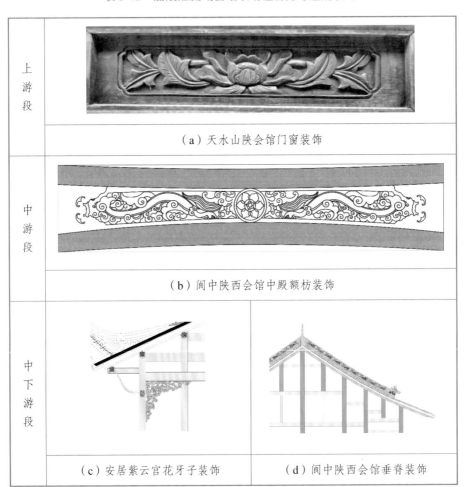

| 上游段 | （a）天水山陕会馆门窗装饰 | |
| 中游段 | （b）阆中陕西会馆中殿额枋装饰 | |
| 中下游段 | （c）安居紫云宫花牙子装饰 | （d）阆中陕西会馆垂脊装饰 |

　　（2）以神话传说为主要母题的建筑装饰，由于神话传说的故事性，常需要长宽比大的创作面，故而常见于戏楼台口（表3-43）、额枋、板式斜

撑处等。民间的神话传说、仙人神兽故事众多，多由文艺创作者根据现实情况类比而充分发挥想象力进行二次创作，赋予故事中的人物、动物以神力，如"天庭审判"事实上来源于"官府衙门的日常工作情景"。会馆建筑装饰在选用神话故事为装饰主题时，会考虑会馆所供奉的神灵特点而展升故事的描绘，如安居紫云宫所供奉的是杨泗将军，木雕的主题与之呼应表达了诸神出游的神话传说。此外，安居湖广会馆供奉大禹，戏楼的檐口用生动的彩画描绘出二龙戏珠的场景。

表 3-43　嘉陵江流域会馆戏楼台口装饰

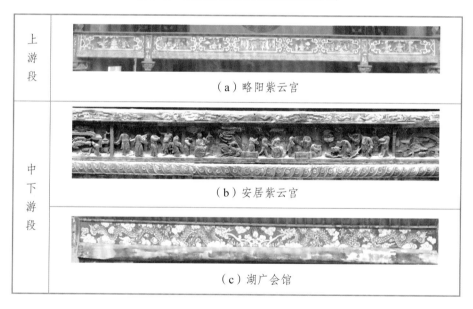

| 上游段 | （a）略阳紫云宫 |
|---|---|
| 中下游段 | （b）安居紫云宫 |
|  | （c）湖广会馆 |

（3）以象征商帮气节、道义和帮规为主题的装饰，常见于门窗、柱础等处。有的会馆建筑喜欢采用"梅兰竹菊"四君子作为装饰，以彰显和传承本帮的文化与信仰，并且选用之后或在门框中完整表达装饰主题形象，或选取题材局部如单朵梅花的图案局部规律点缀，以营造门窗窗格的韵律之美。

（4）以表达美好祝愿、蕴含多重美意的图案为装饰主题，常见于瓦当、椽头、门窗分隔、斗拱、挑檐坐墩与吊墩、柱础等处。这类装饰母题相对也较为常见，如从佛教传入象征平顺安康的卍字回纹、莲花宝座，如"蝠""福"谐音而饱含美好祝愿的蝙蝠图案，如如意的几何形态及其变形等等。

（5）以碑刻、匾额、楹联为主的会馆建筑装饰题材。这类题材相对比较常见，建筑碑刻多记载捐建名单、重修记载、名人诗文，匾额多彰显商帮本帮文化（表3-44），楹联内容常常蕴含商帮的行业规定，歌颂行业坚忍不拔、追求卓越的精神。

表 3-44　嘉陵江流域会馆匾额装饰

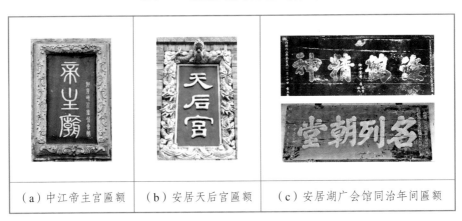

| （a）中江帝主宫匾额 | （b）安居天后宫匾额 | （c）安居湖广会馆同治年间匾额 |

### （二）装饰手法

在上文中，笔者叙述了嘉陵江流域会馆建筑的多种建筑装饰，接下来，将对这些装饰形态背后所采用的工匠手法进行分类讨论，造型手法主要包括木雕、砖雕、贴瓷和灰塑等。具体如下所述。

#### 1. 木雕

嘉陵江流域盛产木材，木雕是嘉陵江流域会馆建筑主要使用的装饰手法之一，包括高浮雕、薄浮雕、镂空雕刻和线脚勾勒等。木雕手法常用于建筑的额枋、雀替、挑檐、木柱（表3-45）、驼峰、门窗等处。重庆安居天后宫的局部檐柱为盘龙描金木雕檐柱，高浮雕的手法使得一对柱子被很醒目地强调出来，其线条之丰富、雕刻之精美充分彰显了福建商帮的妈祖文化信仰，是嘉陵江流域现存会馆中少有的对木柱进行雕刻的会馆。

表 3-45　嘉陵江流域会馆木柱装饰

| 略阳江神庙、紫云宫木柱 | 中江禹王宫、阆中清真寺木柱 | 安居天后宫木雕龙柱 |
|---|---|---|
| （a）上游段 | （b）中游段 | （c）下游段 |

此外，嘉陵江流域中下游会馆建筑多使用卷棚屋顶，一般设置在主殿之前，进深小为檐廊，进深大为中殿，而卷棚下屋顶构造中暴露于观者视野的驼峰结构常常做薄木浮雕，同时兼具结构性与装饰性。驼峰的形态随屋顶的结构而有所差异，相应地，驼峰上的木浮雕图案形态各异，各不相同（表 3-46）。例如中江县禹王宫的木雕驼峰，位于设两根轩桁的船篷轩下，大梁上放置驼峰 1 对。驼峰上置 1 对大斗，斗上为抱梁云，再上穿 1 对轩桁，承数根船篷三弯椽及屋面，包括驼峰在内的轩廊承重结构全做了木浮雕，而安居湖广会馆的 3 种驼峰均架设于梁间，木雕精美，种类丰富。

表 3-46　嘉陵江流域会馆廊下驼峰装饰

| 上游段 | 暂无案例 | |
|---|---|---|
| 中下游段 | | |
| | （a）中江禹王宫木雕驼峰 | （b）安居湖广会馆木雕驼峰1 |
| | | |
| | （c）安居湖广会馆木雕驼峰2 | （d）安居湖广会馆木雕驼峰3 |
| 下游段 | | |
| | （e）安居天后宫木雕驼峰1 | （f）安居天后宫木雕驼峰2 |

### 2. 砖雕

砖石雕刻在嘉陵江流域会馆建筑的装饰手法上使用相对较少，多出现于喜好砖石牌坊山门的会馆类型，如天水山陕会馆（图3-27）、中江帝主宫、安居天后宫等。砖石雕刻常用于会馆建筑的山门、砖石檐口、柱础、狮兽等。位于嘉陵江上游的天水山陕会馆可能建设时间相对较晚，在建筑的外墙面上，出现砖石雕刻仿制木构如意斗拱的雕刻，丧失对材料最本真的尊重，已经从精美创作走向僵化死板。

（a） （b）

图 3-27 嘉陵江流域会馆（天水山陕会馆）廊下石雕装饰

3. 贴瓷

贴瓷手法主要是指将瓷器的碎片自由组合，拼贴于建筑的表皮以作装饰，由粤商带来的岭南工匠传播至南方各地。贴瓷装饰常位于建筑屋脊、正脊宝顶、山墙等部位。在嘉陵江流域中，贴瓷的装饰手法并不多见，以下游段安居紫云宫作为代表（图 3-28）。

安居紫云宫戏楼正脊、垂脊与葫芦宝顶装饰

图 3-28 嘉陵江流域会馆屋脊贴瓷装饰

### 4. 灰塑

灰塑，俗称"灰批"，是指以石灰为主要材料在建筑局部做高浮雕、薄浮雕及透雕等装饰。嘉陵江流域会馆建筑中灰塑的装饰手法被广泛应用于上、中下游各段，灰塑也是由粤商和广东移民引入嘉陵江流域的一种粤商原乡性装饰文化。灰塑装饰手法在会馆建筑中主要被用于屋脊和砖石为主的墙面，例如中江帝主宫屋脊为了营造卷翘曲线而做的升起处理，中江禹王宫在正脊所做的灰塑装饰，起到强调和点缀作用（图3-29）。

（a）中江帝主宫屋脊　　　　　　　　（b）中江禹王宫屋脊与正脊

图3-29　嘉陵江流域会馆屋脊灰塑装饰

### （二）细部特点

嘉陵江流域会馆建筑的装饰艺术种类丰富，笔者选取其中最具代表性的三类细部进行展开论述，分别是建筑门窗、柱础和檐口的斗拱。

#### 1. 门窗——从"宽阔开敞"转向"高耸纤瘦"

大体上来看：嘉陵江流域会馆建筑门窗的组合形式由强调轴线的严格中轴对称式向不对称的组合方式演变；门窗洞口的形式由拱券形向方形转变；会馆门窗的建筑材料从强调砖石向强调木料转化；隔心部位的几何图案越来越丰富，绦环板上的木雕装饰越来越多样；门窗的高宽比变大，建筑门窗洞口比例从宽阔通畅转向高耸纤瘦。如表3-47所示的天水山陕会馆、阆中陕西会馆与嘉陵江下游重庆安居湖广会馆的门窗样式。

表 3-47　嘉陵江流域会馆门窗细部

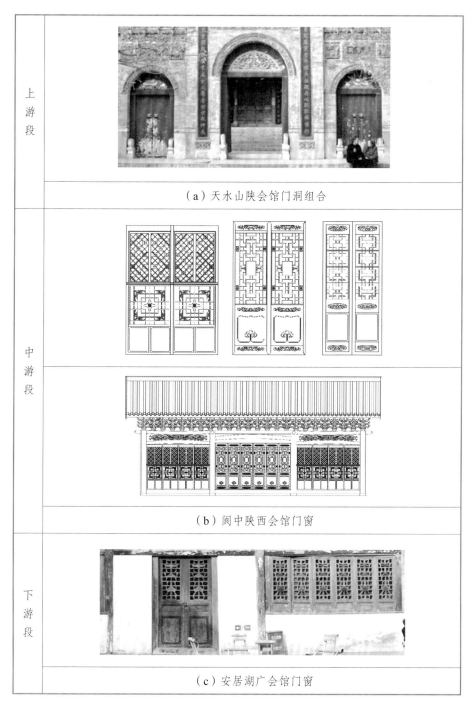

| 上游段 | （a）天水山陕会馆门洞组合 |
|---|---|
| 中游段 | （b）阆中陕西会馆门窗 |
| 下游段 | （c）安居湖广会馆门窗 |

2. 柱础——从"单一几何"到"复合形态"

柱础的作用是为了防止地下的湿邪之气侵入木柱加速木柱的腐烂速度而减少木柱的寿命设立的，其另一个非常重要的作用便是增大柱体与地面的接触面积，从而加固结构。木柱的装饰作用是在其实用功能基础上逐渐发展衍变出来的。

从装饰性形态上来看，嘉陵江流域会馆建筑的柱础部分经历了从单一几何形态向多元几何形组合再到仿神兽等复杂形态石雕柱础的发展过程（表3-48）。上游段柱础多采用抱鼓形、方形、六边形等，柱础立面划分为单层式、双段式。而到了中游，会馆的柱础比例增大，层数增多，多见几何形态的组合型，如蓬安万寿宫柱础为抱鼓形、六边形和方形的三段式组合，且石雕工艺渐渐精湛，开始出现莲花须弥座纹样，如阆中清真寺会馆柱础。再到下游地区，会馆建筑的柱础已不拘泥于简洁对称的几何形态，开始出现盘龙浮雕柱础，如重庆安居天后宫的建筑柱础。

此外，嘉陵江流域会馆建筑的柱础底层基座有逐渐增大的趋势。笔者认为这可能是因为沿线会馆从砖石结构向纯木结构转化的过程中，在对会馆建筑大空间需求不变的情况下，包括柱础在内的各部分建筑构造均需要对建筑屋架提供足够的支持，因而加大基座、增高增大柱础可强化木柱的嵌入程度，可以更好地稳固建筑结构。

表 3-48　嘉陵江流域会馆建筑柱础

| 上游段 | | | |
|---|---|---|---|
| | （a）略阳江神庙 | （b）天水山陕会馆 | （c）略阳紫云宫 |

续表

| 中游段 | （d）中江帝主宫 | （e）蓬安万寿宫 | （f）阆中清真寺 |
| --- | --- | --- | --- |
| 下游段 | （g）安居天后宫 | （h）安居药王庙 | （i）安居紫云宫 |

### 3. 斗拱——从"承重"到"装饰"

据笔者实考，嘉陵江流域会馆建筑的斗拱演变特点较为鲜明（表3-49），从上游段到中下游段斗拱的功能发生了质的转变，中上游段的会馆建筑所使用的斗拱主要以承重功能为主，多出两跳五踩偷心造，斗拱比例大而补间铺作朵数少，如天水山陕会馆补间铺作仅置一两朵，中江禹王宫会馆的补间铺作也仅置两朵，斗拱的结构作用突出。而到了中下游段，斗拱的结构功能逐渐弱化，装饰性增强，阆中陕西会馆中殿檐口的三跳七踩偷心如意斗拱和遂宁天上宫正殿檐口的"蜂窝斗"可以作为证明，且中下游段会馆建筑的补间铺作数量剧增，阆中陕西会馆补间铺作为8朵，遂宁天上宫会馆的补间铺作为11朵。事实上对比斗拱数量的剧增，会馆建筑的体量并未随之有如此剧烈的增幅，因此可以断定，到了中下游，斗拱的结构作用弱化甚至丧失，演变成了檐口的装饰构件。

此外，嘉陵江流域中会馆建筑的斗拱的种类数量有逐渐增加的趋势。上游的会馆斗拱多1~2种，而到了中下游，如阆中陕西会馆，单座会馆的斗拱种类多达4种，可见斗拱的样式也在不断丰富。

表 3-49　嘉陵江流域会馆斗拱细部

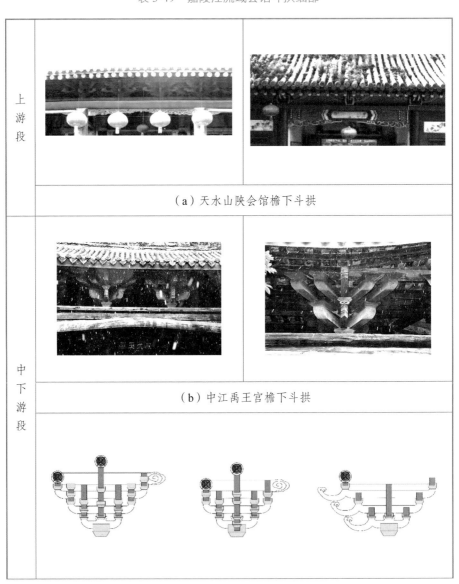

续表

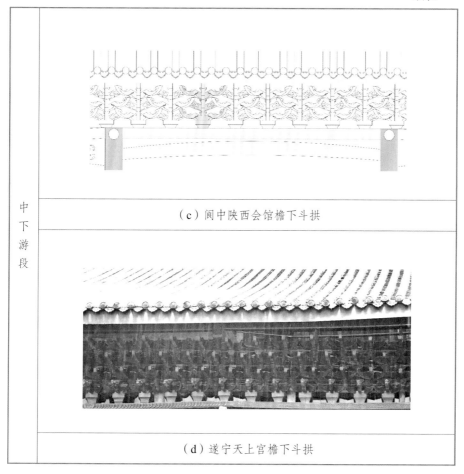

| 中下游段 | （c）阆中陕西会馆檐下斗拱 |
| --- | --- |
| | （d）遂宁天上宫檐下斗拱 |

第四章
流城会馆
案例分析

# 第一节　湘桂走廊会馆建筑案例分析

　　在上一章节中，对湘桂走廊沿线的会馆建筑的建筑形态共性以及特征进行了详细的探讨和归纳。本章节对现存 28 个会馆（图 4-1）中的 22 个会馆进行了实地调研，选取了湘桂走廊沿线湘江段、过渡段、桂江段上 8 个最为完整最为典型的案例。其中包括有湘桂走廊沿线的国保、省保单位，这些会馆属于不同的商帮，有着不同的文化，在湘桂走廊沟通下的不同地域环境中又因文化的碰撞而各具特色。本章将从历史沿革、建筑形态、装饰艺术、建筑背景以及细部装饰等方面，详细分析在原乡文化地域文化影响下位于湘桂走廊各段的会馆建筑的特点。

图 4-1　湘桂走廊沿线现存会馆分布

## 一、湘桂走廊湘江段的会馆建筑

本小节选取了湘桂走廊湘江段宁乡八元堂、乔口镇万寿宫、湘潭关圣殿进行典型案例的分析，这三栋会馆建筑都体现出了较为明显的湖湘地域特色，其中关圣殿作为北方五省会馆，春秋阁代替中殿的平面布局形式体现出了较为明显的原乡特征。

### （一）宁乡八元堂

宁乡八元堂，位于湖南省长沙宁乡望城区靖港古镇保健街90号（图4-2、图4-3）。会馆临水，且位于繁华的主街，距离长沙约50千米，因靖港古镇位于湘水与沩水交汇处，所以又叫宁沩会馆，祭祀杨泗将军，因此也称为"宁邑杨泗庙"。八元堂由宁邑八埠集资捐建，是宁乡船帮的行业会馆。

图 4-2　宁乡八元堂区位图

图 4-3　宁乡八元堂鸟瞰图

#### 1. 历史沿革

靖港古镇位于沩水与湘江交汇处，地理位置优越，早在唐代就形成了商贸发达的集市。经过清代的发展，及至清末，靖港已经成为湖南地区的四大米市之一，镇上粮行米栈极为繁盛，密集分布着40多家，每日集散转运的谷米有万担。不仅如此，靖港那个还是湘江沿线淮盐经销口岸之一。这里商贾云集，让靖港形成了八街四巷七码头的格局，古镇沿河一线，修有公私大小 30 多个码头。根据《宁乡县航运志》记载，八元堂建于咸丰十一年（1861 年），距今已有 160 多年的历史。曾经因无人管理而遭受损坏，但主体部分仍遗留下来，2009 年修复完后开放给游人参观，让游人能体会当年会馆的风采。

2. 建筑现状

1）平面布局

宁乡八元堂（图 4-4、图 4-5）坐西北朝东南，是一座中轴对称青砖灰瓦三进深的砖木结构建筑，长约 41.3 米，宽约 13.7 米，建筑占地面积约 552.8 平方米。建筑主体依次为谷米店铺、库房、戏台、正殿、后殿。但建筑主体部分并不在一条轴线上，而是分成了两个部分。入口空间的谷米店铺和库房为两层门楼式建筑，为了顺应街巷走势而偏转了一定角度，且较为狭小，与会馆聚会酬神空间通过金鱼坍池和月亮拱门连接。店铺库房部

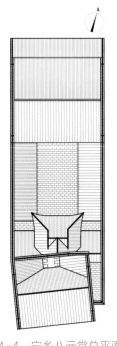

图 4-4　宁乡八元堂总平面图

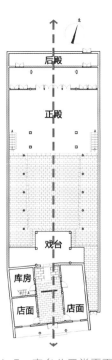

图 4-5　宁乡八元堂平面图

分由于旋转了一定角度导致建筑群在东北方向多了一部分空间，于是形成了一个侧门。会馆从戏台开始的建筑则位于同一条轴线上，戏台前庭院空间极为开敞，欲扬先抑的空间对比手法让宁乡会馆内部空间给人开阔亮敞的感受。轴线两侧为架空的连廊作为观众席，从航拍图上看观众席略微呈八字张开，这样可以修正视觉差，并且起到突出正殿的视觉作用。整个平面布局既顺应了场地，又做到了开敞大气，体现了当时设计者的精湛技艺。

2）空间结构

宁乡八元堂纵剖面和立面如图 4-6、图 4-7。

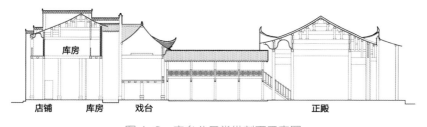

图 4-6　宁乡八元堂纵剖面示意图

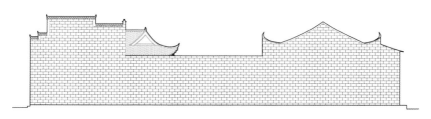

图 4-7　宁乡八元堂立面示意图

（1）门楼（店铺、库房）

因为位于繁华街巷，因此八元堂入口门楼（图4-8）无法建设得较为宽阔，但还是在有局限性的场地中尽可能地展现出会馆的气势。用作店铺和库房的门楼为三开间四进深两层硬山顶砖木建筑，面阔 11.5 米，进深 8.7 米，高约9.3 米。山墙为三阶马头封火墙，进入门楼前两进左右两侧均为做买卖商品的店铺，绕过屏风后两进有楼梯可上二楼，均用作库房。为了有良好的采光，屋面上铺有亮瓦。店铺库房部分采用了穿斗式梁架，结构稳定，对于需要长期储存转运货物的库房部分起到良好的支撑作用。在后两进形成了带有金鱼坍池的天井，现在坍池已无水，门楼内的天井起到了分隔室外的作用。不仅是功能上的分割，也是心理感受上的分割，宁乡船帮众人既可以在此完成商业交易，也可以完成集会交流娱乐活动。

（2）戏台

戏台（图4-9）一层架空，经过月亮拱门穿过戏台底部就是一个极为开阔的庭院空间。戏台为歇山顶，正脊中央有葫芦宝顶装饰，檐下为硬出挑支撑，翼角有龙形撑承托。戏台底部有两对方形石柱支撑，戏台两侧为一层架空的观演连廊（图4-10），为穿斗式构架。

（3）正殿

正殿（图4-11）为三开间三进深硬山顶建筑，祀殿内有8根方形花岗岩石柱，通透开敞、庄重大气，檐下为卷棚。正殿正对戏台，毫无遮挡，进一步加强了整个观演酬神空间的开阔大气之感。正殿内部空间大，殿高约8.6米，因此正殿内还出现了三柱一体的柱子样式，用以承托巨大的屋顶。正殿墙基由麻石砌成，麻石上方地青砖上印有"宁邑杨泗庙"。

图4-8　宁乡八元堂山门

图4-9　戏台

图4-10　连廊

图4-11　正殿

3）装饰艺术

八元堂中的木雕十分精彩，戏台栏杆上雕有"双龙戏珠""喜鹊报春""彩蝶戏花""鸳鸯荷塘"等欢乐氛围的浮雕，前文装饰艺术中有详细分析。除此之外，在正殿祭祀杨泗将军神位的挂落上的动物群像木雕[图4-12（a）]形态栩栩如生，十分灵动。正殿内部的门扇上也雕刻有寓意平浪的巨大花瓶[图4-12（b）]形象，门头墙面上还有"八仙过海"石雕[图4-12（c）]装饰。正殿的梁枋、雀替还刻有鳌头卷云，这些精美的装饰未曾施以粉墨，却充满了艺术张力。

（a）神位挂落上的动物群像　　　　（b）花瓶木浮雕　　　（c）八仙过海石雕

图4-12　宁乡八元堂装饰

（二）乔口镇万寿宫

乔口镇依靠沩水与湘江相连，因此是重要的商业古镇。乔口镇万寿宫（图4-13、图4-14）位于长沙望城区乔口镇以往的主街的古正街上，可以很便利地抵达沩水，它是长沙保留下来的最完好的万寿宫建筑。因此，其建筑平面布局与建筑形制在湘江段有一定的代表性。

图4-13　乔口镇万寿宫区位　　　　　　图4-14　乔口镇万寿宫鸟瞰

### 1. 历史沿革

乔口镇是长沙的"北门户"，是南下进入湘中地区的必经之地，也是重要的军事要塞，其新堤村就有春秋战国时期的遗址，东汉的《前汉临湘县图》"高口水"即为乔口，历史极为悠久。乔口凭借水上交通优势，逐渐发展成为集军事、商贸、加工为一体的重要商贸集镇。古正街、上河街、横街、中和街大码头等主要商业街巷相互连接有"长沙十八户，乔口八千家"的说法，从侧面证明了乔口的繁华。在乔口镇有乾元宫、天后宫、万寿宫等会馆的记载，唯有万寿宫躲过了漫漫历史的淘汰，遗存了下来。乔口万寿宫精致小巧，宫内祭祀许真君，由于从湘赣间的通道抵达乔口极为方便，因此赣商在此地的影响也较深，在这栋万寿宫上也有体现。

### 2. 建筑现状

#### 1）平面布局

乔口万寿宫建于清乾隆十三年（1748年），由林、谢、敖三家合建，又称江西会馆。会馆坐北朝南，整栋建筑长约31.6米，宽约27米，建筑占地面积约780.75平方米。建筑群虽然呈现出微微不对称的形态，但主体建筑仍旧沿主轴线对称布置，并通过院落空间将建筑群组织在一起。

建筑群主体部分（图4-15）沿轴线依次是山门、戏台、正殿，其中：牌坊式山门与戏台由两个旱天井相连；正殿内祭祀有许逊许真君、罗汉等神明，正殿东侧有配套辅助用房，现为管理人员起居办公所用空间。

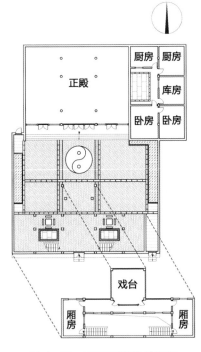

图4-15 乔口万寿宫总平面

2）空间结构

乔口万寿宫纵剖面如图4-16。

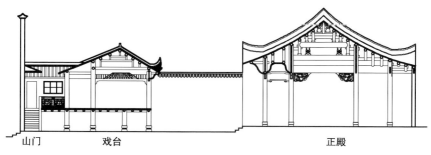

山门　　　　　戏台　　　　　　　　　　正殿

图4-16　乔口万寿宫纵剖面示意图

（1）山门

乔口万寿宫的山门（图4-17）是四柱式牌楼式门坊建筑，高约9米，宽约22米。山门样式简洁，因为曾被破坏，山门上的装饰已经不存。山门中间写有"万寿宫"字样。山门后有两个旱天井（图4-18），山门通过旱天井的空间与戏台紧密相连。

图4-17　山门

图4-18　山门与戏台旱天井

（2）戏台

戏台（图4-19）为歇山顶，戏台屋檐翼角向上高高翘起，出檐方式为挑承托出檐中的单挑出檐方式，有雕刻成龙吻的木枋承托。戏台顶部有八角形雕龙藻井，简洁精巧。戏台整体由12根花岗岩石柱承托，主体表演空间底部四角上有4个石柱支撑，另外居中还有两个短柱承托，在表演空间

345

图4-19 戏台

采用减柱造，取消了居中的两对柱子，保证表演空间的开敞。戏台左右两翼伸展至与山墙完全贴合，两翼端头为戏台的候场辅助用房。

（3）正殿

正殿（图4-20）为三开间四进深的封火山墙硬山顶建筑。正殿内的结构为抬梁和穿斗结合的构架形式，殿内梁枋、雀替、驼峰、角背上的木雕（图4-21）简洁，富有动感。殿前空间开敞无遮挡，绿化都紧挨两边围墙。殿内原先供奉许逊许真君，后来改祀关圣，但正殿的正脊上还可以找寻原来信仰道教的八卦标志的痕迹。

图4-20 正殿

图4-21 正殿明间梁架

3）装饰艺术

乔口万寿宫的建筑装饰较为简洁，主要为充满文化气息的楹联和集中在戏台的挂落、栏杆、雀替以及正殿内的构架上的木雕纹饰，以及柱础上的石雕（图4-22）。戏台止面刻有"立世为人应有良心止气，登台唱戏何拘北调南腔"楹联一对，戏台背面的石柱上也刻着一对楹联"对景忽生归棹想，登楼常作故乡看"，饱含着赣商对故乡的思念之情。后人在正殿前有题"宫传历代香烟武圣精诚照日月，馆荟文人商贾赣江风物誉湖湘"楹联一对，这也体现了在当地地域文化影响下的祭祀信仰的演变。戏台上的挂落刻有栩栩如生的百鸟朝日的纹样，栏杆上刻有梅兰竹菊、燕子报春、杜甫吟诗等图案［图4-22（a）、（b）、（c）］；正殿内的梁下柁墩［图4-22（d）］刻有莲花纹样，还有作为装饰神位的梁上刻有双龙戏珠等雕刻。这些木雕和正殿前的石狮子都蕴含着赣商对美好生活的向往。

（a）戏台前楹联

（b）百鸟朝日挂落

（c）杜甫饮食、梅兰竹菊木雕

（d）莲花纹柁墩

（e）八角盘龙藻井

图 4-22　乔口万寿宫的装饰

### （三）湘潭关圣殿

　　湘潭关圣殿位于湘潭市雨湖公园平政路上，会馆面朝湘江（图 4-23、图 4-24），由山西商人共同修建，是山西、河南、山东、陕西、甘肃北方五省商人在湘潭的聚集地，因而又称北五省会馆。会馆附近就是江西会馆牌坊遗址，可见当时平政路的繁华。该会馆于 1956 年被列为省重点文物保护单位，会馆体量规模较大，后殿曾与雨湖公园相通且建有花园亭台，融合了北方建筑的大气和南方园林的秀美，是一座独具风格的园林式会馆建筑。

图4-23　湘潭关圣殿区位

图4-24　湘潭关圣殿鸟瞰

### 1. 历史沿革

湘潭在明末时就已经成为繁华的商业巨埠,尤其是广州一口通商时期,南来北往的商人货物聚集又转运各地,湘潭十八总就是因商业而发展起来的。湘潭鲁班殿上甚至都刻画了当时湘潭湘江沿岸码头的繁忙,湘潭光同乡会馆就有 37 个,会馆数量也证明了湘潭的贸易繁华。会馆建于清康熙年间,在乾隆甲午年(1774 年)重修了正殿等部分,后又经过嘉庆十二至十五年(1807—1810 年)以及道光十九年(1839 年)几次修葺,其规模更大,建筑更加壮观。但后来殿内文物、石雕等都受到严重损毁,直到 1979 年重新修复,后殿面阔三间,于道光十三年(1833 年)重建。

### 2. 建筑现状

#### 1) 平面布局

关圣殿(图4-25、图4-26)坐北朝南,是一座中轴对称的三进宫殿式建筑群,建筑长约 103 米,宽约 25.8 米,建筑占地面积约 4 066 平方米,面向湘江,山门外曾经有关圣殿码头,在殿后还有菜园田地和水塘。该会馆现存建筑主体依次为山门、戏台、拜殿、春秋阁、后殿。其中最特别的就是作为中殿的春秋阁,体现了会馆建筑在湖湘地域文化和山陕商帮文化影响下的在地性。春秋阁配钟鼓楼的平面布局,3 栋单独的建筑给整体大气庄重的平面布局增添了更丰富的层次。

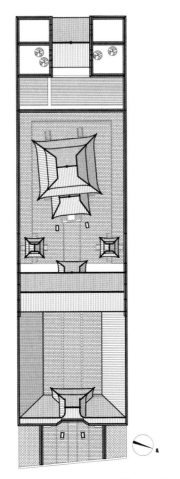

图 4-25　湘潭关圣殿总平面图

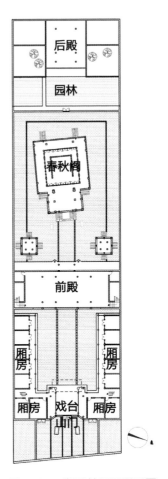

图 4-26　湘潭关圣殿平面图

2）空间结构

（1）山门

关圣殿山门（图 4-27）为四柱三门的牌坊式，山门面对码头呈现出"八字形"，中央大门有"关圣殿"牌匾，两侧小门上有"日星""岳河"牌匾。简洁的牌楼式山门营造了开敞的入口空间，门前一对踩珠石狮造型灵动，憨态可掬。

（2）戏台

关圣殿的戏台（图4-28）为重檐歇山顶，正脊上有葫芦宝顶装饰。戏台上有重修的八角藻井，底层架空紧贴山门背面，纯净的片墙作为戏台的背景，显得整个会馆建筑的前导空间和戏台观演空间简洁干净，十分利落。第一进院落为观演区域，其东西厢房为两层，底层为单独的房间，二层为开敞的观众席。

图4-27 湘潭关圣殿山门

（3）正殿（拜殿）

正殿（图4-29）为面阔七间二层硬山顶双层楼阁木构建筑，底层前廊有4根石柱，上接木柱。正殿为敞殿设计，可以较多地容纳前来观演的人群。殿前院落极为开敞，有15米×19米的矩形庭院，可以很好地供人停留。正殿二层檐下为卷棚的结构形式，由于重修改动较大，原有的砖木结构已不存。

图4-28 戏台

图4-29 拜殿

（4）中殿（春秋阁、钟鼓楼）

春秋阁（图4-30、图4-31）通高约16米，长约44米，宽约14米，面阔五间，进深三间，副阶周匝，有着花岗岩台基，黄绿二色重檐歇山顶样式。春秋阁作为神祀空间，形制较高，是重檐歇山顶的形式。檐柱前还有单独的悬山屋顶插入其下，屋面为"举架"做法，从五举升到六举，在屋顶正脊为九举。与主殿檐口相接处为歇山单檐过庭，屋檐之间既相叠又相连，该构造于湘潭较为少见，屋顶上覆盖黄色琉璃瓦，檐下斗拱出两挑。春秋阁并不垂直于现在的轴线，而是朝东转了约10度。春秋殿为花岗岩台基，台基上的檐柱与亭柱均为四方汉白玉石柱，台基周围有汉白玉围栏，栏板上的雕刻精美，花鸟走兽、人物故事栩栩如生。殿前石阶中有汉白玉丹墀盘龙浮雕。石阶前有一对石狮，为大狮负小狮的形态。两侧为钟鼓楼，为木构六角重檐攒尖顶。春秋阁背面墙上有十多块石碑，有《北五省祀田碑记》《棉花规例》《重建春秋阁记》等碑记。

图4-30　关圣殿春秋阁

春秋阁和钟鼓楼在会馆的第二进
院落，由于容纳了三栋建筑，因此视
觉上与第一进院落相比显得尺度较小，
几乎没有可以停留的空间。作为祀神
祭拜空间，第二进院落空间布局紧凑，
在春秋阁前祭拜仪式空间并不宽敞，
除钟楼和鼓楼外，没有可以供人停留
的设施。

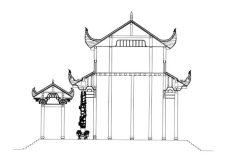

图 4-31　春秋阁剖面图

3）装饰艺术

　　关圣殿装饰艺术以木雕和石雕（图 4-32）为主，极为精美大气。山门
牌楼中央写有"关圣殿"楷书，牌楼左右两侧门上写有"河月""日星"，
且在牌楼有"二龙戏珠""童子望月""刘海戏金蟾"等浮雕纹样故事。
关圣殿前殿和两侧长长的东西厢房均为双层。春秋阁明间前一对汉白玉透
雕盘龙柱，直径 0.8 米，高 4.8 米，龙柱下有一对辟邪石兽，极为珍稀。四
周栏杆石雕极为精美，刻有"梅、兰、竹、菊""假山月季""虎啸林间""仙
鹤起舞"等浮雕。台阶抱鼓石还做成了弥勒佛的圆雕，门窗有镂空装饰着
繁复的回纹，卷棚下刻有卷草回纹，接缠龙柱的额枋上雕刻博古图案，殿
内藻井倒悬有木雕金含珠盘龙，装饰繁复大气。

（a）台阶石雕

（b）栏杆石雕

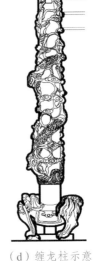

（c）缠龙柱 （d）缠龙柱示意

图 4-32 湘潭关圣殿装饰

## 二、湘桂走廊过渡段的会馆建筑

本部分选取了位于湘桂走廊过渡段的熊村湖南会馆和六塘镇湖南会馆作为典型案例进行分析。熊村湖南会馆位于湘桂走廊越城岭与海洋山之间的陆路商道上，可以直达桂江，六塘镇湖南会馆位于湘桂走廊的桂林官道上，以上两栋会馆建筑的研究可以体现在地域文化、商帮文化交汇处对于会馆建筑的影响。

### （一）熊村湖南会馆

熊村湖南会馆位于熊村的正街上，会馆在正街的端头，是湘桂走廊陆路商道上保存下来的会馆之一。调研过程中可以看到熊村正街铺设的大块青石板路，正街十分绵长，房屋鳞次栉比，虽然大都无人居住，但可以看出以往的繁华。由于场地环境狭窄，该会馆没有一般会馆建筑的雕梁画栋精美造型，仅仅比一般民居稍大，梁架均直白地暴露，装饰较少，呈现出质朴、平实、简洁的形态和特色，是一座非典型的会馆。

### 1. 历史沿革

熊村湖南会馆建于康熙年间，位于湘桂走廊的陆路古道上重要节点熊村的正街上，在 2017 年被选入广西第一批中国传统村落。南北朝时期就有熊姓人在此居住，南宋时成圩距今已有 2 000 多年悠久的历史，从湘江而下的商人想要继续南下，在兴安处选择经高尚镇、三月岭到熊村的湘桂古道仅需 3 到 6 日，而走灵渠水路需要耗费 1 个月的时间。相较而言，通过熊村的陆路商道十分便利，因而熊村也就成为去往大圩路上的重要转运点。随着铁路等新式交通运输的出现，这条陆路古商道逐渐没落，熊村也跟着没落了。熊村河围绕着熊村的三街六巷，每家门前都有经商铺面，门口都有水流穿过。熊村建有湖南会馆和江西会馆，因此受到赣湘两地影响较大，建筑形式也体现出了相应的风格。

位于正街端头的湖南会馆虽然很小，但仍不失质朴素雅，但湖南会馆存在的最大意义就是证明了湘桂走廊陆路商道的繁华，证明了熊村曾经的繁荣和地位。

### 2. 建筑现状

1）平面布局

熊村的湖南会馆（图 4-33~图 4-35）朝向较为特别，为了顺应有较大高差陡坡的地势，面向正街，坐东南朝西北，长约 20.2 米，宽约 18.5 米，建筑占地面积约 320.4 平方米。整栋建筑仅有山门和正殿以及东

图 4-33 熊村湖南会馆鸟瞰

北面部分用作铺面的空间，且主体部分的正殿略向东北偏移。会馆内没有戏台，与一字形门楼结合的二层空间更可能是用作储存货物。为了处理高差，正殿下设有地下室，可直通室外。由此可见，熊村湖南会馆转运货物的职能更为重要，也同熊村商品中转站的职能相适应。

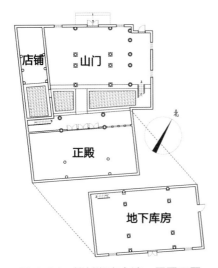

图 4-34　熊村湖南会馆一层平面图

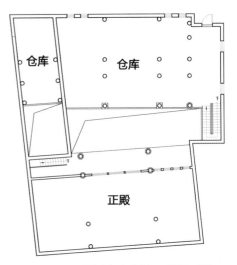

图 4-35　熊村湖南会馆二层平面图

### 2）空间结构

熊村湖南会馆纵剖面和立面如图 4-36、图 4-37。

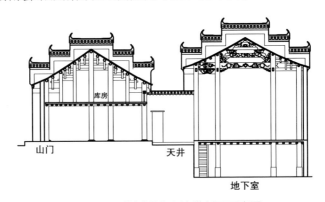

图 4-36　熊村湖南会馆纵剖面示意图

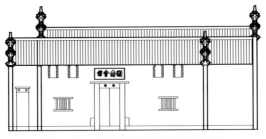

图 4-37　熊村湖南会馆立面示意图

（1）山门

熊村湖南会馆的山门为一字形三门式门楼建筑，山门宽约18.5米，高约6.6米。大门上书写"湖南会馆"字样，一对木门上雕有梅花纹饰。一层架空处理，人进入会馆内后穿越底部架空空间进入正殿；二层有4个拱形窗，没有过多的装饰，质朴简单。

（2）正殿

会馆的正殿（图4-38）四开间四进深，正殿依然采用了湖湘常用语汇：三阶马头墙、抬梁穿斗结合的梁架结构（图4-39），正殿和山门之间有旱天井作为过渡空间，正殿又与地下室（图4-40）相结合，使得湖南会馆的立面看上去简洁有力，质朴但充满了气势。

3）装饰艺术

熊村湖南会馆极为朴素，但仍在正殿的梁架、马头墙上的墀头上做了丰富的装饰（图4-41）。正殿明间抬梁式构架上有卷草和日、山羊、祥云等木雕，都受到了湖南建筑风格影响，在墀头的卷草灰塑则是广西地区常用的装饰。从装饰风格上可以看出位于湘桂走廊过渡段会馆建筑的原乡性传承以及受到地域文化影响的演变。

图4-38　熊村湖南会馆正殿

图4-39　正殿梁架

图4-40　地下室

（a）会馆墀头的卷草纹

（b）会馆马头墙

图4-41　熊村湖南会馆的装饰

## （二）六塘镇湖南会馆

六塘镇湖南会馆（图4-42）位于桂林六塘镇羊明街上，2019年被列为广西壮族自治区重点文物保护单位。会馆位于镇中心位置，和江西会馆、粤东会馆都较为靠近。在不借助水运发展起来的城镇中，湘商借助桂林官道进行经商，因此对此地有着巨大的影响力。

图4-42　六塘镇湖南会馆鸟瞰

### 1. 历史沿革

湖南会馆选址六塘，具体修建年代不详。其选址与六塘的重要陆路交通地位有关，从地理环境上看，通过湘桂走廊后是一片开阔的平原地带，而六塘镇是桂林前往柳州、南宁、玉林等地的要道，也是重要的驿站，因此镇上客商如云。六塘所生产的桂布从唐代开始就是朝廷贡品，到了明清时期也是重要的商品，远销各地。据六塘镇当地居民口述，清乾隆年间湖南会馆内能够容纳近百名客商借宿于此。会馆在中华人民共和国成立前有过多次重修，现在也经过修茸焕然一新。

2. 建筑现状

1）平面布局

六塘镇湖南会馆（图4-43、图4-44）坐东朝西，建筑规模较大，长约69米，宽约22.2米，建筑占地面积约1123.87平方米。整个建筑组群纤细狭长，主体部分沿轴线依次是山门、戏台、前正殿、后正殿、后殿等建筑，第一进院落中轴线两侧有长长的厢房和观戏看台。

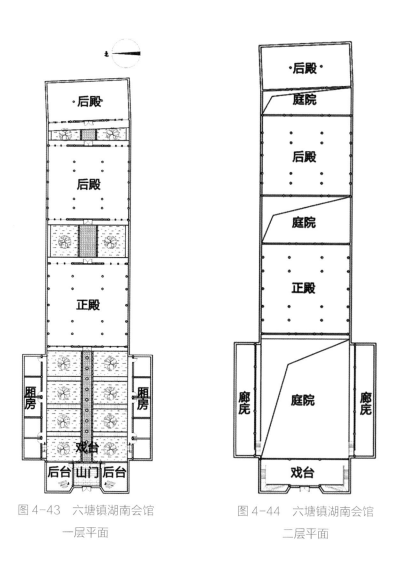

图4-43　六塘镇湖南会馆
一层平面

图4-44　六塘镇湖南会馆
二层平面

2）空间结构

六塘镇湖南会馆纵剖面如图4-45。

山门 戏台　　　　　　　　　　　前殿　　　　　　　后殿　　　　后厢房

图4-45　六塘镇湖南会馆纵剖面示意图

（1）山门

六塘镇湖南会馆山门（图4-46）是牌楼式建筑，高约7.6米，宽约14.6米，牌坊式山门大门处向内收成八字。大门上石雕雕刻凤凰朝日图案，上写有"湖南会馆"字样。山门的山墙为二阶马头墙样式，与山门正面的牌楼一样，都呈现出具有湖湘特色的中间凹、两边翘起的形态。

图4-46　山门

（2）戏台

戏台（图4-47）紧贴山门，底层架空供人进入和行走，二层为表演空间，因为大门较为狭窄，戏台表演空间也较为局促。戏台屋顶为简单的硬山顶，两侧有供表演者候场的空间，均采用穿斗式构架，因为候场空间较为低矮狭小，表演者化妆、休息的场所位于一层的大门两侧。戏台完全暴露出穿斗构架，正面构架做成简单的锤花柱以装饰，素雅别致。

图4-47　戏台

（3）正殿

正殿有前后两座（图4-48，图4-49），都是四开间五进深，但前正殿形制较高，檐部与卷棚结合，形成了力与美结合的结构形式。明间均采用了穿梁式构造，在山墙面采用穿斗加固。两殿之间有小庭院相连，一进较一进更为幽谧。

图4-48　正殿　　　　　　　　　　　　图4-49　后殿

3）装饰艺术

会馆的装饰（图4-50）延续了湖湘建筑的特色，集中在卷棚下的梁枋上。梁枋被雕刻成活灵活现的形态，有"蜜蜂采蜜""菊花卷草"等形态，寓意勤劳多得，长寿安康。门板窗户都有祥云镂空雕刻，这些装饰都传达了湘商客居在此行商对自己的美好祝愿。会馆的色彩装饰上又受到了岭南地区的影响，大量出现红色，用红色寓意采集阳气、聚集人气的含义，在过渡段域采用白色，过渡简洁，清爽干净。

（a）祥云绕日石雕装饰　　　　　（b）蜜蜂木雕装饰　　　　　（c）花草狮子木雕装饰

图4-50　六塘镇湖南会馆的装饰

## 三、湘桂走廊桂江段的会馆建筑

本小节选取桂江段的恭城湖南会馆、平乐县粤东会馆、梧州龙圩粤东会馆作为典型案例进行研究，可以明晰在桂江段岭南地域文化对该段会馆建筑的影响。

### （一）恭城湖南会馆

恭城湖南会馆（图4-51）位于恭城县的历史街区太和街内，距离恭城河还有一定的距离，但总体来说水陆交通还是比较便捷，恭城可以经由恭城河进入桂江，这也是恭城湖南会馆建立在此的原因之一。会馆在2006年被列为第六批全国重点文物保护单位。整个建筑群布局紧凑，规模宏大，雕饰极为精美，是一组保存至今不可多得的建筑珍品，其观赏和研究价值都极高。在当地有"广东会馆一枝花，湖南会馆赛过它"的说法，这句民谣不仅描述了湖南会馆的华丽精美，同时也反映了在桂北地区湖南商帮巨大的影响力。

图4-51 恭城湖南会馆鸟瞰

1. 历史沿革

恭城位于漓江的支流——茶江上，在中原文化和岭南文化的共同影响下，恭城形成了独特的瑶族乡地域文化，也是以汉瑶为主多民族融合的代表。茶江以"S"形环绕恭城，因茶江的水运带来了恭城商业的繁荣，历史上曾有湖南、广东、福建、江西、贵州、四川六个会馆。湖南会馆是唯一现存的会馆，建于清同治十一年（1872 年），由湘东、中、西这三湘的同乡会集资兴建，供在桂的湘籍人士交流和议事。会馆没有拘泥于坐北朝南的传统，而是坐西北朝东南，后倚黄泥岗岭面朝茶江，顺应了地势和高差，气势雍容。

2. 建筑现状

1）平面布局

恭城湖南会馆建筑群体量庞大，建筑长约 54.2 米，宽约 21.2 米，建筑占地面积约 1 847 平方米，呈现出中轴对称的布局方式，仅紧邻周渭祠一侧庑廊偏转了一定角度，是一组三路三进院落的狭长建筑群。

建筑群主体部分（图 4-52）轴线依次是门楼、戏台、正殿和后殿，轴线两侧分布着左右厢房等建筑，其中建筑主体部分明间的开间一致，其余开间尺寸大小因实际情况而有不同变化。该会馆最为特殊的就是门楼和戏台结合起来对于场地差的处理，这也是该会馆建筑艺术精华所在。前厅尺度作为议事空间，通高较高，且在门前留有较为开阔的场地，第一进观演空间和第二进议事空间得到了较好的过渡，议会厅较高的台基也增添了较为严肃的氛围。后殿为酬神祭祀空间，通过一个缓步上升的台基和较为狭窄

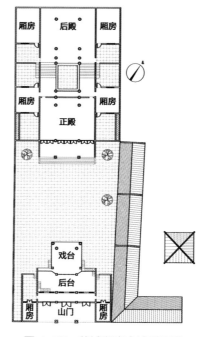

图 4-52　恭城湖南会馆平面图

的天井与前殿进行了过渡，从开阔热闹的空间抵达一个较为紧凑幽静的空间，给该空间增添了一份神秘感，而因其又有广府建筑的开阔性，又增添了与自然相贴的亲近感。

2）空间结构

恭城湖南会馆纵剖面如图4-53，前后殿梁架如图4-54、图4-55。

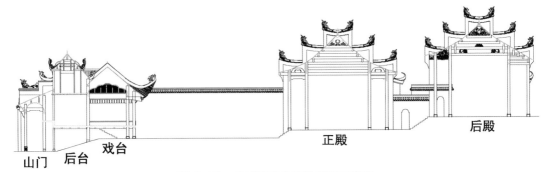

图4-53　恭城湖南会馆纵剖面示意图

图4-54　恭城湖南会馆前殿梁架　　　图4-55　恭城湖南会馆后殿梁架

（1）山门、戏楼

恭城湖南会馆的山门（图4-56）是3层高的门楼式建筑，因为场地位于一块坡地上，为了解决沿街立面和内部空间的高差问题，采用3层高的门楼和戏楼（图4-57）结合在一起的形式，其平面形成了一个"凸"字形。门楼和戏台穿插结合在一起，为了保证表演空间使用功能不受影响，也为了结构和柱网的简洁，采用了移柱造的方式，使得门楼上的阁楼可以稳定升起，且门楼与戏台屋顶相接处处理简洁，不做"收山"处理。但因为门

图4-56 恭城湖南会馆山门

图4-57 戏台

楼和戏台相结合之处的柱子并不完全在同一条直线上，导致了结构是不够稳定的，门楼上的楼栿、草栿、草架的设置较为混乱（图4-58）。但在当时的施工技术条件下，门楼和戏台的处理方式已经较为优秀，也体现出当时工人们的智慧和努力。

恭城湖南会馆是湘上建立的会馆，虽然地处岭南瑶乡，但仍然具有明显的湖湘语汇特征，例如：门楼升起的阁楼；戏台与正殿檐下的卷棚构造以及对梁架采用封

图4-58 门楼较为混乱的结构

檐板的保护措施；正殿与后殿均采用中间凹两边翘起的马头封火墙；藻井、雀替花罩、挂落、脊饰灰塑等装饰。同时，湖南会馆也融合了相当经典的岭南广府建筑特色（图4-59）：门楼两侧山墙是流行于广府地区的"镬耳型"山墙；山墙面开拱门洞，且距离门洞上方1米处采用叠涩的方式做出勾边短檐；屋顶灰塑使用广府建筑中常用的卷草纹、夔龙纹、鳌、吻兽纹样；相较于湖湘地区的简明和直接，墀头、石柱装饰和雕刻都浪漫而柔美。湖南会馆体现出了在地域文化影响下的客籍商帮会馆的演变。

（a） （b）

图 4-59　有"镬耳型"山墙的恭城湖南会馆的门楼

　　戏台表演空间下方直接落地，用青石垒砌，采用架空作为沿街内外高差的处理方式，人必须从两侧进入。戏台下架空的空间浅埋 36 口水缸，这样戏台上表演的声音经藻井和水缸的反射与共鸣，能够放大音量，传播得更远，从而可以达到更好的声学效果[①]。

　　（2）正殿

　　恭城湖南会馆的正殿（图 4-60）是一座三开间两进深的建筑，长约 11.6 米，宽约 11.3 米。殿前用六级台阶进行抬高，继续处理场地的高差，檐下柱廊形成了舒适的停留空间，和前方开阔的观演院落一起起到了过渡的作用。正殿屋面为直

图 4-60　正殿

坡屋面，采用抬梁式构架，使用卷棚和插梁做法，用童柱、柁墩、厚板来承接上下梁。正殿两侧有二层厢房和庭院，较为幽静。

　　（3）后殿

　　后殿（图 4-61）是三开间四进深建筑，长约 11.8 米，宽约 10.8 米，通

---

① 王今，杨馥瑛，王国政. 粤西古戏台的建筑特色［J］. 古建园林技术，1998（4）：60.

过天井和抬升的庑廊作为正殿
和后殿之间的过渡。会馆内的
结构形式较统一，后殿与正殿
相同，也是直坡屋面，插梁做
法，在檐下厚板刻有兽纹和希
望吉祥富贵的锦鸡月季纹样。
后殿两侧通过拱门也有两个厢
房，与正殿厢房相对。

图4-61 后殿

3）装饰艺术

恭城湖南会馆的装饰（图4-62）华丽而精美，墙面翠色和金色交相辉映，
风格浪漫又欢快，但整体风格更倾向于广府建筑的烂漫风格。

湖南会馆的构件和雕饰都华丽精美，除去抗剪力破坏功能已经不明显的
雀替，大多构件有着力与美的高度融合，木构件上多雕刻花卉藤蔓，蔬果
动物［图4-62（a）、（b）］等，多有丰收富贵、生意兴隆的美好寓意，充
满着浪漫的南方风情，也是商帮会馆财富的象征。柱础多为模仿瓶子［图4-62
（c）］的形状，因为瓶与"平"同音，有着希望平安的美好希冀。除了雕
刻以外，还有匾额、楹联等文字装饰，会馆气势恢宏的门楼明间石柱上刻
有"客馆可停骖七泽三湘允矣同联梓里，仙都堪得地千秋百世遐哉共镇茶城"
楹联一对［图4-62（d）］，饱含着湘籍人士在茶江恭城欢乐共聚之意。

（a）花果藤蔓卷棚

（b）蜂采百蜜木雕

（c）花瓶型柱础

（d）大门楹联

（e）戏台龙纹八角藻井

（f）戏台上桃园结义木雕

图4-62　恭城湖南会馆的装饰

## （二）平乐县粤东会馆

　　平乐县在荔江和桂江的交汇之处，平乐县粤东会馆（图4-63）位于平乐大街56号，面对桂江，且附近有码头相接。会馆由粤东商人始建于明万历年间（1573—1620年），1983年被批准为县级文物保护单位，现为广西壮族自治区区级文物保护单位。平乐粤东会馆作为广西最早的商业会馆，其存在显示了粤商对广西商业开发之早，也是粤商西

图4-63　平乐县粤东会馆区鸟瞰

进的标志，同时还是广西近代商业发展的开端，具有重大的意义。

### 1. 历史沿革

　　平乐县位于桂江和荔江交汇之处，因水利之便，是从湘桂走廊南下和从西江北上的交汇处。平乐县在历史上建有湖南会馆、江西会馆、福建会馆、

四川会馆、粤东会馆等多个会馆，商贸活动极为繁盛。《平乐县志》中关于该会馆有相关描述："始建于清顺治十四年（1657年），康熙三十六年（1697年）建成，嘉庆十一年（1806年）重修，咸丰年间毁于兵火，同治年间复修。"粤东会馆内存有大量的碑刻，具有极高的研究价值，直观反映了当时商业经济活动，具有社会意义。例如会馆内咸丰三年（1853年）的《奉宪禁赌碑》就起到了教化民众，辅助官府维护社会治安的作用。

2. 建筑现状

1）平面布局

平乐粤东会馆（图4-64）是一座典型的砖木混合结构的建筑，坐北朝南，会馆建筑体量适中、紧凑精巧，原规模为中轴对称的三路两进庑廊建筑群，建筑主体部分沿轴线依次是山门、天后宫、正殿。左侧为厢房，整个建筑以亭台为中心，用天井将其他建筑组织成一个形似"回"字的整体，具有广东传统宗祠建筑典型布局特点。据当地人介绍，抗日战争时期右路被炸毁，现存仅有中轴线上主体建筑和左路辅助用房。会馆现存部分长约20.5米，宽约19.5米，建筑占地面积约555.35平方米，布局严谨，结构稳固扎实，雕刻技艺精湛，稳健大方，是不可多得的建筑艺术精品。

图4-64　平乐粤东会馆平面图

2）空间结构

平乐粤东会馆纵剖面如图4-65。

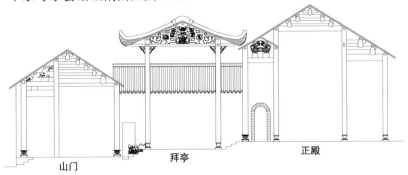

图4-65 平乐粤东会馆纵剖面示意图

（1）山门

粤东会馆山门（图4-66）整体较为庄重沉稳，门楼式的山门面阔三间进深两间。大门前整体石砌包台抬高，包台上两个石柱承梁。梁上雕刻有精美的广府特色的花纹，但因漆上红漆，无法辨认具体图案，能看出雕成鱼纹的栱。梁上立柱刻成斗拱的形式，进入山门梁上立柱改为简洁的栌墩，屋顶为硬山顶，只有垂脊有较小的翘起。

（2）拜亭

进入粤东会馆后有以狭窄天井相连的歇山顶的拜亭（图4-67），拜亭较之大门略微抬高，四个翼角高高翘起，盖以黄色琉璃瓦。檐下有金漆雕花檐板，且梁架结构极为精美，回纹抱印梁架上有金饰的木雕。拜亭作为正殿前祭拜聚集的公共空间。

图4-66 山门 　　　　　　　　　　　图4-67 拜亭

（3）天后宫

天后宫（图 4-68、图 4-69）为传统的硬山顶，前檐下为卷棚结构。山墙为硬山式封火山墙，上铺青瓦，整栋建筑小巧，又不失严谨。硬山顶屋脊不同于北方传统建筑，其止脊梁与四条垂脊端头均做了多层次处理，加高了屋脊，同时提供了更多空间，可以做更多的装饰。屋脊处有鳌鱼纹样雕饰，取其"独占鳌头"的含义。

在广西地区天后宫和粤东会馆并设最多的府为平乐府，粤东会馆内有天后宫，供奉妈祖，这是因为粤东商人同闽商一样，都有着富于冒险的海洋精神，因此受福建妈祖文化影响，以妈祖为精神对象。封建社会中长期的海禁并没有真正意义上禁住粤东商人不畏风险的海洋精神，从祭拜妈祖就可以看出，这种信仰将粤东商人紧紧凝聚在一起。

图 4-68　正殿

图 4-69　廊庑

3）装饰艺术

会馆的装饰集中在天后宫封檐板 ［图 4-70（a）］以及回纹抱印梁架 ［图 4-70（b）］上，木雕为寿桃、蔬菜、瓜果、财神、仙人瑞兽等吉祥形象。木雕虽未有完全修旧如旧，但基本保持了原样。封檐板下的木雕丰富，有"仙鹤戏竹""林间二狮""蝶舞梅林"等图案，且在周围一圈雕有镂空的云纹，整体体现出繁复、精美。石雕主要为一些石柱、柱础等与地面接触的部分，具有力量感，同时为了营造较为轻巧的感觉，石柱础分为几节，雕刻出花瓶的形态，也有祈求平安之意。门口的石柱四角都雕有竹节［图4-70（c）］，寓意生意"节节高升"。门转轴上也有精细的南瓜和蝴蝶纹样。屋顶瓦面以及瓦当雨漏［图4-70（a）］色彩丰富，黄色的屋顶和绿色、蓝色的琉璃瓦结合在一起，形成了丰富的视觉效果。

（a）封檐板和瓦当雨漏　　　　（b）拜亭装饰　　　　（c）竹节柱

图4-70　平乐粤东会馆的装饰

### （三）梧州龙圩粤东会馆

龙圩旧称戎圩，是桂江、浔江、西江三江交汇之处，因此极为繁华，粤东会馆位于梧州龙圩区龙圩镇忠义街，会馆不仅位于主街上，且正对西江这个主要的水运干道，并与桂江合流处相接。根据《重建粤东会馆》中记载，该会馆于康熙五十三年（1714年）由关夫子祠堂改建，乾隆五十三年（1788年）重建，是广西较为早期的商业会馆建筑，1994年定为广西自治区级文物保护单位，也是梧州地区保存较为完善的会馆之一。

#### 1. 历史沿革

龙圩是广西的四大圩镇之一，位于浔江和桂江合流之处，因而具有襟湖湘带两粤的重要地位。北上可由桂江进入湘江深入中原，也可南下沿西江水路进入两广各地，具有极佳的地理优势。在龙圩的粤东商人从事谷米买卖，这在《重建粤东会馆碑记》中有记载："集于戎者，百货连樯莫多于稻子。"[①]龙圩粤东会馆《嘉庆己未重修碑记》中详细列出了各行各业的粤

---

① 《重建粤东会馆碑记》，存于龙圩粤东会馆内。

东商人集资数额，由近 24 家行会 14 个行业的 700 家商号出资修葺龙圩粤东会馆，这也显示了龙圩作为商品货物集散地的繁华和粤东商人雄厚的经济实力。

2．建筑现状

1）平面布局

龙圩粤东会馆（图 4-71）是一座砖木结构建筑，长约 32.7 米，宽约 11.5 米，建筑占地面积约 378 平方米。原本有三进院落，后来前殿戏台遭到了毁坏。龙圩粤东会馆现存部分有呈中轴对称的两进院落，建筑主体部分沿轴线依次是山门、武圣殿、天后宫。该会馆最为特殊的就是以武圣殿和天后宫两个正殿供奉关圣和妈祖两位不同的神明。建筑的平面布局仍然延续了粤东会馆紧凑稳固和严谨的广府祠堂式风格，形成典型的"日"字形平面。

图 4-71　龙圩粤东
会馆平面

2）空间结构

龙圩粤东会馆纵剖面如图 4-72。

图 4-72　龙圩粤东会馆纵剖面示意图

（1）山门

入口山门（图 4-73）为门楼式，为三开间，高约 6.5 米，宽约 11.5 米，大门前石砌包台上立有一对方形石柱承托梁架。门楼的梁架上置有卷草柁墩和十字开口莲盘斗，梁面以及穿枋都刻有精美的花鸟鱼兽装饰。

图 4-73　山门

（2）武圣殿

武圣殿（图 4-74）为三开间三
进深硬山顶建筑，经过 6 级台阶的
抬升，确定了武圣殿的中心地位。
殿前没有任何遮挡，在精巧的会馆
中形成了沉稳大气的氛围。前檐柱
下采用了卷棚结合斗拱的构造形式
［图 4-75（a）］。明间为了获得较

图 4-74　武圣殿

大的空间，采用抬梁式构架，构架上的柁墩设有莲花座斗拱承托梁［图 4-75
（b）］。武圣殿前往天后宫的两侧拱门上刻着"鸟革""翚飞"4 个字，
意思是拥有光彩夺目羽毛的鸟儿翩翩飞舞，在此形容粤东会馆建筑之精美。
图 4-75（c）是灰塑和山墙。

（a）武圣殿卷棚　　　　　　（b）武圣殿莲花座斗拱　　　　　（c）武圣殿灰塑和山墙
图 4-75　龙圩粤东会馆武圣殿

（3）天后宫

天后宫（图4-76）也是三开间三进深硬山顶建筑。天后宫前与武圣殿的过渡庭院两侧还有庑廊一对（图4-77）。相较于武圣殿，天后宫整体更为平实，仅有两级台阶进一步抬升地面，且殿前有庑廊遮挡，有若隐若现之美，很适合祭祀富有女性气息的妈祖。天后宫前檐下依然采用卷棚结合斗拱的结构形式（图4-78、图4-79），殿内也采用抬梁构架，但较为简洁，直接用柁墩承托梁，相较于武圣宫的莲花座斗拱承托梁，少了一分华丽，多了一分平实。

图 4-76　天后宫

图 4-77　庑廊

图 4-78　天后宫卷棚

图 4-79　天后宫斗拱

3）装饰艺术

龙圩粤东会馆的装饰（图4-80）集中在山门、武圣宫、天后宫的屋脊、梁架以及石柱上。屋脊的正脊上有精美的人物故事灰塑。武圣殿上的正脊灰塑塑造了一些友爱互助、和乐美好的人物图案，天后宫正脊上的灰塑为众人踏春出游的美好图像，正脊两端为广西地区常用的卷草灰塑，附有龙头鱼身中央有举起的太阳灰塑［图4-80（a）、（b）］。垂脊高高耸起并起翘，上面的灰塑是广西地区常用的卷草灰塑，底下有如意回纹托出垂脊，优美的曲线使得垂脊形态秀美，充满了岭南地区的柔美浪漫气息。垂脊末端上还有握剑人物灰塑［图4-80（c）］，造型灵动丰富。梁架上均采用了极富特色的莲花斗拱［图4-80（d）］，柁墩雕刻成回纹［图4-80（e）］或者卷草纹样式，卷棚下的驼峰上雕刻有精美的人物故事、花鸟鱼虫、博古纹饰，武圣殿承托驼卷棚的额枋底部被雕刻上整齐的朵朵浪花［图4-80（f）］，

（a）太阳灰塑　　　　　　　　　　　　（b）场景灰塑

（c）人物灰塑　　　　　　　　　　　　（d）莲花斗拱

（e）博古纹柁墩　　　　　　　　　　　（f）额枋木雕

图4-80　龙圩粤东会馆装饰

暗含了粤东商人勇于开拓的海洋精神。

本节结合第三章湘桂走廊沿线会馆建筑分布趋势和沿线会馆遗存情况，选取了湘桂走廊沿线湘江段、过渡段、桂江段存留下来的最具势力的赣、湘、粤会馆建筑中最为完整的几栋进行了案例分析，选取案例中有1个国家级保护单位、6个省区级保护单位和1个"非典型"会馆建筑。

在对以上案例进行分析时，结合第四章会馆建筑空间与建筑形态分段分析的结论，对以上8栋会馆从历史沿革、建筑平面布局、空间结构、装饰艺术几个方面进行全面的解析，进一步加深对湘桂走廊沿线会馆建筑特点的认知，为下一章节的会馆建筑的比较分析提供足够的支撑。

综上所述，本节选取了湘江段、过渡段、桂江段8个湘桂走廊沿线典型的会馆建筑进行了具体案例分析。

## 第二节　汉水流域会馆建筑案例分析

历史上的汉水流域会馆多有记载，但历经数百年，至今尚存的与曾经存在过的相比，可谓只九牛一毛耳。要研究会馆建筑本体，只能借由现存的建筑实例，或者历史记录中的建筑绘图或照片等图像资料。然而，会馆的图像资料罕见，偶尔有零星照片留存，也多只有模糊的局部，不能看出整体的空间结构。鉴于条件限制，这里只能在对仅剩为数不多的现存案例的现场调研以及前人总结的资料基础上，试图揭示汉水流域会馆的建筑形制和空间特征。

汉水上游现存会馆案例较多的城镇包括安康市旬阳县的蜀河镇、安康市紫阳县向阳镇的瓦房店、安康市石泉县城、商洛市山阳县漫川关、商洛市丹凤县龙驹寨、南阳市淅川县荆紫关、樊城等7处，其中的会馆案例共达25座。下面将对这些会馆展开论述。

## 一、安康市旬阳县蜀河镇会馆建筑群

　　安康市旬阳县蜀河镇位于蜀河与汉水的交汇处，地形以山地为主，地势较为陡峭，临水很近，河滩面积狭小，因此营建难度较大。然而，由于其优越的地理位置，蜀河镇可以作为向蜀河上游运输的转运点，因而成为汉水上游重要的商贸集镇，会馆也云集于此（图4-81）。至今，这里仍存有黄州会馆、船帮会馆（杨泗庙）、武昌会馆、山陕豫会馆（三义庙）和一座物资转运站，可见其往日的繁华。

图 4-81　蜀河镇鸟瞰图

（一）蜀河镇黄州会馆

1. 地理区位与历史沿革

　　蜀河镇黄州会馆原名"黄州帝主宫"，又称"护国宫"，位于蜀河古城内。会馆始建于清乾隆年间，道光十三年（1833年）增修正殿，道光二十七年（1847年）增修拜殿，同治十二年（1873年）增修乐楼[①]。2008年起对中轴线主体建筑实施了保护维修，2014年起对两侧附属建筑及院墙进行了保

---

① 李秀桦，任爱国.清代汉江流域会馆碑刻[M].郑州：中州古籍出版社，2019：43.

护维修。现存门楼、乐楼、月台（二者之间为院场）、拜殿、正殿（图4-82），以及碑刻5通，整体保存状况较好，为陕西省重点文物保护单位。

（a）　　　　　　　　　　　　　　　（b）

图4-82　蜀河镇黄州会馆鸟瞰图

### 2．建筑布局与功能

蜀河黄州会馆坐西南朝东北，背倚山坡，面朝蜀河。由于地形限制，会馆朝向顺应山势，平行于山体等高线布置，而非严格遵循坐北朝南的传统朝向。

会馆由一路两进院落组成中轴对称式的狭长布局，又依山势形成四级台地（图4-83）。中轴线上依次分布山门、乐楼（戏楼）、前院、月台、拜殿、后院、正殿，两侧有行廊和厢房。山门至前院须经过位于戏楼下方的16级台阶，形成第一级台地。前院十分宽阔，进深15米，面阔12米余，适合观戏、聚会，两侧有通廊和厢房，

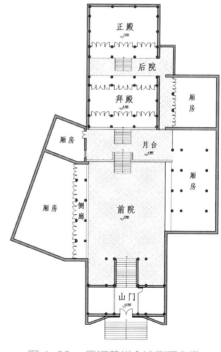

图4-83　蜀河黄州会馆侧面鸟瞰

均为两层。向后继续抬升台阶 14 步，抵达月台，形成第二级台地。月台与二层厢房相连，其上的石质栏杆十分精美。月台往后继续抬升台阶 10 步，抵达拜殿，此为第三级台地。拜殿向后为后院，后院狭窄紧凑，进深不足 3 米，带着几分幽静和神秘。后院一侧为围墙，嵌有石碑 3 通，另一侧通往厢房。后院向后抬升九级台阶到达正殿，此为第四级台地。至此，形成了前院观演空间与后院祭祀空间的总体格局（图 4-84）。

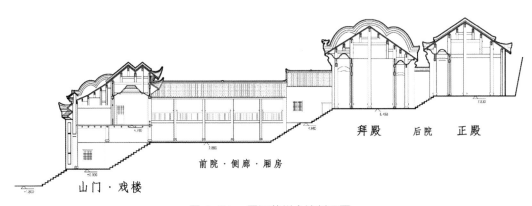

拜殿　后院　正殿

前院·侧廊·厢房

山门·戏楼

图 4-84　蜀河黄州会馆剖面图

### 3. 主要建筑的形制与结构

#### 1）山门

山门面阔五间，为仿牌楼形制的砖砌门楼，高大敞阔（图 4-85）。当心间挑檐最高，中置山门和"护国宫"牌匾；次间为砖墙，各设有圆窗一扇；梢间末端略微向前凸出，形成"八"字形的样式，呈现出欢迎的姿态。这种山门样式是黄州会馆的典型形制。山门前有台阶 10 步，更增添了山门高耸雄壮的气势。

#### 2）戏楼

山门后为倒座式戏楼，称"鸣盛楼"，面阔三间，装饰华丽，异彩纷呈，是整座会馆中最为华美、工艺最为精湛的建筑（图 4-86）。

图 4-85　蜀河黄州会馆山门

图 4-86　蜀河黄州会馆戏楼

戏楼采用重檐庑殿顶，下层屋檐中部采用"破中"和博风斜抹的做法，正中牌匾高悬，使立面更加通透。檐口、正脊和屋面曲线明显。翼角采用嫩戗发戗做法，屋檐至翼角处有很大起翘，整体造型优雅轻盈，呈现出腾空飞翔的动势。上檐斗拱出四跳，即清式所谓九踩斗拱，同时采用45度斜拱做法，形成5个互相咬合的三角形；下檐斗拱同出四跳，但整体未采用斜拱，只在相邻斗拱之间增加斜拱连接。斗拱排布细密，工艺精美，虽结构作用已很微弱，但装饰效果十分显著（图4-87）。

（a）

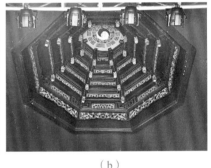
（b）

图 4-87 蜀河黄州会馆斗拱和藻井

戏台下方设柱4根，而戏台以上仅余檐柱两根，以使舞台开阔，便于观众观赏表演。檐柱之间的大额枋是一根粗壮的圆木，承担着上方屋面的重量。两侧的雀替并未与檐柱连接，似不承担结构作用。

戏台分前台和后台两个部分，由木制屏风分隔。屏风左右各设一门，分别用于出入。前台设有平面八边形的覆盆式藻井天花，共6层，各层仿照额枋垂花式样逐级向上聚拢，上施彩绘，富丽堂皇。后台面阔五间，进深一间，仅能通过侧面一便梯通向前院。

3）拜殿

拜殿为硬山式形制，面阔三间等距，进深五间，中间两根中柱减去，前后设廊。整体来看，平面类似于宋代《营造法式》所谓"双槽"。屋面、屋脊、檐口均平直无曲线，两侧山墙采用云纹式，起伏共3次，形成灵动的侧面轮廓。檐下采用单挑支撑出檐，不设斗拱。前后廊上方采用了卷棚式的天花，室内不设天花。檐柱之间设一层额枋，额枋下有雀替。台基高出前方月台约 1.5 米，中央设台阶 10 步，加上月台到前院的台阶 14 步，整座拜殿高出前院地面约 3.6 米。因此，拜殿虽未如戏楼般华丽，但借地势之高度，仍给人气势恢宏之感（图 4-88）。

在结构方面，拜殿采用砖木混合结构，木架结构中穿斗式和抬梁式并存（图 4-89）。穿斗式构架用于山柱之间，抬梁式则用于金柱之间。穿斗式构架可采用较小的木料，因而相对经济；抬梁式构架则更有利于空间的开敞。两者结合形成了拜殿中央的无柱空间。这种综合发挥各种结构类型，来创造既适用又经济的空间的做法，在汉水流域颇为多见。

图 4-88　蜀河黄州会馆拜殿

图 4-89　蜀河黄州会馆拜殿结构

### 4）正殿

正殿同样为面阔三间、进深五间的硬山式形制，仅设前廊（图 4-90）。平面整体形制同样类似于"双槽"。屋面、屋脊、檐口同样平直无曲线，而依靠人字形山墙在侧面形成微微起翘的轮廓。前廊上方采用了卷棚式的天花，殿内不设天花，并供奉帝主神像。穿过热闹的前院来到这里，狭窄的天井、幽暗的庭院和屹立于高高台基之上的正殿，营造出神秘而肃穆的气氛，使人油然而生对神祇的敬畏。中国传统空间序列的"魔力"在这里展露无遗。

图 4-90　蜀河黄州会馆拜殿正殿

正殿同样采用砖木混合、穿斗式和抬梁式并存的结构形式（图 4-91）。由于供奉神像不需要太大的宽度，因此最后一段进深稍小。

4. 建筑装饰

蜀河镇黄州会馆整体较为素雅，装饰主要集中在山门、戏楼和月台的石质栏杆上（图 4-92）。山门的两副对联镌刻在石质的壁柱上，贯穿上下，增添高耸入云之感。护国宫牌匾周围环绕龙纹浮雕，以及石山门上方有凤来仪浮雕，繁复生动、惟妙惟肖。

图 4-91　蜀河黄州
会馆正殿结构

门前的门枕石双面雕刻麒麟、仙鹤和梅花鹿等神兽造型，配以祥云、玉树等景物，鲜活明快，妙趣横生。檐口、斜抹、墙面等位置更是遍布彩画，人物、静物、纹饰应有尽有，素雅又华贵。

戏楼更是集万千雕饰于一身。屋脊的雕刻、龙形脊兽和檐柱上栖息的两只凤鸟活灵活现，栩栩如生。斜抹上的彩画，描绘了帝主的生平事迹，

（a）石栏杆狮子　　　　　　（b）戏楼翼角和山墙彩绘　　　　　　（c）山墙灯笼雕塑

（d）戏楼斗拱、斜抹、柱头装饰　　　　　　（e）拜殿云纹式山墙

图4-92　蜀河黄州会馆装饰

展现了他的高尚德行。再加上精致的斗拱、华丽的藻井、梁上的纹饰、梁下的镂空雀替，真可谓雕梁画栋、美不胜收。月台前方的石质围栏，虽历经了百年风雨沧桑，至今仍能一窥当年的风采。精心雕刻的栏杆构件和精心雕琢的各式雕塑，既生动形象，又可爱动人，展现了工匠们卓越的技巧和灵动的匠心，为庄重的会馆增添了一抹亮色。

## （二）蜀河镇船帮会馆

### 1. 历史沿革与地理区位

蜀河镇船帮会馆又称杨泗庙（图4-93），建于清咸丰二年（1852年）。2009年7月起对山门、戏楼、正殿、拜殿等主体建筑和东厢房、西厢房等附属建筑实行保护维修。现状整体保存良好，为陕西省重点文物保护单位。

作为船帮会馆，这里是船帮集会、议事、祭祀的场所。祭祀的对象，即是别称"杨泗庙"的由来，即是杨泗将军。杨泗将军在长江流域常被作为水神，因此这里是船帮帮众们祭祀水神，祈求风调雨顺和航运平安的所在。由于这种祭祀特性，蜀河镇船帮会馆的选址和朝向颇有讲究。

图 4-93　蜀河镇船帮会馆鸟瞰

首先，在选址上，蜀河镇船帮会馆占据高耸的地势，同时又临近汉水和蜀河交汇处 [图4-94（a）]。这样既避免了汛期水势上涨对建筑的破坏，又可以更加接近水面，产生所谓"更好的感应"。笔者在调研时，发现船帮会馆墙基下方的石壁上刻有多处水文石刻 [图4-94（c）]。其中，明万历十一年（1583年）、明弘治十一年（1498年）、1983年的水位线最高，

（a）会馆选址　　　　　　　　　（b）会馆戏楼偏转与朝向　　　　（c）会馆墙基
　　　　　　　　　　　　　　　　　　　　　　　　　　　　　　　　下方水文石刻

图4-94　蜀河船帮会馆选址与朝向

均快要抵达会馆墙基处。然而会馆历数百年而悠然屹立，可见当时的建筑工匠们对自然规律的深刻认识和相地卜基的高超水平。

其次，在朝向上，会馆建筑在因借地势的基础上，将山门略微旋转，来获得与对岸山势的良好对位关系。从图4-94中可以看到，会馆山门正对汉水对岸有一座山的山顶，这座山顶部平缓、曲线圆润、植被茂密，是风水堪舆中非常好的向山。从图4-95的会馆平面中也可以看到，山门稍稍偏离建筑中轴线，且有大约3度的旋转。虽然从现在回看，这种风水朝向未免稍显缺乏科学依据，但在当时风水堪舆学说广泛普及的时代，船帮会馆山门这3度的旋转，无疑是建造者通变智慧的集中体现。

2. 建筑布局与功能

蜀河镇船帮会馆坐西南朝东北，背倚山坡，南临汉水，面朝蜀河河口。同样由于地形限制，会馆整体顺应山势，平行于山体等高线布置，而非严格遵循坐北朝南的传统朝向。

会馆由一路两进院落组成中轴对称式的狭长布局，又依山势形成三级台地。中轴线上依次分布山门、乐楼（戏楼）、前院、拜殿、后院、正殿，北侧有行廊和厢房，南侧仅前院有行廊4间。山门不仅朝前方开门，在南侧另开一侧门（图4-95）。

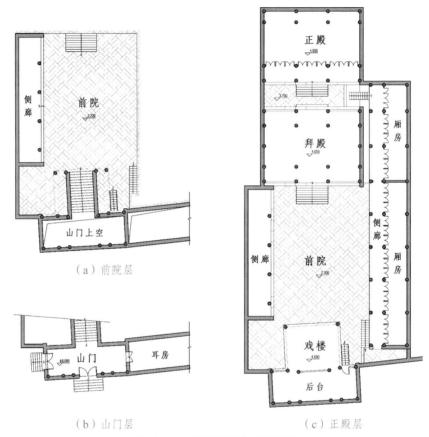

（a）前院层

（b）山门层

（c）正殿层

图 4-95　蜀河船帮会馆平面图

　　与前述蜀河黄州会馆相似，山门至前院须经过位于戏楼下方的 16 级台阶，形成第一级台地。前院同样十分宽阔，进深 15 米，面阔 10 米余，适合观戏、聚会，南侧为单层行廊 4 间，北侧为行廊和厢房。北侧房屋地坪标高较高，行廊直通后院。向后继续抬升台阶 9 步，抵达拜殿，形成第二级台地。拜殿向后为后院，后院同样狭窄紧凑，进深不足 3 米，带着幽静和神秘的氛围。后院南侧为围墙，北侧为通向前院的行廊和厢房。南北两侧共嵌有石碑 3 通。后院向后抬升六级台阶到达正殿，此为第三级台地。至此，与前述蜀河黄州会馆相似，也形成了前院观演空间与后院祭祀空间的总体格局（图 4-96）。

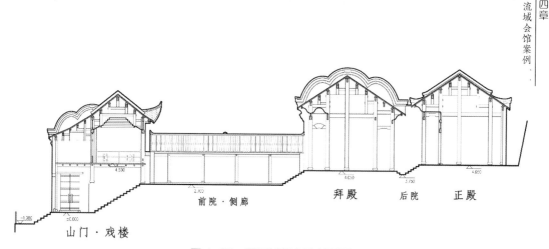

前院·侧廊　　　　拜殿　后院　正殿

山门·戏楼

图 4-96　蜀河船帮会馆剖面图

## 3．主要建筑的形制与结构

### 1）山门

蜀河船帮会馆山门为五开间硬山式建筑（图 4-97）。檐口和屋脊平直，屋面呈平缓的上翘曲线（图 4-98）。山墙为云纹式，起伏共 3 次。山门正立面为砖砌，上有三开间仿牌楼形制的砖砌门楼，门前有台阶 5 步，两侧为两扇圆形窗洞。山门南侧另开拱门一道，北侧通向一列南北向耳房。相对于蜀河黄州会馆，山门整体稍低，但其作为船帮会馆的双圆形窗洞立面造型十分典型，加之位于临水的高坡之上，因而虽栖居于古镇的各类建筑中，亦十分显著。

图 4-97　蜀河船帮会馆山门

图 4-98　蜀河船帮会馆山门装饰

2）戏楼

山门后为倒座式戏楼，牌匾上书"明德楼"三字。面阔三间，虽未有黄州会馆戏楼装饰华丽，但亦不失其朴素优雅（图4-99）。

（a）　　　　　　　　　　　　　　　　　（b）

图4-99　蜀河船帮会馆戏楼

戏楼采用单檐歇山顶，并有收山构造，使屋顶更加小巧轻盈。翼角采用嫩戗发戗做法，屋檐至翼角处有很大起翘。檐下只在角部设三跳转角斗拱，即清式七踩斗拱，雕饰精美。

戏台下方设柱4根，而戏台以上仅余檐柱两根，与前述黄州会馆相似。檐柱之间有大、小额枋，未设雀替。戏台亦分前台和后台两个部分，由木制屏风分隔。屏风左右各设一门，分别用于出入。门上有镂空骑马雀替，以枝叶造型，十分雅致。前台同样设有平面八边形的覆盆式藻井天花，共6层，交接处呈花瓣形，曲线灵动优美。

后台面阔五间，进深一间，却有4根短柱，加上山门立面砖墙一起，支撑五架檩，继而承托上方的屋面，将山门屋面与戏楼屋面巧妙地连接在一起，实属精妙绝伦，巧夺天工。

3）拜殿

拜殿形制与蜀河黄州会馆拜殿形制十分相似（图4-100）。两者皆为硬山式形制，面阔三间等距，进深五间，中间两根中柱减去。屋面、屋脊、檐口均平直无曲线，两侧山墙采用云纹式，起伏共3次。檐下采用单挑支撑出檐，不设斗拱。但船帮会馆拜殿为开敞式，檐柱和金柱之间采用了卷棚式的天花，其他地方不设天花。檐柱之间设大小额枋，未见雀替。台基高出前院约1.35米，中央设台阶9步，通往后院处设两步。

结构方面，与黄州会馆相似，拜殿同样采用砖木混合、穿斗式和抬梁式并存的结构形式，兹不赘述（图4-101）。

图4-100　蜀河船帮会馆拜殿　　　　图4-101　拜殿结构

4）正殿

正殿同样与黄州会馆十分相似，为面阔三间、进深五间的硬山式形制，仅设前廊。屋面、屋脊、檐口同样平直无曲线，而依靠人字形山墙在侧面形成微微起翘的轮廓。不同的是，前廊上方采用了平板式天花，殿内不设天花，并供奉杨泗将军神像。正殿同样采用砖木混合、穿斗式和抬梁式并存的结构形式，兹不赘述。

5）行廊和厢房

蜀河船帮会馆北侧的行廊和厢房是巧借地势的典范。该段行廊和厢房地面高于前后院，因此可以跨越中轴线上的多级高差，将前后院连在一起。这不仅加强了前后联系，行廊旁的厢房也扩展了会馆的面积，使会馆的功能更加完善（图4-102）。

图4-102　北侧行廊

4. 建筑装饰

蜀河船帮会馆相对黄州会馆更为素雅,装饰主要集中在山门上(图 4-103)。山门正门的两副对联镌刻在石质的壁柱上,自上方的檐口。上方的出檐仿照"破中"和博风斜抹的重檐式样,檐下斗拱采用了独特的 5 层莲花瓣样式,抬头一望,清新之气扑面而来。

(a) 山门莲瓣装饰

(b) 戏楼藻井      (c) 侧门      (d) 侧门枕石

图 4-103 蜀河船帮会馆拜殿

山门的侧门也别有韵味。拱形的门洞上方,是垂花式的屋檐,檐下书"朝阳古洞" 4 个大字,字体古朴厚重。门前方形的门枕石分别刻着鹤与鹿的形象,黝黑的表面见证了百年来香火的繁荣。时至今日,这里仍然是当地人们烧香祈福的胜地。

## (三)蜀河镇武昌会馆、山陕豫会馆和物资转运站

除了上述两座保存较为完好的两座会馆之外,蜀河镇还有仅存部分遗迹的武昌会馆和山陕豫会馆,以及一座与会馆关系紧密的商业建筑——物资转运站(图 4-104)。

武昌会馆旧址位于船帮会馆以北约 50 米,南侧为书院,北侧为物资转运站。由于武昌会馆在一些地方也被称为鄂城书院,而会馆又与物资运输

和储存有着密切的联系，因此，笔者推测，从书院至物资转运站的整个地段，应当都是曾经的武昌会馆。书院保存状况较差，现仅存入口拱门和围墙，以及两层阁楼一幢。拱门为砖砌，两侧列砖柱，柱间起拱，样式典雅，做工精湛。阁楼为硬山式，烽火山墙逐层跌落，轮廓微微上翘，正面木窗雕花繁复精美，可见昔日繁华。书院北侧旧建筑已无存。

（a）武昌会馆、转运站鸟瞰

（c）武昌会馆入口

（d）武昌会馆封火山墙

（b）山陕豫会馆鸟瞰

（e）物资转运站

图4-104　蜀河其他会馆

再往北便是这座独特的物资转运站（图 4-105）。转运站共 3 层，外墙为砖砌，首层无窗；平面近似正方形，中央有天井，整栋建筑酷似一座碉堡。作为存储物资的仓库，恐怕没有比这样的形制更合适的了。其高耸厚重的墙体，加上内向的天井空间，兼具极强的对外封闭性，和内部小气候调节能力，既可以确保货物的安全，又能提供通风干燥的环境，使货物不至受潮损坏，保证货物的质量，不愧为先辈工匠们智慧的结晶。

图 4-105　物资转运站

蜀河镇的山陕豫会馆位于蜀河对岸，现仅存房屋一间。虽然无法看到往日会馆的全貌，但我们仍然可以通过这座蜀河对岸的会馆，推测这里曾经也有过集镇的存在，为进一步探索蜀河镇的历史提供了指引。

## 二、安康市紫阳县向阳镇瓦房店会馆建筑群

安康市紫阳县向阳镇瓦房店位于汉水支流任河与任河支流渚河交汇处（图 4-106）。距离位于汉水与任河交汇处的紫阳县城仅不到 8 千米。借助河口的有利条件，瓦房店成为货物转运的重要节点，很多会馆也云集于此。保存较好的有北五省会馆和江西会馆，另有四川会馆仅存殿宇 1 座，其中北

五省会馆中存有多幅清代壁画,精美绝伦。瓦房店会馆群(包括上述3座会馆)于2013年被列为全国重点文物保护单位。

虽地处山区,瓦房店建筑群通过巧妙地选址,将大量建筑集中在坡度较缓、临近河道的山体余脉上,既降低了建造的难度,又最大程度地发挥了这里的交通优势。

图4-106　瓦房店鸟瞰图

## (一)瓦房店北五省会馆

### 1. 历史沿革

瓦房店北五省会馆始建于乾隆末年,由北方五省(山西、陕西、河北、河南、山东)商人捐资共建(图4-107)。会馆藏有同治五年(1866年)北五省众号捐厘提名碑3通,上刻商号、商人名号和捐资金额近千条。更存有其他碑刻十余通,如嘉庆十二年(1807年)"任占鳌出地基"碑1通、道光二十七年(1847年)"重建乐楼新修戏房土地祠各户捐"碑2通等[①],可见帮众数量之巨,会馆地位之高。可惜很多碑文历经风雨,难以辨认,很多故事恐怕已掩埋于历史尘埃之中。

---

① 李秀桦,任爱国.清代汉江流域会馆碑刻[M].郑州:中州古籍出版社,2019.

图 4-107　瓦房店北五省会馆鸟瞰

## 2. 建筑布局与功能

瓦房店北五省会馆坐西北朝东南，坐落在一个坡度较为平缓的台地上，台地南段有一段陡坎。最南端的戏楼位于陡坎边缘，戏楼南侧墙基与下方地面有近 5 米的高差。这段陡坎使会馆入口无法按照传统布局模式设置在轴线南端，因此入口被设置在了东侧，直通戏台与前殿之间的第一进院落。

会馆现状为一路三进院落组成中轴对称式的狭长布局，又依山势形成三级台地（图 4-108）。中轴线上依次分布戏楼、前院、前殿、鼓楼、拜殿、后院、正殿，现状两

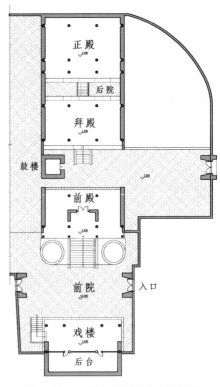

图 4-108　瓦房店北五省会馆平面

侧配殿仅存遗址。会馆前院较为宽敞，进深近 12 米，面阔约 17 米，北端
有桂花树两株，树龄已过百年。由前院至前殿有台阶 13 步，形成第一级台地。
前殿之后为第二进院落，院西侧现存鼓楼 1 座，由此推测东侧可能曾有钟楼。
鼓楼向东另有一门，向西有粮仓 1 座，为 1952 年修建。鼓楼向北经台阶 7
步上达拜殿，形成第三级台地。拜殿再向北为正殿，两殿之间有一狭窄的
天井，进深仅 2 米。至此，形成了前院观演空间与后方祭祀、议事空间的
总体格局（图 4-109）。

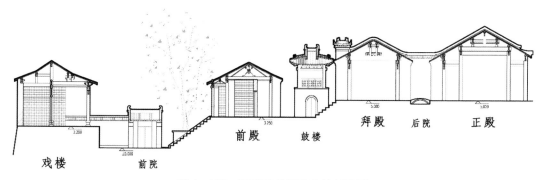

图 4-109　瓦房店北五省会馆剖面图

### 3．主要建筑的形制与结构

瓦房店北五省会馆各殿宇均采用抬梁式结构，斗拱尺寸大、出挑少、
结构性能好，其他构件也规格较高，如踏步用垂带踏跺而非如意踏跺，墙
面绘有大幅精致壁画等。整体看来，带有较为明显的北方官式建筑特点。

#### 1）戏楼

戏楼台口朝北，为半歇山半硬山式建筑（图 4-110）。北侧面朝前院的
部分为歇山顶，南侧的另一半为硬山顶。这种做法十分巧妙，既保证了台
前的视觉效果，又省去了视线不可达位置的建造成本。

（a）从码头方向仰视　　　　　　　　（b）从前殿山门方向俯视

图4-110　瓦房店北五省会馆戏楼

　　相对蜀河镇会馆的戏楼，北五省会馆的戏楼面积更大，台口更宽，总宽度达11米余。戏楼面阔三间，进深两间，平面类似于宋代《营造法式》所谓"分心槽"。然而其中又有两处变化（图4-111）：一是采取了"移柱造"，北侧中央两根檐柱分别沿开间方向往外移动了0.8米，扩大了台口的宽度；二是采用了砖木混合承重的结构模式，南侧不设檐柱，而用厚实的砖墙代为支撑，更好地利用了材料的结构性能，同时节省木料。

（a）　　　　　　　　　　　　　　　（b）

图4-111　瓦房店北五省会馆戏楼前、后台结构

　　戏楼采用抬梁式结构，有檩五架（即宋代所谓四架椽）。斗拱仅出一跳，但尺寸雄大，结构作用明显。拱上另置假昂，耍头也雕为各种代表吉祥的动物和神兽，两侧还有花草透雕，装饰效果同样极佳。

　　戏楼从中柱所在位置划分为前台和后台两个部分，由木制屏风分隔。

屏风左右各设 1 门，分别用于出入。室内采用砌上明造，不设天花。台基高 2.2 米，低于前殿地坪 1 米，既保证了前院和前殿观演视角，同时又避免了两处观众的视线遮挡。

2）前殿

前殿采用了传统祠庙山门的典型形制（图 4-112）。首先，前殿门前有垂带踏跺 13 级，两侧分置石狮子和种有桂花树的圆形花坛；台阶上端有石质门框，立柱上书对联 1 副。其次，前殿面阔三间，进深两间，前侧设廊，平面近似宋式"分心槽"；当心间有"工"字形砖墙，横墙位于正脊下方，中央设门，门前又有石狮子 1 对，分置左右。这两点皆为山门建筑的特有形式，可以说是为了适应地形而置于戏台之后的真正山门。

（a）

（b）

图 4-112　瓦房店北五省会馆前殿正、北面

此外，前殿屋顶为硬山式，正脊、檐口平直，屋面有平缓起翘。结构为砖木混合结构，山墙和中心的"工"字形墙面取代了一部分木柱而成为承重构件（图 4-113）。前廊转角处采用了水平斜向杆件，当心间两端用驼峰承接正脊。

图 4-113　会馆前殿梁架和承重砖墙

3）鼓楼

鼓楼平面正方形，边长 3.5 米。屋顶为收山歇山顶，正脊平直，屋面和翼角起翘明显，檐下无斗拱，但有耍头样式的构件作为装饰（图 4-114）。四面檐檩之间用 45 度水平斜撑固定，增加结构稳定度。立柱共 4 根，柱间设大、小额枋连接，以及木质卍字纹透空栏板。台基为砖砌，高 3 米，东面设拱门 1 道，西面有圆窗 1 扇，南北无窗。整体比例匀称，小巧轻盈，亦不失素雅端庄。

（a）　　　　　　　　　　　（b）

图 4-114　瓦房店北五省会馆鼓楼

4）拜殿

拜殿为硬山式卷棚屋面，面阔三间，进深一间，当心间略大于次间（图 4-115）。檐下设三踩斗拱（出一跳），柱头一朵，柱间两朵。斗拱形制与戏楼斗拱相同，结构作用明显，同时另置假昂，将耍头雕为各种代表吉祥的动物和神兽，两侧还有花草透雕，增加装饰效果。

（a）　　　　　　　　　　　（b）

图 4-115　瓦房店北五省会馆拜殿

拜殿结构采用砖木混合式，山墙代替山柱承担结构作用。木架部分采用抬梁式，梁上有双驼峰支撑卷棚屋面。室内砌上明造，无天花。整体结构简明而有力。

5）正殿

正殿为硬山式建筑，面阔三间，进深四间，平面类似宋式双槽（图4-116）。屋面正脊和檐口平直，屋面略微起翘。檐下斗拱样式和分布与拜殿相同。结构同样采用砖木混合式，山墙和后墙代替木柱承担结构作用。屋面有檩七架（即宋代所谓六架椽），梁与檩之间用驼峰连接，驼峰上绘有彩画。室内露明，无天花。

（a）　　　　　　　　　　　　（b）

图4-116　瓦房店北五省会馆正殿

4. 建筑装饰

1）斗拱木雕

瓦房店北五省会馆斗拱木雕最大的特点是采用了较为具象的雕刻题材，如花草、动物等，而非抽象的纹饰。斗拱木雕在戏楼、鼓楼、拜殿、正殿都有采用（图4-117、图4-118），主要包括3个部分：第一是拱上的装饰性假昂，采用微微上翘的下昂形式；第二是雕刻成各类兽首的耍头，有龙首、象首、龟首、鸡首等，还有一些是云纹耍头；第三是耍头两侧的透雕，主题主要为花草，有兰花、莲花等。另外，斗拱间的拱眼壁也布满透雕，多为花草、神兽等寓意吉祥的纹饰，栩栩如生，精美异常。

图 4-117　戏楼斗拱木雕　　　　　　　　　图 4-118　鼓楼檐下木雕

2）屋面脊兽

北五省会馆的瓦作也带有北方官式建筑色彩，屋脊兽是其中最显著的代表（图 4-119）。正脊两端的脊兽采用了 3 种形式：戏楼是兽首，前殿和鼓楼是鱼尾，正殿是鸱尾。垂脊下端的屋脊兽都作兽首，戏楼的戗脊除兽首外，还有 4 座其他脊兽，最前端是骑缝仙人，后面的 3 个由于年久风化，已难以辨认。这些屋脊兽的精细差别，体现了北方官式建筑等级观念对北五省会馆的强烈影响（图 4-120）。

图 4-119　戏楼屋脊兽　　　　　　　　　图 4-120　拜殿山墙瓦雕

3）各处石作

北五省会馆的石刻也非常精美。前殿台阶两侧的石狮子威严肃穆，殿内大门两侧的石狮子威风凛凛，殿前石栏杆顶的小神兽则圆润生动。石质浮雕也素雅灵动，前殿门前的石质门框横梁刻有二龙戏珠图，山墙正面刻有有凤来仪图，柱础也被各种浮雕包围，华美尽显（图4-121）。

（a）前殿石门　　　　　　（b）前殿石雕　　　　　　（c）拜殿石刻

图4-121　瓦房店北五省会馆石作

4）殿内壁画

拜殿和正殿内共有7幅壁画，其中3幅为屏风形式（图4-122）。壁画主题有三国时期历史故事，如正殿西侧山墙上以连环画形式将"三英战吕布""关云长华容道义释曹操""刘备自领荆州牧"3个故事融入一幅画面；也有诗词歌赋入画，如将《清平调三首》《秋声赋》《滕王阁序》等著名作品分别画在屏风各扇上；还有寓意吉祥的题材，如《天官赐福》《苍松清泉》《荷花》《寿星》等。壁画构图精巧灵动，人物神采奕奕、栩栩如生，山水气势雄浑，静物清丽高雅，线条飘逸又工整，色彩素雅或鲜亮，是陕南明清古壁画中的神品。

（a）正殿后墙　　　　　　（b）正殿后墙西侧《三官赐福》图

（c）"三英战吕布""关云长华容道义
释曹操""刘备自领荆州牧"连环画

（d）《刘备招婿》连环画

（e）屏风画

图4-122　瓦房店北五省会馆拜、正殿壁画

此外，殿宇木梁架上也绘有各式彩画，人物、花草、历史故事等主题均有涉及，不仅内容丰富，绘制也十分精美，代表了明清民间工匠的精湛技艺和高雅审美情趣。笔者调研时正在复原修缮中。

### （二）瓦房店江西会馆

瓦房店江西会馆建于清中期，基址位于北五省会馆西北方，地势较高。会馆现存拜殿、正殿和偏院（图4-123、图4-124）。会馆坐西北朝东南，拜殿和正殿构成主轴线，偏院在轴线东侧。拜殿南侧有平整场地，进深约3.5米，再向南为陡坎，高约5米。可见用地十分局促，殿宇庭院无法全部沿南北主轴线展开。

图 4-123　瓦房店江西会馆鸟瞰

　　拜殿面阔三间，当心间稍宽于次间，进深一间，为单层硬山式建筑，两侧山墙为云纹式，起伏 3 次。结构采用砖木混合式，山前代替山柱承担结构作用。木架部分为抬梁式，有檩七架（即宋式六架椽），砌上明造。拜殿与正殿之间有狭窄天井，进深仅 1.6 米。通过六步双分台阶上达正殿。

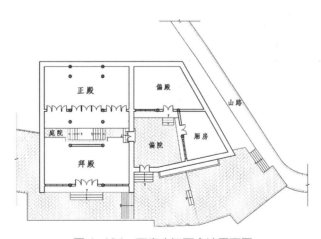

图 4-124　瓦房店江西会馆平面图

　　正殿面阔三间，进深三间，首进作为前廊。正殿同样为单层硬山式建筑，两侧山墙为三级阶梯式，墙檐端部略有起翘。结构采用砖木混合式，山前代替山柱承担结构作用。木架部分为抬梁式，有檩七架（即宋式六架椽），砌上明造。殿内供奉福主许真君。

天井东侧有门可通往偏院，门上书"大地祯祥"4字，笔势浑厚，周边有清雅的荷花彩画（图4-125）。偏院为不规则的四边形，北、东两面建有房屋。北屋东墙为三级阶梯式，东屋南墙为人字形。此外，会馆的装饰也十分精美（图4-126）。

图4-125　拜殿山墙瓦雕

（a）山墙装饰　　　　　　（b）殿间庭院　　　　　　（c）正殿木门

图4-126　瓦房店江西会馆装饰

## （三）瓦房店四川会馆

瓦房店四川会馆建于清中期，现存殿宇一座位于临近码头的台地上，相对上述两座瓦房店会馆，距离水面最近（图4-127）。该殿为硬山式，四面砖墙，山墙为人字形。山墙的墙头和檐下有彩绘，主题为山林、植物、水波纹饰等，色彩素雅。

（a）会馆现存殿宇　　　　　　　　　　（b）会馆屋脊装饰

图4-127　瓦房店四川会馆

## 三、安康市石泉县城会馆建筑群

石泉县城位于汉水北岸，饶峰河在城西从北向南注入汉水。由于地处距离汉水河道较近的河滩上，石泉县城虽然十分狭长，但地势较为平缓。

如前所述，石泉县城内外曾有多座会馆。目前现存的会馆还有城内的江西会馆、湖广会馆共两座。两座会馆加上东侧紧邻关帝庙（即武庙）三者比邻而居，一同坐落于县城主街北侧，正对汉水河道，场地无高差（图4-128）。湖广会馆和江西会馆现存拜殿和正殿，关帝庙现存山门、戏楼、拜殿、正殿，倒座式戏楼华丽精美，戏楼与拜殿之间的建筑已无存。从县志图和关帝庙山门戏楼临街的位置可以推断，从现存殿宇至街边，曾经皆应为会馆用地，规模甚为可观。

图4-128　石泉鸟瞰图

## （一）石泉湖广会馆

### 1. 历史沿革

石泉湖广会馆又称禹王宫，始建于乾隆年间。道光二十九年（1849年）《石泉县志》卷一《祠祀志》记载："湖广会馆在城内，供禹王及周子，乾隆年建。"2008年修缮，现为陕西省文物保护单位（图4-129）。

图4-129　石泉会馆群鸟瞰图

（图中左上为湖广会馆，中为江西会馆，右下为山陕会馆）

### 2. 主要建筑的形制、结构与装饰

石泉湖广会馆坐北朝南，现存的拜殿和正殿都位于主轴线上（图4-130）。两殿之间有天井，进深7.2米。天井内有东西廊，廊进深较宽，有3.7米。两殿和东西廊构成四水归堂式天井屋面格局。

拜殿和正殿形制相似，皆为山式建筑，面阔三间，当心间稍宽于次间，进深四间，平面类似宋式双槽。山墙为三级阶梯式，墙檐平直。屋脊、屋面、檐口同样平直无起翘（图4-131）。拜殿前檐柱有雕花斜撑，主题为松柏仙人，十分精美。

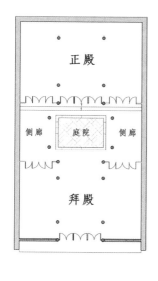

图4-130　石泉湖广会馆平面图

（a）

（b）

图4-131　石泉湖广会馆立面和中庭

　　拜殿和正殿的结构同样相似，皆采用砖木混合式样，山墙代替山柱（图4-132）。木架为抬梁式，有檩十架（宋称九架椽），因此以正脊为界，前后檩数、椽数不同。檐柱与金柱之间两椽，前金柱与正脊之间两椽，正脊与后金柱之间三椽。室内露明无天花，最下方的梁略有弧度。正殿内供奉大禹神像。

（a）

（b）

图4-132　石泉湖广会馆拜殿、正殿结构

两殿内部分构件上有精美木雕，除了前述斜撑上的松柏仙人雕刻之外，随梁枋上也有扇形浮雕，主题为民间禹王故事、云龙纹、灯笼等，气韵生动、惟妙惟肖。柱础也有浮雕，为花草主题，线条流畅、栩栩如生。天井东西山墙镶有两幅石质牌匾，上书"飞□""□凤"，笔势浑厚有力。会馆装饰如图4-133。

（a）封火山墙彩绘　　　　（b）拜殿斜撑木雕　　　　（c）侧廊石刻书法

图4-133　石泉湖广会馆装饰

## （二）石泉江西会馆

### 1. 历史沿革

石泉江西会馆始建于乾隆四十八年（1783年）。乾隆《兴安府志》卷十七《祠祀志》"石泉县"条记载："万寿宫（县新志稿）邑东门内，乾隆癸卯岁江西客民建，祀许真君。"道光二十九年（1849年）《石泉县志》卷一《祠祀志》记载："江西会馆在城内，供许真君，乾隆癸卯年建。"2008年修缮，现为陕西省文物保护单位（图4-134、图4-135）。

### 2. 主要建筑的形制、结构与装饰

石泉江西会馆坐北朝南，现存的拜殿和正殿都位于主轴线上。两殿之间有天井，进深4.2米。天井两侧无廊或房。如图4-136。

拜殿采用砖木混合式样，山墙代替山柱。木架为抬梁式，有檩九架（宋

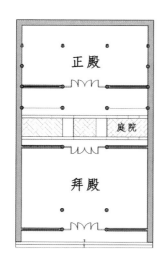

（a）

（b）

图4-134　石泉江西会馆平面图　　图4-135　石泉江西会馆立面和中庭

称八架椽）。前两椽下设卷棚天花，其他部分露明无天花。各梁之间用驼峰承接，驼峰上皆有浮雕。

　　正殿采用全木架结构，两侧山柱所在榀为穿斗式，中间两榀为抬梁式。有檩九架（宋称八架椽），前两椽作为外廊，下设卷棚天花。室内为砌上明造无天花。中间两榀木架各梁之间用驼峰承接，驼峰上皆有浮雕。

（a）

（b）

（c）

图4-136　石泉江西会馆拜殿、正殿结构和天井

装饰方面，拜殿正面檐下两斜撑采用"双狮戏球"主题，表情凌厉，姿态生动，雕刻十分精细。山墙上的彩画和天井中的一方石盆也异常精美。如图4-137。

（a）拜殿木雕斜撑 　　　　（b）拜殿西山墙彩绘　（c）拜殿东山墙彩绘

图4-137　石泉江西会馆装饰

## （三）石泉山陕会馆

石泉山陕会馆又称关帝庙、武庙。建筑坐北朝南，位于江西会馆以东，现存的山门、戏楼和两座殿宇都位于主轴线上。

现存山门为砖墙式（图4-138），戏楼为倒座式（图4-139、图4-140），形制一如上文所述的蜀河黄州会馆、船帮会馆戏楼。戏楼屋顶为单檐歇山式，顶上瓦雕十分精美。现存拜殿、正殿均为硬山式，面阔三间，正殿面阔略窄于拜殿（图4-141）。

图4-138　石泉山陕会馆山门　　　　图4-139　石泉山陕会馆戏楼侧面

图 4-140　石泉山陕会馆戏楼正面

图 4-141　石泉山陕会馆拜殿

## 四、　商洛市山阳县漫川关会馆建筑群

商洛市山阳县漫川关位于汉水支流金钱河与金钱河支流靳家河交汇处，沿靳家河往北可通达汉水支流丹水流域，沿金钱河向南可通达汉水干流流域。漫川关同时也是陕西通向湖北的门户，与南侧位于金钱河流域的上津镇隔省界对望。因此，这里自春秋时期便是战略要地，"朝秦暮楚"的典故即来源于此。

明清时期，借助其北连陕西、南通湖北的交通地位，漫川关和上津镇贸易

图 4-142　漫川关会馆群地理位置

繁荣，大量会馆云集于此。现存有骡帮会馆（马王庙）、武昌会馆、北会馆等 3 座，还有一座相邻而建的双戏楼，正对着骡帮会馆，见证着这座商帮重镇往日的辉煌（图 4-142）。

### （一）漫川关骡帮会馆

漫川关骡帮会馆又称马王庙，光绪十二年（1886 年）建。会馆坐西朝东，遥对金钱河，距离河道约 140 米。现为全国重点文物保护单位。

　　会馆现存并列的南北两组院落，每座院落各有前后殿、两侧厢房和天井。前后殿皆为三开间硬山式建筑，两组院落共用中央的山墙。殿宇正脊、屋面略有起翘，檐口平直，檐下无斗拱，山墙前段有阶梯式封火墙（图4-143）。

　　从现状来看，会馆门前为古镇广场。穿过广场，会馆正对着两座并列的戏楼。两座戏楼形制近似山门后方的倒座式，中央同样共用一堵山墙，推测可能为骡帮会馆曾经的山门（图4-144）。

图4-143　漫川关骡帮会馆拜殿

图4-144　漫川关骡帮会馆双戏楼

两座戏楼面阔近似，且都有向外凸出的前台和位于后方的后台。但两座前台的屋顶形制则不同。南侧戏楼前台为重檐庑殿顶，下层屋檐中部采用"破中"和博风斜抹的做法，斜抹上施浮雕。上下檐皆采用嫩戗发戗做法，翼角起翘明显，曲线饱满，上檐檐口与翼角几乎连成完整的弧线，如飞鸟展翅，十分灵动（图4-145）。北侧戏楼前台为单檐歇山顶，比南戏台稍矮。屋顶正脊、屋面、檐口均平直，但翼角采用嫩戗发戗做法，因而同样有明显的起翘。正脊上还有6个镂空的正方形洞口，显著减轻了戏楼的视觉重量，加上腾空的翼角，同样显得典雅轻盈。并置的双戏楼加强了戏楼的视觉效果和演剧气氛，是罕见的形制。

图4-145　双戏楼之一（南侧戏楼）

## （二）漫川关武昌会馆

漫川关武昌会馆建于清晚期，位于骡帮会馆南侧，与之相邻。会馆现存前后两殿、左右厢房、天井，以及前殿北侧的一座偏殿（图4-146）。前后殿形制与骡帮会馆相似，为面阔三间的硬山式建筑，殿宇正脊略有起翘，屋面、檐口平直，檐下无斗拱，山墙前段有阶梯式封火墙（图4-147）。

图 4-146　漫川关武昌会馆　　　　　图 4-147　会馆山墙装饰

## （三）漫川关北会馆

　　漫川关北会馆建于光绪十三年（1887 年），位于骡帮会馆北侧，相距约 25 米。会馆现存前后两殿及之间的天井。两殿坐落于高约 2 米的台地之上，为面阔三开间的硬山式建筑，总面宽相对骡帮会馆和武昌会馆较窄，但形制相似（图 4-148、图 4-149）。会馆殿宇正脊有起翘，上有精美雕饰，屋面、檐口平直，檐下无斗拱。山墙前段有阶梯式封火墙，墙正面有灯笼式雕塑，上施彩画，下方有兽形高浮雕，十分精美。

图 4-148　漫川关北会馆正面　　　　图 4-149　漫川关北会馆侧面

## 五、商洛市丹凤县龙驹寨会馆建筑群

商洛市丹凤县龙驹寨位于丹水上游，是关中平原的西南门户，关中四关之一的武关就位于这里，因此主要沿丹水主线行进的商於古道也称"武关道"。从龙驹寨向西北沿丹水溯源而上，可抵达关中平原；向南沿金钱河，经过漫川关和上津镇，可抵达汉水上游主干；向西南沿丹水顺流而下，可经过流域另一重镇荆紫关，抵达丹水与汉水的交汇处丹江口（古均县）或南阳盆地，再向北到达黄河流域，或向南抵达汉水中游核心城镇襄阳（图5-74）。

明清时期，借助其西连关中、南通湖广、北达黄河流域的重要交通地位，龙驹寨贸易十分繁荣，大量会馆云集于此。现存的多为行业会馆，有船帮会馆（明王宫）、盐帮会馆、青器帮会馆、马帮会馆等4座，皆为陕西省重点文物保护单位。

### （一）龙驹寨船帮会馆

#### 1. 历史沿革

龙驹寨船帮会馆又称丹凤花庙、明王宫、平浪宫，为丹水流域航行的船帮集资兴建，用来议事、祭祀和举行节庆活动，祭祀对象为平水明王。会馆始建于清嘉庆二十年（1815年）[1]，一说咸丰九年（1859年），同治十一年（1872年）增修[2]。现仅存山门、倒座式戏楼以及明王殿一间（图4-150）。

图4-150　龙驹寨船帮会馆
卫星图

---

① 参考：陕西省文物局在会馆中所立介绍碑文。

② 参考：李秀桦，任爱国.清代汉江流域会馆碑刻[M].郑州：中州古籍出版社，2019：360.

2．主要建筑的布局、形制、结构与装饰

龙驹寨船帮会馆位于丹水北岸，距离河道仅 100 米。会馆坐北朝南，现存山门、戏楼、明王殿均位于主轴线上。其中的这座山门与戏楼的复合式建筑，是兼具建筑形制融汇创造、雕刻、书法艺术精妙贯通于一身的集大成者。

1）山门

山门为砖砌，中央为三开间重檐牌楼式立面，气势恢宏、装饰精美（图4-151）。上檐正脊平直，翼角起翘，下檐为断中式，中央的当心间嵌有石质牌匾，上书"明王宫"。牌匾周围有浮雕，为花草主题，构图紧凑、线条纤细、形态优美。牌匾两边各有一石质画框，上刻建筑、人物、水面等场景，部分画面损毁。画面周围有窗框式画框，上有云纹浮雕装饰。牌匾向下另有横向牌匾，上书"安澜普庆"。次间二层亦有牌匾，左书"清风明月"，右书"高山流水"。两牌匾下方有窗框式壁画，内容已不可辨认。门前抱鼓式门枕石，上刻浮雕，元素有凤、狮、竹、花、浪等，细节丰富，造型灵动。

图 4-151　龙驹寨船帮会馆山门

2）戏楼

山门之后为倒座式戏楼（图4-152）。戏楼面朝北侧，立面逐级向前伸出。前台向前伸出最远，为三开间重檐屋顶；前台两侧次间略微伸出，配以单檐歇山顶；最边缘的梢间连接两侧山墙，为硬山式屋顶。两侧山墙为云纹式，起伏三次，同时也向前伸出，边沿与前台齐。借助这种层层后退、山墙包围的立面处理手法，整座戏楼虽总面阔多达七间，但主次分明，丝毫不觉冗长，又通透娟秀，尽显精巧灵动之美。

图4-152　龙驹寨船帮会馆戏楼

前台上檐采用庑殿顶形式，但增加了两条垂脊，分隔了长直单调屋面，形成小巧精致的视觉效果。下层屋檐中部采用"破中"和博风斜抹的做法，中央嵌入牌匾，上书"和声鸣盛"。匾额之上为长幅木雕，有人物数十名，姿态各异，栩栩如生。博风斜面上也满布浮雕，均为骑兵战斗场景，各色人物、马匹、武器、旗帜融于这三角形的小天地，构图极尽巧思，气象非凡。

前台檐口、正脊和屋面无曲线。翼角采用嫩戗发戗做法，屋檐至翼角处有很大起翘，整体造型优雅轻盈，呈现出腾空飞翔的动势[图4-153（a）]。上檐斗拱出六跳，即清式所谓十三踩斗拱，下檐出四跳，即清式九踩斗拱，都采用45度斜拱做法，相互交错，形成菱形格网。斗和拱均脱离传统样式，而是通过龙首、凤首造型整合为一体。因此，这里的斗拱几乎不承担结构作用，对出檐的支撑主要靠木枋相互交错支撑而成的菱形格网来实现。斗拱排布细密，龙、凤首交替布置，工艺异常精美，虽结构作用已很微弱，但装饰效果十分显著。斗拱层正中还嵌有一倒梯形牌匾，上书"秦镜楼"，牌匾周围木雕繁复，上边沿一副"双凤朝阳"透雕精美绝伦。如图4-153（b）。

前台下方设柱4根，而戏台以上仅余檐柱两根，以使舞台开阔，便于观众观赏表演。檐柱之间是十分粗壮的大额枋，承担上方屋面的重量。额枋上有3组浮雕，分别讲述了3个民间故事。场景中人物、建筑、车马、植物数量众多而各得其位，人物衣着、形象、姿态皆各不相同又栩栩如生，使人无法不惊叹于民间工匠的精湛技艺与非凡智慧。

山墙上的雕塑也精美绝伦[图4-153（a）]。墙头的龙形脊兽，匍匐于高高的墙头之上，身躯蜿蜒、龙首高昂、脚踩猛兽，仿佛即将腾空而起，架云而飞。下方的花草纹蜷曲如云，又奔腾如浪。再下方的三角形山花和长方形画框里，每个人物皆探身眺望。他们或是乘风、腾云或是破浪，仿佛要走出画框，与人们同享这金玉满堂。

3）明王殿

明王殿距戏楼约60米，之间的殿宇现已无存，不过也足见当年船帮会馆主轴线之长，规模之大。

（a）檐口瓦饰和山墙石雕

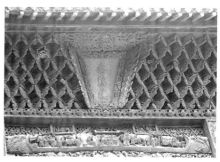

（b）檐下斗拱和木雕

图 4-153　龙驹寨船帮会馆戏楼装饰

明王殿为三开间硬山式建筑，屋脊、屋面、檐口略微起翘（图4-154）。檐下无斗拱，但雕梁画栋，特别是额枋上的3组高浮雕，精美异常。3组浮雕主题各异：当心间额枋为二龙戏珠图，龙身蜿蜒，藤蔓缠绕其上，虽无云，但有腾云驾雾之感；东侧次间额枋为荷塘仙鹤图，仙鹤附身昂首，两端有老叟童子闲坐，塘间莲花、老树穿插其间；西侧次间额枋为仙人采荷图，仙人童子宽衣大袖，立莲蓬之上，飞鸟、莲花在身后飞舞，场景娴雅灵动。

山墙亦有精美石雕。墙体在檐下向内凹进，中置六边形石墩，各面均有雕饰。外侧有石柱1对，满布石刻花草，纤细而典雅，十分精巧。

（a）

（b）

（c）

图4-154　龙驹寨船帮会馆明王殿正立面和檐下装饰

## （二）龙驹寨盐帮会馆、青器帮会馆、马帮会馆

盐帮会馆又称紫云宫，现仅存殿宇两间，均为硬山式建筑（图4-155）。前殿面阔五间，后殿面阔三间。后殿两侧山墙内面有"安澜怀定""降浪平波"牌匾，匾额之上有大幅圆形水墨壁画，其中之一为松下童子图，署名"仿叶吉山人"，另一幅同样绘有树木和人物，惜仅能依稀辨认。墙砖上刻有"大清光绪五十一年盐帮会馆"和"大清光绪五十一年紫云宫庙"字样。

（a） （b） （c）

图4-155　龙驹寨盐帮会馆正殿和檐下装饰

　　青器帮会馆亦仅存殿宇1座，为三开间勾连搭式硬山建筑［图4-156（a）］。正脊、檐口平直，仅在两端略有起翘，屋面也有较平缓的起翘。

　　青器帮会馆檐下斗拱形制较为罕见［图4-156（b）］。斗拱共出三跳，上下拱之间有垫板，填充了上下拱之间及至斗内侧的空隙。垫板同时横向延伸，将同层斗拱串联在一起。垫板上又置枋，将位于内侧的斗从中央切断。借此，垫板和枋构成了类似叠涩的结构来承托出檐，斗拱成为没有结构作用的装饰。这种独特的斗拱成为当地工匠结构创造的一次有益尝试。

（a） （b）

图4-156　龙驹寨青器帮会馆殿宇和檐下斗拱

　　马帮会馆现存正殿两座和两侧厢房若干，前后殿均为硬山式建筑，仅前殿为卷棚屋顶。但经过修缮后，建筑外观有较大改变，已难见曾经的模样。

## 六、南阳市淅川县荆紫关会馆建筑群

南阳市淅川县荆紫关位于汉水支流丹水沿岸。主要沿丹水主线行进的商於古道，是关中平原与南阳盆地之间的交通要道，荆紫关便是古道上的重镇。从荆紫关向西北沿丹水溯源而上，可经过丹凤龙驹寨，抵达关中平原；向西南沿丹水顺流而下，可达丹水与汉水的交汇处丹江口（古均县），也可直达南阳盆地，再向北到达黄河流域，或向南抵达汉水中游核心城镇襄阳。

明清时期，借助其西连关中、南通湖广、北达黄河流域的重要交通地位，荆紫关贸易十分繁荣，据《隶淅川厅乡土志》①记载：清末荆子关"水陆辐毂，商贾辐辏，繁盛甲于全境"，"全境商务以荆紫关为贸易总汇"。因此，迟至清代，荆紫关云集大量会馆，现存的仍有山陕会馆、江西会馆（万寿宫）、湖广会馆（禹王宫）、船帮会馆（平浪宫）等4座，皆为全国重点文物保护单位（图4-157）。

图4-157 荆紫关地理位置和会馆群卫星图

### （一）荆紫关山陕会馆

#### 1. 地理区位与历史沿革

山陕会馆位于荆紫关明清老街东侧，据丹水东岸仅30米。始建于乾隆年间，原在老城南门外，后因丹水涨溢，逐渐坍圮。清嘉庆十一年（1806年）起，山陕帮众商议并开始实施搬迁。其后多年，在现在所在的位置，逐步建立正殿、山门、戏楼、钟鼓楼、药王庙、春秋阁等。直至道光三十年（1850年），迁建工程告竣②。2001年起，会馆进行了全面的保护性修缮，2009年竣工。

---

① 隶淅川厅乡土志[Z]. 北京：线装书局，2002.

② 李秀桦，任爱国.清代汉江流域会馆碑刻[M].郑州：中州古籍出版社，2019：75.

2. 建筑布局与功能

荆紫关山陕会馆坐东朝西,面向丹水,地势平坦无高差。现存的山门、戏楼、钟鼓楼、大殿、后殿均位于主轴线上,形成一路四进院落组成中轴对称式的狭长布局。山门与戏楼之间的庭院较狭窄,继续穿过戏楼内侧的拱门,到达第二进院落。第二进院落为长方形,进深30米,面宽15米。西端为戏台,东端为大殿,大殿两侧设钟鼓楼,钟鼓楼前有东西行廊。穿过大殿进入第三进院落。第三进院落进深约为20米,东端为后殿,两侧有道房。最后一进院落较为幽静,进深仅6米,东端为春秋阁。大殿雄伟、后殿小巧、春秋阁典雅,形成了类似紫禁城太和殿、中和殿、保和殿的三大殿格局,可见会馆当年地位之崇高。

3. 主要建筑形制、结构与装饰

1) 山门

山门为单层硬山式建筑,屋脊、屋面、檐口均平直,几乎没有起翘,檐下无斗拱,采用水平挑梁承托屋檐出挑(图4-158)。山门面阔五间、进深两间,当心间向内凹进,正门设在当心间脊柱中央,平面为宋式所谓"分心槽"。次间和梢间对外设木板门,似曾作为商铺门面。二层为阁楼,高度约半层,可能曾作为商铺的储藏空间。

(a)

（b）

图 4-158 荆紫关山陕会馆山门前、后立面

2）戏楼

戏楼形制很有特色（图 4-159）。戏楼共两层，一层为通道，二层为戏台。朝西的立面为三开间，为砌砖墙面。当心间有歇山一抱厦，通过双分楼梯通向二层戏台。西立面一层有 3 个通道通向下一进院落，抱厦下方的一层正中 1 个，两侧也各有 1 个。由于一层层高不高，通道也因之十分低矮。两侧通道口虽有在顶端起拱，但仅为外墙装饰，并未增加通道高度。

戏楼东立面面阔五间，当心间最宽，为戏台台口，次间和梢间均较窄。戏楼本为硬山式屋顶，但东立面屋面从檐柱起向前方及两侧同时出挑，形成起翘的翼角，从正面看时，造成仿佛歇山顶的立面效果。同时，在附加的戗脊上还各立有 4 尊脊兽，效果更加逼真。

戏楼东立面檐下置斗拱，出四跳，即清式九踩斗拱。斗拱采用 45 度斜拱做法，拱向外延伸，雕刻为龙头、凤头的形状，使斗拱整体纤巧而繁复，兼具结构和装饰作用，十分精美。

戏楼内部分为前后台，正中为前台，两侧和后部为后台。后台从三面包围前台，便于演员更衣准备以及出入前台。西部抱厦应为后台入口，出入不影响东部的演出，组织井然有序。

（a）

（b）

图4-159　荆紫关山陕会馆戏楼前、后立面

3）钟鼓楼

钟鼓楼于大殿两侧相对而立，皆坐落于正方形台基之上，面阔三间，进深三间，为双层阁楼式建筑，底层层高略高于二层（图4-160）。二层屋顶为四坡攒尖顶，一层二层之间有腰檐。屋顶和腰檐均在角部起翘，形成轻盈灵动的造型效果。宝顶为铁质，向上高高升起，给楼宇更添一分高耸纤细。

（a）　　　　　　　　　　　　　　　（b）

图 4-160　荆紫关山陕会馆鼓楼、钟楼

4）大殿

　　荆紫关山陕会馆大殿面阔三间，进深两间，为一单层歇山式建筑，檐口和屋面平直，仅在翼角处有较大幅度的起翘（图 4-161）。前后当心间均有歇山式抱厦，抱厦的正脊和檐口略高于大殿，翼角同样有较大幅度起翘。前侧次间向外有八字形墙面，上沿为云纹式。

图 4-161　荆紫关山陕会馆大殿和钟鼓楼

大殿后立面为仿牌楼式，檐下有繁密雕塑（图4-162、图4-163）。后侧次间向外有两座面阔三间的道房作为厢房（图4-163）。大殿向西有呈现欢迎姿态的八字形墙面，向东半围合性的道房，作为三大殿的起始建筑，格外气势雄浑，器宇轩昂。

大殿檐下斗拱形制非常有特色，极具装饰性（图4-162）。斗拱共出五跳，采用45度斜拱做法。两斜拱之间的空隙填充圆形透雕，线条纤细，做工精美。坐斗相对较大，上有浅浮雕，坐斗之间填充莲花形雕饰。坐斗之下的额枋宽厚，上刻3组民间故事，之间用纹饰分隔。额枋之下为骑马雀替，整个雀替布满龙纹透雕，纹样清晰，构图紧密。大殿檐下从斗拱直至雀替，包含透雕、浮雕、木画，层次丰富，工艺精湛，美轮美奂，展现了清代民间高超的木雕水平。

（a）

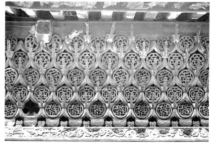

（b）

图4-162　荆紫关山陕会馆大殿檐下雕塑和斗拱

（a）

（b）

图4-163　荆紫关山陕会馆大殿背立面和厢房

5）后殿

后殿是一座小巧的硬山式建筑，面阔三间，进深三间（图4-164）。正脊、屋面、檐口平直，檐下不设斗拱。殿两侧均有露天通道可穿行至下一进院落。作为三大殿的第二殿，显得谦逊而内敛，衬托出大殿的雄伟和春秋阁的雅致。

（a）                                    （b）

图4-164　荆紫关山陕会馆后殿立面和檐下装饰

6）春秋阁

春秋阁作为三大殿最后一殿，形制较特殊，为三开间勾连搭式（图4-165）。前后殿同为硬山式，只前殿为卷棚屋面，形成曲直相宜的山墙轮廓，主次分明，端庄典雅。前后殿均进深两间，屋面在前殿进深第二间处相连。两殿均为砖木混合结构，山墙代替山柱，木架为抬梁式，前殿有檩五架，后殿檩六架，中间以木板门分隔。

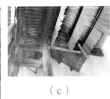

（a）　　　　　　　　　　（b）　　　　　　　（d）

（c）

图4-165　荆紫关山陕会馆春秋阁立面和结构

### （二）荆紫关船帮会馆

**1. 地理区位与历史沿革**

荆紫关船帮会馆又称平浪宫、杨泗庙，"平浪"取"风平浪静"之意。会馆建立于清代，为船帮集资修建的祭祀、议事、休闲场所。会馆位于老街东侧，山陕会馆、湖广会馆以南约350米，距离丹水东岸约200米。

**2. 主要建筑的布局、形制、结构与装饰**

荆紫关船帮会馆坐东朝西，面向丹水。现存钟鼓楼、山门、拜殿、正殿，均位于主轴线上，形成一路三进院落组成中轴对称式的狭长布局。

钟鼓楼造型巧夺天工，装饰精致华丽（图4-166）。因此，与大多数会馆均不同，这两座钟鼓楼位于山门之外的街道上的原因就可想而知了。从街道走来，还未看见山门，就先见到这两座极具标志性的钟鼓楼。

（a）

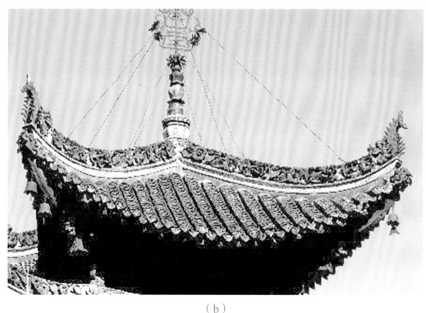

（b）

（c）

图 4-166　荆紫关船帮会馆钟鼓楼

钟鼓楼坐落于正方形台基之上，面宽三间，进深三间。屋顶为三重檐四坡攒尖顶，宝顶高高耸立。屋面、垂脊、檐口、翼角起翘明显，檐口曲线圆润流畅，翼角轻巧飞扬，垂脊端部采用鱼尾造型收口，翼角之下挂铃铛，铃舍为鱼尾造型，既显轻盈灵动，又彰显船帮特色。

山门为三开间硬山式建筑，正立面为砖砌［图 4-167（a）］。当心间高起形成牌楼式入口，正中有牌匾上书"平浪宫"，两侧各有正方形彩绘。次间有两扇船帮会馆标志性的圆窗，圆窗顶有牌匾，左书"平风"，右书"静浪"，承载了船帮的集体愿望。

山门、牌楼各脊的吻兽也为鱼尾或龙首形状［图 4-167（b）］。此外，各脊中段也排布着一些脊兽，有鱼、狮子等样式，小巧精美，这种装饰方式也罕见。

山门之后为第一进院落。院落山墙采用云纹式，墙檐上有一层波浪纹透雕，其上又附着龙、鱼等各类雕饰，华丽纷呈［图 4-167（c）］。前院之后是过殿和正殿，两者皆为面阔三间的硬山式建筑，正脊吻兽同样为鱼尾。结构为砖木混合式，山墙代替山柱，木架为抬梁式。两殿之间有狭窄庭院，院墙设侧门。如图 4-168。

（a）

（b）

（c）

图4-167　荆紫关船帮会馆山门和屋面装饰

（a）

（b）

图4-168　荆紫关船帮会馆庭院和正殿结构

433

### （三）荆紫关湖广会馆

#### 1. 地理区位与历史沿革

荆紫关湖广会馆又称禹王宫，位于老街东侧，山陕会馆以南，距离丹水东岸仅 35 米。会馆于乾隆五十四年（1789 年）始建，起初先修禹王拜殿 1 座，后又陆续修建，至嘉庆十年（1805 年）告成。

#### 2. 主要建筑的布局、形制、结构与装饰

荆紫关湖广会馆坐东朝西，面向丹水。现存山门、戏楼、拜殿、正殿，均位于主轴线上，呈对称分布。山门保留当年的形制，其后的戏楼及各殿保存情况较为不好，重修后形制变动较大。

会馆山门正面为砖砌，宽达五间，开三门（图 4-169）。中央为三重檐牌楼式入口，气势非凡。三重檐中，最高一层为完整屋檐，檐下密布三跳石质斗拱。下方两层采用"断中"形制，中层檐中央镶嵌石板，上书"禹王宫"，下层屋檐中央为横向牌匾，上书"聱律身度"，字体端庄浑厚。牌匾下为石质额枋，上有长卷浮雕，额枋两端有雕花雀替，下方有另一组浮雕，主题为竹林七贤。两处浮雕人物、建筑、植物线条流畅，构图精巧，造型生动，栩栩如生。门前两尊抱鼓石，鼓面亦有浮雕，上有飞马等造型，马蹄飞扬，极具动势。

（a）　　　　　　　　　　　　　　　（b）

图 4-169　荆紫关湖广会馆山门

山门之后为二层戏台（图4-170），穿过戏台下方可抵达第一进院落。戏台和后方殿宇主体为近期修复，但保留和重新采用了很多原建筑的木构件及刻有"湖广"字样的墙砖。部分木构件上存有精美木雕，如其中一额枋保留刻有11人的长卷浮雕，以及乳伏上"龙飞凤舞"主题的扇形浮雕，皆为传世精品。

（a）

（b）

图4-170　荆紫关湖广会馆戏楼和结构

### （四）荆紫关江西会馆

荆紫关江西会馆又称万寿宫，位于老街东侧，山陕会馆、湖广会馆以南约150米。会馆坐东朝西，面向丹水，距离丹水东岸约100米。现仅存山门和一间殿宇，且未经修复，保存状况堪忧。

会馆山门面阔三间，中央一间有石质山墙，形成硬山式入口（图4-171）。两侧屋顶低于入口屋顶，且各自向街道开门，应为铺面。山门后的殿宇为三开间硬山式二层建筑，四面皆为砖墙，正面中央开门，门顶为拱形。这类砖砌殿宇在会馆中较为罕见。

图4-171　荆紫关江西会馆山门

## 七、樊城会馆建筑群

如前文所述，樊城位于唐白河与汉水交汇处，是黄河流域经过南阳盆地进入江汉平原、秦巴山区所在的长江流域的必经要道，因此商业十分繁荣。同时，樊城与襄阳形成了一组复式城市，樊城主要承担经济功能，因此岸边码头密布，会馆林立。现存的仅有山陕会馆、小江西会馆、黄州会馆和抚州会馆（图4-172）。

图 4-172　樊城会馆群鸟瞰图

与本章前述秦巴山区的会馆不同，樊城地处平原地区，地势平缓，会馆建设几乎不受地形条件限制，因此规模往往较大。可惜这些会馆大多已遭损毁，只能从部分现存的遗迹和零星的文献资料中，想象樊城会馆当年的盛况。

### （一）樊城山陕会馆

#### 1. 历史沿革

樊城山陕会馆位于旧城内西侧，今襄阳市第二中学校园内。会馆始建于康熙三十九年（1700年），竣工于康熙四十四年（1705年），此时称关帝庙。康熙五十二年（1713年）增修戏楼、拜殿、正殿，同时改称"山陕庙"。乾隆三十九年（1774年）新建三官殿，嘉庆六年（1801年）重修山门、戏楼，是年改称"山陕会馆"。其后，又于道光三年（1823年）增修荧惑宫、香积禅寺，于光绪十三年（1887年）修整正殿。至此，樊城山陕会馆已经历近200年营造历程，成为面积数千平方米、房舍百余间大规模建筑群。可惜如今仅钟鼓楼、拜殿、正殿尚存，无法亲身体验当年的盛况。

2. 主要建筑布局、形制与结构

樊城山陕会馆位于汉水之滨，坐西北朝东南，面朝河道，距离汉水北岸仅150米。现存建筑皆位于中轴线上，钟鼓楼分列轴线两侧，遥相呼应（图4-173）。钟鼓楼之后是拜殿，楼殿之间有云纹式围墙，中央设圆门。拜殿与正殿之间有天井。殿宇形制受北方官式建筑影响较大，装饰也十分豪华，体现出山陕商帮的雄厚实力，以及樊城在山陕商帮商贸版图上的重要地位。

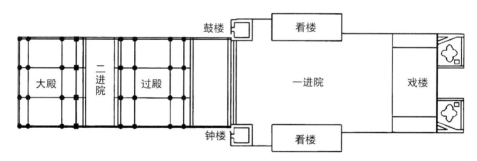

图4-173 樊城山陕会馆平面复原图 ①

1）钟鼓楼

钟鼓楼屋顶为歇山式，顶部收山，翼角采用嫩戗发戗做法，向四面起翘，配上青绿琉璃瓦，显得端庄轻盈，又雍容华贵［图4-174（a）］。檐下施斗拱，出五跳，即清式十一踩斗拱［图4-174（b）］。两拱之间还有45度斜拱连接，同时加强了结构和视觉整体性，将结构与装饰作用融于一体。

---

① 图引自：张平乐，贵襄军.襄阳会馆的特点及保护价值[J].湖北文理学院学报，2017，38（4）：19-25.

承托斗拱层的平板枋中央刻水平槽，平板枋下方为粗大的大额枋，上施青绿彩画。下方的小额枋上施浮雕，层层延展、错落有致，不承担结构作用。4根圆柱柱身粗壮，上端施彩绘，主题为蓝天、祥云和海浪，色彩华美。

（a）　　　　　　　　　　　　（b）

图 4-174　樊城山陕会馆钟鼓楼和斗拱

钟鼓楼坐落于平面正方形的须弥座台基之上。台基高约2米，北侧开拱门，可以进入台基之内，进而登上楼面。台基四面有斜45度方格纹，装饰素雅、造型稳重，承托出上方楼宇的华丽轻盈。

2）拜殿和正殿

拜殿和正殿均为面阔三间的硬山式建筑，拜殿为卷棚顶（图4-175）。屋顶满铺琉璃瓦，拜殿瓦绿色，上有3个角部相连的黄色菱形图案；正殿瓦为黄色，上有3个角部相连的绿色菱形图案。正脊、屋面、檐口皆平直无起翘，带有明显的清代北方建筑特点，显得肃穆端庄。

（a）　　　　　　　　　　　　（b）

图 4-175　樊城山陕会馆殿宇鸟瞰和正殿立面

檐下不施斗拱，以水平挑梁承托出檐，挑梁下有斜撑。柱间有大小额枋，小额枋在上，大额枋在下，大额枋上施彩绘。上下额枋之间有两段由额垫板，上施浮雕。额枋下方为雕花雀替，纹样精美。此外，与众不同的是，正殿的前檐柱为石质，平面正方形，上刻楹联1副。

3. 建筑装饰

1）屋面色彩

樊城山陕会馆的屋面琉璃不仅色彩绚丽、璀璨夺目，同时也成为区分各个殿宇等级的要素之一（图4-176）。通过形成主次分明的色彩格局，来突出中心建筑的地位。现存的钟鼓楼、拜殿采用绿色琉璃瓦，上有黄色菱形图案点缀；而正殿采用黄色琉璃瓦，用绿色菱形图案点缀。金黄的屋面从一片绿色之中脱颖而出，其尊贵地位显露无疑。

（a）　　　　　　　　　　　　　　　（b）

图4-176　樊城山陕会馆屋面色彩

2）瓦作

樊城山陕会馆的屋面瓦作种类丰富、数量众多、色彩亮丽、精美绝伦（图4-177）。

正脊上的宝顶采用塔、楼造型。钟鼓楼的宝顶为三层歇山顶塔式造型，二、三层均设腰檐，三层屋檐翼角上翘，轻盈灵巧。塔平面正方形，墙四面设拱门，并逐层向上收分，造型纤细而稳定。正殿的宝顶为二层歇山顶阁楼造型。屋面延展平远，四角起翘，色彩金黄。楼平面为正方形，二层明显小于一层。一层之下设须弥座台基，座高约等于一层层高。墙面和台基均施绿色。台基被下方金绿相间的花草纹托起，轻盈地坐落于屋脊之上。钟鼓楼、正殿的宝顶之上还有铁质桅杆，上有华盖和双月戟装饰，气势非凡。

正殿正脊上两端的鸱吻为龙形。龙尾朝天，龙身蜿蜒，龙爪飞扬，龙口大张。龙身为金色，在身后的绿色云纹的映衬下，仿佛正在腾云驾雾、下凡人间。龙首上部为绿色，龙眼圆睁，龙鼻翘起，鬃毛、胡须皆随风舞动；龙口为金色，龙牙、龙舌清晰可见。这两对龙形鸱吻构图巧妙、造型优美、细节精致、栩栩如生，仅在这屋顶一隅，便将神龙降世的磅礴景象展现得淋漓尽致，可谓气韵生动、气势雄浑。

正殿宝顶与鸱吻之间还有 3 层宝葫芦形瓦雕。下两层为绿色，上层为金色。正脊、垂脊上还均匀地分布着很多金色小脊兽，或坐或立，造型各不相同，但同样细节精美，姿态灵动。

此外，屋脊立面满布花草纹高浮雕。花纹成对分布，草纹衬于两侧。花草的颜色也按照殿宇等级而有所区别。正殿屋脊上的花草纹皆为金色，背景为绿色；拜殿则只有花纹为金色，草纹和背景为绿色；钟鼓楼则花草纹、背景皆为绿色，足见营造匠人们在细节上的考究。

（a）　　　　　　　　　　　　（c）

图 4-177　樊城山陕会馆屋面瓦作

3）彩绘

樊城山陕会馆的主要木构件上，几乎都有彩绘。彩绘的形式、主题均很丰富。如钟鼓楼额枋上的彩绘有山水、花鸟、竹、兰等整幅画作，还有类似旋子彩画的花草纹（图4-178）。

图4-178　樊城山陕会馆鼓楼梁枋彩绘

拜殿的额枋上也施彩画。檐柱的额枋彩画为近年补绘，而后方金柱之间的梁枋上的彩绘虽略有磨损，但仍可辨认曾经的样子。彩画为三联形式，中间一联略长，主题为山石、树木、游鱼等自然景致，为华丽的建筑带来一份清雅。

4）雕花照壁

在主轴线之外，一个被新建建筑包围的角落里，还留存着一座雕花照壁（图4-179）。照壁上满布浮雕。中央浮雕为圆形，类似和玺彩画，主题为二龙戏珠。圆形之外为方形外框，外框四角为三角形抹边。左上、右上两角雕刻"凤回头"纹饰，左下、右下雕刻鱼尾纹饰。外框上方为7片凤凰浮雕，姿态各异，在云纹背景之间飞舞；外框下方为7片花草纹，蜿蜒卷曲；左右各有6片仙人浮雕，皆面朝中心而立。方框之上有一组横向人像浮雕，附于半圆柱形放额枋构件上，似为八仙过海图。额枋上方的平板枋上刻祥云、蝙蝠等寓意吉祥的纹饰。平板枋上为斗拱，出三跳，即七踩斗拱，柱头1朵、柱间两朵。在正心拱两侧，对称布置着斜拱，使每朵斗拱如花瓣般在梁柱间绽放。斗拱上方为狭窄的屋檐，翼角微微起翘。屋檐上方的正脊上，雕刻着精美的莲花纹饰，花朵施金色，朝向上下相间，形成起伏的韵律。这座雕花照壁历经百年，如今虽栖身一隅，曾经与之并立的屋宇也早已不知去向，但它所蕴藏的精妙技艺，依旧令我等后世子孙心驰神往。

图 4-179　樊城山陕会馆照壁

（二）樊城小江西会馆

樊城小江西会馆位于汉水岸边，坐西北朝东南，面朝汉水，距离汉水北岸仅 90 米。会馆建于道光十年（1830 年）之前，一说同治八年（1869 年）[①]。其名称前冠以"小"，是由于樊城中山后街曾有另一座江西会馆，被称为"大江西会馆"。现为湖北省重点文物保护单位。

现存的小江西会馆有七进院落，沿南北中轴线对称布置。山门正面为砖砌，中央开门，门上有牌匾，上书"何仁顺"。殿宇皆为硬山式二层建筑，二层由行廊连通，山墙高耸，院落幽深。前后设封火山墙，造型为阶梯式。如图 4-180、图 4-181。

---

① 李秀桦，任爱国. 清代汉江流域会馆碑刻[M]. 郑州：中州古籍出版社，2019：379.

（a） （b）

图 4-180 樊城小江西会馆鸟瞰图和山门

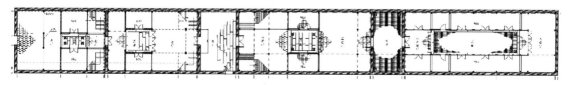

图 4-181 樊城小江西会馆平面图[1]

　　小江西会馆是一座仓储式会馆[2]，主要用于货物储存，同时兼有一部分房屋作为客栈，功能较为特殊。墙高屋深的特殊形态因而最为适宜，同时体现了会馆这一建筑类型的多样性和适应性。

## （三）樊城黄州会馆

### 1. 历史沿革

　　樊城黄州会馆始建于清中期，清同治八年（1869 年）重修拜殿、正殿。新中国成立之后，这里曾作为药品仓库继续发挥作用。1994 年，会馆正殿

————————

① 张平乐，贵襄军.襄阳会馆的特点及保护价值[J].湖北文理学院学报，2017，38
（4）：19-25.

② 张平乐，李秀桦.襄阳会馆[M].北京：中国文史出版社，2015：73.

遭火灾被毁，并殃及拜殿，后被修复<sup></sup>①。2007年，襄阳市文物管理处对黄州会馆进行了"修旧如旧"的保护性修缮，现为湖北省重点文物保护单位。

2. 主要建筑的布局、形制、结构与装饰

樊城黄州会馆距离汉水河岸稍远，约430米。在朝向上，樊城黄州会馆并未面朝河道，而是将主轴线平行于河道坐西南朝东北布置［图4-182（a）、（b）］。由于周边老建筑已全部拆毁，无法得知这种特殊朝向的原因。

（a）　　　　　　　　　（b）　　　　　　　　　（c）

图4-182　樊城黄州会馆鸟瞰图和山门

在平面上，樊城黄州会馆采用了汉水流域会馆的典型布局方式。主轴线上依次为山门、倒座式戏楼、前院、拜殿、后院、正殿。山门正面为砖砌，上有三开间牌楼式，牌楼中央镶牌匾，上书"护国宫"三字［图4-182（c）］。倒座戏楼为歇山式屋顶，其他各殿均为硬山式，且山门的开间略宽于拜殿和正殿。殿宇山墙采用阶梯型，山门二阶，拜殿和正殿为三阶（图4-183）。山墙屋檐为庑殿式，正脊呈弧线，两端有龙首高高翘起；垂脊顶端为鱼尾，同样高高翘起。戏楼和拜殿之间的前院较为宽敞，拜殿和正殿之间有侧廊，形成"四水归田"式天井后院。

---

① 张平乐，李秀桦.襄阳会馆[M].北京：中国文史出版社，2015：73.

图4-183 樊城黄州会馆拜、正殿

樊城黄州会馆整体色调较为素雅。除戏楼正脊两端有鸱吻之外，其他殿宇屋脊均无脊兽或其他装饰。由于殿宇遭火灾并经历重修，不知是否与原貌相同。现状前院被新建屋顶覆盖。

（四）樊城抚州会馆

1. 历史沿革

樊城抚州会馆为江西临川商人所建，推测为清乾隆年间建立。现存戏楼、拜、正殿，组成沿南北中轴线对称布置的院落式建筑，为湖北省重点文物保护单位，目前正在进行保护性修缮（图4-184）。

图4-184 樊城抚州会馆鸟瞰

2. 建筑布局与功能

会馆位于汉水之滨，坐西北朝东南，面朝汉水，距离汉水北岸仅 65 米，在小江西会馆西南约 220 米。戏楼坐落于轴线南端，面阔三间，屋顶为重檐歇山与庑殿复合式，内部有八角藻井、雕花梁柱、彩绘等各类装饰，华丽优美。墙体有"江西抚馆"铭文砖。

会馆目前正在进行全面的保护性修缮工作，期待重见天日之时，能让百余年之后的我们重温当日的繁盛辉煌。

本节选取了汉水上游现存会馆案例较多的 7 座城镇，包括安康市旬阳县的蜀河镇、安康市紫阳县向阳镇的瓦房店、安康市石泉县城、商洛市山阳县漫川关、南阳市淅川县荆紫关、商洛市丹凤县龙驹寨、樊城，并对城镇内现存的共 25 座会馆建筑进行了全面的梳理和研究。

本节在逐个现场调研和大量文献挖掘的基础上，以所在城镇为纽带，从地理区位和历史沿革、建筑布局与功能、主要殿宇形制与结构、建筑装饰等方面对现存会馆进行整理和分析，为接下来对汉水流域会馆的空间和形态研究提供资料准备。

# 第三节　嘉陵江流域会馆建筑案例分析

## 一、嘉陵江流域现存会馆总述

嘉陵江现存的会馆建筑单体和会馆建筑群中不乏建筑规模宏大、艺术成就极高的建筑群体。笔者在两年之内的时间踏访了 20 余个会馆建筑群，其中详细测绘的包括 14 座会馆，在亲自踏勘嘉陵江流域会馆及其所在地古聚落群后，得到了大量的一手影像和文字资料。笔者实地调研和测绘过的会馆按嘉陵江流域沿线从上游到下游依次包括甘肃省天水市秦州区山陕会馆和万寿宫，陕西省汉中市略阳县江神庙和紫云宫，四川省阆中市阆中古城清真寺和陕西会馆、南充市蓬安县周子古镇万寿宫和濂溪祠、南充市嘉陵区双桂镇田坝会馆、广安市岳池县顾县镇川主庙、德阳市中江县帝主宫禹王宫、遂宁市船山区天上宫，重庆市铜梁区安居古城帝主宫、湖广会馆、大后宫、卜紫云宫、火神庙、约土庙、万寿宫和渝中区湖广会馆、齐安公所。其中，不乏规模宏大、细节精美的建筑群体。其中南充嘉陵区双桂镇田坝会馆、广安岳池县顾县镇川主庙等建筑前人已发表论文从会馆建筑的角度对其进行了详细解析，本书不再单独分析。本节从建筑的角度，结合前文所分析的嘉陵江流域会馆产生与发展过程，对部分现存会馆建筑进行详细解析，选取的案例共 9 个。

从数量上来看，嘉陵江流域现存会馆共计约 50 个，它们在流域中分布的位置如图 4-185 所示。很显然，宏观层面，在嘉陵江干流上，中下游现存的会馆总数明显高于位于陕西、甘肃行政区划的上游地区，而支流方面，涪江沿线现存的会馆多于渠江、白龙江等。从中观层面上来看，大部分的现存会馆建筑都沿着嘉陵江水系分布，这与明清时期嘉陵江发达的水运条件相互对应。

至于微观层面，笔者选取的嘉陵江流域现存会馆建筑平面类型如表 4-1，将各案例会馆的平面简化，发现了非常有趣的类型学现象。首先按照建筑布局对称与否分为完全对称型、部分对称型和不规则型，然后按照平面形态划分发现四川德阳中江县苍山镇的帝主宫平面为以戏楼为中心的放射梯形，再则按照建筑保存的完整性，我们可以看到其中有 6 个会馆保存非常完整，而剩下 3 个即表格最后一排的紫云宫、天后宫和陕西会馆仅仅保存了一部分下来，紫云宫只保存了戏楼和一小段厢房，天后宫只保存了大殿，而陕西会馆虽对比其他 8 座会馆规模宏大，依然未能完整保存下来，戏楼、铁旗杆等关键功能的建筑与小品不在了。

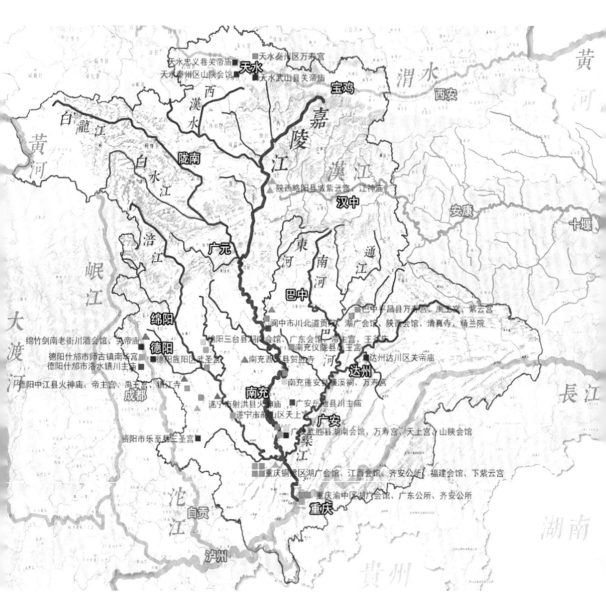

图 4-185　嘉陵江流域现存会馆分布示意图

表 4-1　嘉陵江流域部分现存会馆平面类型

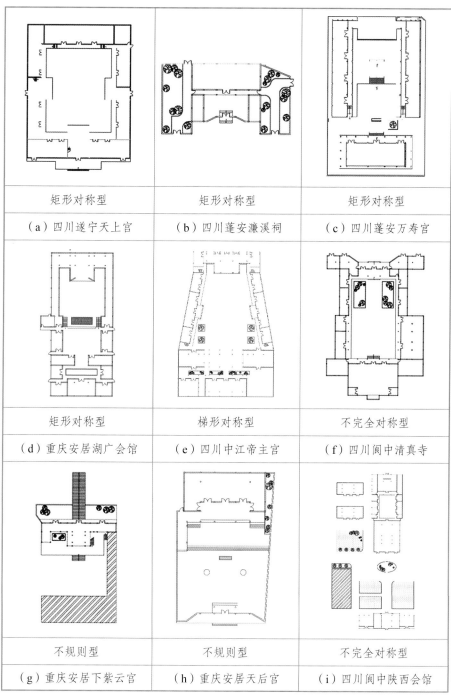

| 矩形对称型 | 矩形对称型 | 矩形对称型 |
| --- | --- | --- |
| （a）四川遂宁天上宫 | （b）四川蓬安濂溪祠 | （c）四川蓬安万寿宫 |
| 矩形对称型 | 梯形对称型 | 不完全对称型 |
| （d）重庆安居湖广会馆 | （e）四川中江帝主宫 | （f）四川阆中清真寺 |
| 不规则型 | 不规则型 | 不完全对称型 |
| （g）重庆安居下紫云宫 | （h）重庆安居天后宫 | （i）四川阆中陕西会馆 |

从空间布局上来看，位于重庆铜梁区安居古城的 3 座建筑湖广会馆、紫云宫和天后宫剖面阶地划分明显，据笔者亲自考察发现，这与安居古城的地理特征关系密切，整个古城聚落分布在高差约百米的山坡上，道路狭窄崎岖，建筑的可建设面积局促，于是不得不采用分阶地的方式使得建筑更好地与地形结合起来。而紫云宫的空间起伏尤为明显，其入口处的引道台阶高达 9 米多，从入口处仰视会馆气势十分逼仄，虽然只保存下来建筑平面序列中最靠近主入口的戏楼建筑，但依然可以想象其原始空间的丰富性。究其原因，笔者发现是由于紫云宫选址于涪江边上，在明清时期，嘉陵江水系洪灾易发，紫云宫作为船帮集资修建的会馆，既需要十分靠近自家船帮的码头，又必须注意防范洪水侵袭。笔者在测绘紫云宫时发现，1981 年 7 月 15 日洪水位已到达如图 4-186 所示的位置。图为紫云宫入口处大门边墙壁的墙裙，换言之，在 1981 年时涪江洪水已轻微漫进了台基高于涪江 9 米多的会馆内部，可以想见涪江历次发洪水时，建设会馆的工匠们是如何根据历史经验巧妙设计出了这样的建筑空间。

图 4-186　1981 年涪江洪水位标注

　　从建筑体量上对比，规模最大的是陕西商人在南充阆中所建的陕西会馆，不算已经拆毁无考的建筑部分，光是剩余的建筑群南北轴线上进深就有 92 米，其次是陕西回族移民在阆中古城所建设的回民会馆（即阆中清真寺），建筑群南北进深达 54 米，我们从中可以看到陕商的阔绰和陕西会馆的大气磅礴。建筑体量紧跟其后的是重庆安居古城的湖广会馆，其占地面积达 1 024 平方米，南北进深 48 米，建筑空间序列亦非常精彩，笔者将在后文详细叙述。与它们形成对比的，如南充蓬安县周子古镇湖南会馆（即濂溪祠），该会馆保存完整，建筑面积仅有 139 平方米，但濂溪祠面朝荷塘，亭台水榭将其环绕其中，建筑环境较其他会馆要清新雅致。

从建筑的保存与修复的状况来看，重庆铜梁区安居古城的湖广会馆、紫云宫和天后宫保存最为完好，基本保持了原古建古色古香的布局与雕刻。事实上，安居古城历史上曾有"九宫十八庙"，至今保存了许多明清商铺、会馆建筑和庙宇，除了上述3座外，还包括帝主宫、火神庙、药王庙、川主庙和万寿宫等等。而笔者所选取的3座会馆是保存最为完整的，除了物质实体的建筑空间保存完整，这些会馆中曾经熙熙攘攘喧闹十分的人文戏曲活动也被当地民俗爱好者保存了下来。笔者在调研测绘安居天后宫和湖广会馆时顺便欣赏了原汁原味的表演（图4-187、图4-188），这种对会馆建筑与艺术双重活化的方式非常值得研究会馆的学者们参考和借鉴。

但也有一些会馆建筑保存与修复的状况不尽如人意。如南充蓬溪县万寿宫，是由当地政府筹资于2003年在原址基础上修复的，虽保存了原建筑的外墙与一些建筑结构零件，但建筑装饰浮夸，比例失调（图4-189），建筑平面模度也更接近现代建筑，和内庭院角落里散落的原建筑小品对比（图4-190），精美程度差异十分明显。

图4-187　安居天后宫内民俗表演　　图4-188　安居湖广会馆中正在直播的舞者们

图4-189　蓬溪万寿宫修复后的藻井　　图4-190　蓬溪万寿宫原防火水缸

从会馆建筑的参与建设者来看，除了主流移民群体的汉族人口，也包含了少数民族群体。少数民族的灿烂文化渗透进了会馆建筑，和汉族文化交相辉映，会馆在民族融合方面是重要的参与者与见证者。如四川阆中清真寺，便是回族移民的聚集场所（图4-191），而陕西略阳的江神庙，

图4-191　阆中清真寺祷告空间

在建筑构造上也充分体现了羌族文化，如雀替的形态。

接下来笔者将逐个详细解析每个会馆建筑实例，从建筑学的角度对案例进行选址、平面、空间、装饰与构造等方面的分析。

### （一）嘉陵江干流上游现存会馆案例

#### 1. 陕西汉中市略阳县江神庙

1）历史沿革

氐羌文化源远流长，明清时期商人们云集兴州，留下了许多精彩的会馆建筑。其实早在秦汉时期，略阳便是古代氐羌族迁徙移居的地方。尽管古兴州少数民族众多，如彝族、满族、苗族、藏族，仍然以羌族文化为主流。江神庙是古代氐羌少数民族文化的典型见证。作为船帮祭祀的会馆建筑，江神庙保存完整，现存反映古氐羌民俗民风、中国历史神话传说和当地名人字画以及各类彩绘木雕版画400余幅。

江神庙，顾名思义就是祭祀江神的场所，但因嘉陵江航运是新中国成立前唯一一条连接陕、甘、川的交通枢纽，故而这里繁荣兴旺、商贾云集。从庙内的碑碣记载可以看出，此庙原是古代嘉陵江航运线上，船帮料理事务和祭祀聚会的活动场所。每逢船帮经过时，操着各种口音的吆喝声伴随着纤夫高亢的号子声，一阵压过一阵。等船靠岸停稳后，船工和纤夫就在

江神庙内歇脚喝茶、听书看戏、摆龙门阵，各路船帮会首则忙于交易货物、招揽生意。不仅如此，每当逢年过节、逢场赶集时，江神庙内外更是人声鼎沸、热闹非凡。停船声、叫卖声、讨价还价声、唱戏声、说书声、操着各种方言的吆喝声，不绝于耳。面对如此繁荣的经济人市场，就连周边三省的绅士名流、达官显贵也时常会聚于此，相互结识、探讨商机。这便是船帮会馆的来源。

2）建筑现状

江神庙位于陕西汉中略阳县城环城西路，是省级重点文物保护单位，也是中国长江流域保存最为完整的古氐羌族风格戏院建筑群。

整座船帮会馆坐东向西，为了便于船帮处理事务，建筑选址濒临嘉陵江，入口朝向江面，近水利而择高台避水患。整座建筑共分三进院落，从入口开始，建筑主轴线上依次为门楼、回廊、过厅、前殿和后殿。建筑平面呈方形，约 30 米 ×65 米，整体建筑群占地面积约 2 000 平方米。因略阳地势狭窄，多为山坡地形，故江神庙沿着天然地形在建筑空间上随山势逐级抬升，空间层次十分丰富。在建筑立面方面，建筑四面包括正立面入口山墙均采用了厚实、封闭的高墙（图 4-192）。颇具少数民族碉堡般以防御性为主的

图 4-192　汉中略阳江神庙正立面

建筑特点，彰显地域与民族特色。但与此同时，门楼高高起翘的飞檐又颇具南方建筑特点，给沉闷厚实的高墙补充以灵动、轻快的感觉，这一特点亦非常符合经年累月行船于嘉陵江面上的船帮商人文化。

江神庙最令人称赞的部分在于它的建筑装饰，氐羌文化的融入，使得建筑在许多方面呈现出与嘉陵江沿线其他地方会馆完全不同的独特风格，如额枋下的雀替装饰，再比如阑额上的描金彩绘图案等等。据《略阳县志·艺文志》载："王爷庙（即江神庙或水神庙）岁己亥庚子间重加丹垩，金碧辉煌。"[①]可见江神庙的装饰之精美。

2. 陕西汉中市略阳县紫云宫

1）历史沿革

江神庙后山的高台上还有一座会馆名为紫云宫。据说位于嘉陵江边上的江神庙是明清时期嘉陵江航运线上的某支陕西船帮修建的，船帮们为了庆祝欣欣向荣的船运事业，常常请外来的戏班在江神庙院内唱戏，兴致高潮时，曾拒绝底层的船工纤夫入内。后来船工们决心自费筹资修建了一座属于他们自己的新船帮会馆，取名紫云宫，亦被称为王爷庙，意在祭祀镇江王爷，保佑船工出入平安，一年四季在江上行船时风平浪静。

2）建筑现状

据笔者亲自踏勘，发现紫云宫现仅存戏楼、廊庑和钟鼓楼（图4-193），大殿已被拆毁，建筑群整体保存状况良好。从主立面来看，建筑风格不同于江神庙，较之更为开放，入口的门楼华丽精美，比例协调，为平淡的高墙增加了空间虚实关系（图4-194）。

戏楼两侧延伸出观戏廊庑，廊庑前端点缀有钟鼓楼1对，在视觉上大大增加了空间层次丰富度。在建筑空间方面，因地处山坡半坡处相对较为开阔的高台，故整座建筑群几乎没有高差，较之江神庙更多了一目了然的明晰感。

---

① 《略阳县志·艺文志》卷5。

此外，笔者在现场发现5通与紫云宫有关的碑刻，《两庙公议章程永远遵行碑》一半藏于江神庙展廊中，一半散落在紫云宫院内。碑刻内容主要是关于行船规定公约，时间为清咸丰三年（1853年），具体目的是划清了略阳与广元之间的嘉陵江航运段，负责行船的两座会馆的建设者们——"板主"与"挠夫"（即船长与船夫）之间的责任与义务。而另一通《地界碑》则记载了合帮会首杨秀怀、龙天一，新江神庙住持僧人真元、通乘、通相在略阳和广元购置田产的情况，碑刻的时间为咸丰三年（1853年）六月，而购置田产一事发生于嘉庆十八年（1813年）至道光三十年（1850年）之间。

图4-193　汉中略阳紫云宫戏楼及庑房　　　　图4-194　紫云宫正立面

## （二）嘉陵江干流中游现存会馆案例

### 1. 阆中市阆中古城陕西会馆

#### 1）历史沿革

根据《四川通史》记载：清军在顺治三年（1646年）时，击败了此地张献忠的大西军，标志清军入川。但由于大西军在云南建立新的抗清根据地，同时四川抗清势力仍然坚持和清军作战，导致清军很难真正控制四川。因此，四川一直处于动荡之中，清军只能依托保宁北部地区向四川全境扩张。尽管清军第一次进入四川时试图一口气控制局势，深入到四川南部遵义地区，由于四川反清武装的一再顽强抵抗和长途离境作战水土不服而难以成功，因此不得不撤回四川北部的保宁以图再战。因此，四川巡抚衙门也只能暂定在保宁。到清顺治八年（1651 年），由于四川还未完全安定，四川巡抚李国英和监察御史只能进驻阆中，此时阆中相当于四川的临时省会。今天阆中市的学道街也是得名于当年位于此的"道台衙门"。

关于阆中作为四川临时省会的时间究竟有多久，目前还存在争议。在刘先澄看来，阆中作为四川临时省会只有十多年的历史。但因为清顺治三年（1646 年）时豪格进攻阆中并打败张献忠，然后李国英次年就赴任巡抚，所以，阆中应当从那时起就成为四川省的军事和政治中心，而省会的时间也该从那时开始计算。这样一来，直到康熙四年（1665 年）时确定成都为省会，阆中成为四川省会已有近 20 年的历史。

在经历了移民潮和省会确立之后，阆中一跃成为四川北部的政治经济以及文化中心。靠水的阆中拥有大量码头，给四面八方经商的商人提供了便利的交通，阆中也自然是川北各种商品流通的中心。这时，广东、湖南、浙江等各个省份的商人们都出资在城中建设会馆，给漂流四方的同乡提供相聚下脚的方便。陕西会馆于嘉庆道光年间在东郊三元宫建立；江西会馆在今天的新车站，当年的阆中城北门外普贤寺；浙江会馆位于城东的天后宫旁边；湖广会馆有两处，一处在今天的盐库，阆中城东岸边的禹王宫，另一处位于距离城中 50 千米的东南方的玉台乡，今天在玉台小学的禹王宫内。这些会馆中，东郊的三元宫（陕西会馆）规模最大。

2）建筑现状

陕西会馆（三元宫）兴建于清雍正年间。由 37 位陕西商人共同出资，购买 22.42 亩（1 亩≈666.67 平方米）土地建成。会馆被用于"迎神麻、联嘉会、襄义举、笃乡情"并取名西秦会馆。

（1）建筑平面

现存建筑包括入口处门楼、正殿、偏殿、后殿和 8 间庑房。现存会馆位于阆中蚕丝厂内，建筑主入口临街，入口处门楼通道可供车辆通行，两边附属建筑功能更替为沿街商铺。进入会馆内院，笔者发现原会馆部分建筑已不复存在，取而代之的是 20 世纪八九十年代的苏式办公建筑。

建筑群轴线明确，纵深大，呈南北方向布局。现存建筑内部全部被清空，已无任何神像及家具陈设。

（2）建筑空间

陕西会馆共有两进院落，建筑规模较大，沿中轴线的空间层次丰富（图4-195）。陕西会馆的门楼富丽恢宏，单檐歇山顶，立面三段式划分突出中心，一对石狮立于左右，相辅威仪（图4-196）。由于纵深方向延伸感强烈，在入口处仅可看到内院局部，通过门楼后，建筑突然开敞，运用了欲扬先抑的空间营造手法。

图4-195　阆中陕西会馆剖面

图4-196　阆中陕西会馆沿街立面

沿轴线进入正殿，会馆房梁上书"大清乾隆元年岁次丙辰月建庚午二十七日丙辰吉日，上祝皇图巩固帝德遐昌道日增辉法能常存张于寰"等文字，正殿为了满足对高敞空间的需求，两段悬山顶起伏相接，接点处运用了卷棚顶结构以起到过渡作用（图4-197）。正殿再前是后殿，其间以廊庑相接，图4-198为从正殿观测后殿。庭院长宽比在1：1到1：2之间，后殿额枋下的雀替结构曲线轮廓隆起高，收分窄，在视觉冲击效果中起到了竖直向上引导的作用。正殿、后殿以廊庑相连，包含次入口偏门1对。

图 4-197　阆中陕西会馆建筑关系透视　　　图 4-198　阆中陕西会馆后殿及廊庑

　　正殿空间高阔，承重结构采用了抬梁与穿斗相结合的办法，天花棋盘式镂空（图 4-199）。

　　后殿面阔三开间，重檐庑殿顶，承重结构主要采用山墙为穿斗式而明间为穿斗抬梁式结构，柱间采用微拱月梁（图 4-200）。后殿最后一进设有屏风，门窗镂空雕花。柱头铺作与补间铺作的斗拱类型丰富，包括如意斗拱（图4-201、图 4-202）等，从空间高宽比上可以看出陕西商人的资本雄厚。

图 4-199　阆中陕西会馆正殿空间结构　　　图 4-200　阆中陕西会馆后殿空间结构

图 4-201　阆中陕西会馆如意斗拱　　　　图 4-202　阆中陕西会馆斗拱

（3）建筑装饰

整体建筑群采用朱红与白色作为主色调，门窗与额枋间雀替顺应建筑体量大而镂空，以削弱体积感增加装饰性（图 4-203、图 4-204）。会馆中殿采用自然曲形的木料划分二段式立面，繁复的如意斗拱与简洁的屋面形成强烈的对比，门窗格心运用了多种几何图案，充分展示了木雕技艺之美（图 4-205）。

图 4-203　阆中陕西会馆建筑门窗装饰　　图 4-204　阆中陕西会馆建筑雀替装饰

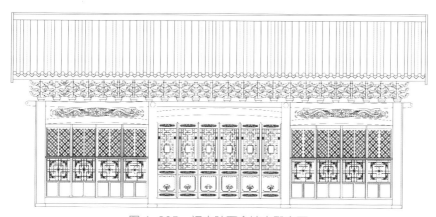

图 4-205　阆中陕西会馆中殿立面

2. 阆中市阆中古城清真寺

1）历史沿革

阆中清真寺始建于清康熙八年（1669 年），系陕西回族移民在阆中所建的移民会馆。清时由保宁镇台马子云及保天左等经办，在陕甘土木专家的指导协助下建造，现为礼拜场所。

2）建筑现状

建筑平面如图4-206，山门为三开间，单檐悬山式屋顶，脊中央塑雕花方盘，中贮泥塑莲花，稳托荸荠形宝顶。两侧石质照壁八字展开，受到周边已有建筑影响，建筑并非完全对称，但有明确中轴线，共一进院落。建筑功能围绕清真寺展开，包括男女信徒洗浴室、阅览室、讲经教室、餐厅和正殿等。

建筑主入口朝东，沿街设有木制栅栏（图4-207）。进入大门，正殿面阔五开间，单檐悬山式屋顶，屋檐无起翘。建筑造型敦厚沉稳，和陕西的会馆建筑风格相似（图4-208）。

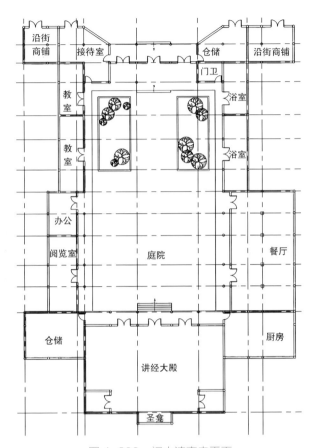

图4-206 阆中清真寺平面

图4-207 阆中清真寺沿街立面

大殿装饰繁复，以筒瓦覆盖，檐下施六铺作斗拱，殿取明五暗三格局（图4-209）。其上架梁横列，不用中梁，故称无梁殿。殿的额、坊、斜衬和门窗都施精美雕花（图4-210、图4-211）。

图4-208　阆中清真寺正殿立面

图4-209　阆中清真寺正殿结构

图4-210　阆中清真寺装饰雀替

图4-211　阆中清真寺装饰

整个大殿雕梁画栋，古雅清净。殿内外悬挂"万殊一本"等鎏金大匾40余通（图4-212）。和前面陕西会馆相类似的是，建筑的主要色彩构成依然是朱红色。

（a）

（b）

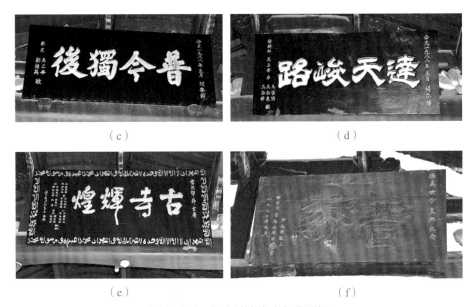

（c）　　　　　　　　　　　　　　　（d）

（e）　　　　　　　　　　　　　　　（f）

图 4-212　阆中清真寺内部分匾额

### 3. 蓬安县周子古镇万寿宫

#### 1）历史沿革

蓬安县舟口镇是明清时嘉陵江流域一个重要的商贸交通中心。临近嘉陵江的巨大优势吸引着来自全国十几个省份的商人到此进行商品交易。19世纪末，蓬安县的江西商人为了便于同乡相聚，在周子古镇的万寿宫建立了江西会馆。万寿宫始建于清乾隆中期到同治时期。《蓬安县志》记载：会馆除了定期聚会和春秋的例行祭祀之外，还会在春节、元宵等时期协助场镇举办各种庆典，如春祈会、春台会、秋报会等等。遗憾的是，民国时期，由于实行防区管理制度，万寿宫被当地军阀出卖以筹措军饷。出售的万寿宫大多被改建成仓库或者学校以及其他用途，而作为会馆的用途逐渐消失。后来万寿宫仅仅留存了一层回殿被改造为普通民居，而诸多其他重要构成如正殿、戏台、二层回殿以及地门楼都遭到破坏而不复存在。现存的万寿宫在原址上复建于 2010 年 12 月，坐落在蓬安县周子古镇（图 4-213），和素有嘉陵江第一楼之称的财神楼相距 200 米。

图 4-213　蓬安万寿宫在周子古镇区位

2）建筑现状

万寿宫位于蓬安周子古镇下河街，下河街顾名思义，朝着嘉陵江畔方向呈高差递减（图 4-214、图 4-215）。整个周子古镇聚落平铺在一座小山坡上，场地高差是坐落在其中的每个建筑不可避免要处理的矛盾。

图 4-214　蓬安万寿宫入口前街景

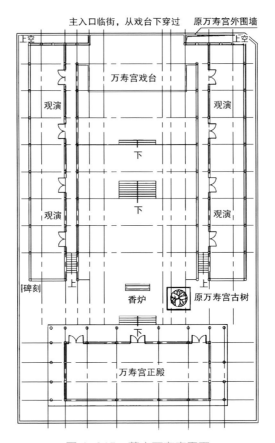

图 4-215　蓬安万寿宫平面

　　万寿宫正立面为石质山墙结合木质门楼，共设 3 道拱门（图 4-216）。戏台底层架空约 2.7 米，三开间，为了不破坏原万寿宫围墙，整个新建会馆平面内缩，与墙面保持了一定距离。戏楼两侧廊庑依次纵向展开（图 4-217、图 4-218），共两层，沿着轴线登石踏步，共两层阶地，阶地高差与层数互相消解。

　　建筑原外墙设封火山墙，体现了江西商人受到徽派建筑文化的影响（图 4-219）。戏楼转角处，巧用雕花斜撑以稳定建筑结构（图 4-220）。除了围墙，院落内还保留了万寿宫香炉、石雕水缸 4 个、石狮 1 对、古木 1 株和碑刻两通（图 4-221）。万寿宫正殿正面五开间，进深三开间，三面环绕副阶周匝，单檐悬山顶。

图 4-216　蓬安万寿宫沿街立面

图 4-217　蓬安万寿宫戏楼

图 4-218　蓬安万寿宫正殿

图4-219　蓬安万寿宫封火山墙　　　图4-220　蓬安万寿宫额枋

（a）　　　　　　　　　　　　（b）

（c）　　　　　　　　　　　　（d）

（e）　　　　　　　　　　　　（f）

（g）　　　　　　　　　　　（h）　　　　　（i）

图 4-221　蓬安万寿宫现存水缸、石狮、香炉和碑刻

### 4. 蓬安县周子古镇濂溪祠

#### 1）历史沿革

周子古镇原名叫作舟口，也被人称作舟镇，取舟多停泊之古镇的意思，其名称由来得益于嘉陵江便捷的水运。宋代理学祖师周敦颐，到相如县朝圣，以怀念汉代文学家司马相如，蓬安士绅学子听闻后，纷纷请愿盛情留客于蓬安。宋以后，有碑文诗作记载此事。于是，渐渐地舟口古镇便改名为周子古镇。而为历代修缮的濂溪祠也为后来来到蓬安贸易经商的湖南客商提供了聚会议事和酬神思乡的空间。

#### 2）建筑现状

濂溪祠为湖南会馆，建筑平面简洁凝练（图 4-222），单开间庑殿顶门楼，屋脊嫩戗发戗，造型灵动。八字外开山墙水平向延展，内庭院宁静雅致，由一对配殿和正殿围合而成。正殿五开间，进深两开间。

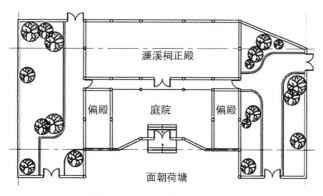

图 4-222　蓬安濂溪祠平面

　　建筑群最大的特色是环境设计得宜,周敦颐是《爱莲说》作者,其有言曰,"出淤泥而不染,濯清涟而不妖"。濂溪祠前一汪荷塘(图4-223),亭台水榭曲折其中。从周子古镇进入濂溪祠(图4-224),必须要经过荷塘景观小品,在过桥的过程中,尚未进入会馆内部(图4-225),已然先感受到了湖南商帮高洁的志趣和雅致的文化内涵。湖心小品,使得人与会馆处于看与被看的辩证关系之中。

图4-223　蓬安濂溪祠外部环境

图4-224　蓬安濂溪祠入口立面

图4-225　蓬安濂溪祠内院透视

　　在濂溪祠的装饰中,主要的装饰手段为砖雕、石雕、木雕、油漆彩绘等。会馆内部保留了精美石雕小品1对(图4-226),这些丰富多彩的装饰不仅有很高的艺术价值,同时也展现出当时湖南商帮的经济实力和文化。

（a）　　　　　　　　　　　（b）

图 4-226　蓬安濂溪祠防火水缸

## （三）嘉陵江干流下游现存会馆案例

### 1. 重庆铜梁区安居古城湖广会馆

#### 1）历史沿革

安居古城原名赤水县，位于重庆市北，始建于隋代，距今已经有 1 500 多年的历史。由于古城"依山为城，负龙门，控铁马，仰接遂普，俯瞰巴渝，涪江历千里而入境，与箆溪、琼江、乌木溪水会于城下，绕城三匝陷为深潭"，故而地处涪江和琼江交汇处的安居镇是一个重要的水路交通要地。明朝成化十七年（1481 年），安居古城建县，到清雍正六年（1728 年）时与铜梁县合并，一直以来，安居镇都是重庆重要的贸易中心。不仅如此，位临两江的地理优势使得它历来是兵家必争之地，由此出发取道两江可以提供极大的便利。自然，作为商贸重镇的安居镇也是商人众多，商船无数。除此之外，安居镇由于临江靠山，故而风景绝美，一直都是各路文人墨客的游览之地，"安居八景"也是闻名遐迩。至于"九宫十八庙"也吸引着各地的香客。

明中期，安居镇的湖广商人集资修建了湖广会馆。会馆位于安居古城南。其历史可谓坎坷，明朝末年在战乱中被毁，又在清乾隆年间重新修建，到了清咸丰时期，又在大火里毁于一旦。终于到清光绪时才又由湖广的商贾巨富们合资重修一新。在 2003 年时，铜梁县的安居缫丝厂又出资维修，会馆这才得以保护留存。

2）建筑现状

（1）建筑平面

重庆安居湖广会馆坐北朝南，建筑群共一进院落一进四水归堂天井。标志性牌楼和庑房紧邻街面，主入口在最南端（图4-227）。湖广会馆与天后宫、帝主宫相邻组成规模宏大的会馆群。湖广会馆从戏楼架空的底层进入，沿山地地形建筑组团依次抬升。戏楼两侧为观演廊庑，登上石阶，进入第二台地，廊下正对台口设美人靠用作观戏（图4-228），后设茶座若干，一对展陈房间将饮茶空间收口。与之对应的是最后一进天井，后殿三开间，沿纵轴线从入口开始分别为山门戏楼、内院、前厅、天井和后殿（图4-229、图4-230）。建筑与天后宫可互通。

图4-227　安居湖广会馆沿街立面

图4-228　安居湖广会馆戏楼

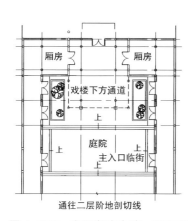

图 4-229 安居湖广会馆一层平面

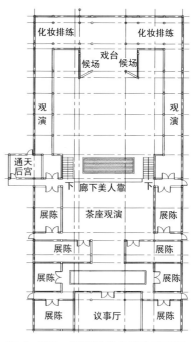

图 4-230 安居湖广会馆二层平面

（2）建筑空间

安居湖广会馆整体建筑选址于有高差的山地上，因此，第一、第二台地之间有踏步13阶，是嘉陵江流域会馆建筑中空间层次较为丰富的代表之一。建筑外墙多余一颗木柱支撑二层，笔者估计是建筑修缮时后加。建筑主入口从戏台底下穿堂而过，戏台二层为排练和演出空间，设八字墙，既利于观演又可隐藏候场。结构上采用减柱造，单檐歇山顶，屋脊起翘采用水戗发戗，老角梁呈优美曲线，天花八角藻井，木雕精美，斗拱华丽。从戏楼底下沿第一进院落拾级而上，来到观演茶座空间，两边廊庑高度处于茶厅和戏楼之下，屋脊线起伏变化（图 4-231、图 4-232）。茶厅面阔七开间，进深两开间，空间高敞，双侧采光，顶部使用驼峰结构，转角处用了木雕斜撑（图 4-233、图 4-234）。后殿议事厅面阔三间，进深两间，单檐悬山顶。整座建筑群功能沿轴线从开放到逐渐私密变化。在安居湖广会馆的建筑空间布局里，巧妙地运用了山地高差加强了中轴线的空间序列层次。

图 4-231 安居湖广会馆内院透视

图 4-232 安居湖广会馆议事厅天井

图 4-233 安居湖广会馆驼峰结构

图 4-234 安居湖广会馆斜撑结构

（3）建筑装饰

安居湖广会馆的建筑装饰十分丰富精美，其主要采用的装饰手法包括木质雕刻、石材雕刻、色彩构成、碎词拼贴等。现观戏茶厅内保存了一座约 2 米高的木雕神像，人物表情丰满，栩栩如生（图 4-235）。会馆将踏步的栏杆扶手巧妙地与石狮雕刻结合在一起，比例适中，生动形象（图 4-236）。此外，窗门格栅图案选取也十分精巧，建筑屋脊上用嘉陵江里打捞出的碎瓷片进行拼瓷，巧妙地再利用了废弃建筑材料。建筑的结构装饰化，在满足建筑结构需求的条件下，精细地完成建筑的细部装饰（图 4-237）。

图 4-235　安居湖广会馆木雕神像　　图 4-236　安居湖广会馆踏步石狮

（a）　　　　　　　　　　　　　（b）

（c）　　　　　　　　　　　　　（d）

图 4-237　安居湖广会馆装饰雀替、门窗、碎瓷屋脊

2. 重庆铜梁区安居古城天后宫

1）历史沿革

福建会馆（天后宫），也称妈祖庙。由福建的商贾乡绅集资于明成化十七年（1481 年）修建。会馆除了一般用途外，在商人们每每出船贸易前，都被用作祭祀祈福，保佑行船一路顺利平安。而每到妈祖的生日和忌日，会馆里也会举行大型的祭祀，祈求一年的繁荣兴盛。天后宫坐落在安居古城大南街，建筑曾被用作丝厂的厂房。除了保存得比较好的后殿外，其余部分都被拆除。其左侧是武庙，右侧和湖广会馆共一壁。前门正对街道，背后紧靠青山，山后则是川主庙。

2）建筑现状

天后宫入口临街，为四柱五楼式牌楼，以石质砖雕为主（图 4-238）。进入内院，现仅存山门和大殿两部分建筑，建筑整体被划分为 3 个台地，高差分别为 0.75 米、1 米。建筑紧邻湖广会馆，正殿一旁有侧门与湖广会馆互通，正殿面阔五开间，进深三开间，单檐四阿顶，两侧有封火山墙（图 4-239）。受地形限制，建筑外围墙呈不规则矩形（图 4-240）。

图 4-238　安居天后宫沿街立面

图 4-239　安居天后宫娘娘殿

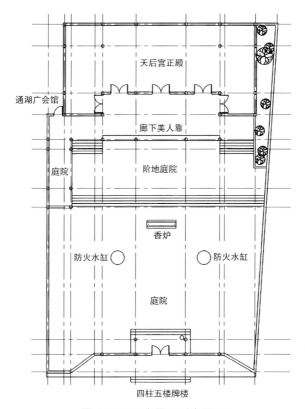

图 4-240　安居天后宫平面

正殿空间结构以抬梁式为主，部分山墙面结合了穿斗。正殿副阶周匝采用卷棚形式，线条更为流畅。正殿内部山墙采用九柱穿斗式结构，柱子用料较小，柱距较近。建筑转角处采用木质雕刻斜撑结构。

天后宫虽然遗存不多，但建筑精美程度在嘉陵江流域现存会馆中占有一席之地。无论是建筑梁架结构需要的驼峰、雀替、额枋，还是盘龙木柱、石雕柱础，都展现了当时建设时的能工巧匠之技艺高超（图4-241）。

图4-241　安居天后宫精美的建筑装饰构件

3. 重庆铜梁区安居古城下紫云宫

1）历史沿革

船帮会馆（下紫云宫）也叫王爷庙，建筑整体占地 401 平方米，坐北朝南。前殿为木结构歇山式建筑，抬梁式梁架，面阔六间。坐落在南华宫旁，明代时建造，经过清代修葺留存至今。如今除了前殿保存较为完好外，其余部分均已拆除。在 1985 年被定为县级文物保护单位。

2）建筑现状

下紫云宫濒临涪江，入口由 9 米台阶拾级而上，戏楼面阔九开间，进深两开间，现仅存戏楼及部分廊庑建筑。正立面划分为三段式，每段又再次划分三段式，中间高两边低，建筑脊角起翘，气势十足（图 4-242）。建筑入口有 3 道拱门，正中匾额上书"商船公所"。进入会馆内部，现代建筑将其半包围住，戏楼建筑屋脊老戗发戗十分明显（图 4-243），为嘉陵江现存会馆建筑发戗之最，充分彰显了船帮的实力和文化特征。

图 4-242　安居下紫云宫外立面及剖面

下紫云宫戏楼底层架空，为进入会馆的入口通道，二层为表演舞台和候场排练空间，与历史照片中的下紫云宫对比，正立面并无多大变化。

图 4-243　安居下紫云宫仅剩戏楼

从下紫云宫仅剩的一座戏楼建筑中，依然可以发现戏楼台口下缘精美的木质雕刻（图 4-244），不过很多人物头部被砍掉，这是后来被破坏的。风化的柱础见证着下紫云宫的岁月与历史（图 4-245）。

图 4-244　安居下紫云宫戏楼木雕

图 4-245　安居下紫云宫戏楼柱础

（四）嘉陵江支流中现存会馆案例

### 1. 德阳市中江县帝主宫

#### 1）历史沿革

古仓山地处川东到成都的古道要地，毗邻郪江的古仓山自然是一重地，顺郪江而下经过遂宁就能到达重庆。三国时，蜀汉的姜维就曾经在这里驻兵。但隋唐时期，仓山改为飞乌镇，又在几年后改为县，但又不幸在战乱中遭到破坏。直到元代时才并入了中江县。郪江上的码头也曾为往来商贾游客提供便利。现存的帝主庙和禹王宫坐落在如今的解放路北，是目前仓山镇规模最大的古建筑群，也是保存最完好的。在1940年时曾改为甘露中学，之后又被当作军队驻地，直到新中国破四旧的时候又改作粮仓使用。

帝主庙始建于清雍正年间，因为是当地最大的庙宇，所以是香客们进香祈福的首选。它的起源与"湖广填四川"的历史事件有关。明清时期，中江因为改朝换代而经历了4次大战的洗礼，清廷的军队同吴三桂、张献忠、李自成和其他军阀的部队，都在中江大战，使得中江的人口大为减少。到清康熙三年（1664年）时，中江县总人口仅有1 729人。为了补充人口，改变这里一片荒凉的状况，从康熙年开始到咸丰年间，清廷大力组织全国各地的移民前往四川。其中就有部分来自湖北麻城的移民来到了仓山。那时，各地的商贾同乡为了便于同乡聚会互助，纷纷在远离家乡之地合资修建会馆，移民到此的麻城人也不例外，帝主庙就是麻城人兴建的会馆。其原型是位于湖北麻城坐落在五脑山上的帝主庙，里面供奉着麻城人心中的邑神——张瑞。一种说法是张瑞乃是三国时张飞的转世，而另一种说法则是他是从四川下放到麻城的。

#### 2）建筑现状

德阳中江县帝主宫保存得十分完整，建筑保存状况也十分良好。其建筑平面在嘉陵江流域所有现存会馆中独具一格，帝主宫平面以戏楼为中心，向观演区放射开来，这种设计更有利于戏班表演时向更大的受众群体展示。

反之也说明，当时德阳中江县中心镇的经济地位非同寻常。

　　建筑主入口临街，与禹王宫通过后门相连通。建筑正立面为石质雕刻牌楼（图4-246），从入口进入，穿过戏台底层空间，来到建筑群里的庭院，两边廊庑八字展开，为观戏提供更广阔的视角（图4-247）。廊庑中段有挑台探出，即是为了更方便观戏。继续沿着轴线前进，来到底层架空的过厅，厅内展示了几十通碑刻资料，两边配备茶室。继续往前，穿过狭长的天井空间，便来到了最后一进，帝主宫的后殿。旁边配有偏殿，与之对称的另一角是露天内院，堆放着一些会馆的杂物。从后殿与偏殿之间的通道向前，便可以直达禹王宫的前院。

图4-246　德阳中江帝主宫外立面

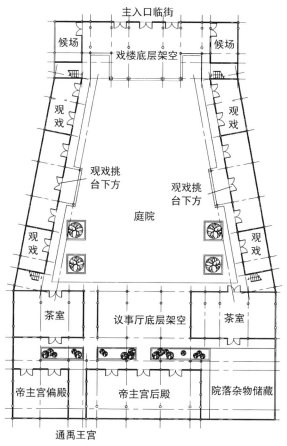

主入口临街

候场　　戏楼底层架空　　候场

观戏　　　　　　　　　观戏

观戏挑
台下方　　　　　　　　观戏挑
　　　　　　　　　　　台下方

庭院

观戏　　　　　　　　　观戏

茶室　　　议事厅底层架空　　　茶室

帝主宫偏殿　　帝主宫后殿　　院落杂物储藏

通禹王宫

图 4-247　德阳中江帝主宫平面

建筑选址于平地，几乎无大的高差划分。戏楼两侧廊庑有二层，为观演功能提供了足够的高度（图 4-248）。整个建筑群分为两进院落，建造者采用了沿着中轴线抑扬结合的手法，空间忽而封闭，忽而豁然开朗，忽而底层架空，属于灰空间，忽而进入狭长天井，光线变化十分丰富，空间体验感良好。这每一处的空间结构，都是建造者的精心设计，充分体现了当时建筑艺术的高超水准。

图 4-248　德阳中江帝主宫戏楼

正殿前临天井处设有外廊,外廊的斜撑结构雕刻十分精美(图4-249、图4-250)。其实,帝主宫还有很多装饰华丽的细节(图4-251),如山门匾额两旁的石质雕刻,如廊庑的精致木雕额枋,如屋脊宝座,颇具南方建筑特色的云拱山墙(也称为"猫拱背墙"),还有建筑屋脊上活灵活现的走兽、鸱吻。

图 4-249　德阳中江帝主宫后殿空间结构　　图 4-250　德阳中江帝主宫廊道斜撑

（a）　　　　　　　　　　　　　　（b）

图 4-251　德阳中江帝主宫细部装饰

2．遂宁市船山区天上宫

1）历史沿革

明清时的遂州，水陆交通非常便利，全国各地的商人云集于此。据县志记载，遂州曾有九宫十八庙。"九宫"是北辰街的三元宫、天上街的天上宫、篾货街（现顺城街）的玄天宫、大西街的南华宫、小西街的帝王宫、米市街的禹王宫、糍粑巷（小南街）的万寿宫、桂香街（德胜东路街中）的文昌宫、小东街的九皇宫。"十八庙"分别是小北街的城隍庙，高升街的药王庙，顺城街的财神庙，复兴街的玉祖庙，天上街的龙王庙，清平街的四圣庙，豆腐街的乐善庙，遂宁一中学校里的文庙，新市场里的武庙，糍粑巷的关帝庙，电影院处的张爷庙，米市街的川主庙，南小区的天宫庙，永兴街的土地庙，油房街的杨泗庙、新关庙，下码头的老关庙，城北裕丰街的旌忠庙。遂宁天上宫入口如图4-252。

图4-252　遂宁天上宫入口牌楼

2）建筑现状

遂宁天上宫为新建建筑，原建筑群有四重殿宇，现仅有一进院落，空间相对单一（图4-253）。主入口临街，四柱七楼式门楼，三开间，门楼两边现为临街商铺。进入会馆，戏楼底层架空作为进入通道，两侧廊庑依次展开，廊庑中部对称伸出一对挑台，更利于欣赏戏曲节目，轴线的末端是天上宫正殿。

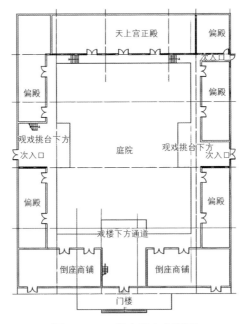

图 4-253　遂宁天上宫平面

相较于古建在复杂环境中布局的情况，新建的天上宫平面更为舒展，院落比例大，建筑为钢筋混凝土结构，戏楼脊角起翘，气宇轩昂。但由于是新建，笔者猜测可能由于丢失了某些工匠手艺，建筑的雕刻装饰方面表现得不如前面一些案例。

图 4-254 为原建筑小品，造型独特，石雕细致精美，神像人物保存得相对完好。从总体上来看，建筑的屋脊走兽、旧建筑小品的石雕等方面，建筑装饰还是十分精美的（图 4-255）。

图 4-254　遂宁天上宫保留建筑小品

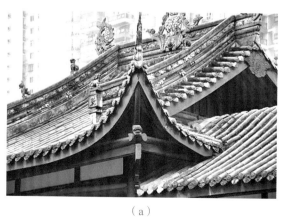

（a）

（b）

图 4-255　遂宁天上宫细部装饰

第五章
流域会馆建筑
的比较研究

# 第一节  湘桂走廊会馆建筑比较研究

通过湘桂走廊湘江段、过渡段、桂江段的会馆建筑空间形态和典型会馆案例的分析，可以发现虽然湘桂走廊沿线的会馆建筑种类繁多，但均兼有"原乡性"和"地域性"的特征，都显现出在湘桂走廊各段较明显的"在地性"，因此共性和差异性都较为明显。本章针对以上多个方面，结合现存会馆实际情况，对同类会馆和不同会馆在相同地域下进行分类分段的比较研究，从而希望能够探讨出湘桂走廊沿线的会馆建筑传承和演变的关系，并得出相关影响因素。

## 一、湘桂走廊沿线相同地域环境下同类会馆建筑对比研究

由于现存会馆样本的局限性，本小节选取过渡段和桂江段的同类会馆进行对比研究，以得出相同地域环境下湘桂走廊沿线会馆建筑的共性与差异性。

### （一）湘桂走廊过渡段湖南会馆对比研究

本节选取了调研过程中发现的完整的桂林六塘镇湖南会馆和恭城湖南会馆作为研究案例（表5-1）。桂林六塘湖南会馆是过湘桂走廊保存完善的湖南会馆，具有会馆的一般性特征，其建立与湘商由湘桂走廊到六塘的经商线路密切相关。恭城湖南会馆则是受到了岭南地域文化的影响，是湘桂走廊沿线上极具特色的会馆之一。将这两者放在一起比较是因为两座会馆虽然位于同一地域环境之下，但受到当地的文化影响的程度是不一样的，不同文化和建造者地位和势力的影响，导致了湖南会馆的建筑形态的一些差异。

表 5-1　桂林六塘湖南会馆、恭城湖南会馆建筑形态比较

| 名称 | 桂林六塘湖南会馆 | 恭城湖南会馆 |
|---|---|---|
| 建造年代 | 清乾隆以前 | 清同治十一年（1872年） |
| 建造背景 | 湘商祭祀乡神、维护商帮利益 | 湘商祭祀乡神、维护商帮利益 |
| （a）<br>总体<br>布局 | | |
| 建筑<br>单体 （b）<br>山门 | | |
| （c）<br>戏台 | | |

续表

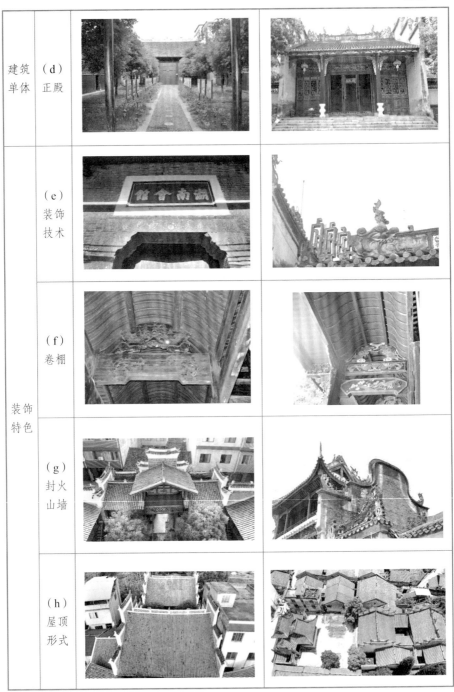

1. 平面布局

图表中两栋建筑的比较可以清楚地看到，二者都采用的中轴对称的平面布局［表 5-1（a）］形式。但因为场地和环境的原因，六塘湖南会馆场地狭长，因此会馆只有一条轴线，而恭城湖南会馆有 3 条轴线。轴线上的主要建筑依次均为山门、戏台、正殿、后殿等建筑，不同的是，六塘湖南会馆观众观演席在第一进院落中的二层连廊上，而恭城湖南会馆以第一进院落作为观众观演空间，且恭城湖南会馆两路次轴线上布置有辅助用房。六塘湖南会馆场地较为平整，整个建筑基本不用顾及高差处理，而恭城湖南会馆除了山门戏台结合起来处理高差，且抬高正殿，突出正殿的主体地位。

2. 建筑单体

两座湖南会馆的建筑单体主体部分在建筑功能上没有区别，不过山门［表 5-1（b）］、戏台［表 5-1（c）］的建筑形式有所不同。六塘湖南会馆为牌楼式山门，山门向内收成八字形，戏台为穿斗式双坡硬山顶，底部架空紧紧依靠着山门，两侧为演员化妆候场空间，显现出明显的湖湘风格；恭城湖南会馆为门楼式山门，且为了体现出湖湘建筑特色，明间还有阁楼升起，戏台紧贴门楼式山门，但直接落地，演员化妆候场的辅助空间直接设于戏台屏风后。正殿前的院落均较为开敞、大气［表 5-1（d）］。

3. 建筑装饰

虽然六塘和恭城的湖南会馆地处同一地域环境，且均为湘商建造，却有着不同的装饰艺术效果［表 5-1（e）～（h）］。六塘湖南会馆和恭城湖南会馆的山墙样式就极为丰富，虽然中间凹两边翘起的封火马头墙是湖湘建筑常用的建筑语汇，但湖南会馆并不局限于此，除此之外还结合了岭南广府"镬耳型"山墙，丰富了建筑的立面造型。不同于六塘湖南会馆传统湖湘建筑的灰瓦屋顶，素木雕刻的内部构架，朴素娴静的建筑风格，恭城湖南会馆屋顶采用绿色琉璃瓦，且在内部构架上用涂料进行各色粉饰，建筑色彩张力十足，华丽雍容。这些装饰上的差异不仅与岭南地域文化影响程度有关，建造者的财力地位也是形成这些差异的重要因素。

总体来说，相同地域下的湖南会馆呈现出明显的湖湘风格，这体现了湖南会馆"原乡性"的传承。但在湘桂走廊沿线不同地区环境的影响下，湖南会馆出现了一定的演变趋势，沿桂江段越往南，越容易受到岭南建筑风格的影响，这体现了湖南会馆"地域性"的演变。

## （二）湘桂走廊桂江段粤东会馆对比研究

本节选取位于湘桂走廊桂江段深受粤商文化影响平乐县与龙圩的粤东会馆建筑进行对比研究（表 5-2），探讨在相同地域环境下不同地区的粤东会馆之间的差别。

表 5-2　平乐粤东会馆、龙圩粤东会馆建筑形态比较

| 名称 | 平乐粤东会馆 | 龙圩粤东会馆 |
| --- | --- | --- |
| 建造年代 | 明代 | 康熙五十三年（1714年） |
| 建造背景 | 粤商祭祀乡神、维护商帮利益 | 粤商祭祀乡神、维护商帮利益 |
| （a）总体布局 | | |

续表

| | | | |
|---|---|---|---|
| 建筑单体 | （b）山门 | | |
| | （c）天后宫 | | |
| | （d）正殿 | | |
| 装饰特色 | （e）装饰技术 | | |
| | （f）卷棚 | | |

续表

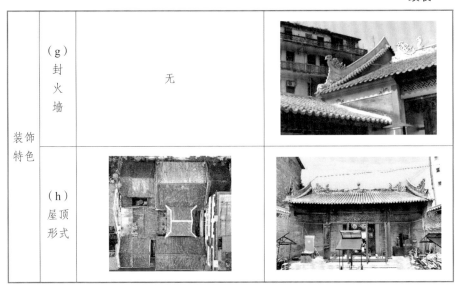

| 装饰特色 | （g）封火墙 | 无 | |
| | （h）屋顶形式 | | |

## 1. 平面布局

两座粤东会馆的平面布局［表5-2（a）］都沿轴线对称，且都布局都较为紧凑。平乐粤东会馆和龙圩粤东会馆沿中轴线布置的主体部分都有山门、正殿，但平乐粤东会馆因有配套辅助建筑因此面阔更宽，呈现出横向展开的"回"字形，龙圩粤东会馆内有开阔的两进院落，平面纵向展开，呈现出"日"字形。粤商本来就具有较强的海洋文化精神，同时还受闽商妈祖文化影响，因此两者均祭祀妈祖，会馆内都设有天后宫，但是两者祭祀妈祖的神祀空间却不同。平乐粤东会馆布置在中央的四角攒尖亭内，会馆内的辅助建筑和正殿均围绕天后宫布置，天后宫在会馆的平面布局中处于中心位置，而龙圩粤东会馆是康熙年间由关夫子祠改建，且粤商还信奉关帝，因此以武圣殿为中心，天后宫布置在后殿内。

## 2. 建筑单体

平乐粤东会馆和龙圩粤东会馆规模适中，山门［表5-2（b）］形态极其相似，都为一对石柱承托硬山屋顶。但由于平乐粤东会馆只祭祀妈祖，所有建筑都为天后宫服务，天后宫［表5-2（c）］有着最为核心的地位。

龙圩粤东会馆同时祭祀关羽和妈祖，虽然武圣殿和天后宫开间进深一致，檐柱都承托精美的额枋和卷棚，但是武圣殿前不仅有六级台阶抬升且殿前毫无遮挡，天后宫位于武圣殿后，地位更弱。

3. 建筑装饰

建筑装饰风格［表5-2（e）～（h）］两者相似，但在细节处仍有不同，平乐粤东会馆以往的屋脊和龙圩粤东会馆的屋脊一样极为热闹，有人物场景、花鸟鱼虫、龙凤神兽等灰塑，层层加高。两座粤东会馆的装饰都体现了强烈的广府建筑风格，粤东商人在桂东势力影响大，且梧州龙圩和桂林平乐作为粤东商人西进买卖谷米的重要转运点，所以更有影响力，这也是这两座粤东会馆更为华丽的重要原因之一。

## 二、湘桂走廊沿线相同地域环境下不同会馆比较研究

由于现存会馆样本的局限性，本部分选取湘江段和桂江段的同类会馆进行对比研究，以得出相同地域环境下湘桂走廊沿线会馆建筑的共性与差异性。

下面选取了作为同乡会馆的湖南会馆和粤东会馆，以及作为行业会馆的八元堂和鲁班殿进行比较研究。同乡会馆中选取恭城湖南会馆和平乐粤东会馆进行比较是因为两者处于湘桂走廊桂江段，位于相同的地域环境的不同地区，都受到了湘桂走廊沿线岭南文化影响，但同时都有着自己的原乡性，因此一定程度上可以佐证湘桂走廊的地域文化对会馆演变的影响。同业会馆选取宁乡船帮会馆八元堂和湘潭泥木行业会馆鲁班殿也是处于湘江段同一地域环境下的会馆建筑，不同行业会馆之间的异同也可以反映会馆之间相互影响和演变的关系。

### （一）湘桂走廊桂江段湖南会馆与粤东会馆比较研究

湖南会馆和粤东会馆分别是湘商和粤商在全国各地建立的用以集会、

联谊乡情、酬神祭祀的建筑，受到其原乡文化影响，但在湘桂走廊沿线，两者文化势能均较为强势，必然出现了交流和融合，因此有必要对湘桂走廊的湖南会馆和粤东会馆进行比较。

### 1. 历史沿革

在湘桂走廊沿线湘商和粤商不仅具有地理优势，各自文化影响力也巨大。粤商借由西江，不断地进行"西进"运动，对整个广西地区的商业都有着巨大的影响，尤其掌控着谷米和盐运贸易，势力辐射范围极广，带动了广西地区的发展。湘商则因湘桂走廊之便，势力集中在桂东北区域，湖南会馆的数量也较粤东会馆更多。湘商祭祀大禹、关圣，粤商祭祀关圣、天后、六祖慧能，湘商与粤商在祭祀的神明上也有重合。湘、桂、粤之间早在秦始皇时期就有了频繁的沟通交流，过岭通道较多，同时也因此必然在会馆建筑中可以有两种文化的碰撞和融合。

### 2. 命名方式

在湘桂走廊沿线的湖南会馆和粤东会馆的命名方式较为多样。首先，湖南会馆供奉的神明对象有大禹、关圣、南岳、周敦颐等神明，故而湖南会馆的名称多种多样，相对应有"禹王宫""湖广会馆""南岳行宫""长衡宫""寿佛殿""濂溪祠""湖南会馆"等名称。其次，湖南会馆的这些命名方式也是与湖南会馆的位置有关，在湘江流域的湖南会馆由于命名方式更为丰富，划分得更细致，更具特色，而湘桂走廊沿线的湖南会馆名称多为"湖南会馆""濂溪祠"，这个命名与湘商想向外展示自己的实力，打响湘商的名号和输出自己的湖湘文化有关。

粤东会馆的名称有"粤东会馆""岭南会馆""两广会馆""南华宫""广东会馆""广肇会馆"。粤商与湘商不同，在湘桂走廊沿线的会馆名称多为"粤东会馆"，而湘桂走廊边缘的粤东会馆的名称就越来越丰富了，这也与湖南地区强势的湖湘文化有关，粤商文化并不是输入而是被融合。

3. 建筑形制比较分析

以位于统一地域条件下的恭城湖南会馆和龙圩粤东会馆为例，阐述在"原乡性"和"地域性"影响下会馆建筑体现出的双重特征（表 5-3）。

表 5-3　恭城湖南会馆、龙圩粤东会馆建筑形态比较

| 名称 | 恭城湖南会馆 | 龙圩粤东会馆 |
|---|---|---|
| 建造年代 | 清同治十一年（1872年） | 清康熙五十三年（1714年） |
| 建造背景 | 湘商祭祀乡神、维护商帮利益 | 粤商祭祀乡神、维护商帮利益 |
| （a）总体布局 | | |

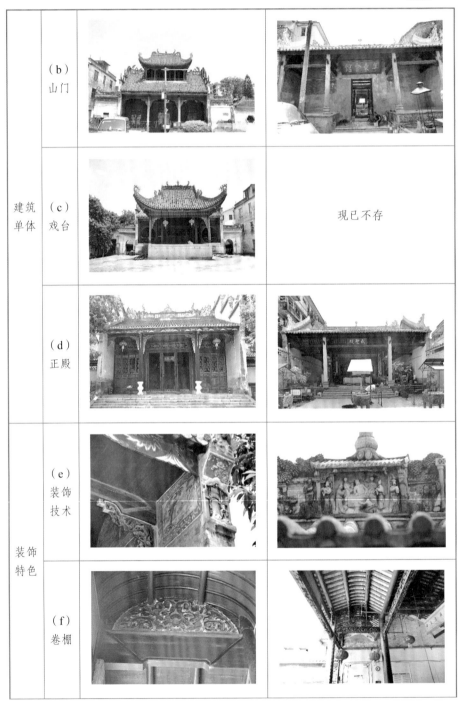

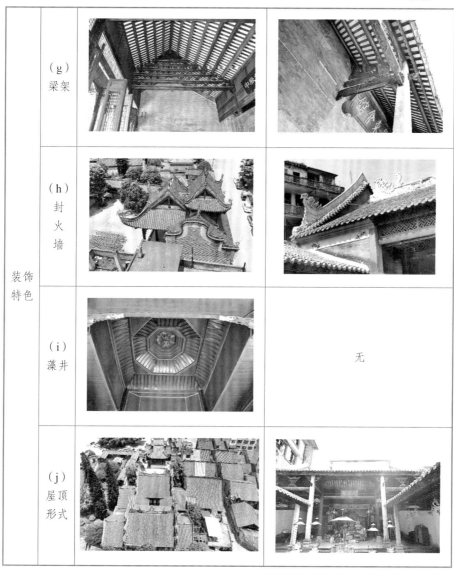

在湘桂走廊地域环境影响下的恭城湖南会馆和龙圩粤东会馆存在着相似之处，湖湘文化必然会受到岭南地域文化影响，粤商文化在广西地区极为强势，广西地区的文化又受到了广东地区的影响，因此也必然对湖南会馆产生一定的影响。平面布局上两者均为中轴对称的院落型建筑[表5-3(a)]，

平面依次有山门［表5-3（b）］、正殿［表5-3（d）］，不同的是恭城湖南会馆规模较大，且湖南会馆一般情况下规模都尽可能地建设得更大，粤东会馆则较为小巧、紧凑。湖南会馆的入口样式较多，有门楼式、牌坊式、一字形，粤东会馆都为平实的门楼式，均带有广府祠堂建筑特点，且湖南会馆的祭祀空间均为正殿，而粤东会馆的祭祀空间可以是前殿、后殿，也可以是廊庑，也可在院落中央设置拜亭作为祭祀中心空间。

### 4. 构造装饰

湘桂走廊沿线的湖南会馆和粤东会馆体现出了同一性，例如屋顶采用绿色琉璃瓦等岭南风格的瓦面，屋脊层层加高，且垂脊高高翘起，正脊中央有各类丰富的人物故事灰塑，正脊两端还有典型的广府回纹灰塑。湘桂走廊越靠近西江，会馆建筑装饰风格就越贴近岭南热闹浪漫的风格；越靠近湘江，会馆建筑风格就越贴近湖南平实大气的装饰风格。但是湖南会馆在构架上依然延续了其"原乡性"特征，采用抬梁结合穿斗的构架形式，梁架除卷棚外未有装饰，素雅简单，而粤东会馆则是极尽繁复地雕刻。两者相比较，湖南会馆更为雍容大气，粤东会馆更为精巧庄严，都是精美的会馆建筑。见表5-3（e）～（j）。

### （二）湘桂走廊湘江段船帮会馆和泥木帮会馆的比较研究

在湘桂走廊沿线的行业会馆中船帮会馆和泥木会馆极具代表性，因为在这条走廊上联通中国南北就需要船运，所以船帮设立行业会馆祭祀水神祈求航运平安也就成为极为重要的事。中国传统建筑都是以木结构为主的建筑，因此泥木行业也是重要的行业，逐渐也形成了独立的行业会馆。在船帮行船流动在湘桂走廊沿线，跨越不同文化区域，因此有着更为开放的观念，相比之下，泥木行业则较为稳定。因此两者之间的对比可以反映湘桂走廊沿线开放和内向的行业与其相对应会馆之间的演变关系。本小节选取船帮会馆宁乡八元堂和泥木帮会馆湘潭鲁班殿作为比较研究案例。

### 1. 历史沿革

在明清时期，商品经济发展迅速，但在中国古代封建制度下人们的阶级划分明确，分为"士农工商"四大类。不仅如此，行业之间都有着高低贵贱，各行各业的从业人员和工匠们都希望在社会上获得一定的地位，获得他人的尊重，渴望行业能够顺利发展，但因为教育和知识的匮乏，只能寄托于神明超自然力量的护佑。行业会馆祭祀各类祖师神明，这些行业各种信仰能够将从业人员紧密结合在一起，有了共同的精神内核，从而就有了凝聚力，对整个行业都有了稳定和促进作用。在同一地域环境下的不同行业会馆建筑正是因信仰不同而有多姿多彩的形态。

船帮行业和泥木行业也不例外，他们都有极为悠久的历史，例如泥木行业的工匠们，技艺都是在师徒互相学习不断探寻中延续下来的，才有了现今精妙绝伦的中国古典建筑。

### 2. 命名方式

泥木行业的信仰具有唯一性，他们以鲁班为祭祀对象和精神寄托，因此与泥木相关的行业建立的会馆都以鲁班命名，称作"鲁班殿""鲁班庙"。船帮会馆的命名方式多种多样，有祭祀杨泗将军、洞庭水神、马援将军等，因此有"杨泗庙""洞庭宫""水府庙""伏波宫"等命名方式，靖港船帮由于是宁乡八埠集资建馆，因而称为"八元堂"。不同于泥木行业鲁班信仰的唯一性，船帮行业信仰的神祇多样，既有真实的历史人物，也有道教神仙，但是这些信仰都是在相当长时间内民众自发形成的神祇崇拜和行为习俗，都与当地的地域环境有密不可分的关系。

### 3. 建筑形制比较分析

位于统一地域条件下的宁乡八元堂和湘潭鲁班殿分别为船帮和泥木帮会馆（表5-4），这两个会馆各具特色，较为有代表性，可以体现在不同行业影响下会馆建筑的特征。

表 5-4　宁乡八元堂、湘潭鲁班殿建筑形态比较

| 名称 | 宁乡八元堂 | 湘潭鲁班殿 |
|---|---|---|
| 建造年代 | 清咸丰十一年（1861年） | 清乾隆年间 |
| 建造背景 | 祭祀航运神杨泗将军，维护船帮利益从事谷米买卖 | 祭祀泥木行业祖师鲁班，维护泥木行业利益，联谊从业人员感情 |
| （a）总体布局 | | |
| 建筑单体 | （b）山门 | | |
| | （c）戏台 | | |

续表

| 建筑单体 | （d）正殿 | | |
|---|---|---|---|
| 装饰特色 | （e）装饰技术 | | |
| | （f）大门 | | |
| | （g）封火墙 | | |
| | （h）屋顶形式 | | |

在湘桂走廊湘江段的宁乡船帮会馆八元堂和湘潭泥木行业会馆鲁班殿更多的是受到湘江段地域文化和建筑风格的影响。两者建筑形制较为类似，主体部分都依次为山门、戏台、正殿、后殿。不同的是宁乡船帮沿街从事谷米买卖活动，流动性较大，因此山门就成为店铺库房用。为了满足功能的需求，形式上除了对大门进行了强调以外，与一般的店铺相仿。湘潭鲁班殿为泥木行业会馆，较为稳定，在行业从业人员本就为建筑工人的情况下，鲁班殿更容易受到当地其他会馆建筑的影响：山门为向内收成八字形的牌楼式，戏台与山门紧贴，这与湘潭万寿宫残留的会馆石牌楼山门以及湘潭关圣殿的山门形制一致。这也证明了行业会馆之间平面布局是相似的，同时也会受到当地其他会馆建筑形式的影响。

4. 构造装饰

两个行业会馆的构造都体现出了地域文化特征，建筑主体都采用了传统的穿斗式木构架结构，建筑戏台都是歇山顶，屋顶与山门或者隔断墙相连接的部分做成十字脊相接，翼角高高翘起，戏台上的挂落、栏杆上雕有植物花卉、龙形纹饰。由于湘潭鲁班殿为泥木行业会馆，所以工匠们致力于体现他们高超的建筑工艺，具体体现在山门上的湘潭全景泥塑。泥塑详细塑造了房屋街巷码头以及江面漂浮的船只等情景，极具研究价值，且来此的游人也可以透过这组泥塑感受湘潭曾经的繁华。

## 三、湘桂走廊沿线会馆传承与演变的影响因素

通过对湘桂走廊沿线同乡会馆中的同类会馆、不同会馆的分段研究、相对比较和相互比较，可以从中发现同类会馆的传承关系和不同会馆之间相互影响进而演变融合的关系。通过对行业会馆的相互比较，发现行业会馆之间也有着一定的相互影响。下面将对湘桂走廊沿线的会馆建筑体现出的这一现象的原因进行探讨。

1. 同乡会馆建筑为其自身原乡文化的物质载体，这是同类会馆建筑相似性和各省会馆建筑差异性的根本原因

会馆建筑具备祭祀乡神的重要作用，在有了精神凝聚内核的基础上，来自同一文化背景的人们就会自发地联谊乡情，维护共同利益。为了体现出其原乡特色，会馆建筑就呈现出相似性。例如湖南会馆建筑中出现的中间凹两端翘起的马头墙，粤东会馆极为相似的三开间门楼式山门，都是原乡文化影响下的结果，会馆建筑也就成为原乡文化的物质载体，其形象也影响着当地的建筑。以湘桂走廊沿线保存数量较多的湖南会馆和粤东会馆为例，湖南会馆由湘商建立，都受到湖湘文化影响，粤东商人的粤商文化也十分强劲，进而在向外经商过程中向文化势能较低的地区输送自身的文化，会馆建筑作为不同的原乡文化的物质载体，也就显现出了差异性。

2. 湘桂走廊沿线相同地域文化影响下会馆建筑呈现出相似性

相同的地域文化是指建筑所处地原有地建筑、宗教、民俗等多种文化。在湘桂走廊沿线复杂的地域文化影响下，各会馆商帮的文化势能输出不够就必定会受到湖湘和岭南地域文化强烈的影响，如果原乡文化势能足够，也会反过来影响当地其他会馆建筑的形态，因此在不同会馆中就出现了一定的相似性。根据实地调研结果可以看到相同地域环境下不同的会馆建筑能够呈现出一定程度上的相似性。例如湘潭关圣殿、鲁班殿、万寿宫，平面主体部分分布相似，但山门形式都是向内收八字的牌楼式山门，具有极高的相似性。

3. 原乡材料、建筑工艺也是同类会馆建筑相似的重要原因

原乡的材料和建筑工艺也属于原乡文化，在商帮沿湘桂走廊在湘江和桂江从事商业活动过程中，为会馆的修建，也就带来了原乡的材料和建筑工艺，物质上的传承也就带来了会馆建筑的相似性。例如粤东商人循桂江来回经商时，会从其家乡带来石材、木料以及本地熟练的建筑工匠，建设自己的会馆。

4. 湘桂走廊沿线不同的地理环境、地域特征等客观原因使得同类会馆建筑呈现出差异性

这里的地理环境是同类会馆建筑所处位置的周边环境特征和地形地貌

特点，也就是场地特征。这对会馆建筑的平面布局特征有着极大的影响。例如熊村湖南会馆场地，高差较大，因此正殿需要底部架空抬高，才可以化解巨大的高差和不利的地势，且场地极为狭小，会馆取消了戏台，且不做中轴对称处理，用以满足场地现状。

5. 湘桂走廊沿线不同地域文化影响下会馆建筑的差异性

湘桂走廊位于湘、粤文化交汇处，因此，在湘桂走廊沿线两端的建筑必然会根据地理位置的不同而受到地域文化更强一方的影响。湘桂走廊湘江段受湘、赣两地文化影响较大，而桂江段则受到粤商文化影响更大，因此才会在湘桂走廊沿线出现会馆建筑风格的剧变。熊村湖南会馆、江西会馆都呈现出较为朴素的建筑形态，连会馆的山门都是一字形，窗户多有拱券窗，整个会馆建筑给人较强的防御性，这也与熊村曾作为军事驻地的历史有关。而六塘湖南会馆、江西会馆和恭城湖南会馆就较为大气，姿态较为开放。

## 四、湘桂走廊沿线会馆传承与演变的现实意义

### （一）多种文化的相互影响

湘桂走廊沿线的会馆建筑从明代开始陆续建成，在明清时期的政策和社会等多方面因素的影响下，会馆建筑出现了建设高潮，湖湘和岭南地域文化不仅有着相互影响还和外来原乡文化之间产生了碰撞和融合。随着时间的推移和商品经济的发展，文化的碰撞和融合体现在了湘桂走廊沿线会馆建筑上，这些会馆在建造、重修、扩建等过程中，受到了各类文化的影响，并且在建造过程中融入和运用了外来文化，也体现在了建筑的造型、材料装饰、建筑技艺上。湘桂走廊沿线的会馆建筑就是这些文化以及文化传承的物质载体和见证，在会馆建筑的各个方面都可以找到文化传承的证据。

### 1. 商帮信仰

各类商帮都有其特别的祭祀对象，例如江西会馆以许真君为祭祀对象，在调研的江西会馆中处处都包含着许真君道教文化，就算遗留下来的万寿

宫改变了祭祀对象，会馆仍处处显示着道教文化内涵，乔口万寿宫的正脊上依然绘有八卦图纹。粤东会馆受到了闽商妈祖文化影响，殿内设置天后宫对妈祖进行祭祀，同时还祀有关圣，这都是地域文化与外来文化碰撞融合的结果，也体现出了神祇信仰的多样性。

### 2. 商帮文化

湘桂走廊沿线的商帮繁多，遗存下的会馆包括江西、湖南、粤东、福建、山陕商帮以及船帮和泥木帮，这些商帮都是各自会馆建筑的运营、管理和维护者。因此，会馆之间的相互影响以及会馆内在的传承演变也反映在商帮的发展中。在建筑营造和装饰艺术上处处透露着商帮的文化内涵和审美意趣。

### 3. 地域文化

湘桂走廊沿线的会馆建筑的装饰是地域文化的载体，处处反映着当时的生活状态以及人们对美好生活的向往和愿景。例如鲁班殿山门湘潭全景图灰塑，再例如会馆建筑上"瓜果满盈""双龙戏珠""松鹤延年""百鸟朝日"等富贵吉祥的装饰。

## （二）建筑技术以及艺术的交流和传承

湘桂走廊沿线的会馆建筑不仅承载着多种文化，还是建筑营造技艺和艺术的集合载体，显示着当时各地工匠的原乡的营造技艺和商帮的艺术审美。各商帮会馆均受到了湘桂走廊地域文化的影响，在交叉影响下，传入地和湖湘文化、岭南文化进行交融，呈现出独具特色的建筑形式。各个商帮都有其独特的处理手法，但仍然愿意吸纳不同技艺对建筑做出创新，例如湘潭关圣殿，保留了其春秋阁的中心地位，也用了斗拱这样的官式建筑的构建形式，在山门的处理上与当地江西会馆、鲁班殿一样，都采用了牌楼式山门，这些都体现出了会馆建筑之间的相互影响。而恭城湖南会馆在受到岭南地域文化的影响下，仍然能够保持门楼明间升起阁楼等湖湘建筑文化特征，这都体现出了湘桂走廊沿线建筑技艺和艺术的传承。

本节基于湘桂走廊现存的会馆建筑，通过对湘桂走廊过渡段、桂江段相同地域的湖南会馆、粤东会馆，湘江段、桂江段不同地域的湖南会馆、粤东会馆，以及行业会馆八元堂和鲁班殿等多个会馆的比较，详细分析了各组会馆建筑在建筑形态上的差异，探寻了湘桂走廊沿线会馆建筑传承演变因素。

具体从建筑平面布局、建筑单体和建筑装饰这三个方面进行了详细的论述，分别得出了几组对比组之间建筑形态上的异同点，进而总结出了湘桂走廊沿线会馆建筑之间的传承与演变因素。湘桂走廊不仅有湖湘、岭南这两种主要的地域文化，还有着不同商帮的流动带来的原乡文化。其沿线会馆建筑因此受到了多方面因素的影响，呈现出了既迥异又有相似之处的在地性。最后，湘桂走廊沿线的会馆建筑传承与演变在当下的现实意义也印证了湘桂走廊作为交通和文化的载体对会馆建筑的传承与演变的重要作用。

## 第二节　汉水流域会馆建筑比较研究

### 一、地形之差

这种差异首先表现在会馆建筑的竖向处理上。中轴线垂直等高线，各殿地坪依地势逐渐升高基本成为山地会馆的典型选址布局模式，在蜀河黄州会馆［图 5-1（a）］、蜀河船帮会馆、瓦房店北五省会馆中都能看到。而瓦房店北五省会馆还在有条件的高台地段向两侧扩展场地，可谓山地地形利用的典范。而在地势平坦的地段建立会馆则不需要考虑这些。

其次也表现在会馆建筑的整体布局上。由于地形限制，中轴线无法展开。如瓦房店江西会馆［图 5-1（b）］，前方有陡坎，无法跨院。然而，为了保证中轴线朝向河道，只得缩短中轴长度，将拜殿与正殿建于陡坎于后方山坡之间的狭窄场地上。而其他辅助功能则通过两侧的房屋满足。反观平原之上的樊城小江西会馆，可谓是将中轴线延长到了无以复加的地步［图5-1（c）］。

（a）蜀河黄州会馆（山地）　　　（b）瓦房店江西会馆（山地）　　　（c）樊城小江西会馆（平地）

图5-1　汉水流域山地会馆和平地会馆的比较

可以说，这是会馆建筑对汉水流域的地域性适应，证明中国传统建筑从格局到形制都有应对不同环境的灵活性，中国传统工匠也极富顺应和保护自然环境的优异品格，并且具有巧妙因借自然优势、创造别具匠心的建筑空间的高超智慧。

## 二、　南北之别

如前所述，汉水流域同时存在多个商帮建设的会馆。那么，不同商帮建设的会馆在布局和形制等方面是否存在较为明显的差异？下面将就这个问题展开讨论。

在笔者对现存会馆进行调研并梳理了各类会馆的建筑特征之后发现，以传统秦巴山脉—淮河作为分界，南北商帮在汉水流域建设的会馆之间存在着较为显著的不同。

这种不同首先表现在建筑规模和殿宇类型上。北方会馆建筑规模较大，占地面积较为广阔，殿宇数量和类型多，殿宇开间宽、进深广，殿宇之间的庭院也更为宽阔。例如荆紫关山陕会馆，有山门、戏楼、钟鼓楼、大殿、后殿等众多殿宇类型［图 5-2（a）］。大殿之前的院落面积广大，两侧还有行廊贯穿整个广场。而与之同处荆紫关的船帮会馆，山门小巧精致，内部殿宇紧凑，天井狭窄，且不设戏台。又例如瓦房店北五省会馆［图 5-2（b）］，虽然位于秦巴山脉之间，场地狭小，地势陡峭，然而会馆仍然巧借地势，向前后和两侧扩展。同时，北五省会馆戏台单独设立，代替山门作用的前殿面阔很宽，后设钟鼓楼，拜殿和正殿也很宽敞，榀间跨度大。而同在秦巴山脉之间的蜀河黄州会馆，虽然山门高耸，戏楼华丽，然而从各殿宇的尺寸上看，明显不及北五省会馆，而且仅有一条轴线，并未向两侧扩展。

（a）荆紫关山陕会馆大殿和钟鼓楼

（b）瓦房店北五省会馆鸟瞰

图 5-2　汉水流域北方商帮会馆案例

其次也表现在装饰方式上。北方会馆的装饰以华丽为尚，而南方会馆的装饰则较为素雅。例如樊城山陕会馆［图 5-3（a）］，屋面满铺黄、绿琉璃瓦，脊兽同样采用双色，更不用说琉璃照壁极尽豪华。而同在樊城的黄州会馆和小江西会馆［图 5-3（b）、（c）］，则皆为灰瓦白墙，相较之下虽显朴素，然而亦不失一份怡然。

究其原因，有以下 3 个方面。其一，以山陕商人为代表的北方商帮，在财力方面相对更为雄厚，因而可以负担更大规模的会馆。其二，清初自东向西的移民运动大大增加了长江流域的人员交流，使江西、湖广、四川

（a）樊城山陕会馆　　　　　（b）樊城黄州会馆　　　　　（c）樊城小江西会馆

图 5-3　汉水流域南北方商帮会馆色彩比较

的建筑风格趋于统一。其三，迟至明清时期，北方建筑和南方建筑在形制上已有较为明显的差异，这既来自对自然环境的适应，又有社会文化的不同。这种地域建造习俗作为文化"基因"，随着各地工匠、商人和移民的足迹被带到了汉水流域，促进了流域文化的交融与发展，深刻影响了流域建筑的面貌。

## 三、线路之分

汉水流域作为商贸通道，可以划分为 6 段区间。那么，不同区间的会馆建筑在布局和形制等方面是否有较为显著的差异？这是下文将要讨论的问题。

同样经过笔者的调研和梳理发现，就现存会馆较多的汉水主线中上游、丹水流域、唐白河流域来看，在建筑规模方面确实存在着较为明显的差异。

唐白河流域是连通山西和江汉平原的主要通道，而清代的山西商人是全国实力最为雄厚的商帮。汉水流域现存规模最大、装饰最豪华的会馆——社旗山陕会馆便坐落于唐白河畔。

丹水流域是陕西境内的关中平原通往江汉平原的主要通道，而清代的陕西商人论实力虽略逊于山西商人，但在全国仍旧名列前茅。因此，由丹水流域的山陕会馆，以及沿线运输帮会所建的骡帮会馆、船帮会馆在整体规模、殿宇形制、装饰等方面同样十分考究。建有三殿格局的荆紫关山陕会馆，立有精巧三重檐钟鼓楼的荆紫关船帮会馆，以及拥有华美戏楼俗称丹凤花庙的船帮会馆都代表了这条通道上的建设水准。

而汉水主线中上游开发较晚，又处于秦巴山脉的崇山峻岭之中，不论重要性还是建设难度，都有较大劣势。蜀河黄州会馆山门宏伟高峻、戏楼雕梁画栋，比之龙驹寨船帮会馆还是略逊一筹（图5-4）。瓦房店北五省会馆集北五省之力建造，即使墙面上的壁画出神入化，但与上述两条线路上的山陕会馆相比，在总体格局、建筑规模和整体装饰上还是逊色不少。

（a）龙驹寨船帮会馆山门和戏楼　　　　　　（b）蜀河黄州会馆山门和戏楼

图5-4　丹水流域与汉水主干上游会馆比较

本节主要对汉水流域的会馆建筑特征进行了归纳和比较研究。

总体上看，汉水流域的会馆建筑具有显著的共性：在功能构成上，以祭祀和演剧为核心，拜、正殿和戏楼是最普遍存在的两类殿宇；在选址和朝向上，多选址河流附近，并面朝河道而立，并不遵照坐北朝南的传统；在平面布局上，以山门、戏楼、拜殿、正殿、两侧行廊厢房组成中轴对称式的多重院落建筑为原型，再结合地形和自身需求增补或精简；在空间格局上，形成从雄伟的入口空间，到敞阔的演剧空间，再到神秘的祭祀空间的完整序列。此外，在各殿宇的形制上也有诸多共同点。

与此同时，汉水流域会馆之间也有一定程度的差异，主要表现在地形之差、南北之别、线路之分三个方面。在地形方面，建于山地的会馆往往需要结合地形调整其场地高度和平面布局，平原上的会馆则少有这样的限制。在来源地方面，以山陕会馆为代表的来自北方的会馆建筑，在建筑规模、殿宇类型和装饰方式上，多以豪华大气为尚，而以江西、湖广、江南会馆为代表的来自南方的会馆，则常以素雅小巧为美。在商贸线路分布方面，唐白河流域和丹水流域的会馆相对更为华丽，而汉水上游的会馆则总体较为朴素。这些差异体现了汉水流域会馆的丰富性，也体现了文化取长补短、相互交融的重要特征。

第六章
总论

# 第一节　流域会馆现存情况概析

## 一、湘桂走廊沿线会馆现存情况

对湘桂走廊沿线的会馆建筑保护基本情况要通过数据进行全面直观的了解。结合史料、网络资料以及实地调研考察，经过统计，湘桂走廊沿线历史上曾有记载的会馆有 442 个，其中同乡会馆 295 个，行业会馆 147 个，现存会馆数量 28 个（图 6-1）。可以通过该统计数据直观地看出，现存建筑的数量占历史上存在的建筑数量仅为 6.3%，其中保存完好的会馆建筑有 17 个，改建和破坏较为严重的建筑有 11 个（图 6-2）。

图 6-1　湘桂走廊沿线现存会馆分布

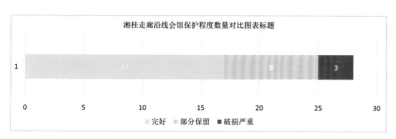

图 6-2　湘桂走廊沿线会馆保护程度数量对比图

　　湘桂走廊沿线各重要商业城镇会馆的现存数量和历史数量的比例呈现出明显的差异，沿线中心区域长沙、衡阳、桂林等在历史上会馆建筑数量众多，城内却没有现存的会馆建筑，这与当时的社会环境有巨大的关系。长沙、衡阳都是抗日战争时期被大火烧毁的城镇，因不可抗力失去了众多古迹。在较为偏僻的村镇上的会馆反而能够保留下来，各类会馆建筑现存的比例就与历史上的比例接近。

　　在保护级别上，现存有 1 个国保、9 个省区保、2 个市保、9 个县级保护，有保护级别的会馆总数占现存会馆的 75%，但还有一部分现存会馆建筑没有受到保护（图 6-3）。图 6-4 中为四类保护级别下现存会馆质量状况，对于湘桂走廊沿线的会馆建筑来说，建筑数量、建筑质量以及保护力度还需加强。因此也希望这些直接的数据和分析可以帮助社会认识到会馆建筑保存现状，能够提高人们对于会馆这一类珍贵建筑遗产保护的意识，从而可以自发地参与到会馆建筑的保护和会馆文化的传承中去。

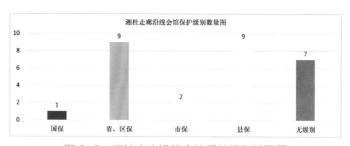

图 6-3　湘桂走廊沿线会馆保护级别数量图

（a）国保单位恭城湖南会馆现状

（b）省保单位湘潭关圣殿现状

（c）市保单位贺州黄田湖南会馆现状

（d）县保单位华江瑶族乡衡州会馆现状

图6-4　各级别保护现存会馆质量状况

## 二、汉水流域会馆现存情况

　　首先是对汉水流域遗产保护的一点呼吁。笔者在文献整理过程中，制作了汉水流域近500座会馆的名录，然而在现场调研中，现存的会馆不足十分之一，其中完整保留的或保存状况较好的更是寥寥无几。数年前，笔者曾经和家人一道，前往白河古镇游览。彼时还有规模巨大的古镇栖居于汉水岸边的山坡之下。然而此次，当兴致满满重回那里调研的时候，只看到满山碎砖断瓦。昔日的古镇已荡然无存，只留下一座没了大半屋顶的白河商会会馆，在废墟之中支撑着残破的墙垣（图6-5）。

　　明清会馆建筑作为同乡乡缘的凝结、外乡开拓的载体、地域文化的容器，理应在中华文化宝库中存有一席之地。而现状确实不容乐观。毁坏的已无可挽回，现存的更要好好珍惜。在祖国繁荣昌盛的今天，希望我们的文化

（a）安康市白河县古镇废墟 （b）白河商会会馆

图6-5 拆毁的古镇和废墟中的会馆

瑰宝不再被无情毁灭，希望后辈们都能亲眼见证、亲身体会留下先辈们智慧和汗水的结晶。

其次是对后续研究进行两点展望。其一，笔者在对地方志的梳理过程中，发现其中绘有大量的疆域图和县城图，大部分县城图没有将会馆画在其中，因此对本研究助力较少。但城中的衙署、书院、祠庙等建筑和主要街道均有记录。因此，笔者认为，可以通过地方志中的这些绘图，对明清及更早时期的汉水流域城镇和商贸线路进行研究。其二，笔者在梳理汉水流域河道走向的时候发现，当今的公路系统和曾经的水路交通系统有大幅度的重叠。如今的众多高速路、国道、省道往往沿着重要的河流行进，进而连接各个重要的城镇和村落。也就是说，古代的通道网络如今仍然存在，只不过换成了公路的形式。由此笔者认为，通过对当今公路和传统水路的对照研究，加之上文说到的对传统聚落图文资料和现状的分析整理，可以进一步获得更全面的汉水流域图景。

## 三、嘉陵江流域会馆现存情况

嘉汉古通道对流域内会馆分布及建筑特征影响深远。从历史时间线上来看，随着清末"嘉陵江—汉水古通道"的衰落，流域中会馆建筑的数量与种类也大致经历了从元代至清康熙年间的发育增长期，康熙至道光年间的繁华鼎盛期，再到道光至民国的衰减没落期。嘉陵江与汉水古通道在历史长河中的亲疏关系对中国古地理交通格局的影响是极其深远的，进而对嘉陵江流域中商帮和移民的数量、移民省别与商帮行业种类产生影响，从而直接反映在流域中会馆建筑的分布与建筑特征上。具体特征总结如下：

（1）嘉陵江流域会馆的分布特征：总体上回顾，嘉陵江流域的会馆分布特征为数量上干流多于支流，中下游多于上游，分布位置宏观上集中于嘉-汉古通道及其衍生出的"十堰—成都"与"十堰—重庆"线路，达州、重庆会馆最为密集，微观上上游多集中于水陆路转运点，中下游多临近嘉陵江及其各支流水运码头。同乡会馆中湖广、江西与陕西籍会馆分布最广，同业会馆中船帮、盐业、药帮会馆数量最多。

（2）嘉陵江流域会馆的建筑特征：总体上来看嘉陵江流域的会馆建筑，建筑分布从分散走向聚集，建筑风格从沉稳大气变得灵动轻巧，建筑材料从以砖石为主向木材和生土转化，建筑布局上划分的台地逐渐增多，建筑平面从严格遵守中轴对称向不规则的形态转变，空间上沿轴线的层次越来越丰富，建筑环境的营造越来越注重景园。

从历史时间线上来看，随着清末"嘉陵江—汉水古通道"的衰落[①]，流域中会馆建筑的数量与种类也大致经历了从元代至清康熙年间的发育增长期，康熙至道光年间的繁华鼎盛期，再到道光至民国的衰减没落期。嘉陵江与汉水古通道在历史长河中的亲疏关系对中国古地理交通格局的影响是极其深远的，进而对嘉陵江流域中商帮和移民的数量、移民省别与商帮行业种类产生影响，从而直接反映在流域中会馆建筑的分布与建筑特征上。

---

① 根据文献调研，衰落时期至早在1850年之后。

通过文献调研，笔者梳理出嘉陵江流域历史上曾经存在过的会馆建筑有 1 022 座，而现存的会馆建筑约占总数的 4%。在这些现存的 50 多座会馆中，并非所有的会馆建筑都被完整地保留下来，已经被列为重点文物保护单位的会馆也有修缮、维护不佳的个例。

除了会馆建筑本身，嘉陵江流域还遗存着很多曾与会馆共同繁荣兴盛的聚落，这些古村古巷承载着过去的会馆记忆，在颓圮破败的建筑遗存中依然能找到流域会馆建筑的文化基因，大到街巷的肌理、空间的关系，小到那些精巧的构造、繁复的装饰都在替已经消失在时光里的会馆建筑诉说过去的故事。

总而言之，笔者在实地踏勘之后，发现嘉陵江流域现存的会馆建筑遗产非常丰富，即便已经有那么多会馆消失了，仍然有许多会馆和因会馆而兴的聚落遗珍散落在流域各处，等待得到更好的保护和再次利用。

## 第二节　流域会馆的当代价值与保护思考

### 一、湘桂走廊沿线

湘桂走廊虽然在整个历史进程中逐渐失去其核心地位，但是商品经济仍然持续繁荣，其沿线域建立了大量的建筑，随着现代交通工具和交通线路的转移，水运交通渐渐显现出颓势，部分民俗信仰逐渐衰弱。例如与河运关系较为密切的杨泗将军信仰和妈祖信仰，逐渐脱离了传入地的日常生活，精神信仰一旦减弱，带来的就是会馆的衰败。

湘桂走廊沿线会馆建筑衰亡的原因：

（1）外来资本主义势力的入侵和商帮自身的局限性是湘桂走廊沿线会馆建筑逐渐衰落的主要原因。商业行会组织是特定历史条件下的产物，是以血缘和地缘为纽带，在当地形成了商业网络，对维护社会稳定有积极作用。

但是因为政府政策等原因，商帮被弱化，从而商人会馆的存在也就失去了其根本依凭。

（2）人们不再需要借助神祇等超自然力量来安慰自己。随着社会的革新，人们对自然逐渐有了更科学的了解，在这个过程中对于各类神祇的信仰逐渐消散，精神内核的消散同时也带来了会馆建筑使用频率的下降，从而导致了大量会馆的没落和荒置。

（3）战争等不可抗力使会馆建筑消失，建筑保护能力不足、保护意识不强。在湘桂走廊沿线尤其是湘江段，战争频繁，多个重要商业城镇都被大火烧毁，该区域会馆建筑的破坏和消失也是最为严重的。现存的会馆建筑还是数量最多的江西、湖南、广东、福建等地的会馆，这些现存的会馆最为集中的地区也是湘桂走廊的过渡段域。但是这部分会馆建筑有很大部分都在偏僻的县、村子中，曾经繁华的商路衰败后，商路上的村镇也随之迅速衰落下去，会馆建筑虽然没有遭到大规模的破坏，受到自然破坏较严重，且没有人维护管理，或者采取消极的管理措施，这都是影响会馆建筑保护的因素。

## 二、汉水流域

从汉水流域的整体环境开始，从经济背景、地理条件、直接动力三个角度讨论了汉水流域会馆兴起的原因。随后，通过查阅文献、地图等资料，在梳理汉水流域历史上存在的 435 座会馆的基础上，对会馆的时间分布和空间分布进行了统计和分析，得出明清时期流域上最重要的商贸通道相关结论。接下来，通过对流域各地县志的分析，从城市形态和会馆功能角度，探讨了汉水流域会馆与城镇的关系。回到会馆建筑本体，先总结了 7 个会馆群中各个会馆的特征，再对流域会馆整体的建筑特征进行归纳和比较。

### 1. 明清汉水流域发展与会馆的兴起

明清汉水流域会馆的兴起原因主要有 3 个方面。其一，从经济背景角度，明清时期区域分工和市场扩展，促进了全国商贸市场的形成。汉水流域作为重要的原材料输出地和商品输入地，成为全国市场"双元格局"中的重要一"元"，进而产生远距离贸易需求，催生汉水流域商贸城镇、商帮活动和会馆建设的兴起。其二，从地理条件角度，汉水流域是北连黄河流域、南接长江流域的天然水道，在以水运作为主要远程贸易方式的明清时期，交通优势十分明显，可以承载大量、远距离的货物运输。其三，从直接动力角度，明清时期的汉水流域移民、堤垸建设和山脉开荒使流域获得了更多人力和耕地资源，从而带来大幅度的经济提升、原材料输出和商品需求，促成了巨大的商贸机会。因而，各大商帮云集于此，最终使会馆得以广泛分布于流域城镇之中。

### 2. 明清汉水流域会馆的分布与汉水流域的商贸线路

汉水流域会馆的分布主要通过时间和空间两个方面来考察。时间分布方面，首先，最早的汉水流域会馆可追溯到明晚期，流域会馆建设最鼎盛的时期在清中期。其次，各商帮在汉水流域建设会馆的时间不尽相同，其中以山陕会馆的建设为最早，于清康熙时期开始大规模建设，在乾隆时期达到高潮；江西、江南和湖广会馆稍晚，在乾隆、嘉庆、道光年间建设量最大；而其他会馆则在嘉庆及之后才开始大量建设。最后，各商帮在汉水流域的会馆建设有空间上的先后性，以山陕会馆为代表的北方会馆最初兴起于汉水中游的唐白河流域，随后向上下游同时扩展，以江西、湖广会馆为代表的南方会馆则从汉水下游开始向上游延伸。

空间分布方面，首先，汉水流域的会馆大多分布于河流交汇处，余下的也都位于河流沿线，说明了会馆与水运的密切关系。其次，山陕、江西、湖广是汉水流域数量最多、分布范围最广的三大会馆，并且呈现山陕会馆集中于主干及以北、江西湖广会馆占据汉水主干及以南的分布趋势。最后，汉水流域会馆的空间分布勾勒出一条"双环四支多向"的商贸通道，将四川盆地、关中平原、黄淮平原、江汉平原等重要区域连接在一起。

### 3. 明清汉水流域会馆对城镇形态、功能的影响

明清时期，在经济增长的推动下，汉水流域的城镇迎来了新一轮发展。该轮发展的核心是经济因素的崛起，使城市开始突破原有城墙的限制，向城外发展。在流域的中心城镇中，甚至形成了治所和商埠分立的"双子城"。在此过程中，会馆成为代表城镇经济秩序、引领城镇向外拓展的核心建筑，最终极大地影响了城市新形态的形成。

此外，会馆作为城镇的一部分，也对城镇功能起到了重要补充作用。首先，会馆的自发建设，开发了城镇的郊区，促进了城镇向外发展。其次，会馆作为商帮的代表建筑和议事场所，对城镇商贸活动进行了有效的规制，有利于城镇商贸秩序的建立和维护。再次，会馆作为外乡客民集会和祭祀场所，一方面有利于客民的稳定，另一方面也大大促进了流域内部的文化进步与融合。最后，会馆作为公共建筑为城镇居民至少是外乡客民提供了公共休闲场所，丰富了城镇日常生活。

### 4. 明清汉水流域会馆的建筑特征

总体上看，汉水流域的会馆建筑具有显著的共性：在功能构成上，以祭祀和演剧为核心，拜、正殿和戏楼是最普遍存在的两类殿宇；在选址和朝向上，多选址于河流附近，并面朝河道而立，并不遵照坐北朝南的传统；在平面布局上，以山门、戏楼、拜殿、正殿、两侧行廊厢房组成中轴对称式的多重院落建筑为原型，再结合地形和自身需求增补或精简；在空间格局上，形成从雄伟的入口空间，到敞阔的演剧空间，再到神秘的祭祀空间的完整序列。此外，在各殿宇的形制上也有诸多共同点。

与此同时，汉水流域会馆之间也有一定程度的差异，主要表现在地形之差、南北之别、线路之分三个方面。在地形方面，建于山地的会馆往往需要结合地形调整其场地高度和平面布局，平原上的会馆则少有这样的限制。在来源地方面，以山陕会馆为代表的来自北方的会馆建筑，在建筑规模、殿宇类型和装饰方式上，多以豪华大气为尚，而以江西、湖广、江南会馆为代表的来自南方的会馆，则常以素雅小巧为美。在商贸线路分布方面，

唐白河流域和丹水流域的会馆相对更为华丽，而汉水上游的会馆则总体较为朴素。这些差异体现了汉水流域会馆的丰富性。

## 三、嘉陵江流域

面对会馆现状的"喜"与"忧"，在嘉陵江流域中，遗存有许多因江水航运便利而兴盛一时的会馆建筑或曾有会馆存在的聚落。从留存下来的会馆与聚落中可以如实地感受到嘉陵江流域会馆建筑灿烂的文化，但与之对应的遗产保护工作却远远不够，这让笔者着实感到喜忧参半。有的会馆被破坏削掉了木雕神像，精美的装饰残缺不全（图6-6）；有的会馆场地周边面临大拆大建，会馆整体或局部被贸然拆除；有的会馆因为没有得到及时的维护修缮，在自然灾害中渐渐颓圮倾塌；有的会馆被不经慎重考虑复建，新建会馆与原会馆文化纽带关系模糊，这样粗糙的保护方式无疑会导致文化的断代。

图6-6 重庆安居下紫云宫被破坏的木雕

凡此种种都是嘉陵江流域中历史上曾经存在过的会馆建筑所要面对的"九九八十一难"。笔者在面对这些真相时时常感到痛心不已，作为一名建筑历史方向的研究者，现存的会馆实例远比教科书要生动，亲手触摸这些木柱、月梁，亲眼看到这些如意斗拱、蜂窝斗，看不懂的建筑构造可以耐下心来在会馆里多角度看多角度画，亲自站在与历史中的移民和商帮同视野去看会馆建筑周边的场地环境，再结合史料去理解建筑为何会这样布局，都是十分宝贵的体验。当站在重庆安居紫云宫仅存的戏楼架空首层空间，回望浩渺的涪江时，历史中嘉陵江上商船舳舻千里的鲜活场景在脑海里自然而然地浮现，很难不生出一种被会馆与商帮文化深深感动的情怀。

笔者在调研时，遇到过不少聚落里的会馆已经不在了，但是曾见过它们、童年在会馆中玩耍听戏的耄耋老人，跟笔者含情脉脉地讲述那会馆的精美与华丽和那时候会馆建筑里的民俗与活动。如笔者曾在广元昭化古城——嘉陵江流域十分重要的上游段与中下游段商品转运重镇中遇到过一位自少年时期便在古城照相馆工作的老人，他跟笔者展示了曾拍到的会馆一角照片［图6-7（a）］和自己创作的嘉陵江写生作品［图6-7（c）］，讲述童年在昭化会馆街上"看热闹，赶庙会"的情景，令笔者感动不已。笔者也曾在重庆安居天后宫里测绘时有幸赶上了一场民间戏曲表演［图6-7（b）］，像是直观地穿越到明清，与过去的人们在相同的会馆里看着类似的非物质文化遗产演出。这些经历让笔者认识到，其实民间还存在着大量喜爱会馆、

（a）民国昭化古城会馆街街景　　　　（b）安居天后宫民俗表演

（c）昭化古城某老人创作的写生作品《嘉陵江畔》

图6-7　民间自发热爱嘉陵江流域会馆文化的现象

了解会馆并自发传承会馆物质与非物质文化的群体，这些群体可以被有机地系统地组织起来，参与到保护会馆及其所在环境的工作中去。

即便统计发现嘉陵江流域历史中存在着大量的会馆，但笔者在做研究的过程亦是困难重重，难免有一些疏漏和错误。首先，会馆建筑的定义是多元的，既包含纯祭祀功能的会馆，亦包括祭祀兼娱乐功能的会馆，由于民间信仰繁杂，纯祭祀功能的建筑也不一定全是会馆建筑。如不是所有的关帝庙都是陕西会馆，也不是所有的江神庙、杨泗庙都是船帮会馆。

再者有的会馆并非新建，而是民居就地改造功能而为人使用，因而统计时可能有疏漏。笔者在翻阅了上百本府县志书后，先统计出确定是会馆和疑似会馆的所有名录，再根据其他记载包括但不限于志书之风俗篇、食货篇、诗文附录、其他同时期的文字作品、地方舆图、碑刻、历史影像资料和调研搜集的现存实例来相互佐证排除。

另外，中国古代地方志书的记载水平参差不齐，有的县志只在庙宇篇记载疑似会馆的建筑名称便再无其他信息，有的地方志书不同年代版本的内容框架不同，关于会馆的信息有交叠和差异，这可能是因为会馆的修建时间有先后，笔者在统计时取了交集之后的最大集。凡此种种问题，无疑增加了研究过程比对校核的工作量，时间所限，研究成果尚有不足，期待后续更多学者进一步研究。

## 第三节　流域会馆未来的展望

在历史上如此繁多的流域会馆遗存现状却并不乐观，并且，从某种意义上说，保护这些会馆建筑并不只是把建筑实体保存下来那么简单，因为和会馆一起衰败的还有会馆所在的村落、场镇，以及代表非物质文化遗产的民俗活动和民间工艺。在调研过程中，湘桂走廊、汉水、嘉陵江流域沿线曾经繁华无比的聚落，随着江运交通的衰退，也就慢慢被废弃了。因此，保护与保存流域上的会馆建筑，更重要的是对会馆所在的聚落进行整体性、区域性的保护，挖掘其可被再次利用的价值，只有这样，才能真正将这些会馆建筑活化。

会馆在明清时期的主要功能近似公共建筑，但在实地调研过程中发现，一些被列为重点文物保护单位的会馆为民间资本所有，亦或者因有关部门减少维护开销等因素，这些会馆大门紧闭禁止参观。如：邓阳中江县、重庆安居古城某些会馆，公共性质转为了私有，文化的传播性受到了阻碍；桂林市灵川县某湖南会馆大门紧锁，为减少维修成本不开放参观。当然还有更多的是没得到足够重视在自然侵蚀过程中逐渐颓圮消失的会馆，如沙子镇湖南会馆和粤东会馆、蓬安周子古镇武圣宫和重庆安居万寿宫。有的会馆没有经过足够的前期研究就被改复建，和原著资料对比尚存在一些问题，例如蓬安周子古镇和重庆安居某些会馆。有的会馆只注重保留建筑主体，因建筑局部损毁而留下的精美建筑柱碑刻、木雕额枋被随意堆砌在院落一角。例如平乐县粤东会馆，石础随意放置在中央的亭台上，重庆安居天后宫的柱础和额枋随意丢弃在一角，这增加了被盗的隐患（图6-8）。

因此，经研究，有保存价值的会馆建筑的保护工作应该尽早展开并且系统落实。可以给每一座会馆建立完整的档案记录卡，包括建筑构件、

图6-8　一些散落的精美
会馆构件

影像资料等在内所有的遗存都应当被仔细记录归档，并落实责任人和监督机制。

我们还可以大胆畅想，或许可以建设专门的中国会馆建筑博物馆，虽然建筑属于不可移动的文物，但是拆毁建筑遗存的建筑构件、文字碑刻资料、国内外学者拍摄的历史影像资料、国内外学者绘制的历史舆图等等都可以作为展陈的内容。每一座遗存的会馆都应该在现有资料的基础上做大量补充测绘工作，然后无一遗漏地建模。可以结合无人机航测技术和一些三维实景建模软件辅助建模的工作，然后运用 3D 打印技术制作实体模型、全息投影模拟展示等多种模式来进行历史会馆的再现，所有的文化遗珍都应该有展示的机会。有的会馆及相关聚落颓败了、拆毁了，但是见证过它们辉煌历史的人还活着，可以有针对性地拍摄制作会馆纪录片和影视剧，让这些见证者也参与进来。

此外，还可以绘制一整套全国会馆的舆图，将会馆建筑中精美的木雕、石雕转化衍生出一系列文创周边以加强会馆文化的宣传，这一点故宫博物院和敦煌莫高窟已经作出了表率。

通过种种方式让更多的人了解会馆、喜欢会馆，最后主动成为会馆建筑保护工作的志愿者。这样，会馆博物馆已经不仅仅是建筑的博物馆，更是文化的博物馆。这样一座会馆博物馆，按照国家文物局博物馆分类方法定义，可以划归为专题类博物馆。国内目前已有中国铁道博物馆、钱币博物馆、丝绸博物馆、文字博物馆等等。以博物馆的形式助力嘉陵江流域乃至全国全世界范围内中国会馆建筑遗存的收集、整理和再利用的工作，将这种带有强烈中国特色的会馆建筑文化发扬光大，并传播到世界各地。

对于流域会馆建筑单体的具体保护工作，有以下几点建议：一要建立合理的会馆维护责任人。如今还有许多被列为重点保护单位的会馆却仍然被民间私人肆意拆除改建。二要整体性活化，让会馆在聚落团体中得到重生。比如调研过的重庆铜梁区安居古城，数个会馆串联，非物质民俗表演每天都会上演，纯粹属于民间自发组织。又例如平乐县粤东会馆，县里会举行妈祖出街等庙会活动，场面十分宏大，这种积极活化的意识值得广为宣传和肯定。三要号召更多专业人士参与进来，集中力量介入这些散落遗珠的保护事业中去。由地方政府牵头，带着文物保护专家、研究学者以及民间自发的文物保护团体一起，让这些珍贵的会馆文化遗产在懂它的人手里重新焕发生机。

搁笔于此，研究会馆的脚步却永远不会停止，流域中会馆建筑及相关聚落的遗存繁多，亟须被系统性地梳理、建档，这还有很长的路要走，也希望有更多的学者能够关注到这些问题。

# 参考文献

## 著 作：

[1]　马强．嘉陵江流域历史地理研究 [M]．北京：科学出版社，2016．

[2]　蓝勇．西南历史文化地理 [M]．重庆：西南师范大学出版社，1997．

[3]　王志远．长江流域的商帮会馆 [M]．武汉：长江出版社，2015．

[4]　重庆湖广会馆管理处．重庆会馆志 [M]．武汉：长江出版社，2014．

[5]　赵逵，邵岚．山陕会馆与关帝庙 [M]．上海：东方出版中心，2015．

[6]　赵逵．"湖广填四川"移民通道上的会馆研究 [M]．南京：东南大学
　　　出版社，2011．

[7]　王日根．中国会馆史 [M]．上海：东方出版中心，2007．

[8]　柳肃．会馆建筑 [M]．北京：中国建筑工业出版社，2015．

[9]　刘致平．中国建筑类型及结构 [M]．3 版．北京：中国建筑工业出版社，
　　　2000．

[10]　骆平安，李芳菊，王洪瑞．商业会馆建筑装饰艺术研究 [M]．郑州：
　　　河南大学出版社，2011．

[11]　何炳棣．中国会馆史论 [M]．北京：中华书局，2017．

[12]　黄汴．天下水陆路程 [M]．杨正泰校注．太原：山西人民出版社，
　　　1992．

[13]　李秀桦，任爱国．清代汉江流域会馆碑刻 [M]．郑州：中州古籍出版

社，2019.

[14]　张平乐，李秀桦. 襄阳会馆 [M]. 北京：中国文史出版社，2015.

[15]　鲁西奇. 区域历史地理研究：对象与方法——汉水流域的个案考查 [M]. 南宁：广西人民出版社，1999.

[16]　鲁西奇. 城墙内外：古代汉水流域城市的形态与空间结构 [M]. 北京：中华书局，2011.

[17]　罗威廉. 汉口：一个中国城市的商业和社会 [M]. 江溶，鲁西奇译. 北京：中国人民大学出版社，2016.

[18]　王国斌. 转变中的中国：历史变迁与欧洲经验的局限 [M]. 李伯重，连玲玲译. 南京：江苏人民出版社，2014.

[19]　牛贯杰. 17~19 世纪中国的市场与经济发展 [M]. 合肥：黄山书社，2008.

[20]　张正明. 山西商帮 [M]. 合肥：黄山书社，2007.

[21]　王兴亚. 河南商帮 [M]. 合肥：黄山书社，2007.

[22]　董鉴鸿. 中国城市建设史 [M]. 3 版. 北京：中国建筑工业出版社，2004.

[23]　费孝通. 乡土中国 [M]. 北京：人民出版社，2008.

[24]　袁德宣，等. 湖南会馆史料九种 [M]. 长沙：岳麓书社，2012.

[25]　尹红群. 湖南传统商路 [M]. 长沙：湖南师范大学出版社，2010.

[26]　杨慎初. 湖南传统建筑 [M]. 长沙：湖南教育出版社，1993.

[27]　魏勇，余海燕，李伟. 望城湘江古镇群 [M]. 长沙：湖南人民出版社，2017.

[28]　彭泽修. 广西通志 [M]. 明万历二十七年刊刻. 台北：台湾学生书局，1965.

[29]　饶任坤，陈仁华. 太平天国在广西调查资料全编 [M]. 南宁：广西人民出版社，1989.

[30]　唐凌，侯宣杰. 广西商业会馆研究 [M]. 南宁：广西师范大学出版社，

2012.

[31]　唐凌，熊昌锟．广西商业会馆系统碑刻资料集 [M]．桂林：广西师范大学出版社，2014.

[32]　江西省工商业联合会等．江西商会（会馆）志 [M]．南昌：江西人民出版社，2017.

[33]　刘正刚．广东会馆论稿 [M]．上海：上海古籍出版社，2006.

[34]　赵逵，白梅．福建会馆与天后宫 [M]．南京：东南大学出版社，2019.

[35]　吕余生，廖国一，等．中原文化在广西的传播与影响 [M]．南宁：广西人民出版社，2017.

## 学位论文：

[1]　胡瑾璐．移民背景下川东北地区会馆建筑研究 [D]．成都：西南交通大学，2017.

[2]　程华旸．文化遗产视角下陕南地区会馆建筑研究 [D]．西安：西安建筑科技大学，2018.

[3]　张伟．四川汉族地区陕西会馆建筑研究 [D]．成都：西南交通大学，2012.

[4]　陈蔚．巴蜀会馆建筑 [D]．重庆：重庆建筑大学，1997.

[5]　姜小军．清代陕南会馆的历史地理学研究 [D]．西安：陕西师范大学，2008.

[6]　邓位．四川传统观演建筑研究 [D]．成都：西南交通大学，2002.

[7]　马佩佩．清代山陕移民对巴蜀地区的社会经济文化影响 [D]．重庆：西南大学，2014.

[8]　赵逵．川盐古道上的传统聚落与建筑研究 [D]．武汉：华中科技大学，2007.

[9]　肖晓丽．巴蜀传统观演建筑 [D]．重庆：重庆大学，2002.

[10]　田苗苗．巴蜀川主信仰研究 [D]．成都：四川省社会科学院，2009.

[11]　姚宝娟. 嘉陵江上游历史经济地理研究 [D]. 重庆：西南大学，2012.

[12]　陈蕊. 明清川陕之间人口互动研究 [D]. 南昌：江西师范大学，2018.

[13]　邰景涛. 明清时期嘉陵江流域的商品经济与市场网络 [D]. 西安：西北大学，2008.

[14]　熊梅. 川渝传统民居地理研究 [D]. 西安：陕西师范大学，2015.

[15]　易宇. 清代四川地区嘉陵江流域陆路交通研究 [D]. 重庆：西南大学，2011.

[16]　党一鸣. 移民文化视野下禹王宫与湖广会馆的传承演变 [D]. 武汉：华中科技大学，2018.

[17]　方盈. 堤垸格局与河湖环境中的聚落与民居形态研究 [D]. 武汉：华中科技大学，2016.

[18]　刘凯. 晚清汉口城市发展与空间形态研究 [D]. 广州：华南理工大学，2007.

[19]　詹洁. 明清"湖广填四川"移民通道上的湖广会馆建筑研究 [D]. 武汉：华中科技大学，2013.

[20]　李创. 万里茶道文化线路上的山陕会馆建筑研究 [D]. 武汉：华中科技大学，2021.

[21]　张博锋. 近代汉江水运变迁与区域社会研究 [D]. 武汉：华中师范大学，2014.

[22]　余骞. 古"南襄隘道"上城镇商业空间与会馆建筑研究 [D]. 武汉：武汉理工大学，2013.

[23]　王良. 襄阳城市历史空间格局及其传承研究 [D]. 西安：西安建筑科技大学，2017.

[24]　王俊霞. 明清时期山陕商人相互关系研究 [D]. 西安：西北大学，2010.

[25]　左菲悦. 陡河行舟：灵渠水运与清代桂北区域社会 [D]. 桂林：广西师范大学. 2019.

[26] 郭学仁. 湖南传统会馆研究 [D]. 长沙：湖南师范大学，2006.

[27] 罗琳. 长沙地区会馆文化探析 [D]. 长沙：湖南师范大学，2010.

[28] 周英. 明清时期江西商人与商人组织研究 [D]. 南昌：南昌大学，2013.

[29] 罗兴姬. 明清江西会馆建筑原型和类型研究 [D]. 武汉：华中科技大学. 2018.

[30] 覃鉴淇. 广西梧州市苍梧县沙头镇天后信仰民俗研究 [D]. 南宁：广西师范学院，2015.

[31] 黄玥. 广西粤东会馆建筑美学研究 [D]. 南宁：广西大学，2018.

[32] 郑衡泌. 妈祖信仰传播和分布的历史地理过程分析 [D]. 福州：福建师范大学，2006.

[33] 侯宣杰. 商人会馆与边疆社会经济的变迁：以 16 至 20 世纪的广西为视域 [D]. 桂林：广西师范大学，2004.

## 期刊论文：

[1] 陈玮，胡江瑜. 四川会馆建筑与移民文化 [J]. 华中建筑，2001，19（2）：14-17.

[2] 刘刚. 王日根. 漫谈"移民乡井"之四川会馆 [J]. 文史杂志（5）：72-74.

[3] 崔陇鹏. 四川会馆建筑与川剧 [J]. 华中建筑，2008（4）.

[4] 谷云黎. 四川会馆文化资源的保护与开发利用的学理建构：以阆中为例 [J]. 四川建筑，2013，33（6）：81-82.

[5] 贾县民，司艳林. 论明清时期四川工商会馆的边缘主体化过程：以陕西会馆为例 [J]. 民办教育研究，2010（2）：34-39.

[6] 宋伦，田兵权. 明清山陕商人在甘肃的活动及会馆建设 [J]. 西安电子科技大学学报（社会科学版），2008（4）：162-166.

[7] 王红. 清末民初四川盐场陕籍盐商衰落原因研究 [J]. 四川理工学院

学报（社会科学版），2009，24（2）.

[8]　李铁松. 嘉陵江流域历史洪水研究 [J]. 灾害学，2005，20（1）：113-115.

[9]　张平乐，贵襄军. 襄阳会馆的特点及保护价值 [J]. 湖北文理学院学报，2017，38（4）：19-25.

[10]　鲁西奇，潘晟. 汉水下游河道的历史变迁 [J]. 江汉论坛，2001（3）：36-40.

[11]　张田雄. 江汉平原垸田的特征及其在明清时期的发展（续）[J]. 农业考古. 1989（2）：238-246.

[12]　林文勋. 宋代四川商人概论 [J]. 西南师范大学学报（人文社会科学版），1993（3）：92-96.

[13]　崔来廷. 略论明清时期的河南怀庆商人及贸易网络 [J]. 河南理工大学学报（社会科学版），2006（3）：201-204.

[14]　袁志芬. 十堰地区明清会馆建筑的地域分布及结构特征 [J]. 郧阳师范高等专科学校学报，2015，35（2）：35-39.

[15]　范玉春，周建明. 古代过岭交通的变迁及其原因：兼论灵渠对桂东北发展的影响 [J]. 广西民族学院学报（哲学社会科学版），1999（1）：86-89.

[16]　阳国亮，吕余生，等. 湘桂走廊在广西经济发展中的战略地位：兼论桂北经济区发展构想 [J]. 改革与战略. 2000（6）：56-60.

[17]　张恒俊，谢日升. 明清时期湘桂的交通与商业 [J]. 社会与经济发展. 2009（8）：194-195.

[18]　陈曦，阳信生. 从湖南的地方志看清代前期湖南商业 [J]. 中国地方志，2002（5）：70-74.

[19]　李华. 清代湖南的外籍商人 [J]. 清史研究. 1991（1）：1-6.

[20]　文伟. 地理环境因素对湘潭商业兴衰的影响 [J]. 长沙大学学报. 2009（6）：4-5.

[21] 侯宣杰. 从会馆到商会：近代广西民间商业团体的嬗变 [J]. 广西师范学院学报（哲学社会科学版），2014（6）：81-86.

[22] 唐凌. 广西平乐县商业会馆考察 [J]. 贺州学院学报，2010（4）：30-35.

[23] 陈瑶. 清代湖南的福建商人初探 [J]. 闽台文化研究，2015（2）：5-13.

[24] 滕兰花. 清代广西天后宫的地理分布探析 [J]. 广西文史，2007（2）：4-10.

[25] 陈尚胜. 清代的天后宫与会馆 [J]. 清史研究，1997（3）：49-60.

[26] 黄艳. 从西江流域几处古建筑及其碑记看清代广东商人在广西的活动 [J]. 岭南文史. 2009（2）：1-5.

[27] 陈炜，吴石坚. 商人会馆与民族经济融合的动力探析：以明清时期广东会馆与广西地区为中心 [J]. 广西地方志，2002（2）：40-47.

[28] 董力三. 清代湘粤联系与近代湖湘文化 [J]. 长沙理工大学学报（社会科学版），1993（1）：86-89.

**外文文献：**

[1] LIU K C. Chinese Merchant Guilds: An Historical Inquiry[M]. Berkeley:University of California Press, 1988.

[2] TANG L. Comment on the History Value of Stele Inscription Data in Commerce Guild Hall:Analysis on the economic immigrant activities of Guangxi in 17~20 centuries[J]. Study of Ethnics in Guangxi, 2011.

[3] TANG F W. Study on the School Running by Chinese Guild Hall in Singapore before the World War Ⅱ [J]. Southeast Asian Studies, 2012.

[4] CHEN W , HU B, ZHANG X G . Evolution of settlement structure of "immigrants'guild hall" in Sichuan,Qing dynasty:site selection and distribution of guild hall from the perspective of humanities geography [J]. Architectural Journal , 2011-S1.

[5] WANG Y Z . Research on Name and Function of the Chinese Guild Hall in Cholon Area Ho Chi Minh City [J]. International Seminar on Social Science and Humanities Research （SSHR 2017）, 2017（12）.

[6] YE M H, MENG X W. Exquisite Craftsmanship,Simplicity and Implicitness in Meaning: On the Cultural Connotation of Brick Carving Art of Shanshaan Guild Hall Gatehouse in Tianshui City [J]. Sculpture,2012（1）.

[7] HOU X J. The Merchant Guild Halls and Evolution of Towns in Northeast of Guangxi in Mordern Times[J]. Study of Ethnics in Guangxi, 2005（2）.

[8] XU T. An Introduction of Inscriptions of Guild Halls and the Value [J]. Journal of Tianjin Normal University（Social Science）, 2013（3）.

[9] LI G, SONG L, GAO W. On the market course of Business Guild Halls in Ming and Qing --taking Shanshan Guild Hall as an example[J]. Journal of Lanzhou Commercial College, 2002（6）.

[10] WANG R G. On the Regional Guild Halls in the Period from the Late Qing Dynasty to the Republic of China[J]. Journal of Xiamen University, 2004（2）.

[11] ZHAO P, LI G. An Exploratory Investigation of the Industrial and Merchant Guild Hall as a Combination of the "Temple", "Hotel"and "Market" in the Ming and the Qing Dynasty: An Exemplification of the Guild Halls in Shaanxi and Shanxi [J]. Journal of Shaanxi Normal University（Philosophy and Social Sciences Edition）, 2014（2）.

[12] LIU Y S. Between Lineage and Territorial Bonds: The construction of 'Ancestral God' and the 'Ancestral Hall' Patterned after Guild Hall[J]. Journal of Minzu University of China（Philosophy and Social Sciences Edition）, 2010（1）.

[13] LUO S Y. Qing Dynasty Assembly Hall Guild Regulations And

Commodity Economy Prosperity[J]. Economic Research Guide, 2010（5）.

[14] XUE H. Folk Enlightenment and Government Control:Analysis about Inscribed Steles of Guangxi Pingle County of East Guangdong Province Commercial Guild Hall[J]. Journal of the Party School of C.P.C Guilin Municipal Committee, 2011（1）.

[15] 仁井田陞. 清代の漢口山陝西會館と山陝帮（ギルド）[J]. 社会経済史学，1943．13（6）：497-518.

[16] 日本東亜同文書院. 支那省別全志. 第二卷広西省 [M]. 北京：线装书局，2015.

[17] 日本東亜同文書院. 支那省別全志. 第十卷湖南省 [M]. 北京：线装书局，2015.

[18] 仁井田陞. 北京工商ギルド資料集 [M]. 東京. 東京大学東洋文化研究所，1985.

[19] 山本进. 明清時代の商人と国家 [J]. 史学雑誌，2004，113（7）：1295-1302.

[20] 東京大学文学部. 和田清. 会馆公所の起源い就いて [J]. 史学雑誌，1889，33（10）.

[21] 根岸佶. 支那ギルドの研究 [M]. 東京斯文书院，1970.

[22] FAIRBANK J K, TWITCHETT D. The Cambridge History of China [M]. 北京：中国社会科学出版社，1996.

[23] FAIRBANK J K. Trade and Diplomacy on the China Coast: The Opening of the Treaty Ports, 1842-1854[M]. Stanford University Press, 1969.

[24] MACGOWAN D J. Chinese Guilds or Chambers of Commence and Trades Unions. Joural of North China Branch of the Royal Asiatic Society[M]. 亚洲文会杂志，1886.

[25] BURGESS J S. The Guilds Of Peking[M]. 北京：清华大学出版社，2011.

[26]    LI L，LAN C. A Brief Introduction of Shan-Shaan-Gan Guild Hall[J]. Computer Science and Electronic Technology International Society. UK： Francis Academic Press，2018： 371-375.

[27]    ROWE W T. China's Last Empire： The Great Qing[M]. 李仁渊，张远. 北京：中信出版社，2016.

## 附录一　湘桂走廊沿线同乡会馆总表

| 编号 | 城市 | 会馆名称 | 具体地点 | 建立时间 | 资料来源 | 商帮 |
|---|---|---|---|---|---|---|
| 1 | | 万寿宫 | 铜牌街 | 嘉庆道光年间 | 光绪三年（1877年）《善化县志》 | |
| 2 | | 石阳宾馆 | 铜铺街 | 待考 | | |
| 3 | | 庐陵会馆 | 乐心巷 | 待考 | | 江西 |
| 4 | | 安城会馆 | 乐心巷 | 待考 | | |
| 5 | | 临江会馆 | 樊西巷 | 待考 | 《长沙文史》第12辑 | |
| 6 | | 丰城会馆 | 轩辕巷 | 待考 | | |
| 7 | | 昭武宾馆 | 乐心巷 | 待考 | | |
| 8 | | 资兴会馆 | 文运街 | 待考 | | |
| 9 | 长沙 | 临湘会馆 | 白墙湾 | 民国三十五年（1946年） | 《长沙老建筑》 | |
| 10 | | 南岳行宫 | 小古道巷 | 待考 | 光绪三年（1877年）《善化县志》 | |
| 11 | | 新华会馆 | 罩口坪 | 待考 | 长沙《大公报》第三十六分册 | 湖南 |
| 12 | | 濂溪阁 | 西长街 | 待考 | 《长沙县志》 | |
| 13 | | 驻省同乡会 | 寿星街 | 待考 | 民国三十七年（1948年）《醴陵县志》 | |
| 14 | | 粤东会馆 | 药王街 | 待考 | 中华民国二年冬月湖南省城警察厅测绘长沙地图 | 广东 |
| 15 | | 穗都宾馆 | 乐心巷 | 待考 | 光绪三年（1877年）《善化县志》 | |

续表

| 编号 | 城市 | 会馆名称 | 具体地点 | 建立时间 | 资料来源 | 商帮 |
|------|------|----------|----------|----------|----------|------|
| 16 | 长沙 | 天后宫（福建会馆） | 鱼塘街闽省巷 | 康熙八年（1669年） | 光绪三年（1877年）《善化县志》 | 福建 |
| 17 | | 天后宫（福建会馆） | 善化县八角亭 | 乾隆十二年（1747年） | 乾隆十二年（1747年）《长沙县志》 | |
| 18 | | 徽国文公祠 | 东茅巷 | 待考 | 光绪三年（1877年）《善化县志》 | 安徽 |
| 19 | | 准提庵 | 福胜街 | 待考 | 光绪三年（1877年）《善化县志》 | |
| 20 | | 安徽会馆 | 东长街 | 待考 | 《长沙文史》第12辑 | |
| 21 | | 新安会馆 | 东茅巷 | 待考 | 长沙市档案局第7号全宗 | |
| 22 | | 苏州会馆（三官殿） | 福胜街 | 康熙年间（1661-1722年） | 光绪三年（1877年）《善化县志》 | 江浙 |
| 23 | | 江南会馆 | 太平街 | 待考 | | |
| 24 | | 上元会馆 | 坡子街 | 待考 | | |
| 25 | | 山陕会馆 | 坡子街 | 康熙三年（1664年） | 光绪三年（1877年）《善化县志》 | 山陕 |
| 26 | | 太平会馆 | 福胜街 | 康熙三十二年（1693年） | | |
| 27 | | 中州会馆 | 福胜街 | 待考 | | |
| 28 | | 湖北会馆 | 鱼塘街鄂省巷 | 康熙三十三年（1694年） | 光绪三年（1877年）《善化县志》 | 湖北 |
| 29 | | 四川会馆 | 东长街 | 待考 | 《长沙文史》第12辑 | 四川 |
| 30 | | 云贵会馆 | 西牌楼药王街 | 同治五年（1866年） | 光绪三年（1877年）《善化县志》 | 云贵 |
| 31 | | 滇黔会馆 | 药王街 | 待考 | 《长沙文史》第12辑 | |

续表

| 编号 | 城市 | 会馆名称 | 具体地点 | 建立时间 | 资料来源 | 商帮 |
|---|---|---|---|---|---|---|
| 32 | 长沙 | 直隶会馆 | 待考 | 待考 | 待考 | 河北 |
| 33 | 宁乡 | 万寿宫 | 待考 | 康熙三十一年（1692年） | 同治六年（1867年）《宁乡县志》 | 江西 |
| 34 | | 南昌会馆 | 北正街小西门 | 乾隆四年（1739年） | | |
| 35 | | 万寿宫 | 黄村下市 | 待考 | | |
| 36 | | 天后宫 | 待考 | 康熙年间（1662-1723年） | | |
| 37 | | 苏州会馆 | 北正街小西门 | 光绪末年 | 同治六年（1867年）《宁乡县志》 | |
| 38 | | 普济寺 | 待考 | 待考 | 同治六年（1867年）《宁乡县志》 | 安徽 |
| 39 | 乔口 | 万寿宫 | 古正街 | 乾隆十三年（1748年） | 《望城湘江古镇群》 | 江西 |
| 40 | | 新安益会馆 | 古正街 | 待考 | 《望城湘江古镇群》 | 安徽 |
| 41 | 浏阳 | 万寿宫 | 大围山镇东门市大溪河边上街头 | 雍正五年（1727年） | 《长沙老建筑》 | 江西 |
| 42 | | 天后宫 | 西门外 | 乾隆年间 | 同治六年（1867年）《宁乡县志》 | 安徽 |
| 43 | 望城 | 江西会馆 | 靖港镇保健街68号 | 道光年间 | 《望城湘江古镇群》 | 江西 |
| 44 | 新康 | 万寿宫 | 集镇主街 | 待考 | 《望城湘江古镇群》 | 江西 |
| 45 | | 天后宫 | 集镇主街 | 待考 | | 福建 |
| 46 | 湘乡 | 江西会馆 | 正街 | 待考 | 同治十三年（1874年）《湘乡县志》 | 江西 |

续表

| 编号 | 城市 | 会馆名称 | 具体地点 | 建立时间 | 资料来源 | 商帮 |
|---|---|---|---|---|---|---|
| 47 | 湘乡 | 江西会馆 | 待考 | 待考 | 同治十三年（1874年）《湘乡县志》 | 江西 |
| 48 | | 南岳行宫 | 待考 | 嘉庆年间 | | 湖南 |
| 49 | | 天后宫 | 南门内 | 雍正七年（1729年） | | 福建 |
| 50 | 湘阴 | 万寿宫 | 待考 | 待考 | 光绪七年（1881年）《湘阴县图志》县城图 | 江西 |
| 51 | | 天后宫 | 待考 | 待考 | | 福建 |
| 52 | | 苏州会馆 | 待考 | 待考 | | 江浙 |
| 53 | 湘潭 | 万寿宫 | 十总 | 乾隆年间 | 光绪十五年（1889年）《湘潭县志》 | 江西 |
| 54 | | 万寿宫 | 株洲 | 乾隆年间 | | |
| 55 | | 万寿宫 | 易俗河 | 乾隆年间 | | |
| 56 | | 万寿宫 | 石潭街 | 乾隆年间 | | |
| 57 | | 天妃宫（普渡庵） | 待考 | 乾隆年间 | | |
| 58 | | 石阳宾馆（庐陵公所） | 十五总后街 | 乾隆年间 | | |
| 59 | | 昭武宾馆 | 十总 | 待考 | | |
| 60 | | 临丰公所 | 十一总 | 待考 | | |
| 61 | | 安成宾馆 | 菉竹街 | 待考 | | |
| 62 | | 袁州宾馆 | 梧桐街 | 待考 | | |
| 63 | | 禾川宾馆 | 梧桐街 | 待考 | | |
| 64 | | 琴川宾馆 | 十六总后街 | 待考 | | |
| 65 | | 六一庵 | 十六总 | 待考 | | |
| 66 | | 普渡庵 | 十六总 | 待考 | | |

续表

| 编号 | 城市 | 会馆名称 | 具体地点 | 建立时间 | 资料来源 | 商帮 |
|---|---|---|---|---|---|---|
| 67 | | 财神殿 | 黄龙巷 | 待考 | | 江西 |
| 68 | | 南岳祠 | 十六总 | 待考 | | |
| 69 | | 公裕堂 | 十八总 | 待考 | | |
| 70 | | 濂溪祠 | 十总 | 待考 | | 湖南 |
| 71 | | 寿佛殿 | 十总 | 待考 | | |
| 72 | | 南岳行宫 | 十六总后街 | 待考 | | |
| 73 | | 长衡宫 | 待考 | 待考 | | |
| 74 | | 岭南会馆 | 十二总 | | | 广东 |
| 75 | | 新关圣殿 | 十一总 | 待考 | | |
| 76 | | 建福寺 | 十八总 | 待考 | | 福建 |
| 77 | 湘潭 | 指南庵 | 风筝街 | 待考 | 光绪十五年<br>（1889年）<br>《湘潭县志》 | 安徽 |
| 78 | | 海阳庵 | 雨湖休甯 | 待考 | | |
| 79 | | 金庭别业 | 待考 | 待考 | | |
| 80 | | 雨花别业 | 烟柳堤 | 待考 | | 江浙 |
| 81 | | 金庭会馆 | 三元街 | 待考 | | |
| 82 | | 江南宾馆 | 十八总 | 待考 | | |
| 83 | | 关圣殿（北五省会馆） | 平政路 | 康熙年间（1661-1722年） | | 山陕 |
| 84 | | 老关圣殿 | 待考 | 乾隆年间 | | |
| 85 | | 黄州公宇 | 十五总后街 | 待考 | | 湖北 |
| 86 | | 天汉宾馆 | 十七总河街 | 待考 | | |

续表

| 编号 | 城市 | 会馆名称 | 具体地点 | 建立时间 | 资料来源 | 商帮 |
|---|---|---|---|---|---|---|
| 88 | 湘潭 | 晴川公宇 | 十七总河街 | 待考 | 光绪十五年<br>（1889年）<br>《湘潭县志》 | 湖北 |
| 89 | | 西昌宾馆 | 待考 | 待考 | | 四川 |
| 90 | | 水来寺 | 十九总 | 待考 | | 广西 |
| 91 | 醴陵 | 豫章会馆 | 西后街 | 明代 | 民国三十七年<br>（1948年）<br>《醴陵县志》 | 江西 |
| 92 | | 豫章会馆 | 官僚市 | 待考 | | |
| 93 | | 豫章会馆 | 白兔潭 | 待考 | | |
| 94 | | 豫章会馆 | 普口市 | 待考 | | |
| 95 | | 豫章会馆 | 王仙 | 待考 | | |
| 96 | | 豫章会馆 | 幌市 | 待考 | | |
| 97 | | 豫章会馆 | 美田桥 | 待考 | | |
| 98 | | 豫章会馆 | 泗汾市 | 待考 | | |
| 99 | | 豫章会馆 | 豆田 | 待考 | | |
| 100 | | 豫章会馆 | 神福市 | 待考 | | |
| 101 | | 豫章会馆 | 攸坞 | 待考 | | |
| 102 | | 豫章会馆 | 石亭 | 待考 | | |
| 103 | | 豫章会馆 | 昭陵 | 待考 | | |
| 104 | | 豫章会馆 | 东冲街 | 待考 | | |
| 105 | | 豫章会馆 | 板杉铺 | 待考 | | |
| 106 | | 豫章会馆 | 花草桥 | 待考 | | |
| 107 | | 豫章会馆 | 渌口 | 待考 | | |
| 108 | | 崇德宫 | 三都里 | 宣统元年<br>（1909年） | | 湖南 |

续表

| 编号 | 城市 | 会馆名称 | 具体地点 | 建立时间 | 资料来源 | 商帮 |
|---|---|---|---|---|---|---|
| 109 | 醴陵 | 湘安会馆 | 渌口 | 民国二十一年（1932年） | 民国三十七年（1948年）《醴陵县志》 | 湖南 |
| 110 | | 天后宫 | 杨家巷 | 道光二十九年（1849年），民国十四年（1925年）重修 | | 福建 |
| 111 | | 天后宫 | 白兔潭 | 待考 | | |
| 112 | | 天后宫 | 普口市 | | | |
| 113 | | 天后宫 | 王仙 | 待考 | | |
| 114 | | 天后宫 | 幌市 | 待考 | | |
| 115 | | 天后宫 | 神福市 | 待考 | | |
| 116 | | 天后宫 | 渌口 | 待考 | | |
| 117 | | 南华宫 | 育婴街 | 待考 | | 广东 |
| 118 | | 南华宫 | 王仙 | 待考 | | |
| 119 | | 南华宫 | 幌市 | 待考 | | |
| 120 | | 南华宫 | 泗汾市 | 待考 | | |
| 121 | 衡山 | 万寿宫 | 河官街 | 康熙二十二年（1683年） | 光绪《衡山县志》 | 江西 |
| 122 | | 南岳庙 | 待考 | 明代 | | 湖南 |
| 123 | | 南华宫 | 待考 | 待考 | | 广东 |
| 124 | | 天后宫 | 河官街 | 康熙二十二年（1683年） | | 福建 |
| 125 | 衡阳 | 旧万寿宫 | 南新街 | 待考 | 《江西商会（会馆）志》 | 江西 |
| 126 | | 庐陵会馆 | 铁炉门河街 | 光绪年间 | | |

续表

| 编号 | 城市 | 会馆名称 | 具体地点 | 建立时间 | 资料来源 | 商帮 |
|---|---|---|---|---|---|---|
| 127 | 衡阳 | 濂溪祠 | 司前街 | 待考 | 嘉庆二十五年（1820年）《衡阳县志》 | 湖南 |
| 128 | | 南越行祠 | 待考 | 明正德三年（1508年） | | |
| 129 | | 南华宫 | 鄯县 | 待考 | 《广东会馆论稿》 | 广东 |
| 130 | | 南华宫 | 鄯县 | 待考 | | |
| 131 | | 天后宫 | 城西南隅 | 康熙四十九年（1710年） | 光绪《衡阳县志》 | 福建 |
| 132 | | 江南会馆 | 南门正街 | 待考 | | 江浙 |
| 133 | | 准提庵 | 待考 | 待考 | | 安徽 |
| 134 | | 山陕会馆 | 待考 | 待考 | | 山陕 |
| 135 | | 中州会馆 | 待考 | 待考 | | |
| 136 | | 帝主宫 | 潇湘门正街 | 待考 | | 湖北 |
| 137 | 耒阳 | 江西会馆 | 南北正街 | 待考 | 《耒阳县志》 | 江西 |
| 138 | 攸县 | 万寿宫 | 北城内 | 康熙四十六年（1707年） | 《同治攸县志》 | |
| 139 | | 万寿宫 | 民都新市 | 待考 | | |
| 140 | | 万寿宫 | 柏市 | 待考 | | |
| 141 | | 禹王宫 | 城内 | 待考 | | 湖南 |
| 142 | | 关帝祠 | 待考 | 待考 | | 福建 |
| 143 | 茶陵 | 万寿宫 | 城关镇洣水社区 | 待考 | 《茶陵县志》 | 江西 |
| 144 | 炎陵 | 万寿宫 | 南城门 | 待考 | 《同治鄯县志》 | 江西 |
| 145 | | 万寿宫 | 四都鹿庄 | 待考 | | |
| 146 | | 万寿宫 | 东乡十二都沔陵 | 待考 | | |

续表

| 编号 | 城市 | 会馆名称 | 具体地点 | 建立时间 | 资料来源 | 商帮 |
|------|------|----------|----------|----------|----------|------|
| 147 | 桂东 | 万寿宫 | 十都 | 待考 | 《桂东县志》 | 江西 |
| 148 | 郴州 | 万寿宫 | 良田镇裕后街 | 待考 | 《郴州县志》 | 江西 |
| 149 | 嘉禾 | 万寿宫 | 南正街 | 待考 | 《嘉禾县志》 | 江西 |
| 150 | | 祁阳会馆 | 东正街 | 待考 | | 湖南 |
| 151 | | 衡阳会馆 | 南正街 | 待考 | | 湖南 |
| 152 | | 福建会馆 | 正街头 | 待考 | | 福建 |
| 153 | 汝城 | 衡永会馆 | 城南 | 待考 | 网络 | 湖南 |
| 154 | 永州 | 万寿宫 | 北门镇永楼前 | 待考 | 道光八年（1828年）《永州府志》 | 江西 |
| 155 | | 天后宫 | 零陵训导署左 | 待考 | | 福建 |
| 156 | | 濂溪祠 | 浯溪镇 | 待考 | 《永州古楹联》 | 湖南 |
| 157 | 祁东 | 濂溪书院 | | 待考 | 道光八年（1828年）《永州府志》 | 湖南 |
| 158 | 祁阳 | 万寿宫 | 朝门大街 | 待考 | 民国《祁阳县志》 | 江西 |
| 159 | | 天后宫 | 朝门大街 | 待考 | 同治九年（1870年）《祁阳县志》 | 福建 |
| 160 | | 准提庵 | 长乐门外 | 待考 | 民国《祁阳县志》 | 安徽 |
| 161 | 东安 | 万寿宫 | 待考 | 待考 | 张林海先生记载于抗日战争期间 | 江西 |
| 162 | 江华 | 豫章会馆 | 东关外 | 乾隆丙戌年 | 《同治江华府志》 | 江西 |
| 163 | 全州 | 江西会馆 | 州城等处 | 早于康熙二十八年（1689年） | 《全州志》（1942年） | 江西 |
| 164 | | 江西会馆 | | | | |
| 165 | | 江西会馆 | | | | |
| 166 | | 江西会馆 | | | | |

续表

| 编号 | 城市 | 会馆名称 | 具体地点 | 建立时间 | 资料来源 | 商帮 |
|------|------|----------|----------|----------|----------|------|
| 167 | | 豫章会馆 | 待考 | 待考 | 《支那省别全志·广西省》 | 江西 |
| 168 | | 湖南会馆 | | | | |
| 169 | | 湖南会馆 | | | | |
| 170 | | 湖南会馆 | | | | |
| 171 | 全州 | 湖南会馆 | 州城等处 | 早于康熙二十八年（1689年） | 民国三十一年（1942年）《全州志》 | 湖南 |
| 172 | | 湖南会馆 | | | | |
| 173 | | 湖南会馆 | | | | |
| 174 | | 湖南会馆 | | | | |
| 175 | | 粤东会馆 | 待考 | 待考 | 《支那省别全志·广西省》 | 广东 |
| 176 | | 江南会馆 | 城关完小 | 待考 | 《广西通史》（第二卷） | 江浙 |
| 177 | 资源 | 湖南会馆 | 合浦坪 | 咸丰三年（1853年） | 民国三十一年（1942年）《全州志》 | 湖南 |
| 178 | | 粤东会馆 | 合浦街 | 咸丰二年（1852年） | 《资源县志》 | 广东 |
| 179 | 界首 | 江西会馆 | 古镇老街 | 待考 | 实地调研获取 | 江西 |
| 180 | | 湖南会馆 | 古镇老街 | 待考 | 实地调研获取 | 湖南 |
| 181 | | 江西会馆 | 县城 | 清初 | 《兴安县志》 | 江西 |
| 182 | 兴安 | 庐陵会馆 | 待考 | 待考 | 《广西通史》（第二卷） | 江西 |
| 183 | | 湖南会馆 | 县城 | 清初 | 《兴安县志》 | 湖南 |
| 184 | | 湖广会馆 | | 民国 | | |

续表

| 编号 | 城市 | 会馆名称 | 具体地点 | 建立时间 | 资料来源 | 商帮 |
|---|---|---|---|---|---|---|
| 185 | 兴安 | 仁寿宫 | 县城 | 光绪前 | 光绪辛未年《兴安县志》地图 | |
| 186 | | 天后宫 | 县城 | 光绪前 | 光绪辛未年《兴安县志》地图 | 福建 |
| 187 | 华江 | 衡州会馆 | 华江瑶族乡 | 待考 | 实地调研获取 | 湖南 |
| 188 | 唐家司 | 江西会馆 | 待考 | 待考 | 《支那省别全志·广西省》 | 江西 |
| 189 | | 湖南会馆 | 待考 | 待考 | 《支那省别全志·广西省》 | 湖南 |
| 190 | | 江西会馆 | 熊村 | 康熙年间 | 实地调研获取 | 江西 |
| 191 | | 江西会馆 | 潭下街 | 咸丰年间 | 《灵川县志》 | |
| 192 | | 江西会馆 | 大圩街 | 待考 | | |
| 193 | | 湖南会馆 | 熊村 | 康熙年间 | 实地调研获取 | 湖南 |
| 194 | 灵川 | 湖南会馆 | 潭下街 | 咸丰年间 | 《灵川县志》 | |
| 195 | | 湖南会馆 | 大圩街 | 待考 | | |
| 196 | | 广东会馆 | 潭下街 | 咸丰年间 | 《灵川县志》 | 广东 |
| 197 | | 广东会馆 | 大圩街 | 待考 | | |
| 198 | | 天后宫 | 熊村 | 待考 | 实地调研获取 | 福建 |
| 199 | | 江西会馆 | 文市老街 | 嘉庆光绪年间 | 《灌阳县志》 | 江西 |
| 200 | | 江西会馆 | 待考 | 光绪年间 | | |
| 201 | 灌阳 | 湖南会馆 | 待考 | 嘉庆十八年（1813年） | | 湖南 |
| 202 | | 湖南会馆 | 文市镇政府南侧 | 嘉庆光绪年间 | | |

续表

| 编号 | 城市 | 会馆名称 | 具体地点 | 建立时间 | 资料来源 | 商帮 |
|------|------|----------|----------|----------|----------|------|
| 203 | | 江西会馆 | 定桂门滨江路 | 早于光绪二十八年（1902年） | 《桂林市房地产志》 | 江西 |
| 204 | | 江西会馆 | 榕树楼榕湖北路 | | 《桂林市房地产志》 | |
| 205 | | 江西会馆 | 文昌门民主路 | | 《桂林市房地产志》 | |
| 206 | | 庐陵会馆 | 腰街底 | | 《桂林市志》下 | |
| 207 | | 建昌会馆 | 待考 | 待考 | | |
| 208 | | 江西会馆 | 临桂 | 待考 | 《广西通史》（第二卷） | |
| 209 | | 江西会馆 | 六塘圩六塘街 | 待考 | 《临桂县志》 | |
| 210 | 桂林 | 濂溪书院 | 百岁坊 | 嘉庆三年（1798年） | 《桂林市志》（上） | 湖南 |
| 211 | | 湖广会馆 | 东华路 | 早于道光六年（1826年） | 《桂林市房地产志》 | |
| 212 | | 湖南会馆 | 临桂 | 待考 | 《广西通史》（第二卷） | |
| 213 | | 湖南会馆 | 六塘圩六塘街 | 待考 | 《临桂县志》 | |
| 214 | | 广东会馆 | 解放桥东码头 | 早于光绪二十八年（1902年） | 《临桂县志》 | 广东 |
| 215 | | 广东会馆 | 行春门东华路老埠巷 | | 《桂林市房地产志》 | |
| 216 | | 广东会馆 | 文昌门文明路 | | | |
| 217 | | 广东会馆 | 六塘圩六塘街 | 待考 | 《临桂县志》 | |
| 218 | | 福建会馆 | 王辅平大街 | 雍正十一年（1733年） | 《临桂县志》 | 福建 |
| 219 | | 十洋会馆 | 临桂 | 待考 | 《临桂县志》 | |
| 220 | | 浙江会馆 | 江南街 | 康熙五十七年（1718年） | 《桂林市志》（上） | 江浙 |

续表

| 编号 | 城市 | 会馆名称 | 具体地点 | 建立时间 | 资料来源 | 商帮 |
|---|---|---|---|---|---|---|
| 221 | 桂林 | 三江两浙会馆（苏皖赣浙会馆） | 待考 | 咸丰七年（1857年） | 《中国工商行会史料集》（下册） | 江浙 |
| 222 | | 江南会馆 | 福棠街 | 早于光绪六年（1880年） | 光绪十一年《秦焕增修江南会馆序》 | 安徽 |
| 223 | | 新安会馆 | 滨江路 | 早于光绪二十八年（1902年） | 《桂林市房地产志》 | |
| 224 | | 新安会馆 | 临桂 | 待考 | 《广西通史》（第二卷） | |
| 225 | | 云贵会馆 | 义仓街 | 早于光绪二十八年（1902年） | 《桂林市房地产志》 | 云贵 |
| 226 | | 云南会馆 | 待考 | 待考 | 《桂林文史资料》第三辑 | |
| 227 | | 山陕会馆 | 水东街 | 早于光绪二十八年（1902年） | 《桂林市房地产志》 | 山陕 |
| 228 | | 陕西会馆 | 黄泥井街 | 待考 | 《桂林文史资料》第三辑 | |
| 229 | | 四川会馆 | 四会路 | 待考 | 《桂林市房地产志》 | 四川 |
| 230 | | 四川会馆 | 临桂 | 待考 | 《广西通史》（第二卷） | |
| 231 | | 八旗会馆 | 行春门东华路老埠巷 | 早于光绪二十八年（1902年） | 《桂林市志》下 | 河北 |
| 232 | | 直埭会馆 | 待考 | 待考 | | |
| 233 | | 灵川会馆 | 临桂 | 待考 | 《桂林市志》下 | 广西 |

续表

| 编号 | 城市 | 会馆名称 | 具体地点 | 建立时间 | 资料来源 | 商帮 |
|------|------|----------|----------|----------|----------|------|
| 234 | 龙胜 | 楚南会馆 | 龙胜街 | 光绪八年（1882年） | 《龙胜县志》 | 湖南 |
| 235 | | 楚南会馆 | 瓢里圩 | 光绪十三年（1887年） | | |
| 236 | 恭城 | 江西会馆 | 县公安局为旧址 | 待考 | 《恭城县志》 | 江西 |
| 237 | | 楚南会馆 | 县东门 | 乾隆年间 | | 湖南 |
| 238 | | 湖南会馆 | 栗木镇 | 待考 | | |
| 239 | | 粤东会馆 | 县城 | 待考 | | 广东 |
| 240 | | 福建会馆 | 恭城小学旁 | 早于民国十五年（1926年） | 《广西通史》第二卷 | 福建 |
| 241 | 荔浦 | 江西会馆 | 待考 | 同治年间 | 《广西民族研究》 | 江西 |
| 242 | | 石阳宾馆 | 待考 | 待考 | 实地调研获取 | |
| 243 | | 湖南会馆 | 待考 | 清 | 《广西民族研究》 | 湖南 |
| 244 | | 粤东会馆 | 待考 | 清 | | 广东 |
| 245 | | 粤东会馆 | 待考 | 待考 | 《清代以来广西城镇会馆分布考析》 | |
| 246 | | 粤东会馆 | 待考 | 待考 | | |
| 247 | | 福建会馆 | 待考 | 待考 | 《广西民族研究》 | 福建 |
| 248 | | 天妃宫 | 待考 | 待考 | | |
| 249 | 阳朔 | 江西会馆（旧） | 西街 | 乾隆二十九年（1764年） | 《阳朔县志》 | 江西 |
| 250 | | 江西会馆（新） | 西街 | 光绪三十一年（1905年） | | |
| 251 | | 禹王宫（湖南会馆） | 西门 | 道光二十年（1840年） | | 湖南 |

续表

| 编号 | 城市 | 会馆名称 | 具体地点 | 建立时间 | 资料来源 | 商帮 |
|---|---|---|---|---|---|---|
| 252 | 阳朔 | 粤东会馆 | 县前街 | 乾隆十八年（1753年） | 《阳朔县志》 | 广东 |
| 253 | | 粤东会馆 | 白沙圩 | 道光八年（1828年） | 《广西通史》第二卷 | |
| 254 | | 天后宫 | 福利镇 | | 实地调研获取 | 福建 |
| 255 | | 江西会馆 | 张家镇榕津街 | 早于咸丰年间 | 《广西商业会馆碑刻系统资料集》 | 江西 |
| 256 | | 江西会馆 | 县城 | 待考 | 《从"小历史"走向"大历史"：利用地方有是历史课程资源开展国情教育的探索与实践》 | |
| 257 | | 湖广会馆 | 平乐镇城厢大街 | 雍正四年（1726年） | 民国《平乐县志》 | |
| 258 | | 湖南会馆 | 张家镇榕津街 | 早于咸丰年间 | 《广西商业会馆碑刻系统资料集》 | 湖南 |
| 259 | 平乐 | 湖南会馆 | 沙子镇 | 早于光绪三十三年（1907年） | 实地调研获取 | |
| 260 | | 粤东会馆 | 张家镇榕津街 | 乾隆十三年（1748年） | 《重建粤东会馆碑序》 | |
| 261 | | 粤东会馆 | 待考 | 乾隆二十年（1755年） | 《从"小历史"走向"大历史"：利用地方有是历史课程资源开展国情教育的探索与实践》 | 广东 |
| 262 | | 粤东会馆 | 同安华山街 | 待考 | 《平乐县志》 | |
| 263 | | 粤东会馆 | 平乐镇大街56号 | 明万历年间 | 《平乐县志》 | |

续表

| 编号 | 城市 | 会馆名称 | 具体地点 | 建立时间 | 资料来源 | 商帮 |
|---|---|---|---|---|---|---|
| 264 | | 粤东会馆 | 沙子镇 | 早于光绪三十三年（1907年） | 实地调研获取 | 广东 |
| 265 | | 广肇会馆 | 富川羊头街 | | 《北洋政府统计局1917年8月关于广西商会成立报告书》 | |
| 266 | | 要明会馆 | 中华街 | 民国初期 | 网络 | |
| 267 | | 福建会馆 | 平乐镇城厢大街 | 清末 | 清光绪五年（1879年）《平乐府志》卷五 坛宇 | 福建 |
| 268 | | 浙江会馆 | 平乐镇城厢大街 | 待考 | 《支那省别全志·广西省》 | 江浙 |
| 269 | | | 平乐镇城厢大街 | 待考 | | |
| 270 | | 四川会馆 | 平乐镇城厢大街 | 待考 | | 四川 |
| 271 | | 云南会馆 | 平乐镇城厢大街 | 待考 | | 云贵 |
| 272 | | 灵川会馆 | 正北街 | 民国初期 | | 广西 |
| 273 | 昭平 | 天后宫 | 县城外大街庆恩坊 | 康熙三十七年（1698年） | 民国二十三年（1934年）《昭平县志》 | 福建 |
| 274 | 梧州 | 湖广会馆 | | 咸丰七年（1857年） | 《中国工商行会史料集》（下册） | 湖南 |
| 275 | | 粤东会馆 | 龙圩镇钟义街 | 康熙五十三年（1714年） | 《苍梧县志》广西人民出版社 1997年 | 广东 |
| 276 | | 粤东会馆 | 五坊路（会馆街） | 乾隆五十年（1785年） | 《梧州市志》 | |
| 277 | | 广东会馆 | 待考 | 咸丰七年（1857年） | 《中国工商行会史料集》（下册） | |
| 278 | | 安顺堂 | 待考 | 待考 | | |
| 279 | | 协和堂 | 待考 | 待考 | | |

续表

| 编号 | 城市 | 会馆名称 | 具体地点 | 建立时间 | 资料来源 | 商帮 |
|---|---|---|---|---|---|---|
| 280 | | 昭信堂 | 待考 | 待考 | | |
| 281 | | 至宝堂 | 待考 | 待考 | | |
| 282 | | 协成堂 | 待考 | 待考 | | |
| 283 | | 光裕堂 | 待考 | 待考 | | |
| 284 | | 寿世堂 | 待考 | 待考 | | |
| 285 | | 成义堂 | 待考 | 待考 | | |
| 286 | | 永安堂 | 待考 | 待考 | | |
| 287 | | 两江会馆 | 市街东 | 待考 | 《支那省别全志·广西省》 | 江浙 |
| 288 | 贺州 | 湖南会馆 | 黄田镇路花村 | 咸丰三年（1853年） | 《贺州商业会馆历史考察报告》 | 湖南 |
| 289 | | 湖南会馆 | 贺街 | 待考 | 《广西近代圩镇研究》钟文典 | |
| 290 | | 珠端会馆 | 黄田镇路花村 | 咸丰二年重建 | 《贺州商业会馆历史考察报告》 | 广东 |
| 291 | | 仙城会馆 | 八步镇 | 清初 | | |
| 292 | | 庆元会馆 | 黄田镇路花村 | 咸丰二年（1852年） | | |
| 293 | | 要明乡祠 | 贺街 | 待考 | 《广西近代圩镇研究》钟文典 | |
| 294 | | 南海乡祠 | 贺街 | 待考 | | |
| 295 | | 开建乡祠 | 贺街 | 待考 | | |
| 296 | | 粤东会馆 | 贺街 | 嘉庆年间（道光二年1822年重修） | | |
| 297 | 钟山 | 粤东会馆 | 英家镇 | 乾隆四十二年（1777年） | 民国二十二年（1933年）《钟山县志》 | 广东 |

# 附录二 湘桂走廊沿线同业会馆总表

| 编号 | 地区 | 会馆名称 | 行业 | 地址及修建情况 | 祭祀神明 | 资料来源 | 建立时间 |
|---|---|---|---|---|---|---|---|
| 1 | | 福禄宫 | 钱业 | 坡子街 | 赵公元帅 | | |
| 2 | | 苏广同业会 | 苏广业 | 药王街 | | | |
| 3 | | 集议同庆会 | 纸业 | 善正街乐嘉巷 | 梅葛、蔡伦 | | |
| 4 | | 仁寿宫（江西药业公会） | 药业 | 孙思邈 | 黎家坡 | | 咸丰七年（1857年） |
| 5 | | 杜康庙 | 酒业 | 杜康仙师 | 三王街 | | |
| 6 | | 酒业公会 | 酒业 | 杜康仙师 | 孚家巷 | | |
| 7 | | 轩辕殿（江西轩辕公所） | 缝衣业 | 轩辕 | 万寿街 | | |
| 8 | 长沙 | 万育群生会 | 南货业 | 城隍左伯侯、定湘王、关圣帝 | 东茅巷 | 光绪三年（1877年）《善化县志》 | |
| 9 | | 雷祖殿（长沙米业公会） | 米业 | 雷祖 | 寿星街 | | |
| 10 | | 神农殿（善化米业公会） | 米业 | 神农 | 织机巷 | | |
| 11 | | 孙祖殿 | 靴鞋业 | 孙祖 | 皇仓街 | | 乾隆年间建，三十三年（1768年）重建 |
| 12 | | 太清宫 | 金银铜铁锡业 | 太上老君 | 路边井 | | |
| 13 | | 太清宫 | 金银铜铁锡业 | 太上老君 | 朝阳巷（东西二宫） | | |

续表

| 编号 | 地区 | 会馆名称 | 行业 | 地址及修建情况 | 祭祀神明 | 资料来源 | 建立时间 |
|---|---|---|---|---|---|---|---|
| 14 | | 太清宫 | 金银铜铁锡业 | 太上老君 | 乐长街 | | |
| 15 | | 太清宫 | 金银铜铁锡业 | 太上老君 | 藩城堤 | | |
| 16 | | 鲁班殿 | 泥木石业、圆馨木业公会、雕花板公会 | 鲁班 | 东长街 | | |
| 17 | | 鲁班殿 | 泥木石业 | 鲁班 | 孚嘉巷 | | |
| 18 | | 理发公会 | 理发业 | 吕祖 | 待考 | | |
| 19 | | 三圣殿 | 屠宰业 | 张飞 | 永丰仓 | | |
| 20 | | 詹王宫 | 酒席业 | 易牙 | 都正街 | | |
| 21 | 长沙 | 洞庭宫 | 渔业 | 洞庭王爷 | 大西门流水桥 | 光绪三年（1877年）《善化县志》 | |
| 22 | | 老郎会 | 戏班业 | 唐明皇 | 三王街横巷 | | |
| 23 | | 淮南公会 | 豆腐业 | 淮南子 | 待考 | | |
| 24 | | 砖瓦业公所 | 砖瓦业 | 舜帝 | 待考 | | |
| 25 | | 机坊公会 | 机坊业 | 织女星 | 马王塘 | | |
| 26 | | 梅葛庙 | 裱业 | 梅葛仙师 | 乐嘉巷 | | |
| 27 | | 寿佛公所 | 煤栈业 | 无量寿佛 | 储备仓街 | | |
| 28 | | 烟业公所 | 盐业 | 待考 | 三尊炮 | | |
| 29 | | 纸扎业公所 | 纸扎业 | 雷祖 | 待考 | | |
| 30 | | 木业公会 | 木业 | 待考 | 新安巷 | | |

续表

| 编号 | 地区 | 会馆名称 | 行业 | 地址及修建情况 | 祭祀神明 | 资料来源 | 建立时间 |
|---|---|---|---|---|---|---|---|
| 31 | | 雷祖殿 | 面馆业 | 雷祖 | 待考 | | |
| 32 | | 油盐公会 | 油盐业 | 待考 | 太平街 | | |
| 33 | | 豆麦公会 | 豆麦业 | 雷祖 | 待考 | | |
| 34 | | 翠湘公会 | 古董业 | 待考 | 待考 | | |
| 35 | | 大箩筐业公会 | 大箩筐业 | 待考 | 待考 | | |
| 36 | | 荒货公会 | 荒货业 | 赵公元帅 | 待考 | | |
| 37 | | 碗担业公会 | 碗担业 | 待考 | 柑子园 | | |
| 38 | | 药王殿 | 药业 | 待考 | 西牌楼街 | | 同治七年（1868年） |
| 39 | | 生草药业公会 | 生草药业 | 神农 | 待考 | | |
| 40 | 长沙 | 豆芽菜公会 | 豆芽菜业 | 待考 | 待考 | 光绪三年（1877年）《善化县志》 | |
| 41 | | 雷祖殿（油货业公会） | 油货业 | 雷祖 | 待考 | | |
| 42 | | 西陵宫庙（丝业公会） | 丝业 | 待考 | 下黎坡 | | |
| 43 | | 洞庭宫 | 航运业 | 洞庭王爷、杨泗将军、屈原 | 待考 | | |
| 44 | | 水府庙火宫殿（茶叶公会）茶叶 | | 待考 | 待考 | | |
| 45 | | 蒙祖阁（名轩业堂） | 笔业 | 待考 | 三王街 | | |
| 46 | | 万寿宫 | 笔业 | 待考 | 万寿宫楼上 | | |

续表

| 编号 | 地区 | 会馆名称 | 行业 | 地址及修建情况 | 祭祀神明 | 资料来源 | 建立时间 |
|---|---|---|---|---|---|---|---|
| 47 | 长沙 | | 镜头箱子业 | 鲁班 | | 光绪三年（1877年）《善化县志》 | |
| 48 | | 捻船公所 | 捻船业 | 鲁班 | 小西门外 | | |
| 49 | | 轩辕殿（锯业公所） | 锯业 | 鲁班 | 怡长街 | | |
| 50 | | 湖北木匠公所 | 湖北木匠业 | 鲁班 | 湖北会馆内 | | |
| 51 | | 茶馆公会 | 茶馆业 | 待考 | 草潮门墙湾 | | |
| 52 | | 财神殿 | 待考 | 待考 | 福源巷 | | |
| 53 | 宁乡 | 祖师殿 | 待考 | 待考 | 道林市 | 同治六年（1867年）《宁乡县志》 | 康熙年间 |
| 54 | | 王爷殿 | 航运业 | 待考 | 道林市 | | |
| 55 | | 八元堂 | 航运业 | 杨泗将军 | 待考 | | |
| 56 | 湘乡 | 吕祖殿 | 待考 | 待考 | 待考 | 同治十三年（1874年）《湘乡县志》 | |
| 57 | | 药王庙 | 药业 | 孙思邈 | 北门内 | | 乾隆二年（1737年） |
| 58 | 湘潭 | 鲁班庙 | 土木业 | 鲁班 | 十六总后街 | 光绪十五年（1889年）《湘潭县志》 | |
| 59 | | 鲁班庙（船厂公所） | 航运业 | 鲁班 | 杨梅洲 | | |
| 60 | | 轩辕殿（江西衣工公所） | 缝衣业 | 轩辕 | 十总 | | |
| 61 | | 药王庙（医家公所湖南商人） | 药业 | 孙思邈 | 十四总 | | 咸丰年间 |

| 编号 | 地区 | 会馆名称 | 行业 | 地址及修建情况 | 祭祀神明 | 资料来源 | 建立时间 |
|------|------|----------|------|----------------|----------|----------|----------|
| 62 | | 五谷殿（粮行公所） | 米业 | 火神 | 十六总 | | |
| 63 | | 桓侯庙（屠人公所） | 屠宰业 | 张飞 | 十七总 | | |
| 64 | | 真武庙/祖师殿 | 待考 | 待考 | 上十八总 | | |
| 65 | | 真武庙/祖师殿 | 待考 | 待考 | 易俗河 | | |
| 66 | | 真武庙/祖师殿 | 待考 | 待考 | 袁家河 | | |
| 67 | | 真武庙/祖师殿 | 待考 | 待考 | 淦田 | | |
| 68 | 湘潭 | 真武庙/祖师殿（元帝庙） | 待考 | 待考 | 小雷公堂 | 光绪十五年（1889年）《湘潭县志》 | |
| 69 | | 元武庙 | 待考 | 待考 | 石潭 | | |
| 70 | | 紫来宫（钢坊公所） | 钢业 | 老子 | 十一总 | | |
| 71 | | 靖江王庙（王爷殿） | 航运业 | 洞庭神 | 十一总河街 | | |
| 72 | | 梅葛寺（染坊公所） | 染布业 | 梅葛仙师 | 烟柳堤 | | |
| 73 | | 太清宫（钢琢坊公所） | 钢业 | 太上老君 | 习家园 | | |
| 74 | | 新太清宫（锡工公所） | 锡业 | 太上老君 | 烟柳堤 | | |
| 75 | | 老郎庙（戏班公所） | 戏班业 | 唐明皇 | 待考 | | |

续表

| 编号 | 地区 | 会馆名称 | 行业 | 地址及修建情况 | 祭祀神明 | 资料来源 | 建立时间 |
|---|---|---|---|---|---|---|---|
| 76 | 湘潭 | 仁寿宫（江神祠） | 航运业 | 江神 | 十八总 | 光绪十五年（1889年）《湘潭县志》 | |
| 77 | | 天符庙 | 众工商 | 待考 | 十三总 | | |
| 78 | | 紫云宫（船帮公所） | 航运业 | 待考 | 上十八总 | | |
| 79 | | 紫云宫（船帮公所） | 航运业 | 待考 | 万家坳 | | |
| 80 | | 水府殿（杨泗庙、涟波寺） | 航运业 | 杨泗将军 | 十七都 | | |
| 81 | | 崇福殿 | 航运业 | 杨泗将军 | 昭阳市 | | |
| 82 | 醴陵 | 九都公所 | 待考 | 待考 | 东门丁家巷 | 民国三十七年（1948年）《醴陵县志》 | 清 |
| 83 | | 泥塘公所 | 待考 | 待考 | 碧山镇泥塘社 | | 民国九年（1920年） |
| 84 | | 吴党公所 | 待考 | 待考 | 碧山镇泉塘 | | 光绪年间 |
| 85 | | 月旦公所 | 待考 | 待考 | 王家坊 | | |
| 86 | | 崇仁公所 | 待考 | 待考 | 水口 | | |
| 87 | | 企石公所 | 待考 | 待考 | 企石社 | | |
| 88 | | 芷泉祀所 | 待考 | 待考 | 三都里 | | |
| 89 | | 好生公所 | 待考 | 待考 | 大界社长陂头 | | |
| 90 | | 下洲公所 | 待考 | 待考 | 下三洲 | | |
| 91 | | 梅筱上镜公所 | 待考 | 待考 | 小溪 | | |

续表

| 编号 | 地区 | 会馆名称 | 行业 | 地址及修建情况 | 祭祀神明 | 资料来源 | 建立时间 |
|---|---|---|---|---|---|---|---|
| 92 | 湘潭 | 浦口社公所 | 待考 | 待考 | 小溪牛形坳 | 民国三十七年（1948年）《醴陵县志》 | |
| 93 | | 同仁堂 | 待考 | 待考 | 梅筱下境范槎洲 | | |
| 94 | | 务本堂 | 待考 | 待考 | 湖下 | | |
| 95 | | 集体乡公所 | 待考 | 待考 | 黄田江边湾 | | |
| 96 | | 大林境九圖公所 | 待考 | 待考 | 治东 | | |
| 97 | | 九甲公所 | 待考 | 待考 | 黄田长水 | | |
| 98 | | 六甲公所 | 待考 | 待考 | 黄田长水圳上 | | |
| 99 | | 有乐公亭 | 待考 | 待考 | 黄田擂絑山 | | |
| 100 | | 乐丰公局 | 待考 | 待考 | 攸坞总桥 | | |
| 101 | | 里仁公所 | 待考 | 待考 | 殷家冲 | | |
| 102 | | 六合公局 | 待考 | 待考 | 庙山嘴 | | |
| 103 | | 周坊公局 | 待考 | 待考 | 周家坊 | | |
| 104 | | 三都公所 | 待考 | 待考 | 关王庙 | | |
| 105 | | 十四都同业公所 | 待考 | 待考 | 檀木桥 | | |
| 106 | | 官庄三合公所 | 待考 | 待考 | 官庄 | | |
| 107 | | 豫思公所 | 待考 | 待考 | 潭塘 | | |
| 108 | | 亲睦公所 | 待考 | 待考 | 大口坪 | | |

续表

| 编号 | 地区 | 会馆名称 | 行业 | 地址及修建情况 | 祭祀神明 | 资料来源 | 建立时间 |
|------|------|----------|------|----------------|----------|----------|----------|
| 109 | 湘潭 | 鹅劲公所 | 待考 | 待考 | 鹅颈里 | 民国三十七年（1948年）《醴陵县志》 | |
| 110 | | 善宜公所 | 待考 | 待考 | 小桃花 | | 咸丰年间 |
| 111 | 衡阳 | 吕祖阁 | 待考 | 待考 | 待考 | 同治十一年（1872年）《衡阳县志》 | 光绪年间 |
| 112 | | 老君殿 | 待考 | 待考 | 待考 | | 清 |
| 113 | | 天符庙 | 待考 | 待考 | 待考 | | 咸丰年间 |
| 114 | | 上清宫 | 待考 | 待考 | 待考 | | 民国初年 |
| 115 | | 财神殿 | 待考 | 待考 | 财神殿巷 | | 民国十二年（1924年） |
| 116 | | 药王庙 | 药业 | 待考 | 丁家巷 | | 民国十五年（1927） |
| 117 | | 桓侯祠 | 屠宰业 | 张飞 | 月塘巷 | | 光绪九年（1883年） |
| 118 | | 雷祖殿 | 待考 | 待考 | 学巷口 | | 咸丰五年（1855年） |
| 119 | | 三官殿 | 待考 | 待考 | 王街 | | 民国二十一年（1932年） |
| 120 | | 孙祖殿 | 孙祖 | 待考 | | | 光绪年间 |
| 121 | | 孙祖殿 | 孙祖 | 待考 | 中横街 | 《支那省别全123志》·湖南卷 | 民国十九年（1930年） |
| 122 | | 杨泗庙（船帮会馆） | 航运业 | 杨泗将军 | 待考 | 嘉庆二十五年（1820年）《衡阳3志》 | 民国六年（1917年） |

续表

| 编号 | 地区 | 会馆名称 | 行业 | 地址及修建情况 | 祭祀神明 | 资料来源 | 建立时间 |
|---|---|---|---|---|---|---|---|
| 123 | 耒阳 | 神农殿（衡阳米业公会） | 米业 | 神农 | 待考 | 《耒阳县志》 | 民国二年（1913年） |
| 124 | 祁阳 | 先医庙（药王庙） | 药业 | 待考 | 迎秀门大街 | 民国《祁阳县志》 | 民国元年（1912年） |
| 125 | | 三圣庙 | 待考 | 关羽、岳飞、包拯 | 县署右 | 民国《祁阳县志》 | 光绪二十年（1894年） |
| 126 | | 财神庙 | 待考 | 待考 | 黄道门大街 | 民国《祁阳县志》 | 民国五年（1916年） |
| 127 | 永州 | 药王殿 | 药业 | 待考 | 待考 | 《永州府志》 | 光绪年间 |
| 128 | 全州 | 三圣庙 | 待考 | 待考 | 待考 | 清嘉庆四年（1799年）《全州志》 | 民国初年 |
| 129 | 兴安 | 葛真人殿 | 染布业 | 梅葛仙师 | 县城内 | 光绪辛未年《兴安县志》 | 清 |
| 130 | | 三官殿 | 待考 | 待考 | 武庙门内右侧 | 光绪《兴安县志》 | 同治年间 |
| 131 | | 三官殿 | 待考 | 待考 | 安辑乡 | | 光绪年间 |
| 132 | | 葛仙宫 | 待考 | 梅葛仙师 | 安辑乡 | | 光绪二十年（1894年） |
| 133 | 桂林 | 药王庙 | 药业 | 孙思邈 | 伏波山 | 光绪十八（1892年）《临桂县志》卷十五坛庙 | 光绪十八年（1892年） |
| 134 | | 三官殿 | 待考 | 待考 | 钟鼓楼 | | 宣统五年（1914年） |

续表

| 编号 | 地区 | 会馆名称 | 行业 | 地址及修建情况 | 祭祀神明 | 资料来源 | 建立时间 |
|---|---|---|---|---|---|---|---|
| 135 | 平乐 | 鲁班殿 | 泥木业 | 鲁班 | 鲁班井上 | 清光绪五年（1879年）《平乐府志》 | 待考 |
| 136 | 昭平 | 药王庙（当地士民同建） | 药业 | 待考 | 县城北 | 民国二十三年（1934年）《昭平县志》 | 待考 |
| 137 | | 龙神庙（盐商会馆） | 航运业 | 待考 | 铜盆峡口 | | 待考 |

# 附录三　湘桂走廊沿线现存会馆总表

| 1 | 乔口万寿宫 | 保护等级 | 省保单位 | 简介 | 建筑坐北朝南，前后两进，南面是戏楼，虽然经过修复，看起来挺新的，但主体还是老建筑，连正殿前的一对石狮子都是原物。大殿里供奉的是"红脸关公" |
|---|---|---|---|---|---|
| | | 别称 | 江西会馆 | | |
| | | 所在省/市/县 | 长沙乔口古镇 | | |
| | | 具体位置 | 古正街 | | |
| | | 始建年代 | 清乾隆十三年（1748年） | | |
| | | 现状/修复状况 | 已修复 | | |
| | | 建造者/原因 | 江西帮所建，由林、谢、敖三姓（林家的钱、谢家的文、敖家的打）合建 | | |
| | | 来源 | 实地调研、作者自摄 | | |
| 2 | 湘潭江西会馆 | 保护等级 | 省保单位 | 简介 | 建筑坐北朝南，是一座园林式会馆建筑。其夕照亭还留在现雨湖公园内，山门处石牌坊保留较为完好 |
| | | 别称 | 万寿宫 | | |
| | | 所在省/市/县 | 湘潭雨湖区 | | |
| | | 具体位置 | 湘潭平政路 | | |
| | | 始建年代 | 乾隆年间 | | |
| | | 现状/修复状况 | 留石牌坊门、夕照亭 | | |
| | | 建造者/原因 | 江西帮所建 | | |
| | | 来源 | 实地调研、作者自摄 | | |

| | | | | | |
|---|---|---|---|---|---|
| 3 | 荔浦石阳宾馆 | 保护等级 | 县级 | 简介 | 建筑坐北朝南，砖木结构，用于江西籍人客居。虽然只剩下主体部分，为一间两厅式院落石阳宾馆灰塑和双龙戏珠装饰保留至今 |
| | | 别称 | 江西会馆 | | |
| | | 所在省/市/县 | 荔浦荔城 | | |
| | | 具体位置 | 宝塔巷 | | |
| | | 始建年代 | 待考 | | |
| | | 现状/修复状况 | 已修复 | | |
| | | 建造者/原因 | 1897年，江西籍人，移居荔浦后，为纪念欧阳修和王安石而建 | | |
| 4 | 阳朔江西会馆 | 保护等级 | 县级 | 简介 | 阳朔江西会馆坐北朝南，大殿外观保留较为完好 |
| | | 别称 | 江西会馆 | | |
| | | 所在省/市/县 | 桂林市阳朔县 | | |
| | | 具体位置 | 西大街 | | |
| | | 始建年代 | 乾隆二十九年（1764年） | | |
| | | 现状/修复状况 | 仅剩正殿部分 | | |
| | | 建造者/原因 | 未知 | | |
| | | 来源 | 实地调研、作者自摄 | | |

续表

| 5 | 熊村江西会馆 | 保护等级 | 无 | 简介 | 建筑坐西北朝东南，一共两进，仅存山门部分，大门上有阴刻万寿宫字样 | |
| | | 别称 | 江西会馆 | | | |
| | | 所在省/市/县 | 桂林大圩镇 | | | |
| | | 具体位置 | 熊村 | | | |
| | | 始建年代 | 清光绪十二年（1886年） | | | |
| | | 现状/修复状况 | 山门较为完整 | | | |
| | | 建造者/原因 | 江西吉安庐陵县移居熊村建造 | | | |
| | | 来源 | 实地调研、作者自摄 | | | |
| 6 | 六塘江西会馆 | 保护等级 | 无 | 简介 | 建筑坐西朝东，曾作为人民公社用，大殿部分梁架还保留原样，整体较为质朴，封火山墙保存较为完好 | |
| | | 别称 | 江西会馆 | | | |
| | | 所在省/市/县 | 桂林六塘县 | | | |
| | | 具体位置 | 羊明街 | | | |
| | | 始建年代 | 未知 | | | |
| | | 现状/修复状况 | 未修复 | | | |
| | | 建造者/原因 | 未知 | | | |
| | | 来源 | 实地调研、作者自摄 | | | |

续表

| | | | | | |
|---|---|---|---|---|---|
| 7 | 恭城湖南会馆 | 保护等级 | 国保级别 | 简介 | 会馆坐北朝南，建筑形式既具有湖湘建筑风格，又融合了岭南建筑特色，是不可多得的艺术珍品 |
| | | 别称 | 楚南会馆 | | |
| | | 所在省/市/县 | 恭城 | | |
| | | 具体位置 | 太和街 | | |
| | | 始建年代 | 清同治十一年（1872年） | | |
| | | 现状/修复状况 | 已修复 | | |
| | | 建造者/原因 | 湘商联谊乡情 | | |
| | | 来源 | 实地调研、作者自摄 | | |
| 8 | 六塘湖南会馆 | 保护等级 | 区级 | 简介 | 建筑坐西朝东，共有四进，砖木混合结构，第一进院落较为狭长，也较为宽敞，两侧有供客商留宿的厢房 |
| | | 别称 | 湖南会馆 | | |
| | | 所在省/市/县 | 桂林六塘镇 | | |
| | | 具体位置 | 羊明街 | | |
| | | 始建年代 | 乾隆年间 | | |
| | | 现状/修复状况 | 已修复 | | |
| | | 建造者/原因 | 湘商建立，供湘商留宿 | | |
| | | 来源 | 实地调研、作者自摄 | | |

续表

| | | 保护等级 | 市级 | | |
|---|---|---|---|---|---|
| 9 | 贺州湖南会馆 | 别称 | 湖南会馆 | 简介 | 建筑坐北朝南，砖木混合结构，斗拱承托挑檐，屋顶硬山顶，供奉大禹 |
| | | 所在省/市/县 | 贺州 | | |
| | | 具体位置 | 黄田镇黄田圩 | | |
| | | 始建年代 | 咸丰三年（1853年） | | |
| | | 现状/修复状况 | 已修复 | | |
| | | 建造者/原因 | 湘商联络乡情，为客商提供住宿 | | |
| | | 来源 | 实地调研、作者自摄 | | |
| 10 | 华江衡州会馆 | 保护等级 | 县级 | 简介 | 会馆坐西朝东，共两进，砖木混合结构，修复时拆除了原来的天井 |
| | | 别称 | 湖南会馆 | | |
| | | 所在省/市/县 | 兴安县 | | |
| | | 具体位置 | 华江瑶族乡同仁村 | | |
| | | 始建年代 | 清光绪二十二年（1898年） | | |
| | | 现状/修复状况 | 主体部分保留 | | |
| | | 建造者/原因 | 衡州商人在桂北的落脚点 | | |
| | | 来源 | 实地调研、作者自摄 | | |

续表

| | | 保护等级 | 县级 | | |
|---|---|---|---|---|---|
| 11 | 龙胜瓢里湖南会馆 | 别称 | 禹王宫 | 简介 | 瓢里湖南会馆在清、民国时期很兴盛，一共两进，山门为倒八字 |
| | | 所在省/市/县 | 桂林龙胜县 | | |
| | | 具体位置 | 瓢里 | | |
| | | 始建年代 | 道光十三年（1833年） | | |
| | | 现状/修复状况 | 已修复 | | |
| | | 建造者/原因 | 湘商联络乡情，为客商提供住宿 | | |
| | | 来源 | 来源于县志、网络 | | |
| 12 | 阳朔湖南会馆 | 保护等级 | 无 | 简介 | 建筑坐北朝南，现仅剩部分马头墙为建筑遗存，其余部分均为仿建 |
| | | 别称 | 禹王宫 | | |
| | | 所在省/市/县 | 桂林市阳朔县 | | |
| | | 具体位置 | 西大街 | | |
| | | 始建年代 | 未知 | | |
| | | 现状/修复状况 | 只剩部分马头墙 | | |
| | | 建造者/原因 | 湘商联谊乡情 | | |
| | | 来源 | 实地调研、作者自摄 | | |

续表

| 13 | 兴安湖广会馆 | 保护等级 | 无 | 简介 | 建筑保留下来的砖雕式国内最大的砖雕照壁之一，其余部分为基于原址新建 | |
|----|----|----|----|----|----|----|
| | | 别称 | 濂溪祠 | | | |
| | | 所在省/市/县 | 兴安县 | | | |
| | | 具体位置 | 灵渠景区 | | | |
| | | 始建年代 | 未知 | | | |
| | | 现状/修复状况 | 按原基础新建 | | | |
| | | 建造者/原因 | 两湖商人联谊乡情，议事酬神 | | | |
| | | 来源 | 来源于县志、网络 | | | |
| 14 | 唐家司湖南会馆 | 保护等级 | 无 | 简介 | 建筑主体基本毁坏，仅剩部分马头墙 | |
| | | 别称 | 湖南会馆 | | | |
| | | 所在省/市/县 | 兴安县 | | | |
| | | 具体位置 | 唐家司 | | | |
| | | 始建年代 | 未知 | | | |
| | | 现状/修复状况 | 仅剩马头墙 | | | |
| | | 建造者/原因 | 湘商联谊乡情，酬神集会 | | | |
| | | 来源 | 来源于论文 | | | |

续表

| | | 保护等级 | 无 | | 建筑朝向特殊,坐东朝西,且建筑为了迎合场地,不仅大殿架空,且没有明显的轴线 | |
|---|---|---|---|---|---|---|
| 15 | 熊村湖南会馆 | 别称 | 湖南会馆 | 简介 | | |
| | | 所在省/市/县 | 大圩镇 | | | |
| | | 具体位置 | 熊村正街 | | | |
| | | 始建年代 | 未知 | | | |
| | | 现状/修复状况 | 已修复 | | | |
| | | 建造者/原因 | 湘商售卖货物、酬神集会 | | | |
| | | 来源 | 实地调研、作者自摄 | | | |
| 16 | 平乐湖南会馆 | 保护等级 | 无 | 简介 | 建筑体量庞大、木雕精美,但未受保护,损坏严重 | |
| | | 别称 | 湖南会馆 | | | |
| | | 所在省/市/县 | 平乐县沙子镇 | | | |
| | | 具体位置 | 正街 | | | |
| | | 始建年代 | 未知 | | | |
| | | 现状/修复状况 | 破损严重 | | | |
| | | 建造者/原因 | 未知 | | | |
| | | 来源 | 实地调研、作者自摄 | | | |

续表

| | | 保护等级 | 区报单位 | | 建筑是广西最早的商业会馆，砖木混合结构，坐北朝南，会馆建筑体量适中紧凑精巧，原规模为中轴对称的三路两进庑廊建筑群 |
|---|---|---|---|---|---|
| 17 | 平乐粤东会馆 | 别称 | 粤东会馆 | 简介 | |
| | | 所在省/市/县 | 桂林市平乐县 | | |
| | | 具体位置 | 平乐大街 | | |
| | | 始建年代 | 明万历年间 | | |
| | | 现状/修复状况 | 已修复 | | |
| | | 建造者/原因 | 粤东商人联谊乡情，祭拜妈祖 | | |
| | | 来源 | 实地调研、作者自摄 | | |
| 18 | 苍梧粤东会馆 | 保护等级 | 县级 | 简介 | 建筑为砖木结构建筑，原本有三进院落，后前殿戏台遭到了毁坏。龙圩粤东会馆现存部分有呈中轴对称的两进院落 |
| | | 别称 | 粤东会馆 | | |
| | | 所在省/市/县 | 梧州龙圩区 | | |
| | | 具体位置 | 龙圩镇忠义街 | | |
| | | 始建年代 | 康熙五十三年（1714年） | | |
| | | 现状/修复状况 | 除戏台外已修复 | | |
| | | 建造者/原因 | 粤东商人联谊乡情、酬神集会 | | |
| | | 来源 | 实地调研、作者自摄 | | |

续表

| | | | | | |
|---|---|---|---|---|---|
| 19 | 贺州英家粤东会馆 | 保护等级 | 自治区级 | 简介 | 建筑坐北朝南，砖木混合结构，为两进院落，由门楼、正殿及两侧附属建筑组成，民国时期被用作粮仓，现为英家起义地址纪念馆 |
| | | 别称 | 粤东会馆 | | |
| | | 所在省/市/县 | 贺州 | | |
| | | 具体位置 | 英家镇英家街 | | |
| | | 始建年代 | 乾隆四十二年（1777年） | | |
| | | 现状/修复状况 | 整体保存比较完好 | | |
| | | 建造者/原因 | 粤籍商人经商活动 | | |
| | | 来源 | 实地调研、作者自摄 | | |
| 20 | 贺州珠端会馆 | 保护等级 | 市级 | 简介 | "珠"是指珠江，"端"是指端州，现在的肇庆。建筑为砖木混合结构 |
| | | 别称 | 珠端会馆 | | |
| | | 所在省/市/县 | 贺州 | | |
| | | 具体位置 | 黄田镇路花村 | | |
| | | 始建年代 | 清初始建，咸丰二年（1852年）重建 | | |
| | | 现状/修复状况 | 主体部分保存 | | |
| | | 建造者/原因 | 广州、肇庆商人建造 | | |
| | | 来源 | 来源于论文 | | |

| | | 保护等级 | 县级 | | |
|---|---|---|---|---|---|
| 21 | 平乐粤东会馆 | 别称 | 粤东会馆 | 简介 | 建筑内设妈祖庙，曾重修三次，保存程度最为完整 |
| | | 所在省/市/县 | 平乐县 | | |
| | | 具体位置 | 张家镇榕津街 | | |
| | | 始建年代 | 乾隆十三年（1748年） | | |
| | | 现状/修复状况 | 较为完整 | | |
| | | 建造者/原因 | 粤东商人供奉妈祖，联谊乡情 | | |
| | | 来源 | 来源于论文、网络 | | |
| 22 | 平乐粤东会馆 | 保护等级 | 县级 | 简介 | 建筑为平乐境内最大的粤东会馆，共三进，前为粤东会馆，背面为天后宫 |
| | | 别称 | 粤东会馆 | | |
| | | 所在省/市/县 | 平乐县 | | |
| | | 具体位置 | 华山同安村 | | |
| | | 始建年代 | 未知 | | |
| | | 现状/修复状况 | 较为完整 | | |
| | | 建造者/原因 | 粤东商人供奉妈祖，联谊乡情 | | |
| | | 来源 | 来源于论文、网络 | | |

续表

| | | | | | |
|---|---|---|---|---|---|
| 23 | 平乐粤东会馆 | 保护等级 | 县级 | 简介 | |
| | | 别称 | 粤东会馆 | | |
| | | 所在省/市/县 | 平乐县 | | |
| | | 具体位置 | 沙子镇 | | |
| | | 始建年代 | 未知 | | |
| | | 现状/修复状况 | 主体部分得到保存 | | |
| | | 建造者/原因 | 粤东商人经商活动 | | |
| | | 来源 | 来源于论文、网络 | | |
| 24 | 熊村天后宫 | 保护等级 | 无 | 简介 | 建筑坐西朝东，形制有明显的内向性和防御性，主体部分保存较为完好 |
| | | 别称 | 福建会馆 | | |
| | | 所在省/市/县 | 大圩镇 | | |
| | | 具体位置 | 熊村正街 | | |
| | | 始建年代 | 未知 | | |
| | | 现状/修复状况 | 主体部分留存 | | |
| | | 建造者/原因 | 福建商人经商、联谊乡情 | | |
| | | 来源 | 实地调研、作者自摄 | | |

续表

| | | 保护等级 | 县级 | | |
|---|---|---|---|---|---|
| 25 | 荔浦福建会馆 | 别称 | 福建会馆 | 简介 | |
| | | 所在省/市/县 | 荔浦 | | |
| | | 具体位置 | 荔城通塔巷 | | |
| | | 始建年代 | 清同治十年（1871年） | | |
| | | 现状/修复状况 | 已修复 | | |
| | | 建造者/原因 | 居于荔浦的福建人捐资所建 | | |
| | | 来源 | 实地调研、作者自摄 | | |
| 26 | 湘潭关帝庙 | 保护等级 | 省级 | 简介 | |
| | | 别称 | 北五省会馆 | | |
| | | 所在省/市/县 | 湘潭 | | |
| | | 具体位置 | 平政路 | | |
| | | 始建年代 | 清康熙年间 | | |
| | | 现状/修复状况 | 已修复 | | |
| | | 建造者/原因 | 山西、河南、山东、陕西、甘肃北方五省商人在湘潭的聚集地 | | |
| | | 来源 | 实地调研、作者自摄 | | |

简介（25）：建筑坐北朝南，有前、中、后三殿，主体部分保留较为完整

简介（26）：建筑坐北朝南，是一座中轴对称的三进宫殿式建筑群，以前山门外曾经有关圣殿码头，在殿后还有菜园田地和水塘

续表

| | | 保护等级 | 省级 | | 建筑坐西北朝东南，是一座中轴对称青砖灰瓦三进深的砖木结构建筑，前面入口处为店铺和库房，后面为会馆 | |
|---|---|---|---|---|---|---|
| 27 | 宁乡八元堂 | 别称 | 杨泗庙 | 简介 | | |
| | | 所在省/市/县 | 长沙望城区靖港古镇 | | | |
| | | 具体位置 | 保健街90号 | | | |
| | | 始建年代 | 咸丰十一年（1861年） | | | |
| | | 现状/修复状况 | 已修复 | | | |
| | | 建造者/原因 | 宁乡船帮议事聚集地 | | | |
| | | 来源 | 实地调研、作者自摄 | | | |
| 28 | 湘潭鲁班殿 | 保护等级 | 省级 | 简介 | 建筑坐西北朝东南，泥木雕塑精美，尤其是山门的湘潭城全景图，把湘潭全景以泥塑方式全部装饰在山门上，是研究湘潭历史的重要资料 | |
| | | 别称 | 鲁班殿 | | | |
| | | 所在省/市/县 | 湘潭 | | | |
| | | 具体位置 | 自力街兴建坪 | | | |
| | | 始建年代 | 清乾隆年间 | | | |
| | | 现状/修复状况 | 已修复 | | | |
| | | 建造者/原因 | 泥木业祭拜鲁班，酬神集会 | | | |
| | | 来源 | 实地调研、作者自摄 | | | |

# 附录四　历史上嘉陵江流域曾存在过的会馆

（数据来源为嘉陵江流域各地府、州、县志，结合实地调研综合而成）

| 城市 | 地区 | 会馆名称 | 备注 | 具体地点 |
|------|------|----------|------|----------|
| 广元 | 广元市 | 关帝庙（武庙） | 陕西会馆 | 治城大西门内 |
| 广元 | 广元市 | 关岳庙 | 陕西会馆 | 未记载 |
| 广元 | 广元市 | 龙王庙 | 船帮会馆 | 治城内西上城壕 |
| 广元 | 广元市 | 河神祠 | 船帮会馆 | 比邻祝融祠 |
| 广元 | 广元市 | 玉皇庙 | 湖南会馆 | 在东山之侧毗连水观音庙 |
| 广元 | 广元市 | 药王庙 | 药帮会馆 | 治城东山之阳，比邻城隍庙 |
| 广元 | 广元市 | 马王庙 | 马帮会馆 | 东山之侧 |
| 广元 | 广元市 | 禹王宫 | 湖广会馆 | 在县城东街 |
| 广元 | 广元市 | 三元宫 | 陕西会馆 | 邻天后宫 |
| 广元 | 广元市 | 濂溪祠 | 湖南会馆 | 在禹王宫后 |
| 广元 | 广元市 | 天后宫 | 福建会馆 | 邻禹王宫 |
| 广元 | 广元市 | 南华宫 | 广东会馆 | 县城文献街 |
| 广元 | 广元市 | 万寿宫 | 江西会馆 | 县城上南街 |
| 广元 | 广元市 | 巧圣宫 | 木石匠业会馆 | 在南门外先农坛东 |
| 广元 | 广元市 | 五显庙 | 江西会馆 | 在鼓楼西街口 |
| 广元 | 广元市 | 桓侯庙 | 屠业会馆 | 旧在西门西内城壕，新为城中北街市肆 |
| 广元 | 广元市 | 真武宫 | 湖广会馆 | 县北门内 |
| 广元 | 广元市 | 紫云宫（王爷庙） | 船帮会馆 | 城外上河街 |

续表

| 城市 | 地区 | 会馆名称 | 备注 | 具体地点 |
|------|------|----------|------|----------|
| 广元 | 广元市 | 瘟祖庙 | 药帮会馆 | 在北街考院后 |
| 广元 | 广元市 | 四王庙（杨泗） | 船帮会馆 | 在城外下河街 |
| 广元 | 广元市 | 白衣庵 | 药帮会馆 | 在南河屯二南山 |
| 广元 | 广元市 | 三清庙 | 陕西会馆 | 在下西堡河湾场北山 |
| 广元 | 广元市 | 三圣宫 | 陕西会馆 | 未记载 |
| 广元 | 广元市 | 玉皇殿 | 湖南会馆 | 未记载 |
| 广元 | 广元市 | 老庙（真武宫） | 湖广会馆 | 未记载 |
| 广元 | 广元市 | 龙王庙 | 船帮会馆 | 未记载 |
| 广元 | 广元市 | 万寿宫 | 江西会馆 | 未记载 |
| 广元 | 广元市 | 禹王宫 | 湖广会馆 | 未记载 |
| 广元 | 广元市 | 息瘟宫 | 药帮会馆 | 在正街 |
| 广元 | 广元市 | 紫云宫 | 船帮会馆 | 未记载 |
| 广元 | 广元市 | 万寿宫 | 江西会馆 | 在大街 |
| 广元 | 广元市 | 南华宫 | 广东会馆 | 未记载 |
| 广元 | 广元市 | 紫云宫 | 船帮会馆 | 立溪崖河东 |
| 广元 | 广元市 | 紫云宫 | 船帮会馆 | 立溪崖河西 |
| 广元 | 广元市 | 紫云宫 | 船帮会馆 | 鹿门口 |
| 广元 | 广元市 | 三清庙 | 陕西会馆 | 长滩 |
| 广元 | 广元市 | 白马庙 | 江西会馆 | 未记载 |
| 广元 | 广元市 | 梓橦宫 | 书业会馆 | 未记载 |

| 城市 | 地区 | 会馆名称 | 备注 | 具体地点 |
|------|------|----------|------|----------|
| 广元 | 广元市 | 川主庙 | 四川会馆 | 在堡西10里 |
| 广元 | 广元市 | 桓侯祠 | 屠业会馆 | 未记载 |
| 广元 | 广元市 | 禹王宫 | 湖广会馆 | 未记载 |
| 广元 | 广元市 | 万寿宫 | 江西会馆 | 未记载 |
| 广元 | 广元市 | 五郎庙 | 江西会馆 | 未记载 |
| 广元 | 广元市 | 关帝庙 | 陕西会馆 | 在水磨堡场 |
| 广元 | 广元市 | 梓橦庙 | 书业会馆 | 未记载 |
| 广元 | 广元市 | 万寿寺（万寿宫） | 江西会馆 | 未记载 |
| 广元 | 广元市 | 二圣寺 | 四川会馆 | 未记载 |
| 广元 | 广元市 | 双庙子 | 船帮会馆 | 未记载 |
| 广元 | 广元市 | 万寿寺（万寿宫） | 江西会馆 | 在县北60里东 |
| 广元 | 广元市 | 南华寺 | 广东会馆 | 县北130里 |
| 广元 | 广元市 | 关帝庙 | 陕西会馆 | 未记载 |
| 广元 | 昭化区 | 王爷庙 | 船帮会馆 | 在城外东嘉陵江畔 |
| 广元 | 昭化区 | 乐楼 | 戏班会馆 | |
| 广元 | 昭化区 | 武庙 | 陕西会馆 | 城内文庙西 |
| 广元 | 昭化区 | 武庙 | 陕西会馆 | 在东门外，道光六年（1826年）邑人新建于城内西北隅 |
| 广元 | 昭化区 | 马王祠 | 马帮会馆 | 在署东马號之内 |

续表

| 城市 | 地区 | 会馆名称 | 备注 | 具体地点 |
|---|---|---|---|---|
| 广元 | 昭化区 | 火神祠 | 盐业会馆 | 在箭道街 |
| 广元 | 昭化区 | 龙王祠 | 船帮会馆 | 在正街西 |
| 广元 | 昭化区 | 江神祠 | 船帮会馆 | 在桔柏岸东 |
| 广元 | 昭化区 | 药王庙 | 药帮会馆 | 在西街 |
| 广元 | 昭化区 | 梓橦庙 | 书业会馆 | 在西门外 |
| 广元 | 昭化区 | 五神庙 | 江西会馆 | |
| 广元 | 昭化区 | 王爷庙 | 船帮会馆 | 在桔柏渡北岸 |
| 广元 | 昭化区 | 仓圣宫 | 书业会馆 | 在北门外 |
| 广元 | 昭化区 | 川主庙 | 四川会馆 | 在县北10里 |
| 广元 | 昭化区 | 关帝庙 | 陕西会馆 | 在县北130里 |
| 广元 | 昭化区 | 二郎庙 | 四川会馆 | |
| 广元 | 昭化区 | 元极宫（祀真武帝） | 湖广会馆 | 在治北南140里 |
| 广元 | 昭化区 | 府君庙 | 毡坊业会馆 | 在县南230里 |
| 广元 | 昭化区 | 凤凰宫 | 回民会馆 | 在县南240里 |
| 广元 | 剑阁县 | 真武宫 | 湖广会馆 | 在州署北 |
| 广元 | 剑阁县 | 龙王庙 | 船帮会馆 | 在州署西北 |
| 广元 | 剑阁县 | 二贤祠 | 四川会馆 | |
| 广元 | 剑阁县 | 武庙 | 陕西会馆 | |
| 广元 | 剑阁县 | 火神庙 | 盐业会馆 | |
| 广元 | 剑阁县 | 二宫馆 | 四川会馆 | |

续表

| 城市 | 地区 | 会馆名称 | 备注 | 具体地点 |
|------|------|----------|------|----------|
| 广元 | 剑阁县 | 开封庙 | 河南会馆 | 在州城外西南120里 |
| 广元 | 剑阁县 | 张王庙 | 屠业会馆 | 在州城外东南90里嘉陵江西岸 |
| 广元 | 剑阁县 | 白龙庙 | 船帮会馆 | |
| 广元 | 剑阁县 | 关帝庙 | 陕西会馆 | 在州署西 |
| 广元 | 剑阁县 | 火神庙 | 盐业会馆 | 在州署前与南门正对 |
| 广元 | 剑阁县 | 二贤祠 | 四川会馆 | 在州署西 |
| 广元 | 剑阁县 | 元极宫 | 湖广会馆 | 在州署后 |
| 广元 | 剑阁县 | 停船观 | 船帮会馆 | 在县东70里 |
| 广元 | 剑阁县 | 盘龙庙 | 船帮会馆 | 在县南20里 |
| 广元 | 剑阁县 | 五祖寺 | 五省会馆 | 在县北50里 |
| 广元 | 剑阁县 | 八圣宫 | 八省会馆 | 在县南60里 |
| 广元 | 剑阁县 | 新庙 | 陕西会馆 | 在县南90里，即古会龙庙 |
| 广元 | 剑阁县 | 皇山寺 | 湖南会馆 | 在县南170里 |
| 广元 | 剑阁县 | 白龙庙 | 船帮会馆 | 在县南100里 |
| 广元 | 剑阁县 | 二郎庙 | 四川会馆 | 在县东北110里 |
| 南充 | 顺庆区 | 桓侯祠 | 屠业会馆 | 府治前 |
| 南充 | 顺庆区 | 祀侯庙 | 四川会馆 | 治西城外 |
| 南充 | 顺庆区 | 川主庙 | 四川会馆 | 未记载 |
| 南充 | 营山县 | 水府祠 | 船帮会馆 | 治东 |
| 南充 | 营山县 | 关帝庙 | 陕西会馆 | 治西 |

续表

| 城市 | 地区 | 会馆名称 | 备注 | 具体地点 |
|------|------|----------|------|----------|
| 南充 | 西充县 | 川主庙 | 四川会馆 | |
| 广安 | 广安区 | 武安庙 | 陕西会馆 | 旧在治东，今重建治西 |
| 广安 | 广安区 | 桓侯庙 | 屠业会馆 | 在州南2里 |
| 广安 | 广安区 | 关帝庙 | 陕西会馆 | 治东 |
| 广安 | 岳池县 | 关帝庙 | 陕西会馆 | 治东 |
| 广安 | 岳池县 | 玉观庙 | 湖南会馆 | 治西 |
| 广安 | 武胜县 | 文昌庙 | 科举会馆 | 在城西南 |
| 广安 | 武胜县 | 关帝庙 | 陕西会馆 | 在城西南 |
| 广安 | 武胜县 | 龙神庙 | 船帮会馆 | 在县北隅 |
| 广安 | 武胜县 | 火神庙 | 盐业会馆 | 在县东南 |
| 广安 | 武胜县 | 吕祖祠 | 剃头业会馆 | 在楚省公所后 |
| 广安 | 武胜县 | 楚省公所 | 湖广会馆 | 未记载 |
| 广安 | 邻水县 | 关帝庙 | 陕西会馆 | 治侧 |
| 广安 | 邻水县 | 张桓侯祠 | 屠业会馆 | 治东 |
| 广安 | 邻水县 | 川主庙 | 四川会馆 | 在北门外 |
| 重庆 | 渝中区 | 文昌庙 | 科举会馆 | 在府西 |
| 重庆 | 渝中区 | 关帝庙 | 陕西会馆 | 在府治西 |
| 重庆 | 渝中区 | 龙神祠 | 船帮会馆 | 改治平旧寺建 |
| 重庆 | 渝中区 | 火神庙 | 盐业会馆 | 在储奇门内 |
| 重庆 | 渝中区 | 川主祠 | 四川会馆 | 在府城南门内 |

续表

| 城市 | 地区 | 会馆名称 | 备注 | 具体地点 |
|------|------|----------|------|----------|
| 重庆 | 渝中区 | 巴蔓子祠 | 重庆会馆 | 在通远门内 |
| 重庆 | 渝中区 | 吕祖庙 | 剃头业会馆 | 在旗纛庙内 |
| 重庆 | 渝中区 | 璧山庙 | 重庆会馆 | 在府城内 |
| 重庆 | 渝中区 | 三忠祠 | 陕西会馆 | 旧在南纪门内，新为缙云书院改建 |
| 重庆 | 渝中区 | 李公祠 | 湖南会馆 | 在府城治平寺内 |
| 重庆 | 渝中区 | 五福宫 | 五省会馆 | |
| 重庆 | 渝中区 | 土主庙 | 云贵会馆 | 在南纪门内 |
| 重庆 | 渝中区 | 紫云宫（紫霄宫） | 船帮会馆 | 在金紫门内 |
| 重庆 | 渝中区 | 老官庙 | 烟帮会馆 | 未记载 |
| 重庆 | 渝中区 | 武圣宫 | 山陕会馆 | 未记载 |
| 重庆 | 渝中区 | 浙江馆 | 江南会馆 | 未记载 |
| 重庆 | 渝中区 | 三圣殿 | 陕西会馆 | 未记载 |
| 重庆 | 渝中区 | 武圣庙 | 山陕会馆 | 未记载 |
| 重庆 | 渝中区 | 三圣宫 | 陕西会馆 | 未记载 |
| 重庆 | 渝中区 | 王爷庙 | 船帮会馆 | 在太平门外 |
| 重庆 | 渝中区 | 水府宫 | 船帮会馆 | 未记载 |
| 重庆 | 渝中区 | 南华宫 | 广东会馆 | 未记载 |
| 重庆 | 渝中区 | 黄州公所 | 黄州会馆 | 在东水门内 |
| 重庆 | 渝中区 | 湖南公所 | 湖南会馆 | 在东水门内 |
| 重庆 | 渝中区 | 禹王宫 | 湖广会馆 | 在东水门内 |

续表

| 城市 | 地区 | 会馆名称 | 备注 | 具体地点 |
|------|------|----------|------|----------|
| 重庆 | 渝中区 | 江南公所 | 江南会馆 | 在东水门内 |
| 重庆 | 渝中区 | 药王庙 | 药帮会馆 | 未记载 |
| 重庆 | 渝中区 | 娘娘殿 | 福建会馆 | 未记载 |
| 重庆 | 渝中区 | 光华庙（五显庙） | 江西会馆 | 在魁星楼东南 |
| 重庆 | 渝中区 | 东川书院 | 科举会馆 | 在城内北 |
| 重庆 | 渝中区 | 二郎庙 | 四川会馆 | 在千厮门内 |
| 重庆 | 渝中区 | 王爷庙 | 船帮会馆 | 在千厮门外 |
| 重庆 | 渝中区 | 老官庙 | 烟帮会馆 | 在千厮门外 |
| 重庆 | 渝中区 | 五顕庙 | 江西会馆 | 在井盐坡 |
| 重庆 | 渝中区 | 马王庙（金马寺） | 马帮会馆 | 在南纪门内 |
| 重庆 | 渝中区 | 马王庙 | 马帮会馆 | 在县治头门左马号 |
| 重庆 | 渝中区 | 马王庙 | 马帮会馆 | 在朝天门内 |
| 重庆 | 渝中区 | 列圣宫 | 浙江会馆 | 在储奇门内 |
| 重庆 | 渝中区 | 云贵公所 | 云贵会馆 | 在绣壁街 |
| 重庆 | 渝中区 | 同庆公所 | 普洱茶会馆 | 在白象街 |
| 重庆 | 渝中区 | 紫云宫 | 船帮会馆 | 在千厮门外 |
| 重庆 | 渝中区 | 山西馆 | 山西会馆 | 在人和湾 |
| 重庆 | 渝中区 | 三元庙（陕西公所） | 陕西会馆 | 在朝天门内 |
| 重庆 | 渝中区 | 天后宫 | 福建会馆 | 在陕西公所南 |

续表

| 城市 | 地区 | 会馆名称 | 备注 | 具体地点 |
|------|------|----------|------|----------|
| 重庆 | 渝中区 | 九河靛帮会馆 | 靛帮会馆 | 在陕西公所南 |
| 重庆 | 渝中区 | 万寿宫 | 江西会馆 | 在报恩寺东 |
| 重庆 | 渝中区 | 晒花公所 | 晒花会馆 | 在仁靖门附近 |
| 重庆 | 渝中区 | 梓橦宫（书帮公所） | 书业会馆 | 在南纪门内 |
| 重庆 | 渝中区 | 鲁祖庙 | 木石匠业会馆 | 在杨家十字 |
| 重庆 | 涪陵区 | 文昌庙 | 科举会馆 | 未记载 |
| 重庆 | 涪陵区 | 关帝庙 | 陕西会馆 | 未记载 |
| 重庆 | 涪陵区 | 龙神祠 | 船帮会馆 | 未记载 |
| 重庆 | 涪陵区 | 火神祠 | 盐业会馆 | 未记载 |
| 重庆 | 涪陵区 | 伏波祠 | 船帮会馆 | 在州东5里 |
| 重庆 | 涪陵区 | 天后宫 | 福建会馆 | 在州东1里 |
| 重庆 | 涪陵区 | 五贤祠 | 江西会馆 | 在州南 |
| 重庆 | 江北区 | 文昌庙 | 科举会馆 | 在厅西北 |
| 重庆 | 江北区 | 关帝庙 | 陕西会馆 | 在厅治西保定门内 |
| 重庆 | 江北区 | 龙神祠 | 船帮会馆 | 在厅署后 |
| 重庆 | 江北区 | 火神祠 | 盐业会馆 | 在觐阳门内 |
| 重庆 | 江北区 | 仓颉祠 | 书业会馆 | 在文昌庙右 |
| 重庆 | 江北区 | 吕祖祠 | 剃头业会馆 | 在镇安门外 |
| 重庆 | 江北区 | 紫云宫 | 船帮会馆 | 在东昇门内 |
| 重庆 | 江北区 | 川主庙 | 四川会馆 | 未记载 |

续表

| 城市 | 地区 | 会馆名称 | 备注 | 具体地点 |
|------|------|----------|------|----------|
| 重庆 | 江北区 | 水府宫 | 船帮会馆 | 在虎头山 |
| 重庆 | 江北区 | 马公馆 | 船帮会馆 | 在嘉陵门内 |
| 重庆 | 江北区 | 嘉陵书院 | 科举会馆 | 在保定门内 |
| 重庆 | 江北区 | 鲁祖庙（鲁班庙） | 木石匠业会馆 | 在觐阳门内 |
| 重庆 | 江北区 | 桓侯庙 | 屠业会馆 | 在厅涪陵街 |
| 重庆 | 江北区 | 紫云寺 | 船帮会馆 | 在仁里 |
| 重庆 | 江北区 | 黑神庙 | 云贵会馆 | 未记载 |
| 重庆 | 江北区 | 万寿寺 | 江西会馆 | 三甲燕子岩洪坪 |
| 重庆 | 江北区 | 牛王庙 | 船帮会馆 | 未记载 |
| 重庆 | 江北区 | 将军庙 | 船帮会馆 | 厅西北四十里 |
| 重庆 | 綦江区 | 文昌庙 | 科举会馆 | 在中街 |
| 重庆 | 綦江区 | 关帝庙 | 陕西会馆 | 在县北门外 |
| 重庆 | 綦江区 | 龙神祠 | 船帮会馆 | 在北街 |
| 重庆 | 綦江区 | 火神祠 | 盐业会馆 | 在北街 |
| 重庆 | 綦江区 | 刘将军庙 | 粮业会馆 | 在东岳庙左 |
| 重庆 | 綦江区 | 川主庙 | 四川会馆 | 在中街城隍庙后 |
| 重庆 | 大足区 | 文昌庙 | 科举会馆 | 在县东 |
| 重庆 | 大足区 | 关帝庙 | 陕西会馆 | 在县南门内 |
| 重庆 | 大足区 | 龙神祠 | 船帮会馆 | 在东门外 |
| 重庆 | 大足区 | 火神祠 | 盐业会馆 | 在县南 |

续表

| 城市 | 地区 | 会馆名称 | 备注 | 具体地点 |
|------|------|---------|------|---------|
| 重庆 | 巴南区 | 文昌宫 | 科举会馆 | 在神仙口街 |
| 重庆 | 巴南区 | 关帝庙 | 陕西会馆 | 都邮街上街 |
| 重庆 | 巴南区 | 龙神祠 | 船帮会馆 | 今龙王庙街 |
| 重庆 | 巴南区 | 三忠祠 | 陕西会馆 | 在县庙街 |
| 重庆 | 巴南区 | 萧曹庙 | 江西会馆 | 在县治头门内 |
| 重庆 | 长寿区 | 文昌庙 | 科举会馆 | 在东门外 |
| 重庆 | 长寿区 | 关帝庙 | 陕西会馆 | 在县城迎晖门外 |
| 重庆 | 长寿区 | 龙神祠 | 船帮会馆 | 在县东1里 |
| 重庆 | 长寿区 | 火神祠 | 盐业会馆 | 在县南1里 |
| 重庆 | 长寿区 | 川主庙 | 四川会馆 | 治南三里许 |
| 重庆 | 长寿区 | 张桓侯庙 | 屠业会馆 | 在县西 |
| 重庆 | 长寿区 | 雄威庙 | 屠业会馆 | 在旧县东5里 |
| 重庆 | 江津区 | 文昌庙 | 科举会馆 | 未记载 |
| 重庆 | 江津区 | 关帝庙 | 陕西会馆 | 在迎恩门内 |
| 重庆 | 江津区 | 龙神祠 | 船帮会馆 | 在城隍庙右，城隍庙在县治西250步 |
| 重庆 | 江津区 | 火神祠 | 盐业会馆 | 在东阜门内 |
| 重庆 | 江津区 | 二贤祠 | 四川会馆 | 在县东70里二贤山 |
| 重庆 | 合川区 | 文昌庙 | 科举会馆 | 未记载 |
| 重庆 | 合川区 | 关帝庙 | 陕西会馆 | 未记载 |
| 重庆 | 合川区 | 龙神祠 | 船帮会馆 | 在小南街 |

续表

| 城市 | 地区 | 会馆名称 | 备注 | 具体地点 |
|---|---|---|---|---|
| 重庆 | 合川区 | 火神祠 | 盐业会馆 | 在城东街 |
| 重庆 | 合川区 | 雄威庙（桓侯祠） | 屠业会馆 | 在州城西 |
| 重庆 | 合川区 | 张公祠 | 屠业会馆 | 在州西 |
| 重庆 | 合川区 | 普泽庙（供奉璧山神） | 重庆会馆 | 在州城西 |
| 重庆 | 合川区 | 濂溪祠 | 湖南会馆 | 在州学宫侧 |
| 重庆 | 合川区 | 张王二公祠 | 屠业会馆 | 在州东北钓鱼山 |
| 重庆 | 永川区 | 文昌庙 | 科举会馆 | 在县西南 |
| 重庆 | 永川区 | 关帝庙 | 陕西会馆 | 在县东 |
| 重庆 | 永川区 | 龙神祠 | 船帮会馆 | 未记载 |
| 重庆 | 永川区 | 火神祠 | 盐业会馆 | 未记载 |
| 重庆 | 南川区 | 文昌庙 | 科举会馆 | 在城西街 |
| 重庆 | 南川区 | 关帝庙 | 陕西会馆 | 在城内南街 |
| 重庆 | 南川区 | 龙神祠 | 船帮会馆 | 在城内南街 |
| 重庆 | 南川区 | 火神祠 | 盐业会馆 | 在城内南街 |
| 重庆 | 南川区 | 川主庙 | 四川会馆 | 在县南门内 |
| 重庆 | 璧山区 | 文昌庙 | 科举会馆 | 未记载 |
| 重庆 | 璧山区 | 关帝庙 | 陕西会馆 | 未记载 |
| 重庆 | 璧山区 | 龙神祠 | 船帮会馆 | 在县城南 |
| 重庆 | 璧山区 | 火神祠 | 盐业会馆 | 在县城东 |
| 重庆 | 璧山区 | 普泽庙 | 重庆会馆 | 在县南 |

| 城市 | 地区 | 会馆名称 | 备注 | 具体地点 |
|---|---|---|---|---|
| 重庆 | 铜梁区 | 文昌庙 | 科举会馆 | 在县东北 |
| 重庆 | 铜梁区 | 关帝庙 | 陕西会馆 | 在县西门外 |
| 重庆 | 铜梁区 | 龙神祠 | 船帮会馆 | 在县西 |
| 重庆 | 铜梁区 | 火神祠 | 盐业会馆 | 未记载 |
| 重庆 | 铜梁区 | 土主庙 | 云贵会馆 | 在县南 |
| 重庆 | 铜梁区 | 川主庙 | 四川会馆 | 在大北街 |
| 重庆 | 铜梁区 | 桓侯庙 | 屠业会馆 | 在大北街 |
| 重庆 | 铜梁区 | 文昌庙（安居古镇） | 科举会馆 | 在城内正街 |
| 重庆 | 铜梁区 | 关帝庙（安居古镇） | 陕西会馆 | 在南门内 |
| 重庆 | 荣昌区 | 文昌庙 | 科举会馆 | 在县北街 |
| 重庆 | 荣昌区 | 关帝庙 | 陕西会馆 | 在县城南 |
| 重庆 | 荣昌区 | 龙神祠 | 船帮会馆 | 在县城东 |
| 重庆 | 荣昌区 | 火神祠 | 盐业会馆 | 在县城西北 |
| 重庆 | 荣昌区 | 土主庙 | 云贵会馆 | 在铜鼓山 |
| 重庆 | 梁平区（梁山县） | 关帝庙 | 陕西会馆 | 县东邑 |
| 重庆 | 梁平区（梁山县） | 关帝庙 | 陕西会馆 | 东路 |
| 重庆 | 梁平区（梁山县） | 关帝庙 | 陕西会馆 | 凉店铺 |
| 重庆 | 梁平区（梁山县） | 关帝庙 | 陕西会馆 | 葫芦坝 |

续表

| 城市 | 地区 | 会馆名称 | 备注 | 具体地点 |
|------|------|----------|------|----------|
| 重庆 | 梁平区（梁山县） | 关帝庙 | 陕西会馆 | 石家场 |
| 重庆 | 梁平区（梁山县） | 关帝庙 | 陕西会馆 | 白兔亭南路 |
| 重庆 | 梁平区（梁山县） | 关帝庙 | 陕西会馆 | 观音场 |
| 重庆 | 梁平区（梁山县） | 关帝庙 | 陕西会馆 | 麻柳场 |
| 重庆 | 梁平区（梁山县） | 关帝庙 | 陕西会馆 | 赤牛城 |
| 重庆 | 梁平区（梁山县） | 关帝庙 | 陕西会馆 | 沙垭场 |
| 重庆 | 梁平区（梁山县） | 关帝庙 | 陕西会馆 | 石桂坪 |
| 重庆 | 梁平区（梁山县） | 关帝庙 | 陕西会馆 | 仁和场西路 |
| 重庆 | 梁平区（梁山县） | 关帝庙 | 陕西会馆 | 城外半边街 |
| 重庆 | 梁平区（梁山县） | 关帝庙 | 陕西会馆 | 沙河铺杨家嘴 |
| 重庆 | 梁平区（梁山县） | 关帝庙 | 陕西会馆 | 沙河铺袁壩驿 |
| 重庆 | 梁平区（梁山县） | 关帝庙 | 陕西会馆 | 老营场 |
| 重庆 | 梁平区（梁山县） | 关帝庙 | 陕西会馆 | 虎城场北路 |
| 重庆 | 梁平区（梁山县） | 关帝庙 | 陕西会馆 | 护城塞 |

续表

| 城市 | 地区 | 会馆名称 | 备注 | 具体地点 |
|------|------|---------|------|---------|
| 重庆 | 梁平区<br>（梁山县） | 赤帝宫<br>（火神庙） | 盐业会馆 | 县东城外 |
| 重庆 | 梁平区<br>（梁山县） | 龙神祠 | 船帮会馆 | 县西城内 |
| 重庆 | 梁平区<br>（梁山县） | 川主庙 | 四川会馆 | 县东城外 |
| 重庆 | 梁平区<br>（梁山县） | 紫云宫 | 船帮会馆 | 县东城外 |
| 重庆 | 梁平区<br>（梁山县） | 禹王宫 | 湖广会馆 | 县东城外 |
| 重庆 | 梁平区<br>（梁山县） | 宣化宫<br>（湖北宣化） | 湖广会馆 | 县东城外 |
| 重庆 | 梁平区<br>（梁山县） | 轩辕庙 | 缝纫业会馆 | 县东城外 |
| 重庆 | 梁平区<br>（梁山县） | 万寿宫 | 江西会馆 | 县东城外 |
| 重庆 | 梁平区<br>（梁山县） | 豫章会馆 | 上海会馆 | 在旧武庙位置 |
| 重庆 | 梁平区<br>（梁山县） | 桓侯宫 | 屠业会馆 | 县南城内 |
| 重庆 | 梁平区<br>（梁山县） | 万天宫 | 广东会馆 | 县南城内 |
| 重庆 | 梁平区<br>（梁山县） | 帝主宫 | 黄州会馆 | 县南城内 |
| 重庆 | 梁平区<br>（梁山县） | 昭武宫 | 抚州会馆 | 县南城内 |
| 重庆 | 梁平区<br>（梁山县） | 天上宫 | 福建会馆 | 县南城内 |

续表

| 城市 | 地区 | 会馆名称 | 备注 | 具体地点 |
|------|------|---------|------|---------|
| 重庆 | 梁平区（梁山县） | 药王庙 | 药帮会馆 | 县南城内 |
| 重庆 | 梁平区（梁山县） | 福禄宫 | 钱业会馆 | 县南城内 |
| 重庆 | 梁平区（梁山县） | 吕祖庙 | 剃头业会馆 | 县南城内 |
| 重庆 | 梁平区（梁山县） | 玉皇宫 | 湖南会馆 | 县西城外 |
| 重庆 | 梁平区（梁山县） | 三官殿 | 江西会馆 | 县西城外 |
| 重庆 | 梁平区（梁山县） | 三圣宫 | 陕西会馆 | 县西城外 |
| 重庆 | 梁平区（梁山县） | | 陕西会馆 | 县西凉水井 |
| 重庆 | 梁平区（梁山县） | 机神庙 | 丝绸会馆 | 县北城外 |
| 重庆 | 梁平区（梁山县） | 玉皇殿 | 湖南会馆 | 县北路 |
| 重庆 | 梁平区（梁山县） | 黄溪庙 | 湖南会馆 | 县小西路 |
| 重庆 | 梁平区（梁山县） | 濂溪祠 | 湖南会馆 | 县北路新场 |
| 重庆 | 梁平区（梁山县） | 武安王祠 | 陕西会馆 | 县南路 |
| 重庆 | 梁平区（梁山县） | 万天宫 | 广东会馆 | 县西15里 |
| 达州 | 大竹县 | 万寿寺 | 江西会馆 | 治南 |

续表

| 城市 | 地区 | 会馆名称 | 备注 | 具体地点 |
|------|------|----------|------|----------|
| 达州 | 渠县 | 川主庙 | 四川会馆 | 治北1里 |
| 达州 | 渠县 | 关圣祠 | 陕西会馆 | 治西南宝山上 |
| 达州 | 渠县 | 张公祠（桓侯祠） | 屠业会馆 | 治东7里八獴山上 |
| 陇南 | 康县 | 关帝庙 | 陕西会馆 | 在城内衙署东 |
| 陇南 | 康县 | 关帝庙 | 陕西会馆 | 未记载 |
| 陇南 | 康县 | 药王庙 | 药帮会馆 | 未记载 |
| 陇南 | 康县 | 三官庙 | 江西会馆 | 在普净寺对面 |
| 陇南 | 康县 | 华山寺（牛王庙） | 马帮会馆 | 在县北6里 |
| 陇南 | 康县 | 关帝庙 | 陕西会馆 | 在县北10里 |
| 陇南 | 康县 | 茶树山庙（龙神庙） | 船帮会馆 | 在县东南15里 |
| 陇南 | 康县 | 迴龙寺 | 船帮会馆 | 在县东12里 |
| 陇南 | 康县 | 祖师殿 | 湖广会馆 | 在犀牛寺对面 |
| 陇南 | 康县 | 珍紫山庙 | 河北会馆 | 在黄陈湾山顶 |
| 陇南 | 康县 | 娘娘殿 | 福建会馆 | 未记载 |
| 陇南 | 康县 | 东岳山庙 | 陕西会馆 | 未记载 |
| 陇南 | 康县 | 东岳山庙 | 陕西会馆 | 在八户峪之大堡子 |
| 陇南 | 康县 | 玉皇殿 | 湖南会馆 | 在县北30里 |
| 陇南 | 康县 | 韦陀宫 | 湖广会馆 | 在县西百余里之平洛蜀中寨 |
| 陇南 | 康县 | 真武宫 | 湖广会馆 | 未记载 |

续表

| 城市 | 地区 | 会馆名称 | 备注 | 具体地点 |
|------|------|----------|------|----------|
| 陇南 | 康县 | 关帝庙 | 陕西会馆 | 在平洛镇上街 |
| 陇南 | 康县 | 真武殿 | 湖广会馆 | 在县北120里中寨城 |
| 陇南 | 康县 | 迴龙寺 | 船帮会馆 | 在县北110里辜家沟 |
| 陇南 | 康县 | 真武殿 | 湖广会馆 | 在县北110里麒麟山 |
| 陇南 | 康县 | 真武阁 | 湖广会馆 | 在县北50里三台山 |
| 陇南 | 康县 | 关帝庙 | 陕西会馆 | 在县南60里之岸门口下街 |
| 陇南 | 康县 | 关帝庙 | 陕西会馆 | 未记载 |
| 陇南 | 康县 | 观音庙 | 船帮会馆 | 在县南60里之岸门口中街 |
| 陇南 | 康县 | 玉皇殿 | 湖南会馆 | 在县南岸门口北5里 |
| 陇南 | 康县 | 熊池庙（龙王神） | 船帮会馆 | 在县西80里之碾子坝上街 |
| 陇南 | 康县 | 杨泗庙 | 船帮会馆 | 在县西150里之松林坝 |
| 陇南 | 康县 | 祖师殿 | 湖广会馆 | 在县西80里之碾子坝街 |
| 陇南 | 康县 | 熊池庙 | 船帮会馆 | 在县西百余里 |
| 陇南 | 徽县 | 关帝庙 | 陕西会馆 | 在城内 |
| 陇南 | 徽县 | 马王庙 | 马帮会馆 | 在城内 |
| 陇南 | 徽县 | 药王庙 | 药帮会馆 | 在城内 |
| 陇南 | 徽县 | 三元宫 | 陕西会馆 | 在城郊 |
| 陇南 | 徽县 | 鲁福寺 | 木石匠业会馆 | |
| 陇南 | 徽县 | 龙神庙 | 船帮会馆 | 在城西 |
| 陇南 | 徽县 | 三官庙 | 江西会馆 | 在东门外马莲坪 |

续表

| 城市 | 地区 | 会馆名称 | 备注 | 具体地点 |
|------|------|----------|------|----------|
| 陇南 | 徽县 | 三官庙 | 江西会馆 | 在旧城南 |
| 陇南 | 徽县 | 三官庙 | 江西会馆 | 在南门外 |
| 陇南 | 徽县 | 三官庙 | 江西会馆 | 在东河沿 |
| 汉中 | 南郑区 | 关岳庙 | 陕西会馆 | 在十字官官坊大钟楼西 |
| 汉中 | 南郑区 | 文昌宫 | 科举会馆 | 旧在南门内街西 |
| 汉中 | 南郑区 | 万寿宫 | 江西会馆 | 在华庙坊土街子 |
| 汉中 | 南郑区 | 三公祠 | 江西会馆 | 旧在文庙东孝义坊 |
| 汉中 | 南郑区 | 李公祠 | 湖南会馆 | 在孝义坊 |
| 汉中 | 南郑区 | 酂侯祠（萧何） | 江西会馆 | 在道署大堂西 |
| 汉中 | 南郑区 | 龙神祠 | 船帮会馆 | 东湖西岸 |
| 汉中 | 南郑区 | 三圣祠 | 陕西会馆 | 北门内教场东 |
| 汉中 | 南郑区 | 天爷庙 | 陕西会馆 | 行台坊 |
| 汉中 | 南郑区 | 火神庙 | 盐业会馆 | 道署照墙后府西坊 |
| 汉中 | 南郑区 | 仓神庙 | 书业会馆 | 十字官官坊 |
| 汉中 | 南郑区 | 三官庙 | 江西会馆 | 在华庙坊山西会馆旁 |
| 汉中 | 南郑区 | 二郎庙 | 四川会馆 | 西门内十字官官坊 |
| 汉中 | 南郑区 | 五云宫 | 江西会馆 | 城西北 |
| 汉中 | 南郑区 | 真武宫 | 湖广会馆 | 在察院坊 |
| 汉中 | 南郑区 | 川主庙 | 四川会馆 | 在察院坊 |
| 汉中 | 南郑区 | 药王庙 | 药帮会馆 | 在华庙坊新邻河南馆 |

续表

| 城市 | 地区 | 会馆名称 | 备注 | 具体地点 |
|------|------|----------|------|----------|
| 汉中 | 南郑区 | 山西会馆 | 山西会馆 | 后街北华庙坊 |
| 汉中 | 南郑区 | 江西会馆 | 江西会馆 | 孝义坊 |
| 汉中 | 南郑区 | 禹王宫 | 湖广会馆 | 孝义坊 |
| 汉中 | 南郑区 | 四川会馆 | 四川会馆 | 后街察院坊 |
| 汉中 | 南郑区 | 天师庙 | 江西会馆 | 华庙坊 |
| 汉中 | 南郑区 | 山西会馆 | 山西会馆 | 华庙坊 |
| 汉中 | 南郑区 | 罗祖庙 | 剃头业会馆 | 行台坊 |
| 汉中 | 南郑区 | 净明寺 | 陕西会馆 | 东关坊 |
| 汉中 | 南郑区 | 五郎庙 | 江西会馆 | 东关口 |
| 汉中 | 南郑区 | 福建会馆 | 福建会馆 | 未记载 |
| 汉中 | 南郑区 | 东观音阁 | 船帮会馆 | 书香坊 |
| 汉中 | 南郑区 | 护国寺 | 黄州会馆 | 未记载 |
| 汉中 | 南郑区 | 太平寺 | 湖广会馆 | 俱在行台坊 |
| 汉中 | 南郑区 | 准提庵 | 江南会馆 | 在府西坊 |
| 汉中 | 南郑区 | 万寿寺 | 湖广会馆 | 孝义坊 |
| 汉中 | 南郑区 | 万寿庵 | 江西会馆 | 西南30里 |
| 汉中 | 南郑区 | 阴平寺 | 甘肃会馆 | 西25里 |
| 汉中 | 南郑区 | 关帝庙 | 陕西会馆 | 东1里六铺 |
| 汉中 | 南郑区 | 五祖庙 | 江西会馆 | 治西四铺 |
| 汉中 | 南郑区 | 四郎庙 | 四省会馆 | 在四铺 |

续表

| 城市 | 地区 | 会馆名称 | 备注 | 具体地点 |
|------|------|---------|------|----------|
| 汉中 | 南郑区 | 火星庙 | 盐业会馆 | 小西门外2里 |
| 汉中 | 南郑区 | 天庆观（三清殿） | 陕西会馆 | 北三十里 |
| 汉中 | 南郑区 | 扁鹊观 | 药帮会馆 | 西北50里文川口 |
| 汉中 | 南郑区 | 行祠庙 | 四川会馆 | 西30里 |
| 汉中 | 南郑区 | 五郎庙 | 江西会馆 | 西40里 |
| 汉中 | 南郑区 | 玉皇观 | 湖南会馆 | 东北15里 |
| 汉中 | 南郑区 | 黄帝庙（轩辕宫） | 缝纫业会馆 | 西南20里 |
| 汉中 | 南郑区 | 伍子胥庙 | 湖广会馆 | 县北百丈堰 |
| 汉中 | 南郑区 | 杨泗将军庙 | 船帮会馆 | 县北15里 |
| 汉中 | 南郑区 | 萧公祠 | 江西会馆 | 在牧爱堂侧 |
| 汉中 | 南郑区 | 集庆庵 | 安徽会馆 | 西15里叶家堡南 |
| 汉中 | 洋县 | 三官庙 | 陕西会馆 | 华阳镇 |
| 汉中 | 洋县 | 火神庙 | 盐业会馆 | 华阳镇 |
| 汉中 | 洋县 | 观音庙 | 船帮会馆 | 华阳镇 |
| 汉中 | 洋县 | 山西会馆 | 山西会馆 | 华阳镇 |
| 汉中 | 洋县 | 河南会馆 | 河南会馆 | 华阳镇 |
| 汉中 | 洋县 | 四川会馆 | 四川会馆 | 华阳镇 |
| 汉中 | 洋县 | 两湖会馆 | 湖广会馆 | 华阳镇 |
| 汉中 | 洋县 | 玉皇庙会馆 | 湖南会馆 | 铁河乡 |

续表

| 城市 | 地区 | 会馆名称 | 备注 | 具体地点 |
|------|------|----------|------|----------|
| 汉中 | 洋县 | 商会会馆 | 药帮会馆 | 城关镇南大街 |
| 汉中 | 洋县 | 武昌会馆 | 湖广会馆 | 碾子乡 |
| 汉中 | 西乡县 | 山陕会馆 | 山陕会馆 | 城内 |
| 汉中 | 西乡县 | 川主庙 | 四川会馆 | 在县城 |
| 汉中 | 西乡县 | 武昌会馆 | 湖广会馆 | 在县城 |
| 汉中 | 勉县 | 火神庙 | 盐业会馆 | 在九台子 |
| 汉中 | 勉县 | 药王庙 | 药帮会馆 | 在城内南门巷 |
| 汉中 | 勉县 | 武庙 | 陕西会馆 | 在城内文庙西南 |
| 汉中 | 勉县 | 刘猛将军祠 | 粮业会馆 | 在县治西 |
| 汉中 | 勉县 | 三公祠 | 陕西会馆 | 在县东6里 |
| 汉中 | 勉县 | 马公祠 | 马帮会馆 | 在县东20里 |
| 汉中 | 勉县 | 土主庙 | 云贵会馆 | 未记载 |
| 汉中 | 勉县 | 女郎庙 | 陕西会馆 | 在县东南40里 |
| 汉中 | 勉县 | 王爷庙 | 船帮会馆 | 在县东10里 |
| 汉中 | 勉县 | 万寿宫 | 江西会馆 | 在县东1里 |
| 汉中 | 勉县 | 五郎庙 | 江西会馆 | 在县东关堡内 |
| 汉中 | 勉县 | 五灵宫 | 江西会馆 | 未记载 |
| 汉中 | 勉县 | 圣水寺 | 船帮会馆 | 在县西北5里方家壩上 |
| 汉中 | 勉县 | 龙王庙 | 船帮会馆 | 在县西南25里卓笔山下 |
| 汉中 | 宁强县 | 关帝庙 | 陕西会馆 | 在州北门内 |

续表

| 城市 | 地区 | 会馆名称 | 备注 | 具体地点 |
|---|---|---|---|---|
| 汉中 | 宁强县 | 马神庙 | 马帮会馆 | 在州署东 |
| 汉中 | 宁强县 | 火神庙 | 盐业会馆 | 在州内 |
| 汉中 | 宁强县 | 五皇庙 | 江西会馆 | 在州内 |
| 汉中 | 宁强县 | 刘公祠 | 粮业会馆 | 在州内 |
| 汉中 | 宁强县 | 观音楼 | 船帮会馆 | 在北门外 |
| 汉中 | 宁强县 | 龙神庙 | 船帮会馆 | 未记载 |
| 汉中 | 宁强县 | 吕祖庙 | 剃头业会馆 | 未记载 |
| 汉中 | 宁强县 | 刘猛将军祠 | 粮业会馆 | 未记载 |
| 汉中 | 宁强县 | 药王庙 | 药帮会馆 | 在治西 |
| 汉中 | 宁强县 | 禹王庙 | 湖广会馆 | 州北80里嶓冢山下 |
| 汉中 | 宁强县 | 晏公庙（平浪侯王） | 船帮会馆 | 在北门外 |
| 汉中 | 宁强县 | 五郎庙 | 江西会馆 | 在北门外 |
| 汉中 | 宁强县 | 三官庙 | 江西会馆 | 州东10里 |
| 汉中 | 宁强县 | 二郎庙 | 四川会馆 | 在七里壩 |
| 汉中 | 宁强县 | 镇江寺 | 船帮会馆 | 在胡家壩 |
| 汉中 | 宁强县 | 廻龙寺 | 船帮会馆 | 州东50里 |
| 汉中 | 宁强县 | 玉皇观 | 湖南会馆 | 在大安驿街后 |
| 汉中 | 宁强县 | 玉皇观 | 湖南会馆 | 在唐家壩 |
| 汉中 | 宁强县 | 玉皇观 | 湖南会馆 | 在州东10里 |
| 汉中 | 宁强县 | 廻龙寺 | 船帮会馆 | 在州西10里 |

续表

| 城市 | 地区 | 会馆名称 | 备注 | 具体地点 |
|------|------|---------|------|---------|
| 汉中 | 宁强县 | 陕甘川鄂会馆 | 四省会馆 | 燕子砭乡 |
| 汉中 | 略阳县 | 紫云宫 | 船帮会馆 | |
| 汉中 | 略阳县 | 江神庙（王爷庙） | 船帮会馆 | |
| 天水 | 秦州区 | 马王庙 | 马帮会馆 | |
| 天水 | 秦州区 | 汉阳书院 | 科举会馆 | 在吏目署东南 |
| 天水 | 秦州区 | 龙王庙 | 船帮会馆 | 在北郊 |
| 天水 | 秦州区 | 火神庙 | 盐业会馆 | 在会福寺内 |
| 天水 | 秦州区 | 火神庙 | 盐业会馆 | 在西郊同仁寺前 |
| 天水 | 秦州区 | 天水神庙（惠应庙） | 药帮会馆 | 南七里 |
| 天水 | 秦州区 | 娲皇庙 | 福建会馆 | 在凤凰山 |
| 天水 | 秦州区 | 黄帝庙（轩辕宫） | 缝纫业会馆 | 在东郭 |
| 天水 | 秦州区 | 关帝庙 | 陕西会馆 | 在东关 |
| 天水 | 秦州区 | 关帝庙 | 陕西会馆 | 西瓮城 |
| 天水 | 秦州区 | 关帝庙 | 陕西会馆 | 西关 |
| 天水 | 秦州区 | 关帝庙 | 陕西会馆 | 会福寺内 |
| 天水 | 秦州区 | 关帝庙 | 陕西会馆 | 北郊天靖山下 |
| 天水 | 秦州区 | 关帝庙 | 陕西会馆 | 东社棠镇 |
| 天水 | 秦州区 | 关帝庙 | 陕西会馆 | 东南街子镇 |
| 天水 | 秦州区 | 关帝庙 | 陕西会馆 | 西关子镇 |

续表

| 城市 | 地区 | 会馆名称 | 备注 | 具体地点 |
|---|---|---|---|---|
| 天水 | 秦州区 | 云章阁（吉安） | 江西会馆 | |
| 天水 | 秦州区 | 仓颉庙 | 书业会馆 | 在玉泉观 |
| 天水 | 秦州区 | 玉泉观 | 湖南会馆 | 城西北5里天靖山下 |
| 天水 | 秦州区 | 万寿庵 | 湖广会馆 | 在西郊 |
| 天水 | 秦州区 | 三官殿 | 江西会馆 | 东50里社棠镇 |
| 天水 | 秦安县 | 老君观 | 烟帮会馆 | 北十里即八景之一 |
| 天水 | 秦安县 | 陇川书院（陇山书院） | 科举会馆 | 在学署东 |
| 天水 | 秦安县 | 娘娘庙 | 福建会馆 | 在东街之北 |
| 天水 | 秦安县 | 玉皇庙 | 湖南会馆 | 在东街常平仓东 |
| 天水 | 秦安县 | 马祖庙 | 马帮会馆 | 旧在城隍庙西，移关帝庙西 |
| 天水 | 秦安县 | 龙王庙 | 船帮会馆 | 在西城壕边 |
| 天水 | 秦安县 | 三官殿 | 江西会馆 | 在东山 |
| 天水 | 秦安县 | 三官殿 | 江西会馆 | 在官寺北 |
| 天水 | 秦安县 | 三清殿 | 陕西会馆 | |
| 天水 | 秦安县 | 玉皇殿 | 湖南会馆 | |
| 天水 | 秦安县 | 雷祖殿 | 米面豆油行会馆 | |
| 遂宁 | 船山区 | 天上宫 | 福建会馆 | |
| 德阳 | 广汉市 | 武庙 | 陕西会馆 | 在城内州署东关帝庙街 |
| 德阳 | 广汉市 | 文昌宫 | 科举会馆 | 在城内梓潼街 |

续表

| 城市 | 地区 | 会馆名称 | 备注 | 具体地点 |
|---|---|---|---|---|
| 德阳 | 广汉市 | 龙神庙 | 船帮会馆 | 在城内开元寺前街 |
| 德阳 | 广汉市 | 龙神庙 | 船帮会馆 | 在西门外 |
| 德阳 | 广汉市 | 龙神庙 | 船帮会馆 | 在西门内 |
| 德阳 | 广汉市 | 龙神庙 | 船帮会馆 | 在北门外金坪街 |
| 德阳 | 广汉市 | 龙神庙 | 船帮会馆 | 在黑塔街 |
| 德阳 | 广汉市 | 龙神庙 | 船帮会馆 | 在汉阳街 |
| 德阳 | 广汉市 | 川主庙 | 四川会馆 | 在城内西北隅 |
| 德阳 | 广汉市 | 南华宫 | 广东会馆 | 未记载 |
| 德阳 | 广汉市 | 三元宫 | 陕西会馆 | 未记载 |
| 德阳 | 广汉市 | 元妙观 | 湖广会馆 | 未记载 |
| 德阳 | 广汉市 | 武圣宫 | 山陕会馆 | 在西门内 |
| 德阳 | 广汉市 | 二帝宫 | 四川会馆 | 在西门内 |
| 德阳 | 广汉市 | 万寿宫 | 江西会馆 | 在西门内 |
| 德阳 | 广汉市 | 天后宫 | 福建会馆 | 未记载 |
| 德阳 | 广汉市 | 药王庙 | 药帮会馆 | 在奎阁附近 |
| 德阳 | 广汉市 | 牛王庙 | 马帮会馆 | |
| 德阳 | 广汉市 | 三帝宫 | 陕西会馆 | 未记载 |
| 德阳 | 广汉市 | 关帝庙 | 陕西会馆 | 未记载 |
| 德阳 | 广汉市 | 关帝庙 | 陕西会馆 | 未记载 |
| 德阳 | 广汉市 | 万寿宫 | 江西会馆 | 未记载 |

续表

| 城市 | 地区 | 会馆名称 | 备注 | 具体地点 |
|------|------|----------|------|----------|
| 德阳 | 广汉市 | 圣母宫 | 福建会馆 | 在治北 |
| 德阳 | 广汉市 | 武圣宫 | 山陕会馆 | 在治北 |
| 德阳 | 广汉市 | 巧胜宫（鲁班） | 木石匠业会馆 | 在治北 |
| 德阳 | 广汉市 | 火神庙 | 盐业会馆 | 在治北 |
| 德阳 | 广汉市 | 梓橦宫 | 书业会馆 | 在治西 |
| 德阳 | 广汉市 | 大郎庙 | 四川会馆 | 在治西 |
| 德阳 | 广汉市 | 关帝庙 | 陕西会馆 | 在治西 |
| 德阳 | 广汉市 | 上帝宫（真武宫） | 湖广会馆 | 在治西 |
| 德阳 | 广汉市 | 二圣宫 | 四川会馆 | 州西离城六里许 |
| 德阳 | 广汉市 | 赤帝宫 | 盐业会馆 | 在新丰场内 |
| 德阳 | 广汉市 | 南华宫 | 广东会馆 | 未记载 |
| 德阳 | 什邡市 | 禹母祠（禹王宫） | 湖广会馆 | 未记载 |
| 德阳 | 什邡市 | 天后宫 | 福建会馆 | 在正东门内 |
| 德阳 | 什邡市 | 陕西馆 | 陕西会馆 | 在正东门内 |
| 德阳 | 什邡市 | 火神庙 | 盐业会馆 | 在正东门内 |
| 德阳 | 什邡市 | 江西馆 | 江西会馆 | 在正东门内 |
| 德阳 | 什邡市 | 湖广馆 | 湖广会馆 | 在正东门内 |
| 德阳 | 什邡市 | 观音阁 | 船帮会馆 | 在正东门内 |
| 德阳 | 什邡市 | 南华宫 | 广东会馆 | 在西门外 |

续表

| 城市 | 地区 | 会馆名称 | 备注 | 具体地点 |
|------|------|---------|------|---------|
| 德阳 | 什邡市 | 龙王庙 | 船帮会馆 | 在正东门外 |
| 德阳 | 什邡市 | 帝主宫 | 黄州会馆 | 在正东门外 |
| 德阳 | 什邡市 | 武庙 | 陕西会馆 | 在正东门外 |
| 德阳 | 什邡市 | 七郎庙 | 七省会馆 | 在船房后 |
| 德阳 | 什邡市 | 关庙子 | 陕西会馆 | 在治东15里石亭江侧 |
| 德阳 | 什邡市 | 牛王庙 | 马帮会馆 | 在治东14里 |
| 德阳 | 什邡市 | 迴龙寺 | 船帮会馆 | 在治东18里 |
| 德阳 | 什邡市 | 五显庙 | 江西会馆 | 在治东 |
| 德阳 | 什邡市 | 老君庙 | 烟帮会馆 | 在治东 |
| 德阳 | 什邡市 | 武胜宫 | 山陕会馆 | 在治东15里 |
| 德阳 | 什邡市 | 关岳庙 | 陕西会馆 | 在治东25里 |
| 德阳 | 什邡市 | 玉皇观 | 湖南会馆 | 在治南10里 |
| 德阳 | 什邡市 | 大王庙 | 四川会馆 | 在治北50里 |
| 德阳 | 什邡市 | 川主庙 | 四川会馆 | 在治北40里绕家场侧 |
| 德阳 | 什邡市 | 王爷庙 | 船帮会馆 | 在治北50里湔氏河发源处 |
| 德阳 | 什邡市 | 牛王庙 | 马帮会馆 | 治北12里 |
| 德阳 | 什邡市 | 禹母祠（禹王宫） | 湖广会馆 | 在治北红庙场街外 |
| 德阳 | 什邡市 | 天上宫 | 福建会馆 | 在玉清宫东 |
| 德阳 | 什邡市 | 桓侯祠 | 屠业会馆 | 在昭烈祠右 |
| 德阳 | 什邡市 | 帝主宫 | 黄州会馆 | 在外南街 |

| 城市 | 地区 | 会馆名称 | 备注 | 具体地点 |
|------|------|----------|------|----------|
| 德阳 | 什邡市 | 川主庙 | 四川会馆 | 在外西正街 |
| 德阳 | 什邡市 | 福建馆 | 福建会馆 | 外北正街 |
| 德阳 | 什邡市 | 上火神庙 | 盐业会馆 | 在兴隆场 |
| 德阳 | 什邡市 | 下火神庙 | 盐业会馆 | 在兴隆场 |
| 德阳 | 什邡市 | 真武宫 | 湖广会馆 | 在兴隆场 |
| 德阳 | 什邡市 | 南华宫 | 广东会馆 | 在兴隆场 |
| 德阳 | 什邡市 | 江西馆 | 江西会馆 | 马脚镇，在街中 |
| 德阳 | 什邡市 | 湖广馆 | 湖广会馆 | 马脚镇，在街中 |
| 德阳 | 什邡市 | 火神庙 | 盐业会馆 | 在何家场 |
| 德阳 | 什邡市 | 上火神庙 | 盐业会馆 | 徐家场，在上街偏南 |
| 德阳 | 什邡市 | 川主庙 | 四川会馆 | 徐家场，在上街 |
| 德阳 | 什邡市 | 真庆宫 | 湖广会馆 | 徐家场，在上街 |
| 德阳 | 什邡市 | 万寿宫 | 江西会馆 | 徐家场，在下街 |
| 德阳 | 什邡市 | 武圣宫 | 山陕会馆 | 徐家场，在下街 |
| 德阳 | 什邡市 | 南华宫 | 广东会馆 | 徐家场，在下街 |
| 德阳 | 什邡市 | 帝主宫 | 黄州会馆 | 徐家场，在下街 |
| 德阳 | 什邡市 | 下火神庙 | 盐业会馆 | 徐家场，在下街偏东 |
| 德阳 | 什邡市 | 禹王宫 | 湖广会馆 | 在隆兴场 |
| 德阳 | 什邡市 | 龙神祠 | 船帮会馆 | 永兴场，在上街 |
| 德阳 | 什邡市 | 王爷庙 | 船帮会馆 | 永兴场，在后街，旧为木商祭祀之所 |

续表

| 城市 | 地区 | 会馆名称 | 备注 | 具体地点 |
|------|------|----------|------|----------|
| 德阳 | 什邡市 | 武圣宫 | 山陕会馆 | 永兴场，在中街 |
| 德阳 | 什邡市 | 南华宫 | 广东会馆 | 永兴场，在中街 |
| 德阳 | 什邡市 | 真庆宫 | 湖广会馆 | 永兴场，在中街 |
| 德阳 | 什邡市 | 川主宫 | 四川会馆 | 永兴场，在中街十字口 |
| 德阳 | 什邡市 | 观音堂 | 船帮会馆 | 永兴场，在中街 |
| 德阳 | 什邡市 | 赤帝宫 | 盐业会馆 | 永兴场，在下场横街 |
| 德阳 | 什邡市 | 火神庙 | 盐业会馆 | 街子场，在上街 |
| 德阳 | 什邡市 | 湖广馆 | 湖广会馆 | 街子场，在中街 |
| 德阳 | 什邡市 | 万寿宫 | 江西会馆 | 街子场，在上街 |
| 德阳 | 什邡市 | 玉清宫 | 陕西会馆 | |
| 德阳 | 什邡市 | 大圣庙 | 福建会馆 | 街子场，在中街 |
| 德阳 | 什邡市 | 关帝宫 | 陕西会馆 | 街子场，在下街 |
| 德阳 | 什邡市 | 火神庙 | 盐业会馆 | 灵杰场，在上街 |
| 德阳 | 什邡市 | 南华宫 | 广东会馆 | 灵杰场，在中街 |
| 德阳 | 什邡市 | 天后宫 | 福建会馆 | |
| 德阳 | 什邡市 | 火神庙 | 盐业会馆 | 灵杰场，在下街 |
| 德阳 | 什邡市 | 迎水庵 | 船帮会馆 | 灵杰场，在街后 |
| 德阳 | 什邡市 | 天齐宫 | 福建会馆 | 白庙场，在中街 |
| 德阳 | 什邡市 | 火神庙 | 盐业会馆 | 在上兴场 |
| 德阳 | 什邡市 | 王爷庙 | 船帮会馆 | 在上兴场 |

续表

| 城市 | 地区 | 会馆名称 | 备注 | 具体地点 |
|------|------|----------|------|----------|
| 德阳 | 什邡市 | 观音堂 | 船帮会馆 | 在双盛场 |
| 德阳 | 什邡市 | 王爷庙 | 船帮会馆 | 在双盛场 |
| 德阳 | 什邡市 | 火神庙 | 盐业会馆 | 在双盛场 |
| 德阳 | 什邡市 | 王爷庙 | 船帮会馆 | 隐峰场，在洞仙桥侧 |
| 德阳 | 什邡市 | 玉清宫 | 陕西会馆 | 新市镇，在下街 |
| 德阳 | 什邡市 | 药王庙 | 药帮会馆 | 高桥场，在右街上药市坝 |
| 德阳 | 什邡市 | 南华宫 | 广东会馆 | 高桥场，在药王庙后 |
| 德阳 | 什邡市 | 王爷庙 | 船帮会馆 | 高桥场，在中街 |
| 德阳 | 什邡市 | 武圣宫 | 山陕会馆 | 高桥场，在左上街 |
| 德阳 | 什邡市 | 川主庙 | 四川会馆 | 高桥场，在上街口 |
| 德阳 | 什邡市 | 万寿宫 | 江西会馆 | 高桥场，在下街 |
| 德阳 | 什邡市 | 三圣宫 | 陕西会馆 | 高桥场，在下街口 |
| 德阳 | 什邡市 | 赤帝宫 | 盐业会馆 | 高桥场，在新场 |
| 德阳 | 什邡市 | 川主庙 | 四川会馆 | 在八角场 |
| 德阳 | 什邡市 | 真武宫 | 湖广会馆 | 在八角场 |
| 德阳 | 什邡市 | 万寿宫（地母庙附内） | 江西会馆 | 在八角场 |
| 德阳 | 什邡市 | 火神庙 | 盐业会馆 | 在八角场 |